新工科智能制造工程专业系列教材

工业控制系统与 PLC

主　编　蒲翠萍　任　杰　彭梁栋

副主编　姜子阳　马文斌　翟又文　刘庆雪

西安电子科技大学出版社

内 容 简 介

本书是“工业自动化”“电气控制”和“PLC 应用”三门课程主要内容的有机结合，书中主要介绍工业控制系统的基本知识和理论，包括常用低压电器的原理、结构、应用场合和选型，典型电气电路的识图与绘制方法、分析方法和设计方法，工业控制系统的结构、原理和性能，S7-1200 PLC 的结构、原理和性能，指令系统的指令和编程方法，PLC 控制系统的设计原则、设计方法和编程语言，S7-1200 PLC 的通信方式、通信指令和故障诊断，精简控制面板的组态、仿真和运行。

本书可作为高校本科智能制造专业、自动化专业、电气工程及其自动化专业等的工业控制类或电气控制类课程的教材，也可作为相关工程技术人员的参考书。

图书在版编目(CIP)数据

工业控制系统与 PLC / 蒲翠萍，任杰，彭梁栋主编. --西安：西安电子科技大学出版社，2024.5

ISBN 978-7-5606-7217-5

Ⅰ. ①工… Ⅱ. ①蒲… ②任… ③彭… Ⅲ. ①工业控制系统—可编程序控制器 Ⅳ. ①TB4

中国国家版本馆 CIP 数据核字(2024)第 057793 号

策划编辑 明政珠
责任编辑 马晓娟
出版发行 西安电子科技大学出版社(西安市太白南路 2 号)
电　　话 (029)88202421 88201467　　邮　　编 710071
网　　址 www.xduph.com　　电子邮箱 xdupfxb001@163.com
经　　销 新华书店
印刷单位 陕西精工印务有限公司
版　　次 2024 年 5 月第 1 版　　2024 年 5 月第 1 次印刷
开　　本 787 毫米 × 1092 毫米　1/16　　印　张　16
字　　数 377 千字
定　　价 46.00 元
ISBN 978-7-5606-7217-5 / TB
XDUP 7519001-1

前　言

工业控制系统在智能制造、石油、化工、电力、交通、冶金以及市政等关键基础设施领域均得到了广泛的应用，与企业管理系统构成了现代企业的综合自动化系统。在“工业4.0”技术及工业互联网中，工业控制系统处于底层核心地位。工业控制系统应用范围广，产品多样，与行业关联度较高，更新发展速度较快。工业控制系统中的离散控制系统可以提高生产率、产品质量和市场竞争力。作为离散控制的核心技术，PLC 应用技术在各个领域的应用越来越广泛。我国正在从制造大国向制造强国转变，大力发展电气控制与 PLC 应用技术，对提高我国的工业自动化水平和生产效率具有重要意义。

为了让更多的学生和工业控制系统的初学者快速掌握相关的理论和方法，本书作者结合多年的教学、科研和实践经验，精心编写了本书。本书理论与实践相结合，面向实际应用，旨在提高学生的动手实践能力。

本书精选大量案例，介绍工业控制系统与 PLC 的应用，主要内容包括常用低压电器、电气控制电路分析与设计、工业控制系统、PLC 及 S7-1200 概述、S7-1200 的指令系统、PLC 控制系统设计与 SCL 编程语言、S7-1200 PLC 的通信与故障诊断、精简系列面板的组态与应用。

本书在内容上力求逻辑性强，按从硬件设计到软件设计的顺序编排，在知识面上不仅包括电气控制技术、可编程控制技术，还包括网络通信技术和人机界面监控技术。本书采用西门子 S7-1200 系列 PLC 为平台，以拓展学生的知识面，加快其知识更新。

本书内容选择合理，层次分明，结构清晰，按照由浅至深、循序渐进原则进行编排；图文并茂、面向实际应用，直观形象地表现内容；语言通俗易懂，突出实用，配有 PPT、教案、教学大纲、习题答案等资源，读者可登录西安电子科技大学出版社官网下载。

本书作者均为昆明学院的一线教师，具体编写分工如下：第 1、2 章由蒲翠萍、任杰编写，第 3、4 章由姜子阳、马文斌编写，第 5、6 章由蒲翠萍、彭梁栋编写，第 7、8 章由翟又文、刘庆雪编写。本书的编写得到了昆明学院机电工程学院各位领导的大力支持，以及西门子公司和科瑞特公司的大量帮助。此外，本书的编写也得到了昆明学院教务处、科研处的大力支持，在此一并表示衷心的感谢！

由于编者水平有限，书中欠妥之处在所难免，欢迎广大同行和读者批评指正。

作者

2024 年 1 月

前言

目　录

第1章　常用低压电器

知识目标

1. 掌握常用低压电器的概念、用途、结构、工作原理、图形符号和文字符号。
2. 了解常用低压电器的选用方法。

技能目标

1. 能识别常用低压电器的实物、图形符号和文字符号。
2. 掌握常用低压电器的结构和工作原理。
3. 能根据实际情况选择合适的低压电器。

1.1　低压电器的分类

低压电器是电气控制中的基本组成元件。随着电子技术、自动控制技术和计算机应用技术的迅猛发展，一些电气元件可能会被电子线路所取代，但是由于电气元件本身也在朝着新的领域发展(表现在提高元件的性能，生产新型元件，实现机、电、仪一体化，扩展元件的应用范围等)，且有些电气元件有其特殊性，故电气元件不可能完全被电子线路所取代。以继电器、接触器为基础的电气控制技术，具有结构简单、维护方便及价格便宜的特点，能满足一般生产工艺的要求，广泛应用在工业生产的各个领域，具有相当重要的地位。另外，随着技术的进步，可编程逻辑控制器(Programmable Logic Controller，PLC)的应用越来越广泛。PLC是计算机技术与继电器、接触器控制技术相结合的产物，其输入/输出与低压电器密切相关。从这个角度来讲，掌握继电器、接触器控制技术是学习和掌握PLC应用技术的基础。

低压电器的品种规格繁多，功能多，用途广，继电器、接触器是常见的低压电器。其中，根据外界信号和要求，自动或手动接通、断开电路，以实现对电路或非电对象的切换、控制、保护、检测、变换和调节的元件或设备，叫控制电器。控制电器按其工作电压的高低，以AC 1200 V、DC 1500 V为界线，划分为高压电器和低压电器。用于AC 1200 V、DC 1500 V及以上电路的电器为高压电器，用于AC 1200 V、DC 1500 V及以下电路的电器为低压电器(简称电器)。

常用的低压电器的分类方法有以下4种。

1．按动作方式分类

(1) 手动电器：通过人的操作发出动作指令的电器，例如刀开关、按钮等。

(2) 自动电器：通过产生电磁吸力而自动完成动作指令的电器，例如接触器、继电器、电磁阀等。

2. 按用途分类

(1) 控制电器：用于各种控制电路和控制系统的电器，例如接触器、时间继电器等。

(2) 配电电器：用于电能的输送和分配的电器，例如熔断器、断路器等。

(3) 主令电器：用于自动控制系统中发送动作指令的电器，例如主令控制器、转换开关等。

(4) 保护电器：用于保护电路及用电设备的电器，例如电流继电器、热继电器等。

(5) 执行电器：用于完成某种动作或传动功能的电器，例如电磁铁、电磁离合器等。

按用途分类的常用低压电器如表 1-1 所示。

表 1-1 按用途分类的常用低压电器

类别	电器名称	优点和用途
配电电器	刀开关	优点：分断能力强，限流效果好，动稳定性和热稳定性好； 用途：主要用于电能的传送和分配
	熔断器	
	断路器	
保护电器	热继电器	优点：具有一定的通断能力，反应灵敏度高，可靠性高； 用途：主要用于对线路和设备进行保护
	电流继电器	
	电压继电器	
	漏电保护(断路)器	
主令电器	控制按钮	优点：操作频率高，抗冲击能力强，电气和机械寿命长； 用途：主要用于发送控制指令
	行程开关	
	万能转换开关	
	主令控制器	
	接近开关	
控制电器	接触器	优点：具有一定的通断能力，操作频率高，电气和机械寿命长； 用途：主要用于拖动系统的控制
	时间继电器	
	速度继电器	
	压力继电器	
	中间继电器	
执行电器	电磁铁	优点：分断能力强，抗冲击能力强，电气和机械寿命长； 用途：主要用于执行某种动作或实现传动功能
	电磁阀	
	电磁离合器	

3. 按执行功能分类

(1) 有触点电器：有可分断的动触点、静触点，并利用触点的导通和分断来切换电路，例如接触器、刀开关、按钮等。

(2) 无触点电器：无可分断的触点，仅仅利用电子元器件的开关效应，即导通、截止来实现电路的通、断控制，例如接近开关、霍尔开关等。

4．按工作原理分类

(1) 电磁式电器：根据电磁感应原理来动作的电器，如交流、直流接触器，电磁铁等。

(2) 非电量控制电器：依靠外力或非电量信号(如速度、压力等)的变化而动作的电器，如转换开关、行程开关等。

1.2　配 电 电 器

低压配电电器是指正常或事故状态下接通或断开用电设备和供电电网所用的电器，广泛用于电力配电系统中，用于实现电能的输送和分配以及系统的保护。这类电器一般不经常操作，对其机械寿命的要求比较低，但要求动作准确、迅速、可靠，分断能力强，操作电压低，保护性能完善，动作稳定性和热稳定性高。常用的低压配电电器有刀开关、组合开关、低压断路器、智能断路器和熔断器等。

1.2.1　刀开关

刀开关又称为闸刀开关，是低压配电电器中结构最简单、应用最广泛的电器。刀开关主要用在低压成套装置中，用于不频繁手动接通和分断交、直流电路，或用作隔离开关，有时也用来控制小容量电动机的直接启动与停机。根据不同的工作原理、使用条件和结构形式，刀开关及其与熔断器组合的产品有刀型转换开关、开启式负荷开关、封闭式负荷开关、组合开关等几种。

1. 刀开关的结构、符号和型号

刀开关的典型结构如图 1-1 所示，它由静插座、手柄、触刀、铰链支座和绝缘底板组成。

刀开关按极数分为单极、双极和三极，按操作方式分为直接手柄操作式、杠杆操作式和电动操作式，按转换方向分为单投和双投。

刀开关的图形符号及文字符号如图 1-2 所示。

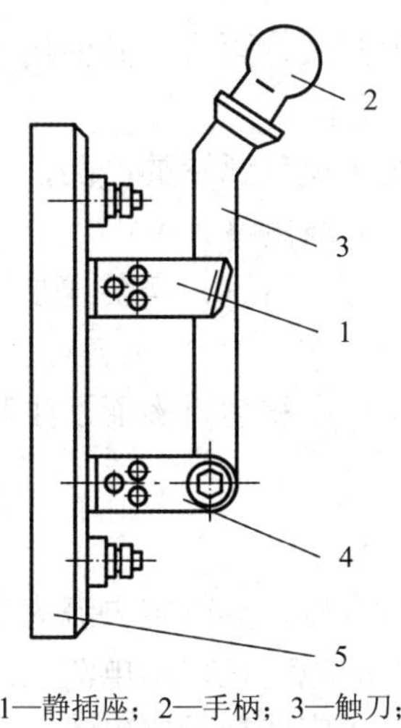

1—静插座；2—手柄；3—触刀；
4—铰链支座；5—绝缘底板。

图 1-1　刀开关结构

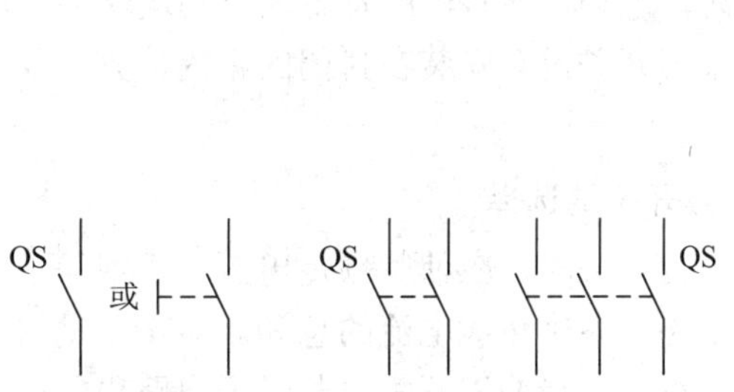

QS　或　QS　QS

(a) 单极　(b) 双极　(c) 三极

图 1-2　刀开关的图形符号和文字符号

目前常用的刀开关型号有 HD(单投)和 HS(双投)等系列。HD 系列刀开关主要在交流 380 V、50 Hz 的电力网络中起电源隔离或电路转换作用，是电力网络中必不可少的电气元件，常用于低压配电柜、配电箱、照明箱等电器中。HS 系列刀开关主要用于转换电源，即当一路电源不能供电，需要另一路电源供电时，它便用来进行电源转换。

刀开关的型号说明如图 1-3 所示。

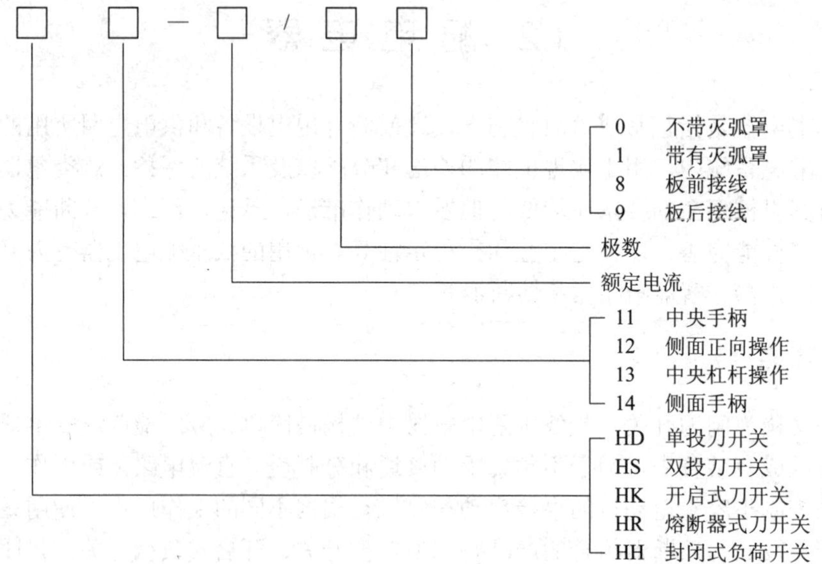

图 1-3 刀开关的型号说明

电路首先连接的是刀开关，之后再接熔断器、断路器、接触器等电气元件，以满足各种配电柜、配电箱的功能要求。当刀开关后面的电气元件或电路发生故障时，切断电源就靠刀开关来实现，以便对设备、电气元件进行修理更换。刀开关处于中间位置，就可以起隔离作用。

2. 刀开关使用的注意事项

将刀开关当作隔离开关使用时，合闸顺序为：先合上刀开关，再合上其他用于控制负载的开关电器。分闸顺序则相反，控制负载的开关电器要先分闸。

应严格按照产品说明书规定的分断能力来分断负载，对于无灭弧罩的产品，一般不允许分断负载；否则，有可能导致稳定持续燃弧，并因之造成电源短路。

若是多极开关，则应保证各极动作的同步，并且接触良好；否则，当负载是笼型异步电动机时，电动机便有可能发生因单相运转而烧坏的事故。

如果刀开关没有安装在封闭的箱内，则应经常检查，防止因积尘过多而发生相间闪络现象。

3. 刀开关的选择

选择刀开关时，应使其额定电压大于或等于电路的额定电压，其额定电流大于或等于所分断电路中各个负载电流的总和。对于电动机负载，要考虑电动机启动电流的影响，应选额定电流大一级的刀开关。若考虑电路出现的短路电流，还应选择额定电流更大一级的刀开关。

选择刀开关时，还要根据刀开关的用途和安装位置选择合适的型号和操作方式。同时，也要根据刀开关的用途和安装形式来选择是否带灭弧装置，以及选择是正面、背面还是侧面操作形式。

1.2.2　组合开关

组合开关又称转换开关，是刀开关的另一种形式，它的操作手柄不是上下动作，而是左右旋转的。在设备自动控制系统中，组合开关一般用作电源引入开关或电路功能切换开关，也可直接用于控制小容量交流电动机的不频繁操作。

1. 组合开关的结构、符号和型号

组合开关的外形和结构如图 1-4 所示，其图形符号、文字符号及型号如图 1-5 所示。组合开关有单极、双极和三极之分，由若干动触片和静触片分别装在数层绝缘层内组成。动触片随手柄旋转而改变其通断位置。顶盖部分由凸轮、弹簧及手柄等零件构成操作机构，由于该机构采用了弹簧储能结构，因而能快速闭合及分断开关，且因开关闭合和分断的速度与手动操作无关，故提高了产品的通断能力。

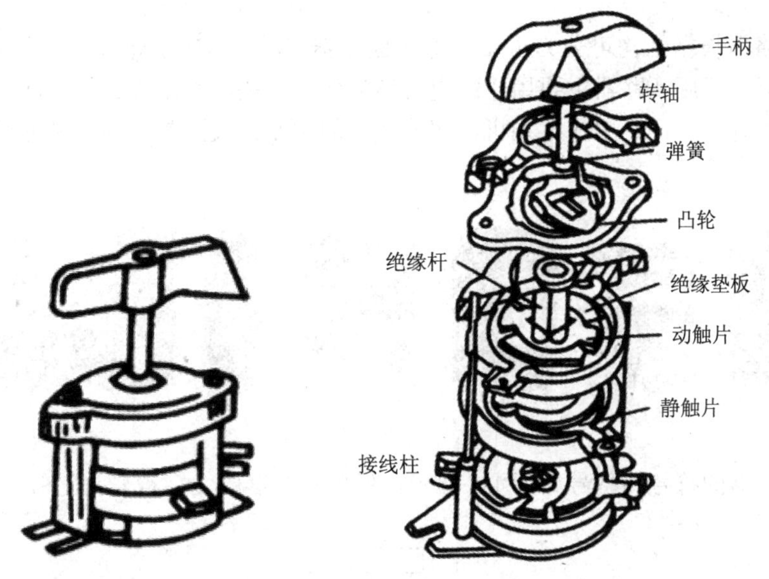

图 1-4　组合开关的外形和结构

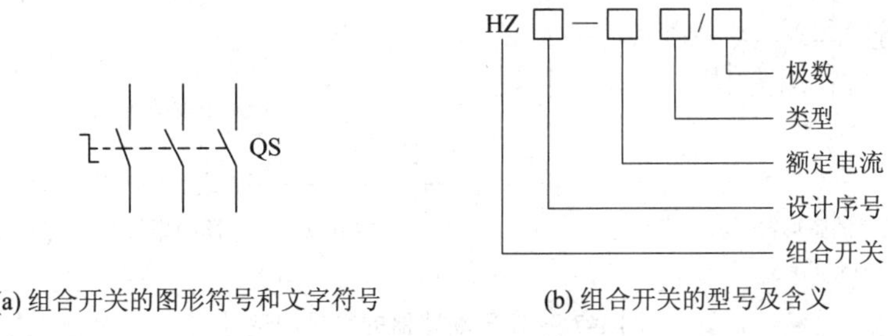

(a) 组合开关的图形符号和文字符号　　(b) 组合开关的型号及含义

图 1-5　组合开关的符号和型号

2. 组合开关的选择

选用组合开关主要考虑电源的种类、电压等级、所需触点数及电动机的功率等因素。用于照明或电热电路时，组合开关的额定电流应等于或大于被控制电路中各负载电流的总和。用于电动机电路时，组合开关的额定电流应取电动机额定电流的 1.5 倍。组合开关的通断能力较弱，不能用来分断故障电流。组合开关用于控制异步电动机的正反转时，必须在电动机停转后才能反向启动，且每小时的接通次数最多不能超过 20 次。

1.2.3 低压断路器

1. 低压断路器的结构、符号和型号

低压断路器又称为自动空气开关，它集控制与保护功能于一体，相当于刀开关、熔断器、热继电器和欠电压继电器的组合。低压断路器用于不频繁地接通和断开电路，以及控制电动机的运行。当电路中发生严重过载、短路及失电压等故障时，低压断路器能自动切断故障电路，有效地保护电气设备。低压断路器具有操作安全、使用方便、动作可靠、动作值可调、分断能力较强、兼顾多种保护功能、动作后不需要更换组件等优点，因此得到了广泛应用。

低压断路器根据结构可分为框架式低压断路器(万能式)和塑壳式低压断路器(装置式)两大类。框架式低压断路器主要用作配电网络的保护开关，而塑壳式低压断路器除用作配电网络的保护开关外，还用作电动机、照明线路的控制开关。常见的几种低压断路器实物如图 1-6 所示。

图 1-6 常见低压断路器

低压断路器的符号和型号如图 1-7 所示，低压断路器的文字符号为 QF。

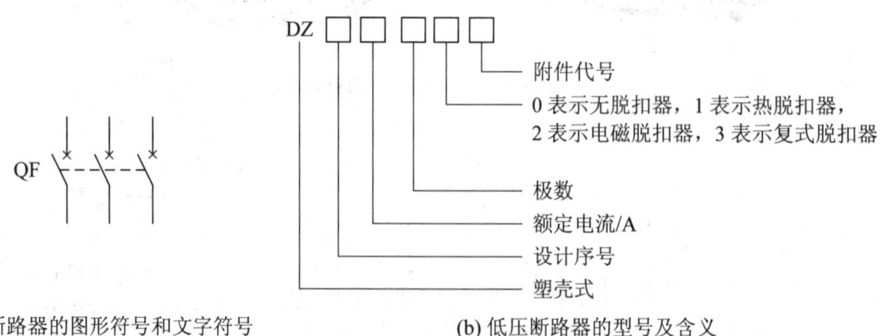

(a) 低压断路器的图形符号和文字符号　　(b) 低压断路器的型号及含义

图 1-7 低压断路器的符号和型号

2. 低压断路器的工作原理

低压断路器主要由触头、操作机构、脱扣器、灭弧装置等组成。操作机构有直接手柄操作、杠杆操作、电磁铁操作和电动机驱动 4 种。脱扣器又分过电流脱扣器、热脱扣器、复式脱扣器、失压脱扣器和分励脱扣器等 5 种。图 1-8 所示为低压断路器工作原理图。

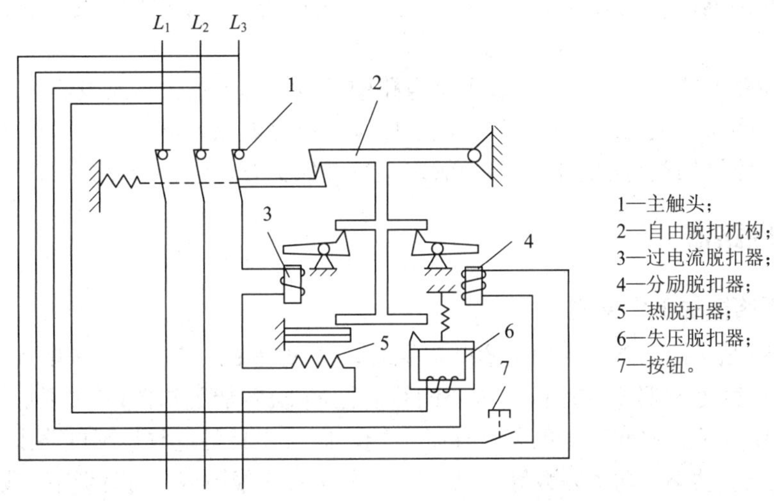

图 1-8 低压断路器工作原理图

断路器处于闭合状态，三个主触头串联在被控制的三相主电路中，按下按钮接通电路时，外力使锁扣克服反作用弹簧的力，将固定在锁扣上面的动触头与静触头闭合，并由锁扣锁住搭钩使动，静触头保持闭合，开关处于接通状态。在正常工作中各脱扣器均不动作，而当电路发生过载、短路、失压等故障时，断路器分别通过各自的脱扣器使锁扣被杠杆顶开，实现保护作用。

1) 过载保护

当线路发生过载时，过载电流流过热元件产生一定的热量，使图 1-8 中的热脱扣器的双金属片受热向上弯曲，通过杠杆推动自由脱扣机构脱开，在反作用弹簧的推动下，动、静触头分开，从而切断电路，使用电设备不致因过载而烧毁。

2) 短路保护

当线路发生短路故障时，短路电流流过图 1-8 所示的过电流脱扣器，超过过电流脱扣器的瞬时脱扣整流电流，过电流脱扣器产生足够大的吸力将衔铁吸合，通过杠杆推动自由脱扣机构脱开，从而切断电路，实现短路保护。

3) 欠压和失压保护

当线路电压正常时，失压脱扣器的衔铁被吸合，衔铁与杠杆脱离，断路器的主触头能够闭合；当线路上的电压消失或下降到某一数值，失压脱扣器的吸力消失或减小到不足以克服弹簧的拉力时，衔铁在弹簧的作用下撞击杠杆，将自由脱扣机构顶开，使触头分断。具有失压脱扣器的断路器在失压脱扣器两端无电压或电压过低时不能接通电路。

3. 低压断路器的选择

选用低压断路器时主要考虑额定电压、额定电流、脱扣器的整定电流和分励/失压脱扣器的电压电流等参数，具体原则如下：

(1) 额定工作电压和额定工作电流应分别不低于线路设备的正常额定工作电压和额定工作电流(或计算电流)。断路器的额定工作电压与通断能力及使用类别有关，同一台断路器产品可以有几个额定工作电压和相对应的通断能力及使用类别。

(2) 低压断路器的热脱扣器的整定电流应等于所控制负载的额定电流。

(3) 低压断路器的过电流脱扣器的整定电流与所控制的电动机的额定电流或负载的额定电流一致。

(4) 低压断路器的额定电流大于或等于电路中可能出现的最大短路电流。

(5) 低压断路器的失压脱扣器的额定电压应等于电路的额定电压。

(6) 低压断路器的类型应根据电路的额定电流及保护要求进行选择。

1.2.4 智能断路器

1. 智能断路器的工作原理

传统的断路器保护功能是利用热磁效应原理，通过机械系统的动作来实现的。智能断路器则是采用以微处理器或单片机为核心的智能控制器(智能脱扣器)来实现保护功能的。智能断路器不仅具备普通断路器的各种保护功能，同时还具备定时显示电路中的各种电器参数(电流、电压、功率、功率因数等)，能够对电路进行在线监视、自行调节、测量、试验、自诊断、通信等，还能够对各种保护功能的动作参数进行显示、设定和修改，保护电路动作时的故障参数能够存储在非易失存储器中以便查询。智能断路器原理框图如图 1-9 所示。

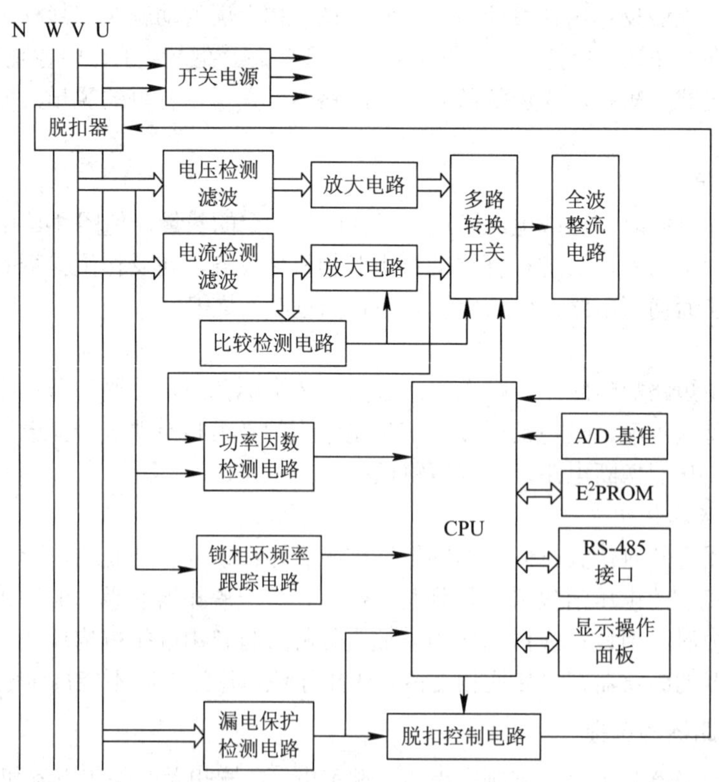

图 1-9 智能断路器原理框图

2. 智能断路器的特点

(1) 智能断路器以塑料绝缘体作壳体，将导体之间以及接地部分有效隔离，以确保自身的安全。智能断路器整体采用优化的结构设计，所有零件都密封于壳体内，结构紧凑，内部精密零部件合理配合，再加上合理选材，组成了电力系统的基础元件。

(2) 智能断路器拥有多种保护功能，在电源电路或电气设备发生严重过载、短路、缺相、过/欠电压等故障时，可以对电源电路、电气设备提供保护功能。如果电路发生漏电，则对设备和人的安全有很大的威胁，而智能断路器具有漏电保护功能，在电路发生漏电的情况下会立即切断漏电电路，保护人与设备的安全。

(3) 智能断路器具有智能操作功能，能根据电网信息和操作信号，自动识别智能断路器操作时所处的电网工作状态，从而对内部的调节机构发出不同的控制信号来调整操作机构的参数，用于获得与当前系统工作状态相适应的特性，从而发挥其作用，进行相关的保护动作。

(4) 智能断路器操作简单，安装方便，具有自动操作和人工操作两个操作装置，在故障发生时，自动跳闸，起保护作用。在故障排除后，可自动启动合闸，也可手动操作合闸，是一种实用性很高的电气产品。

1.2.5　熔断器

熔断器是一种在电流超过额定值一定时间后，以它本身产生的热量使熔体熔化而分断电路的电器。熔断器广泛应用于低压配电系统及用电设备中，起断路和过电流保护的作用。

1. 熔断器的分类和符号

按结构分，常用的熔断器有瓷插式熔断器、螺旋式熔断器、无填料封闭管式熔断器和有填料封闭管式熔断器等，如图 1-10 所示。典型产品有 RL6、RL7、RL96、RLS2 系列螺旋式熔断器、RLB 系列带断相保护螺旋式熔断器、RT18 系列熔断器以及 RT14 系列有填料密封管式熔断器。此外，还有采用引进技术生产的 NT 系列有填料密闭管式刀型触头熔断器与 NGT 系列半导体器件保护用熔断器等。

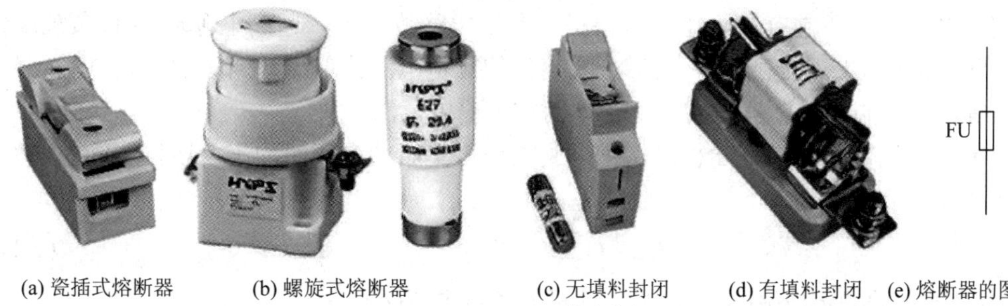

(a) 瓷插式熔断器　(b) 螺旋式熔断器　(c) 无填料封闭管式熔断器　(d) 有填料封闭管式熔断器　(e) 熔断器的图形符号和文字符号

图 1-10　熔断器的种类、图形符号和文字符号

2. 熔断器的工作原理

低压熔断器的断路时间，取决于熔体的熔化时间和灭弧时间。断路时间也称为熔断时间。熔断时间与通过低压熔断器使之熔断的电流之间的关系曲线，称为低压熔断器的保护

特性曲线，也称为安秒特性曲线，如图 1-11 所示。低压熔断器的熔断时间与通过的电流和熔体的熔点具有反时限特性。由保护特性曲线图可知，低压熔断器的熔断时间随着电流的增大而减小，即低压熔断器通过的电流越大，熔断时间越短，熔化越快。同一电流通过不同额定电流的熔体时，额定电流小的熔体先熔断。

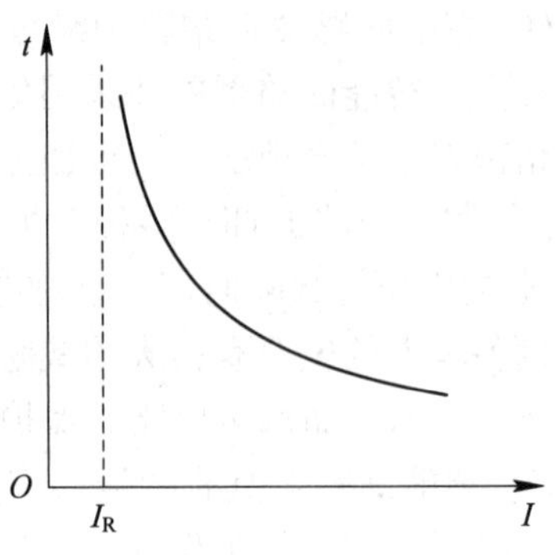

图 1-11 安秒特性曲线

为了保证几级低压熔断器的选择性熔断，应根据它们的保护特性曲线检查熔断时间，并注意上下级低压熔断器之间的配合。通常情况下，如果上一级低压熔断器的断路时间为下一级的 3 倍左右，则能保证选择性熔断。如果熔体为同一材料，则上一级熔体的额定电流应为下一级的 2～4 倍。低压熔断器的熔断电流与熔断时间的关系见表 1-2(表中 I_N 为低压熔断器的额定电流)。

表 1-2 熔断器熔断时间与熔断电流的关系

熔断电流/A	$1.25I_N$	$1.6I_N$	$2.0I_N$	$2.5I_N$	$3.0I_N$	$4.0I_N$	$8.0I_N$	$10.0I_N$
熔断时间/s	∞	3600	40	8	4.5	2.5	1	0.4

3. 熔断器的选用

熔断器的类型应根据电路的要求、使用场合和安装条件选择。

熔断器的额定电压应大于或等于电路的工作电压。

熔断器的额定电流必须大于或等于所装熔体的额定电流。

熔断器用于不同性质的负载，其熔体额定电流的选用方法也不同。

对于电炉、照明等电阻性负载的短路保护，熔体的额定电流应等于或稍大于电路的工作电流。

在配电系统中，通常有多级熔断器保护，发生短路故障时，远离电源端(靠近负载端)的前级熔断器应先熔断。因此，一般后一级熔体的额定电流比前一级熔体的额定电流应至少大一个等级，以防止熔断器发生越级熔断而扩大停电范围。

保护单台笼型交流异步电动机时，考虑到电动机受启动电流的冲击，熔体的额定电流可按下式选择：

$$I_{RN} = (1.5\sim2.5)I_N \tag{1-1}$$

式中：I_{RN} 为熔体的额定电流(A)；I_N 为电动机的额定电流(A)。

保护多台笼型交流异步电动机，熔体的额定电流可按下式选择：

$$I_{RN} = (1.5\sim2.5)I_{Nmax} + \sum I_N \tag{1-2}$$

式中：I_{Nmax} 为容量最大的一台电动机的额定电流(A)；$\sum I_N$ 为其余电动机的额定电流之和(A)。

1.3 保护电器

1.3.1 电压、电流继电器

继电器是一种根据电量(电压、电流)或非电量(热量、时间、转速、压力等)的变化使触头(触点)动作，接通或断开控制电路，以实现自动控制和保护电气设备的电器。其种类很多，有电磁式继电器、热继电器、时间继电器、速度继电器等类型。

电磁式继电器是以电磁力为驱动力的继电器，是控制电路中用得最多的继电器。电磁式继电器具有结构简单、价格低廉、使用维护方便、触点容量小(一般在 2A 以下)、触点数量多且无主辅之分、无灭弧装置、体积小、动作迅速准确、控制灵敏可靠等特点，广泛应用于低压控制系统中。常用的电磁式继电器有电流继电器、电压继电器、中间继电器以及各种小型通用继电器等。

电磁式继电器由电磁机构和触点系统两个主要部分组成，如图 1-12 所示。电磁机构由线圈、铁芯、衔铁组成。触点系统的触点接在控制电路中，且电流小，故没有灭弧装置。触点一般为桥式触点，有常开和常闭两种形式。

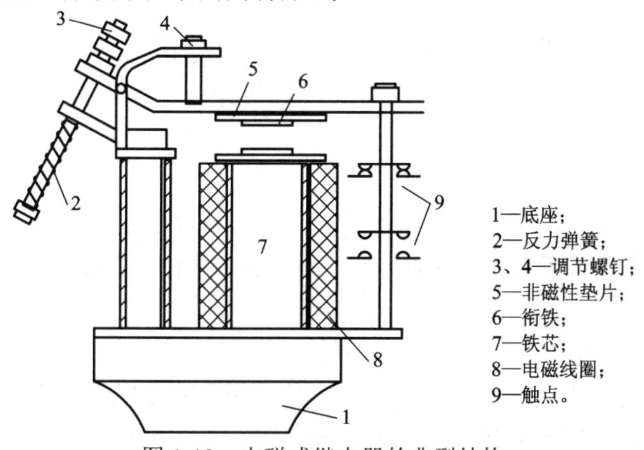

图 1-12　电磁式继电器的典型结构

尽管电磁式继电器与接触器都是用来自动接通和断开电路的，但也有不同之处。继电器可对多种输入量的变化做出反应，而接触器只有在一定的电压信号下动作；继电器用于切换小电流的控制电路和保护电路，而接触器用于控制大电流的主电路；继电器没有灭弧装置，也无主辅触点之分。

电磁式继电器型号的表示方法及含义如图 1-13 所示，图形符号和文字符号如图 1-14 所示。

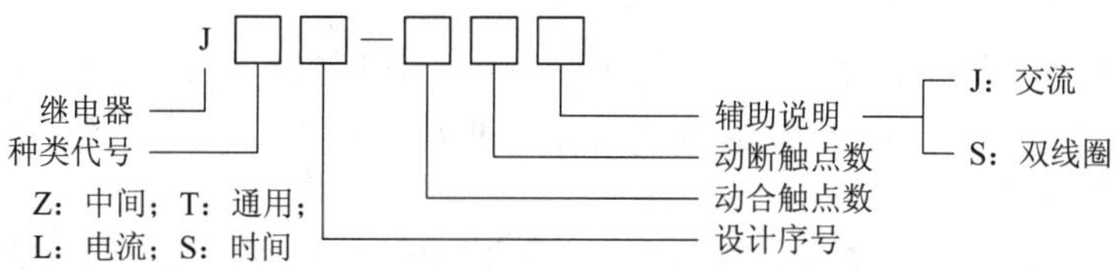

图 1-13　继电器型号的表示方法及含义

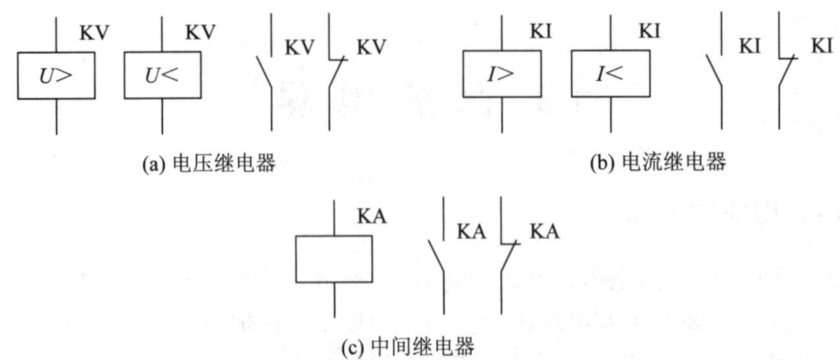

(a) 电压继电器 (b) 电流继电器

(c) 中间继电器

图 1-14 电磁式继电器的图形符号和文字符号

1. 中间继电器

中间继电器实质上是一种电压继电器，通常用来传递信号和同时控制多个电路，也可用来直接控制小容量电动机或其他电气执行元件。中间继电器的结构和工作原理与交流接触器的基本相同，与交流接触器的主要区别是中间继电器的触点数目多，且触点容量小，只允许通过小电流。在选用中间继电器时，主要考虑电压等级和触点数目。常用的中间继电器有 JZ7、J214、JZ15、JZ17、JZC1、JZC4 、JTX、3TH 等系列。

2. 电压继电器

电压继电器的动作与线圈所加电压大小有关，使用时与负载并联。电压继电器的线圈匝数多，导线细，阻抗大。电压继电器又分为过电压继电器、欠电压继电器和零电压继电器。

1) 过电压继电器

过电压继电器在电路中用于过电压保护，当其线圈在额定电压下工作时，衔铁不产生吸合动作，只有当电压高于额定电压的 105%～115%时才产生吸合动作，当电压降低到释放电压时触点复位。

2) 欠电压继电器

欠电压继电器在电路中用于欠电压保护，当线圈在额定电压下工作时，欠电压继电器的衔铁处于吸合状态。如果电路出现电压降低，并且低于欠电压继电器的线圈释放电压，则其衔铁打开，触点复位，从而控制接触器及时切断电气设备的电源。

3) 零电压继电器

通常欠电压继电器的吸合电压的整定范围是额定电压的 30%～50%，释放电压的整定范围是额定电压的 10%～35 %。

零电压继电器实质上就是欠电压继电器，不同的是释放电压更低。

3. 电流继电器

电流继电器的动作与线圈通过电流的大小有关，使用时与负载串联。电流继电器的线圈匝数少，导线粗，阻抗小。电流继电器又分为过电流继电器和欠电流继电器。

1) 过电流继电器

当过电流继电器的线圈通以额定电流时，衔铁不产生吸合动作，只有当负载电流超过一定值时才产生吸合动作。过电流继电器常用于电力拖动系统，起保护作用。

通常交流过电流继电器的吸合电流的整定范围为额定电流的 1.1～4 倍，直流过电流继电器的吸合电流的整定范围为额定电流的 0.7～3.5 倍。

2) 欠电流继电器

欠电流继电器是当线圈电流低于整定值时动作的一种继电器。欠电流继电器一般将动合触点串接到接触器的线圈电路中。

欠电流继电器的吸引电流为额定电流的 30%～65%，释放电流为额定电流的 10%～20%。因此，在电路正常工作时，衔铁是吸合的，只有当电流降低到某一整定值时，继电器释放，输出信号去控制接触器失电，从而控制设备脱离电源，起到保护作用。

1.3.2 热继电器

1. 热继电器的结构和工作原理

热继电器是利用感温元件受热而动作的一种继电器，它主要用来保护电动机或其他负载免于过载。热继电器的实物和接线端如图 1-15 所示，热继电器的结构如图 1-16 所示，热继电器的图形符号和文字符号如图 1-17 所示。

图 1-15　几种热继电器的实物和接线端

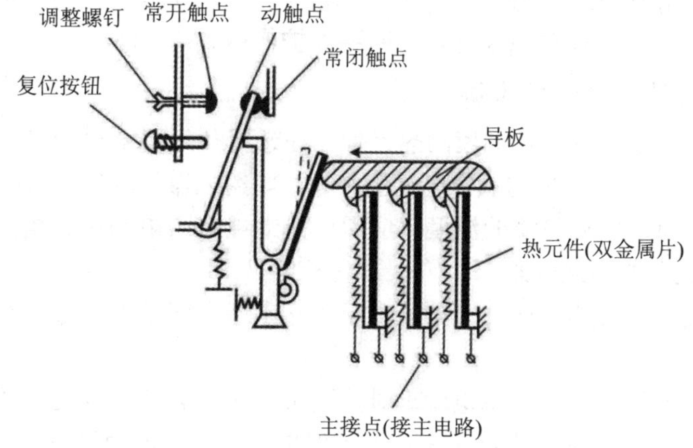

图 1-16　热继电器的结构

图 1-17 热继电器的图形符号及文字符号

热元件用镍铬合金丝等电阻材料做成，直接串联在被保护的电动机主电路内，它随电流的大小和时间的长短而产生不同的热量，这些热量加热双金属片。双金属片由两种膨胀系数不同的金属片碾压而成，右层采用高膨胀系数的材料，如铜或铜镍合金，左层采用低膨胀系数的材料，如因瓦合金。双金属片的一端为固定端，另一端为自由端。当电动机正常运行时，热元件产生的热量使双金属片略有弯曲，并与周围环境保持热交换平衡。当电动机过载运行时，热元件产生的热量来不及与周围环境进行热交换，使双金属片进一步弯曲，推动导板向左移动，并推动双金属片绕轴顺时针转动。当推杆向右推动弹簧到一定位置时，弓形弹簧片的作用力方向发生改变，使金属片向左运动，常闭触点断开，电动机的控制电路断开，从而使电动机得到了保护。主电路断电后，随着温度的下降，双金属片恢复至原位。也可使用手动复位按钮使触点复位。借助凸轮和杠杆可以在额定电流的 66%～100%范围内调节动作电流。

2．差动式断相保护机构

带断相保护的热继电器是三相热继电器，即有三个热元件，分别接于三相电路中，导板采用差动式断相保护机构，如图 1-18 所示。差动式断相保护机构由上导板、导板及装有顶头的杠杆组成，其间均用转轴连接。图 1-18(a)所示为通电前机构各部件的位置。图 1-18(b)所示为电路电流小于整定电流时，三相双金属片均匀受热同时向左弯曲，上、下导板同时向左平行移动一小段距离，杠杆尚未碰到触点，继电器不动作。图 1-18(c)所示为三相均过载时，三相双金属片同时向左弯曲，推动下导板，带动上导板左移，顶头碰到双金属片端部，使常闭触点动作。图 1-18(d)所示为某相发生短路时的情况，此时此相的双金属片逐渐冷却，此相双金属片的端部推动上导板右移，而另外两相双金属片在电流作用下向左弯曲，带动下导板左移，由于上、下导板一右一左地移动，产生了差动作用，再通过杠杆放大，迅速推动双金属片，使常闭触点断开，起断相保护作用。

3．热继电器使用时的注意事项

(1) 同一种热继电器有多种规模的热元件，在选择热继电器时应采用适当的热元件。若热元件的额定电流与电动机的额定电流值相等，则继电器能准确反映电动机的发热。

(2) 注意热继电器所处环境的温度，应保证热继电器与电动机有相同的散热条件，特别是有温度补偿装置的热继电器。

(3) 由于热继电器有热惯性，大电流出现时它不能立即动作，故热继电器不能用于短路保护。

(4) 用热继电器保护三相异步电动机时，要采用至少有两个热元件的热继电器，以便在异常的工作状态下，也能对电动机进行过载保护。例如，电动机单相运行时，至少有一个热元件能起作用。最好采用有三个热元件并带缺相保护的热继电器。

热继电器主要的产品型号有 JRS1、JR0、JR10、JR14 和 JR15 等系列；引进产品有 T

系列、3UA 系列和 LR1-D 系列等。JR15 系列为两相结构，其余大多为三相结构，并带断相保护装置。JR20 系列为更新换代产品，用来与 CJ20 系列交流接触器配套使用。

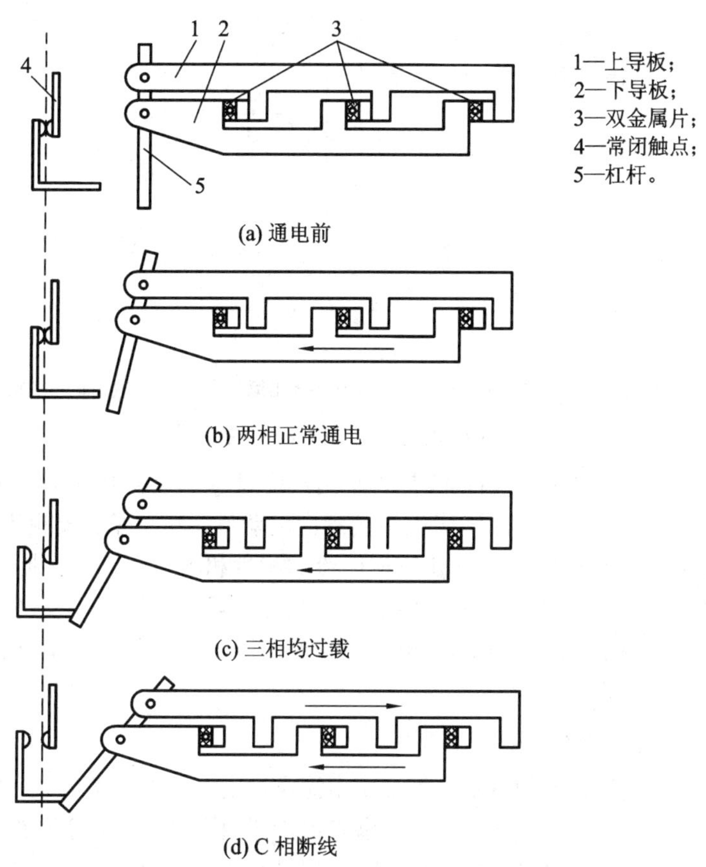

(a) 通电前

(b) 两相正常通电

(c) 三相均过载

(d) C 相断线

图 1-18　差动式断相保护机构的工作原理

1.3.3　漏电保护器

漏电保护器是最常用的一种漏电保护电器。当低压电网发生人身触电或设备漏电时，漏电保护器能迅速自动切断电源，从而避免造成事故。漏电保护器按其检测故障信号的不同可分为电压型和电流型。前者存在可靠性差等缺点，已被淘汰，下面仅介绍电流型漏电保护器。

电流型漏电保护器一般由 3 个主要部件组成：检测漏电流大小的零序电流互感器；能将检测到的漏电流与一个预定基准值相比较，从而判断是否动作的漏电脱扣器；受漏电脱扣器控制的能接通、分断被保护电路的开关装置。

目前常用的电流型漏电保护器根据其结构不同分为电磁式和电子式两种。

1. 电磁式电流型漏电保护器

电磁式电流型漏电保护器的特点是将漏电电流直接通过漏电脱扣器来操作开关装置。电磁式电流型漏电保护器由电源变压器、主开关、试验回路、电磁式漏电脱扣器和零序电流互感器组成，其工作原理如图 1-19 所示。

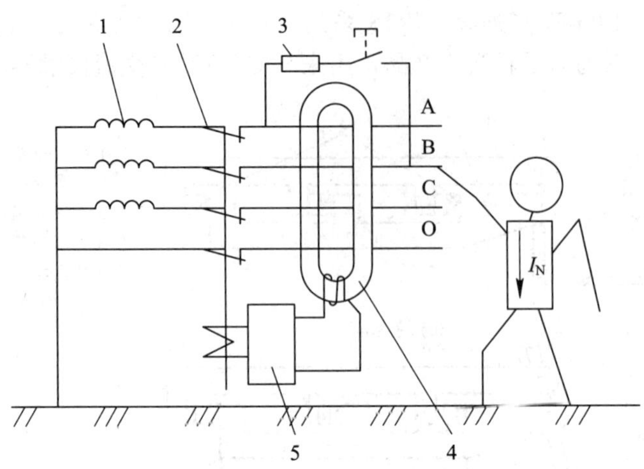

1—电源变压器；2—主开关；3—试验回路；4—零序电流互感器；5—电磁式漏电脱扣器。

图 1-19　电磁式电流型漏电保护器的工作原理

当电网正常运行时，不论三相负载是否平衡，通过零序电流互感器主电路的三相电流的相量和等于零，因此，互感器二次绕组中无感应电动势，漏电保护器也工作于闭合状态。一旦电网中发生漏电或触电事故，上述三相电流的相量和不再等于零，因为有漏电或触电电流通过人体或大地而返回变压器的中性点，于是互感器二次绕组中便产生感应电压并加到漏电脱扣器上。当达到额定漏电动作电流时，漏电脱扣器动作，推动开关装置的锁扣，使开关打开，分断主电路。

2．电子式电流型漏电保护器

电子式电流型漏电保护器的特点是把漏电电流经过电子放大线路放大后才能使漏电脱扣器动作，从而操作开关装置。电子式电流型漏电保护器由主开关、试验回路、零序电流互感器、压敏电阻、晶闸管、电子放大器和电子式漏电脱扣器组成，其工作原理图如图 1-20 所示。

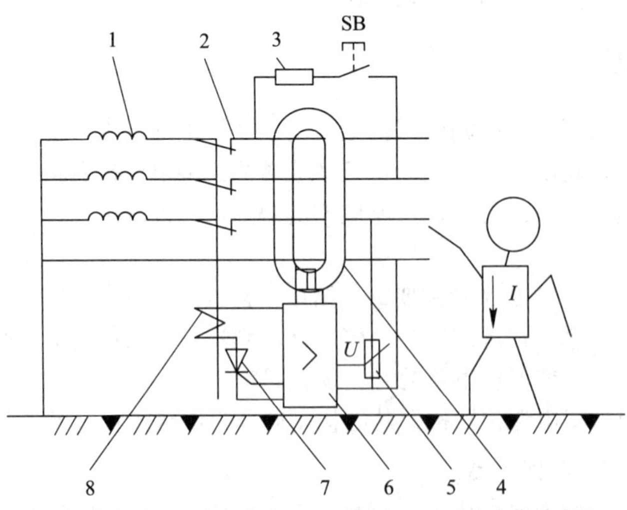

1—电源变压器；2—主开关；3—试验回路；4—零序电流互感器；
5—压敏电阻；6—电子放大器；7—晶闸管；8—电子式漏电脱扣器。

图 1-20　电子式电流型漏电保护器的工作原理

电子式电流型漏电保护器的工作原理与电磁式的大致相同。只是漏电电流在超过基准值时立即被放大，电路输出具有一定驱动功率的信号，使漏电脱扣器动作。

1.4　主 令 电 器

电气控制系统中用于发送控制指令的电器称为主令电器。常用的主令电器有控制按钮、行程开关、接近开关、万能转换开关、凸轮控制器、主令控制器等。

1.4.1　控制按钮

控制按钮是发出控制指令和信号的电器开关，是一种需手动操作且一般能自动复位的主令电器。控制按钮主要用于远距离操作继电器、接触器接通或断开，从而控制电动机或其他电气设备的运行。

控制按钮的结构、外形、图形符号和文字符号如图 1-21 所示，它由按钮帽、复位弹簧、接触元件(常开触点、常闭触点)、支持件和外壳等部件组成。该按钮只有一组动断(常闭)触点和一组动合(常开)触点。按钮帽有红、黄、绿、黑等几种颜色，可供操作人员根据颜色来辨别和操作，一般红色按钮表示停止，绿色按钮表示启动，黑色按钮表示点动，黄色按钮表示急停。

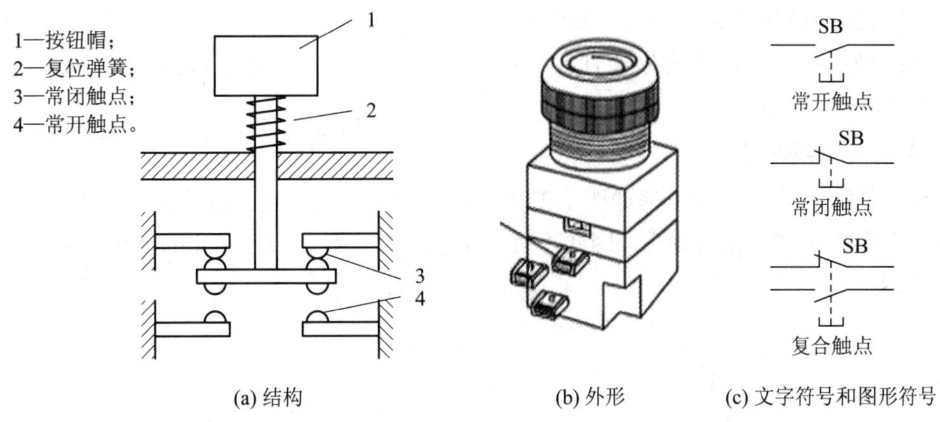

(a) 结构　(b) 外形　(c) 文字符号和图形符号

图 1-21　控制按钮的结构、外形和符号

控制按钮的触点分为常闭(动断)触点、常开(动合)触点和复合触点三种。当复合触点按钮按下时，常闭触点断开，常开触点闭合。

控制按钮的选用应根据使用场合和具体用途确定。例如，控制柜面板上的按钮一般选用开启式；需显示工作状态则选用带指示灯式；对于重要设备，为防止无关人员误操作，需选用钥匙式。按钮颜色根据工作状态的指示和工作情况的要求选择，控制按钮的颜色及其含义如表 1-3 所示。

表 1-3　控制按钮颜色及其含义

颜　色	含　义	典 型 应 用
红色	危险情况下的操作	紧急停止
	停止或者分断	停止一台或多台电机，停止一台机器的一部分，使电气元件失电
黄色	应急或者干预	抑制不正常情况或中断不理想的工作周期
绿色	启动或接通	启动一台或多台电动机，启动一台机器的一部分，使电气元件得电
蓝色	上述几种颜色未包括的任一种功能	
黑色、灰色、白色	无专门指定功能	用于停止和分断上述以外的任何情况

1.4.2　行程开关

行程开关用于控制机械设备的行程及限位保护。在实际生产中，将行程开关安装在预先安排的位置，当安装在生产机械运动部件上的撞块撞击行程开关时，行程开关的触点动作，实现电路的切换。因此，行程开关是一种根据运动部件的行程位置而切换电路的电器，它的作用原理与按钮类似。行程开关广泛用于各类机床和起重机械中，用于控制其行程、进行终端的限位保护等。行程开关的图形符号和文字符号如图 1-22 所示。行程开关的种类很多，按结构分类有直动式、滚动式、组合式和微动式。

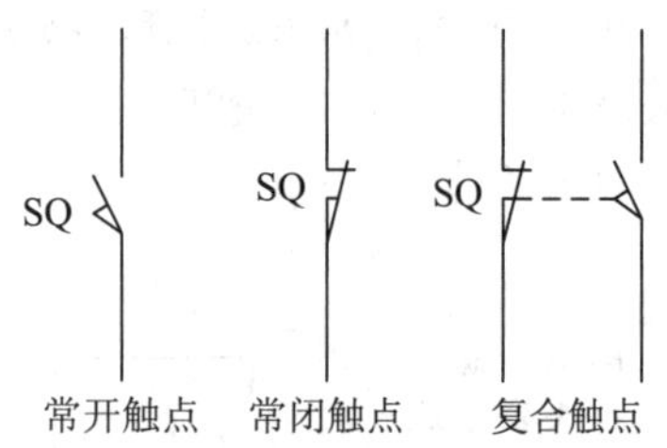

图 1-22　行程开关的图形符号和文字符号

1. 直动式行程开关

直动式行程开关的结构原理如图 1-23 所示，其动作原理与按钮相同，但其触点的分合速度取决于生产机械的运行速度，因此不宜用于触点分合速度低于 0.4 m/min 的场合，其实物如图 1-24 所示。

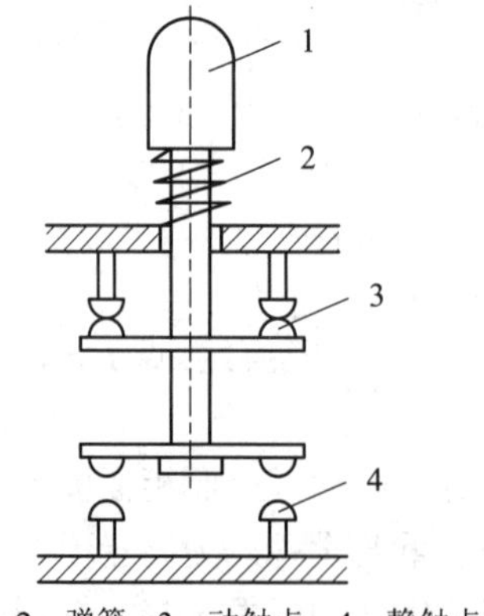

1—推杆；2—弹簧；3—动触点；4—静触点。

图 1-23　直动式行程开关的结构原理

图 1-24　直动式行程开关实物

2. 滚轮式行程开关

滚轮式行程开关的结构原理如图 1-25 所示，当被控机械上的撞块从右撞击带有滚轮的撞杆时，上转臂转向左边，横板右边被压下，使触点迅速动作。当运动机械返回时，在弹簧的作用下，各部分的动作部件复位。

滚轮式行程开关又分为单滚轮自动复位式和双滚轮(羊角式)非自动复位式。双滚轮行程开关具有两个稳态位置，有“记忆”作用，在某些情况下可简化电路。滚轮式行程开关实物如图 1-26 所示，常用的有 LAX-11 系列产品。

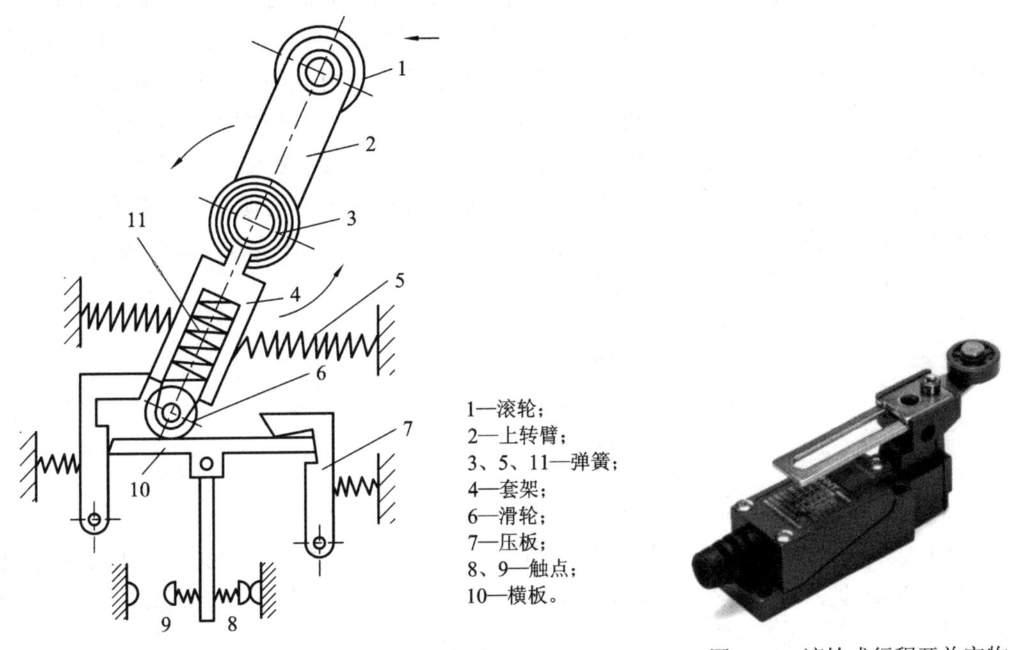

图 1-25　滚轮式行程开关的结构原理

图 1-26　滚轮式行程开关实物

3. 微动式行程开关

微动式行程开关的结构原理如图 1-27 所示，微动式行程开关可根据下列要求选用：① 应用场合及控制对象；② 安装环境；③ 机械电路的额定电压和电流；④ 机械位置开关的传力与位移关系。

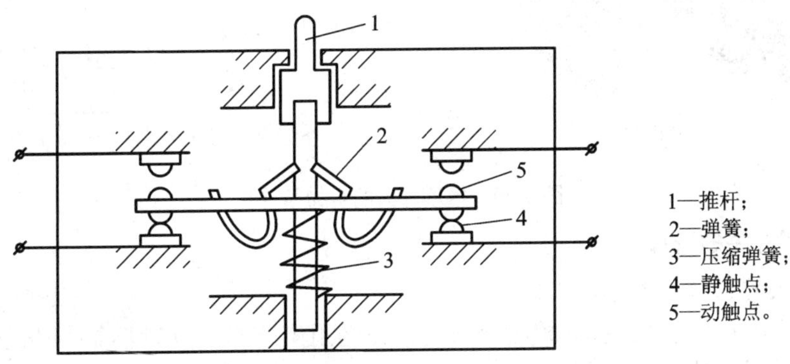

图 1-27　微动式行程开关的结构原理

使用行程开关时安装位置要准确牢固。若在运动部件上安装，接线应有套管保护，并且在使用时应定期检查，防止接触不良或接线松脱造成误动作。

1.4.3 接近开关

1. 接近开关的结构和符号

接近开关是一种无接触式物体检测装置，即某一物体接近某一信号机构时，信号机构发出动作指令的开关。接近开关可以代替有触点行程开关来完成行程控制和限位保护。另外，接近开关还可用作高频计数、测速、液位控制、零件尺寸检测、加工程序自动衔接等的非接触式开关。由于它具有非接触式触发、动作速度快、可在不同的检测距离内动作、发出的信号稳定无脉动、工作稳定可靠、使用寿命长、重复定位精度高以及能适应恶劣的工作环境等特点，所以接近开关在机床、纺织、印刷、塑料等工业生产中应用广泛。

接近开关分为有源型和无源型两种。多数无触点行程开关为有源型，主要包括检测元件、放大电路、输出驱动电路三部分，一般采用 2～24 V 的直流电源或 220 V 交流电源等。图 1-28 所示为三线式有源型接近开关的结构框图。

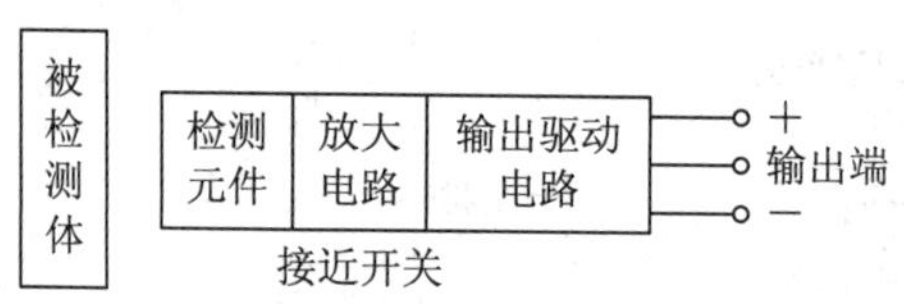

图 1-28 三线式有源型接近开关的结构框图

接近开关根据检测元件工作原理的不同可分为高频振荡型、超声波型、电容型、电磁感应型、永磁型、霍尔元件型与磁敏元件等。不同形式的接近开关所检测的被检测体不同。

接近开关的主要产品有 LJ2、LJ6、LXJ0、LXJ6、LXJ9、LXJ12 和 3SG 等系列。接近开关的主要技术参数有工作电压、输出电流、动作距离、重复精度等。

接近开关的实物如图 1-29(a)所示，它的图形符号和文字符号如图 1-29(b)所示。

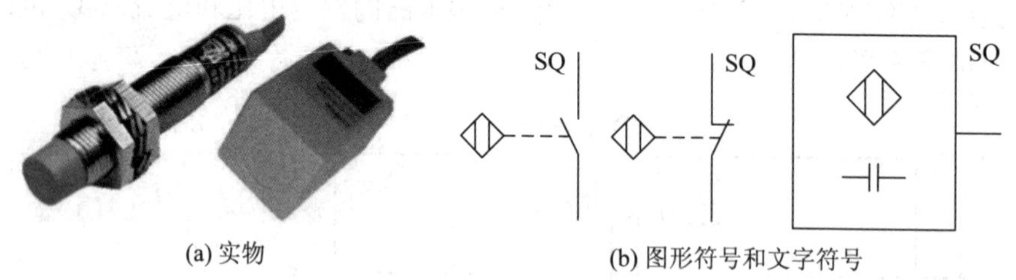

(a) 实物　　(b) 图形符号和文字符号

图 1-29 接近开关的实物和符号

2. 接近开关的选择

接近开关的选择主要考虑以下原则：

(1) 接近开关类型的选择。检测金属时优先选用电感式，检测非金属时优先选用电容式，检测磁信号时选用磁感式。

(2) 接近开关外观的选择。一般常选用圆柱螺纹形状，可根据实际需要来选择。

(3) 接近开关检测距离的选择。一般厂家说明书上都会注明检测距离，根据需要选用。

(4) 接近开关输出信号的选择。交流接近开关输出交流信号，而直流接近开关则输出直流信号。特别注意：负载的电流一定要小于接近开关的输出电流，否则应添加转换电路。

(5) 接近开关开关频率的选择。开关频率指接近开关每秒从“开”到“关”转换的次数。直流接近开关的开关频率可达到 200 Hz/s，交流接近开关的开关频率只能达到 25 Hz/s。

(6) 接近开关额定电压的选择。交流接近开关优选 AC 220 V 和 AC 36 V；直流接近开关优选 DC 12 V 和 DC 24 V。一般情况下，接近开关的电压选择范围很广。

1.4.4 万能转换开关

万能转换开关是一种多操作位置，可以控制多个回路的主令电器，常用于控制电路发布控制指令或用于远距离控制，也可作为电压表、电流表的换相开关，或用于小容量电动机的启动、调速和换向控制。专门用于小容量电动机正反向控制的转换开关又称为倒顺开关。由于转换开关换接电路多，用途广泛，故又称之为万能转换开关。其实物如图 1-30(a)所示。

(a) 实物

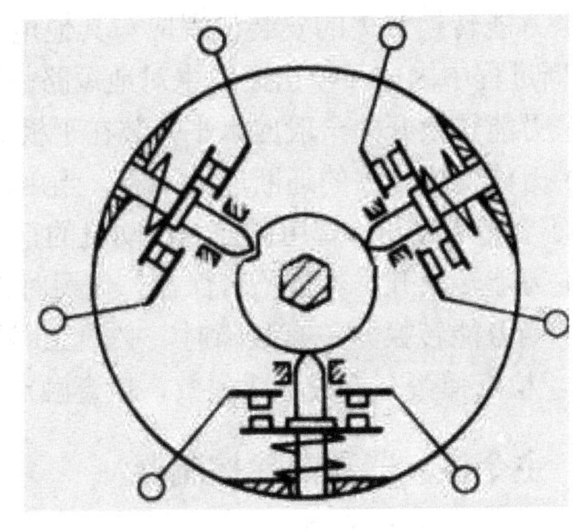

(b) 单层结构原理

图 1-30　万能转换开关的实物和单层结构原理

1. 万能转换开关的结构和工作原理

万能转换开关是由多组相同结构的触点组件叠装而成的多回路控制电器。它由面板、操作机构、定位装置、触点、接触系统、转轴、手柄等部件组成。万能转换开关的单层结构原理如图 1-30(b)所示，每层基底座均可装三对触点，并由基底座中间的凸轮进行控制。

触点在绝缘基座内，为双断点触点桥式结构，动触点设计成自动调整式以保证通断时的同步性，静触点装在触点座内。使用时依靠凸轮和支架进行操作，控制触点的闭合和断开。

目前，常用的万能转换开关有 LW5、LW6、LW8、LW9、LW12 和 LW15 等系列。万能转换开关各挡位电路的通断状况有两种表示方法：一种是图形表示法，另一种是表格表示法。图 1-31(a)所示为万能转换开关的图形符号和触点。图形符号中每一条横线代表一路触点，而用竖的虚线代表手柄的位置。哪一路接通就在代表该位置的虚线下面用黑点表示。触点通断也可用通断表来表示，如图 1-31(b)所示。

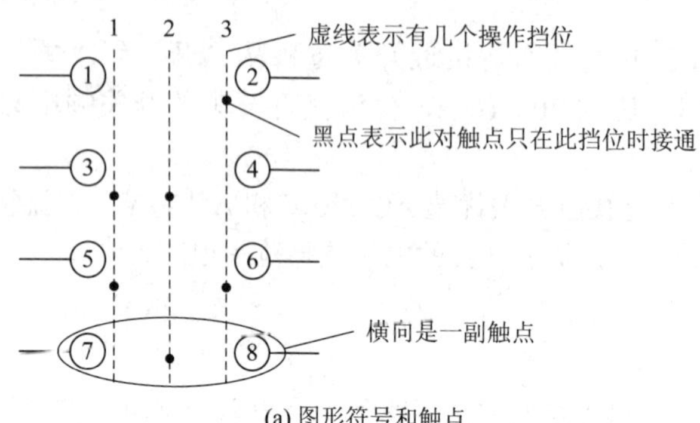

(a) 图形符号和触点

触点号	1	2	3
1-2			+
3-4	+	+	
5-6	+		+
7-8		+	

(b) 触点通断表

图 1-31　万能转换开关的符号和触点通断表

2. 万能转换开关使用注意事项

万能转换开关使用时应注意以下几点：

(1) 万能转换开关的安装位置应与其他电气元件或机床的金属部件有一定的间隙，以免在通断过程中因电弧喷出而发生对地短路故障。

(2) 万能转换开关一般应水平安装在平板上，但也可以倾斜或垂直安装。

(3) 万能转换开关的通断能力不高，当用来控制电动机时，LW5 系列只能控制 5.5 kW 以下的小容量电动机。若用以控制电动机的正反转，则只有在电动机停止后才能反向启动。

(4) 万能转换开关本身不带保护，使用时必须与其他电器配合。

(5) 当万能转换开关有故障时，必须立即切断电路，检查有无妨碍可动部分正常转动的故障，检查弹簧有无变形或失效，检查触点工作状态和触点状况是否正常等。

1.4.5　主令控制器和凸轮控制器

1. 主令控制器

主令控制器可用来频繁地按预定程序切换多个控制电路。主令控制器是按照预定程序控制电路的主令电器，主要用于按照预定程序分合触点，向控制系统发出指令，通过接触器控制电动机的启动、调速、制动及反接制动等，同时还可以实现控制电路的连锁。它通过触点接通或断开接触器线圈电源，并不直接控制电动机。

2. 主令控制器的结构与工作原理

图 1-32(a)所示为主令控制器的实物图，图 1-32(b)所示为主令控制器某一层的结构。

当转动方轴时，凸轮块随之转动，当凸轮块的凸起部分转到与小轮接触时，推动支架向外张开，使动触点离开静触点，将被控回路断开。当凸轮块的凹陷部分与小轮接触时，支杆在复位弹簧作用下复位，使动触点闭合，从而接通被控回路。安装一串不同形状的凸轮块，可使触点按一定顺序闭合与断开，获得按一定顺序进行控制的电路。

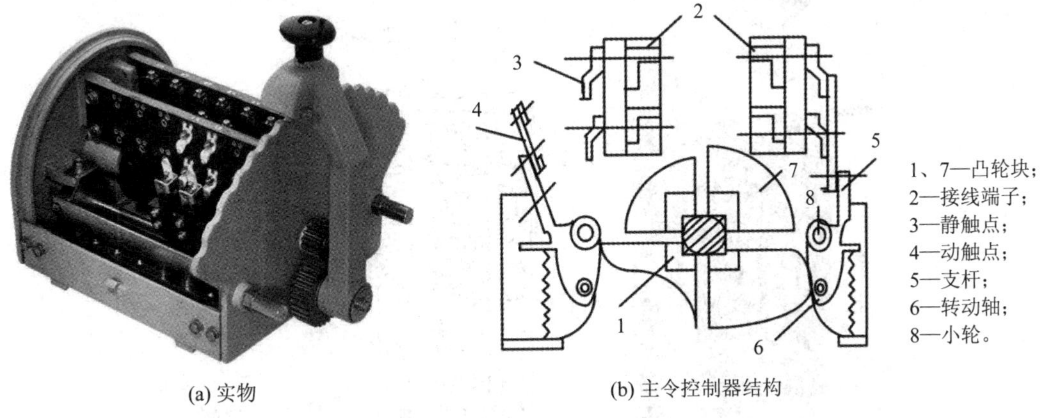

(a) 实物　　(b) 主令控制器结构

图 1-32　主令控制器的实物和结构

3. 主令控制器的型号表示及含义

主令控制器的型号表示及含义如图 1-33 所示。

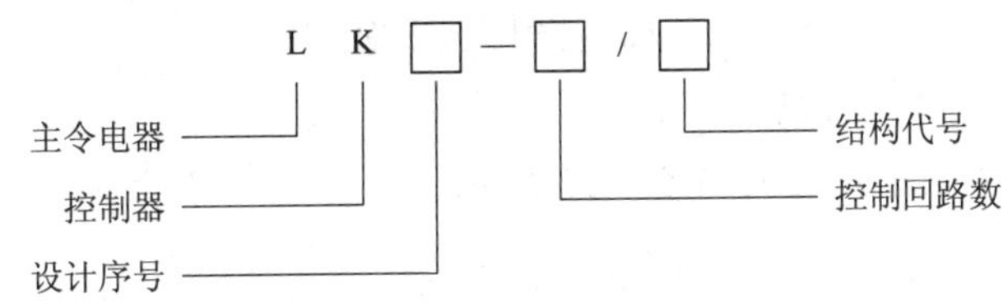

图 1-33　主令控制器的型号表示及含义

主令控制器的主要产品有 LK1、LK4、LK5、LK14、LK15、LK16 等系列，LK14 系列主令控制器的额定电压为 380 V，额定电流为 15 A，控制电路数达 12 个。LK14 系列属于调整式主令控制器，闭合顺序可根据实际情况调整。

主令控制器的图形符号、触点、在各挡位通断状态的表示方法与万能转换开关的类似，其文字符号也用 SA 表示。

4. 凸轮控制器

凸轮控制器是一种大型的手动控制器，主要用于起重设备中直接控制中小型绕线式异步电动机的启动、停止、调速、反转和制动，也适用于有相同要求的其他电力拖动场合。

1) 凸轮控制器的结构与工作原理

凸轮控制器的实物如图 1-34(a)所示，结构如图 1-34(b)所示。凸轮控制器主要由触点、转轴、凸轮、杠杆、手柄、灭弧罩及定位机构等组成，其工作原理与主令控制器的基本相同。由于凸轮控制器可直接控制电动机工作，所以其触点容量大并且有灭弧装置，这是它与主令控制器的主要区别。

凸轮控制器的优点是控制电路简单，开关元件少，维修方便，缺点是体积较大，操作笨重，不能实现远距离控制。

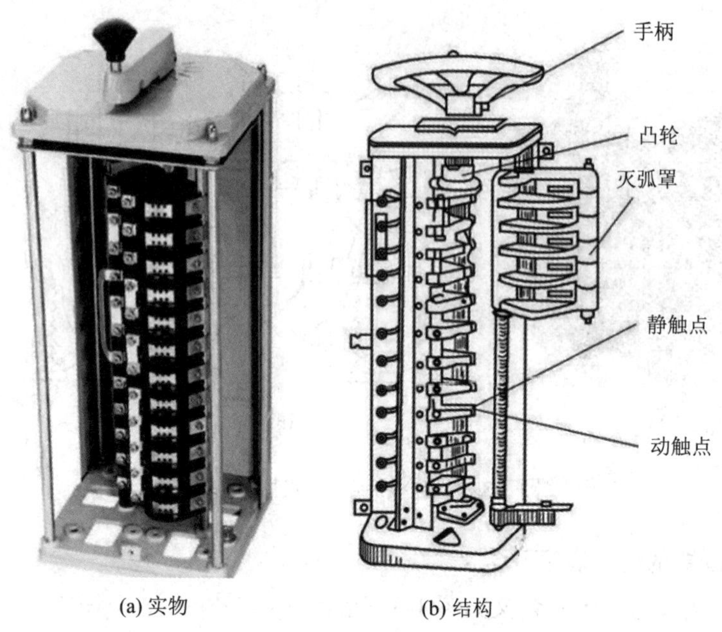

(a) 实物 (b) 结构

图 1-34 凸轮控制器的实物和结构

2) 凸轮控制器的型号表示及含义

凸轮控制器的型号表示及含义如图 1-35 所示。

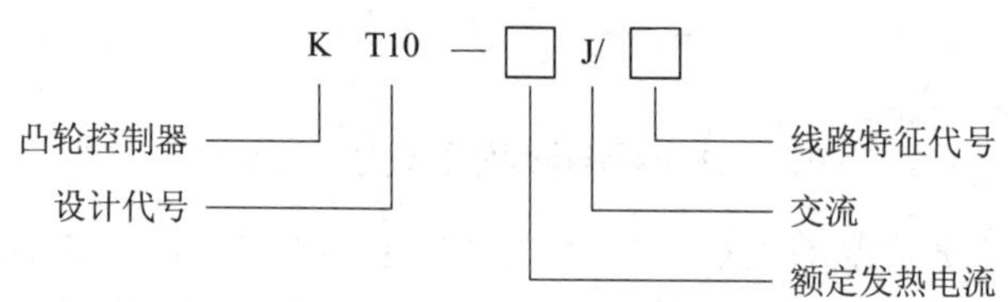

图 1-35 凸轮控制器的型号表示及含义

常用的国产凸轮控制器主要有 KT10、KT12、KT14 及 KT16 等系列，以及 KTJ1-50/5、KTJ1-80/1 等型号。

凸轮控制器的图形符号、触点及在各挡位通断状态的表示方法均与万能转换开关的类似，凸轮控制器的文字符号也用 SA 表示。

1.5 控制电器

1.5.1 接触器

接触器是一种适用于远距离频繁接通和切断交流、直流主电路和控制电路的自动电器。其主要控制对象是电动机，也可用于其他电力负载，如电炉、电焊机等。接触器具有欠电压保护、零电压保护、控制容量大、工作可靠、使用寿命长等优点，它是自动控制系统中应用最广泛的一种电器。根据通过主触点的电流种类，可将接触器分为交流接触器和直流接触器两种；根据主触点系统的驱动方式，可将接触器分为电磁式接触器、气动式接触器和液压式接触器等，其中电磁式接触器的应用最广泛。图 1-36 所示为接触器的实物图。

图 1-36　接触器的实物

1. 交流接触器

交流接触器是一种依靠电磁力作用来接通和切断带有负载的主电路或大容量控制电路的自动切换电器，它与按钮配合使用，可以对电动机进行远距离自动控制。另外，交流接触器还具有欠电压保护和零电压保护功能。

交流接触器的结构和符号如图 1-37 所示。交流接触器主要由触点、电磁操作机构和灭弧装置三部分组成。触点用来接通、切断电路，它由动触点、静触点和压簧组成。触点一般分为主触点和辅助触点。主触点用于通断电流较大的主电路，体积较大，一般由三对常开触点组成。辅助触点用于通断电流较小的控制电路，体积较小，通常有常开和常闭各两对触点。主触点断开瞬间会产生电弧，可能会烧损触点或造成切断时间延长，故触点位置装有灭弧装置。电磁操作机构实际上就是一个电磁铁，它包括吸引线圈、静铁芯和动铁芯。当线圈通电时，动铁芯被吸下，使常开触点闭合，常闭触点断开。为了减小涡流和磁滞损耗，以免铁芯过度发热(铁芯由硅钢片叠铆而成)，同时也为了减小机械振动和噪声，在静铁芯极面上要装短路环。

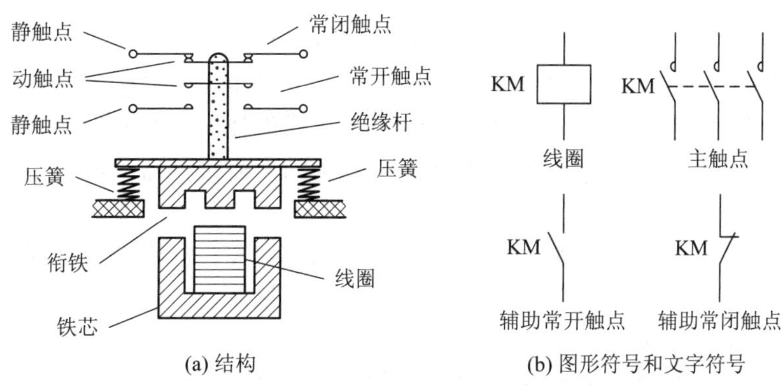

图 1-37　交流接触器的结构和符号

接触器是电力拖动中最主要的控制电器之一。在设计它的触点时已考虑到接通负荷时的启动电流问题，因此，选用接触器时主要应根据负荷的额定电流来确定。例如，一台 Y112M-4 三相异步电动机，额定功率为 4 kW，额定电流为 8.8 A，选用主触点额定电流为 10 A 的交流接触器即可。除电流之外，还应满足接触器的额定电压不小于主电路的额定电压这一条件。

交流接触器常用于远距离接通和分断电压至 660 V、电流至 660 A 的交流电路，以及频繁启动和控制交流电动机的场合，所以交流接触器应用广泛，品种规格繁多。常用的交流接触器有 CJ20、CJ40、CJ12、CJ10、CJX1、CJX2、B3TB 等系列。其中，CJ20 系列为我国 20 世纪 80 年代完成的更新换代产品；CJX1、CJX2、B3TB 系列为同期引进国外技术制造的产品；CJ40 系列为在 CJ20 系列的基础上自行开发、设计、试制的产品，主要技术参数达到甚至超过国外同类产品。

2. 直流接触器

直流接触器的结构和工作原理与交流接触器的基本相同，但是因为它主要用于控制直流用电设备，所以具体结构与交流接触器有一些差别。图 1-38 所示为直流接触器的实物和结构图。

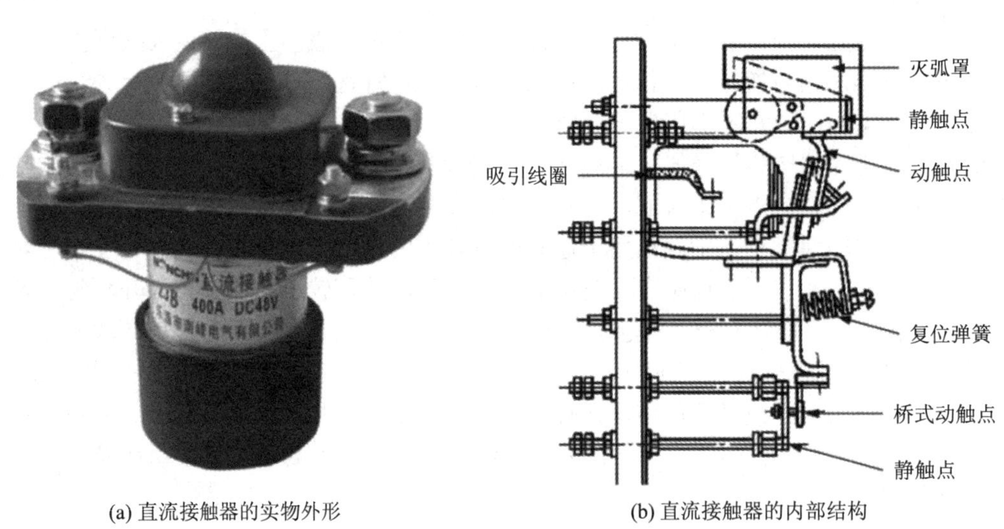

(a) 直流接触器的实物外形　　(b) 直流接触器的内部结构

图 1-38　直流接触器的实物和结构

直流接触器的触点系统一般做成单极或双极，多采用滚动接触的指形触点。电磁系统线圈通过直流电，铁芯中不会产生涡流，没有磁滞损耗，铁芯不发热，所以铁芯可用整块铸铁或铸钢制成，铁芯不需装短路环，大容量的直流接触器一般采用磁吹灭弧装置进行灭弧。

直流接触器常用于远距离接通和分断直流电压至 440 V、直流电流至 1600 A 的电力电路，并适用于直流电动机的频繁启动、停止、反转与反接制动。常用的直流接触器有 CZ0、CZ18、CZ21、CZ22 系列。

CZ0 系列直流接触器的主触点额定电流有 40 A、100 A、150 A、250 A、400 A 及 600 A 六个等级。从结构上看，额定电流在 150 A 及以下的接触器为立体布置整体式结构，它有沿棱角转动的拍合式电磁机构，主触点采用双断点桥式结构，触点上镶有银块，主触点采用由串联磁吹线圈和横隔板式陶土灭弧罩组成的灭弧装置。组合式的辅助触点固定在主触点绝缘基座一端的两侧，并用透明的罩盖来防尘。额定电流为 250 A 及以上的直流接触器采用平面布置整体结构，主触点采用单断点的指形触点，主触点的灭弧装置由串联磁吹线圈和纵隔板陶土灭弧罩组成。组合式的桥式双断口辅助触点固定在磁轭背上，并有透明罩盖。

直流接触器吸引线圈的额定电压应视回路的情况而定。同一系列、同一容量等级的接触器，其线圈的额定电压有几种，可以选择线圈的额定电压与直流控制电路的电压一致。

直流接触器的线圈加的是直流电压，交流接触器的线圈一般加交流电压。有时为了提高接触器的最大操作频率，交流接触器也有采用直流电压的。

1.5.2　时间继电器

1. 时间继电器的结构和符号

时间继电器是电路中控制动作时间的设备，它利用电磁原理或机械动作原理来实现触点的延时接通和断开。根据其动作原理与构造的不同，时间继电器可分为电磁式、空气阻尼式、电动式和电子式等。图 1-39 所示为时间继电器的实物图和底座接线示意图，图 1-40 所示为时间继电器的符号。

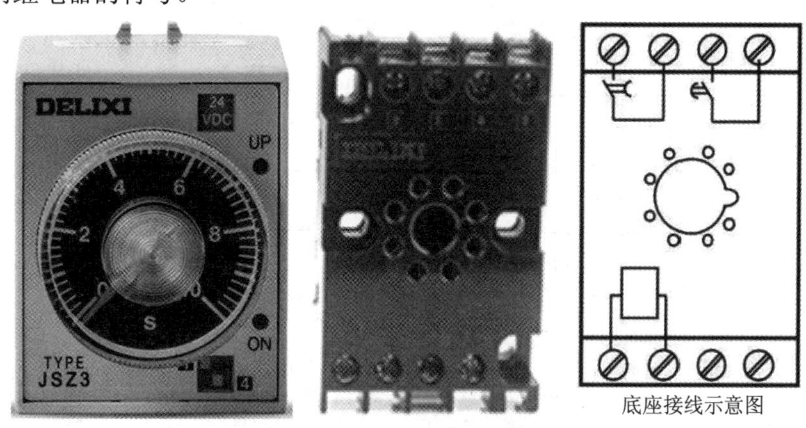

图 1-39　时间继电器的实物图和底座接线示意图

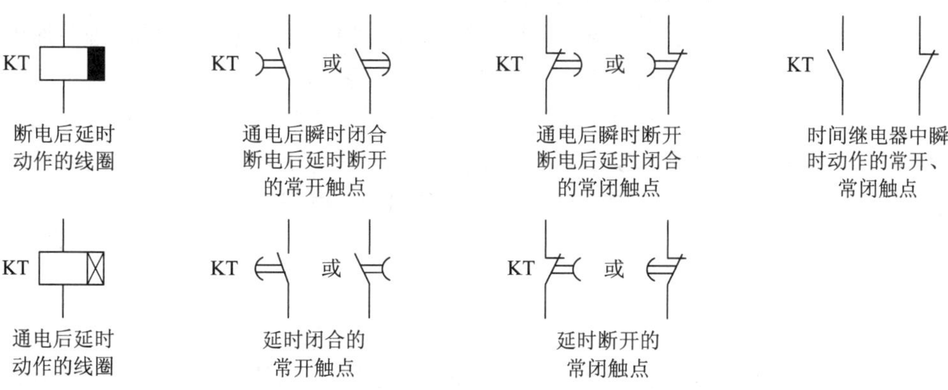

图 1-40　时间继电器的图形符号和文字符号

2. 空气阻尼式时间继电器

空气阻尼式时间继电器分为通电延时型和断电延时型两种。图 1-41 所示为通电延时型时间继电器。在线圈通电后，铁芯将衔铁吸合，同时推板使微动开关立即动作，活塞杆在塔形弹簧的作用下，带动活塞及橡皮膜向上移动，由于橡皮膜下方气室的空气稀薄，形成负压，因此活塞杆不能迅速上移。当空气由进气孔进入时，活塞杆才逐渐上移。移到最上端时，杠杆才使微动开关动作。延时时间为自电磁铁吸引线圈通电到微动开关动作的这段时间。通过调节螺杆来改变进气孔的大小，就可以调节延时时间。当线圈断电时，衔铁在复位弹簧的作用下将活塞推向最下端。因活塞被往下推时，橡皮块下方气室内的空气都通过橡皮膜、弹簧和活塞所形成的单向阀经上气室缝隙顺利排掉，因此，延时与不延时微动开关都能迅速复位。

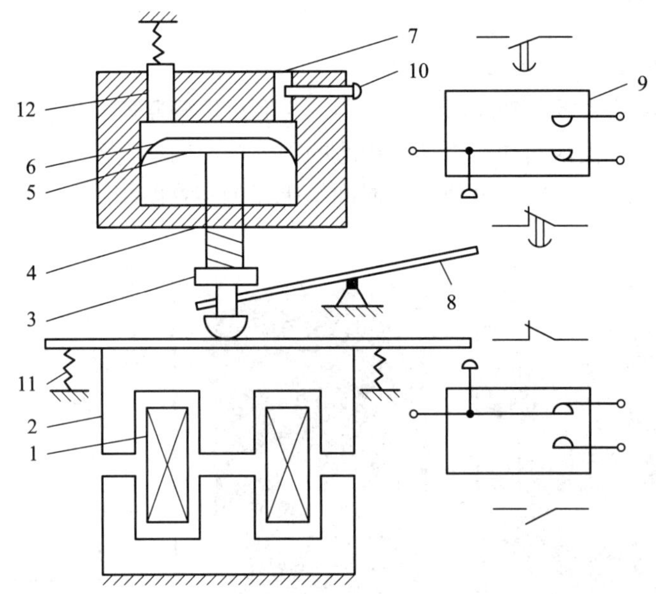

1—线圈；2—衔铁；3—活塞杆；4—弹簧；5—伞形活塞；6—橡皮膜；
7—进气孔；8—杠杆；9—微动开关；10—螺钉；11—恢复弹簧；12—出气孔。

图 1-41 空气阻尼式时间继电器的结构

将电磁机构翻转 180° 安装，可得到断电延时型时间继电器。它的工作原理与通电延时型时间继电器的相似，微动开关是在吸引线圈断电后延时动作的。

空气阻尼式时间继电器的优点是结构简单，寿命长，价格低，还附有不延时的触点，所以应用较为广泛；缺点是准确度低，延时误差大(±10%～±20%)，在要求延时精度高的场合不宜采用。空气阻尼式时间继电器主要有 JS7、IS16 和 JS23 等系列。

1.5.3 速度继电器

速度继电器主要用于鼠笼式异步电动机的反接制动控制，故又称为反接制动继电器。它主要由转子、定子和触点三部分组成。转子是一个圆形永久磁铁，定子是一个鼠笼式空心圆杯，由硅钢片叠成，并装有鼠笼式绕组。

速度继电器的实物如图 1-42(a)所示，图形符号和文字符号如图 1-42(b)所示。速度继电器的结构如图 1-43 所示。工作时，速度继电器转子的轴与被控制电动机的轴相连接，当电动机转动时，速度继电器的转子随之转动，在空间上产生旋转磁场，切割定子绕组并产生感应电流。当达到一定转速时，定子在感应电流和力矩的作用下跟随转动。当转到一定角度时，装在定子轴上的摆锤推动簧片(动触点)动作，使常闭触点分断、常开触点闭合。当电动机转速低于某一数值时，定子产生的转矩减小，所有触点在簧片作用下复位。

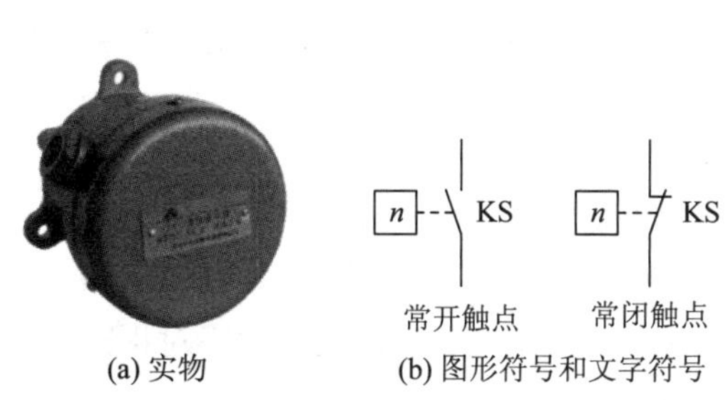

(a) 实物　(b) 图形符号和文字符号

图 1-42　速度继电器的实物和符号

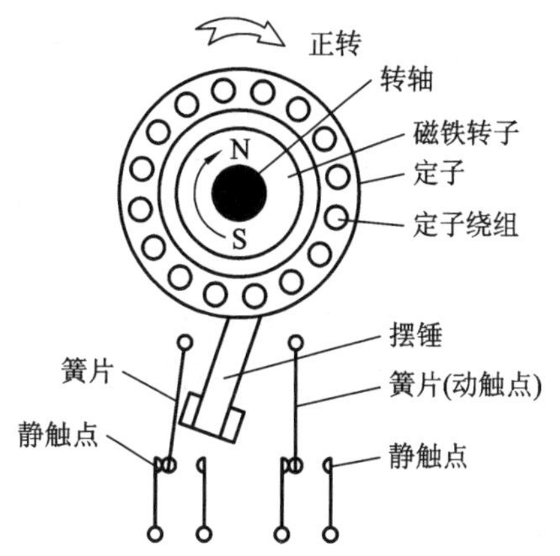

图 1-43　速度继电器的结构

常用的速度继电器有 YJ1 系列和 JF20 系列。通常在速度继电器转轴的转速为 120 r/min 以上时触点动作，在转速为 100 r/min 以下时触点复位。

常用的感应式速度继电器有 JY1 和 JFZ0 系列。JY1 系列能在 3000 r/min 的转速下可靠工作。JFZ0 系列的触点的动作速度不受定子柄偏转快慢的影响，触点改用微动开关。JFZ0 系列 JFZ0-1 型适用于转速为 300～1000 r/min。JFZ0-2 型适用于转速为 1000～3000 r/min。

速度继电器有两对常开、常闭触点，分别对应被控电动机的正、反转运行。

速度继电器主要考虑速度动作值、触点容量、触点形式和触点数量等。

习　题　1

一、填空题

1．(　　)是根据外界信号，自动或手动接通和断开电路，实现对电路或非电对象的切换、控制、保护、检测、变换和调节的电气元件或设备。

2．低压电器是指工作电压在交流 1200 V 以下、直流(　　)V 以下的电器。

3．电磁式电器的电磁机构由线圈、(　　)、衔铁组成。

4．(　　)用于不频繁接通和分断电路，或隔离电路与电源。

5．当电路发生严重过载、(　　)、失压等故障时，自动开关能自动切断电路。

6．当电路发生严重过载或短路时，(　　)的熔体熔断而切断电路，起到保护线路和负载的作用。

7．(　　)利用生产机械运动部件的碰撞，使其内部触点动作，分断或切换电路。

8．(　　)是一种用来频繁接通和断开交、直流主电路及大容量控制电路的自动切换电器。

9．(　　)是一种根据某些物理量的变化，使其自身的执行机构产生动作的电器，它可改变线路的工作状态，完成预定的控制任务，也可实现某种保护。

10．(　　)是利用电流的热效应原理，使电流通过发热元件产生热量来使检测元件受热弯曲，推动执行机构动作的一种保护电器。

二、判断题

1．由于栅片灭弧装置的灭弧效果在直流情况下要比在交流情况下强得多，所以在直流电器中常采用栅片灭弧。(　　)

2．开关安装时，瓷底应与地面垂直，手柄向上，易于灭弧，不得倒装或平装。(　　)

3．自动开关具有可以操作、动作值可调、分断能力较强以及动作后一般不需要更换零件等优点。(　　)

4．常开触点是线圈得电时断开的触点。(　　)

5．继电器可以对各种电量或非电量的变化做出反应，而接触器只在一定的电压信号下动作。(　　)

6．热继电器的选型原则：△形及电源对称时，可选 2 相；Y 形及电源不对称时，应选 3 相，带断相保护。(　　)

7．熔断器主要用于过载保护。(　　)

8．热继电器主要用于过载保护。(　　)

三、选择题

1．下面关于欠电流继电器说法正确的是(　　)。

A．电路正常时，欠电流继电器始终是释放的

B．欠电流继电器释放时，它的常开触点是闭合的

C．欠电流继电器吸合时，它的常闭触点是闭合的

D．电路欠电流时，欠电流继电器是释放的

2．下面关于过电流继电器说法错误的是(　　)。

A．电路正常时，过电流继电器始终是释放的

B．交流过电流继电器必须装短路环

C．当电路发生过载或短路故障时，过电流继电器才吸合

D．过电流继电器具有短时工作的特点

3．下面关于时间继电器的触点说法正确的是(　　)。

A．当线圈失电时，延时闭合常开触点会延时闭合

B．当线圈失电时，延时断开常闭触点会延时闭合

C．当线圈失电时，延时断开常开触点会延时闭合

D．当线圈失电时，延时闭合常闭触点会延时闭合

4．当线圈得电时，下面触点会延时断开的是(　　)。

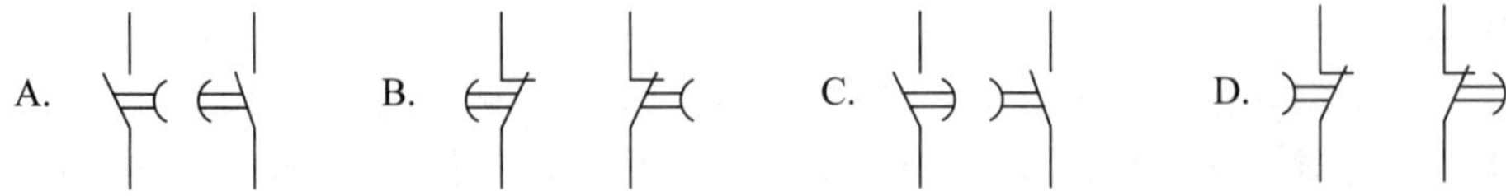

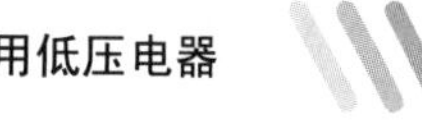

5．当线圈失电时，下面触点会延时断开的是(　　)。

四、综合题

1．写出本章介绍的各种配电电器、主令电器、接触器和继电器的图形符号和文字符号。

2．根据图 1-44 叙述自动开关的工作原理。

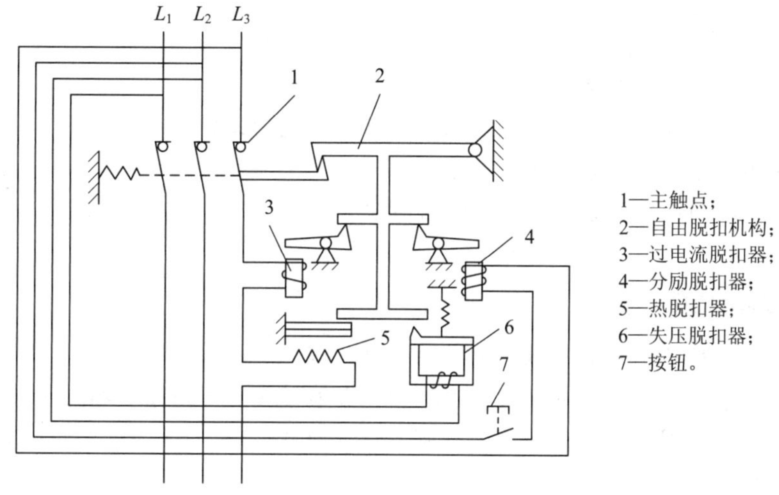

图 1-44　自动开关结构图

3．根据图 1-45 叙述通电延时型空气阻尼式时间继电器的工作原理。

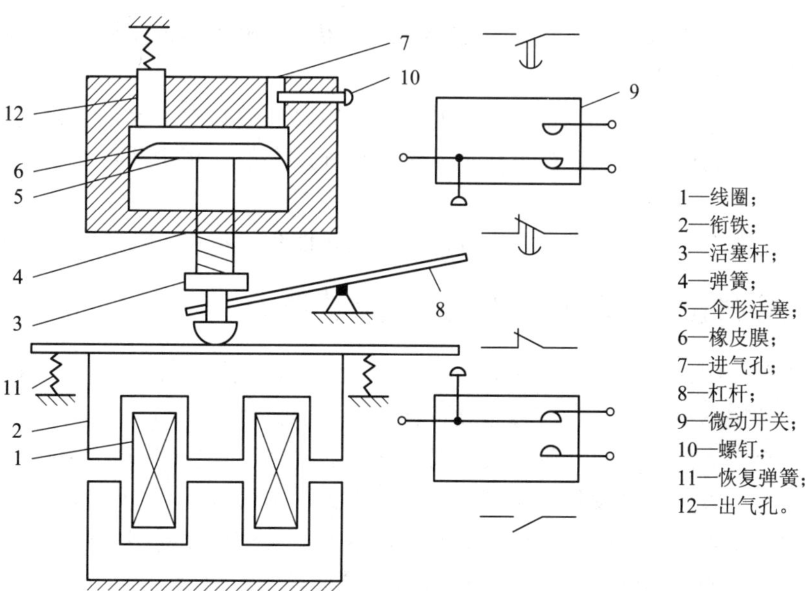

图 1-45　空气阻尼式时间继电器的结构图

第 2 章　电气控制电路分析与设计

知识目标

1. 掌握电气原理图、布置图、接线图的绘制规则。
2. 掌握三相异步电动机启动、正反转、制动和调速的工作原理。
3. 掌握简单机床电路的分析方法。
4. 掌握电气控制电路的设计规则和设计方法。

技能目标

1. 能读懂并分析简单的电气控制电路的工作原理。
2. 能根据要求优化已有的电气控制电路图，并能根据故障现象分析故障原因。
3. 能利用基本控制环节设计简单的控制系统原理图。

2.1　电气控制电路概述

由第 1 章所介绍的按钮、开关、接触器、继电器等有触点的低压控制电器所组成的控制电路，叫作电气控制电路。

电气控制通常称为继电接触器控制，其优点是电路图较直观形象，装置结构简单，价格便宜，抗干扰能力强。它可以很方便地实现简单和复杂的、集中和远距离生产过程的自动控制。

电气控制电路的表示方法有电气原理图、电气元件布置图和电气安装接线图三种。

2.1.1　电气控制电路常用的图形符号及文字符号

电气控制电路图是工程技术界的通用语言，为了便于交流与沟通，在电气控制线路中，各种电气元件的图形符号及文字符号必须符合国家标准。

文字符号有基本文字符号和辅助文字符号之分。基本文字符号有单字母符号和双字母符号。单字母符号表示电气设备、装置和元件的大类，例如 K 为继电器类元件这一大类；双字母符号由一个表示大类的单字母与另一个表示器件某些特性的字母组成，例如 KT 表示继电器类器件中的时间继电器，KM 表示继电器类器件中的接触器。辅助文字符号用来进一步表示电气设备、装置和元件的功能、状态和特征。

表 2-1 和表 2-2 中列出了部分常用的电气图形符号和基本文字符号，在实际使用时如

需要更详细的资料，请查阅相关国家标准。

表 2-1　常用的电气图形符号和文字符号

名称	图形符号和文字符号	名称	图形符号和文字符号
刀开关	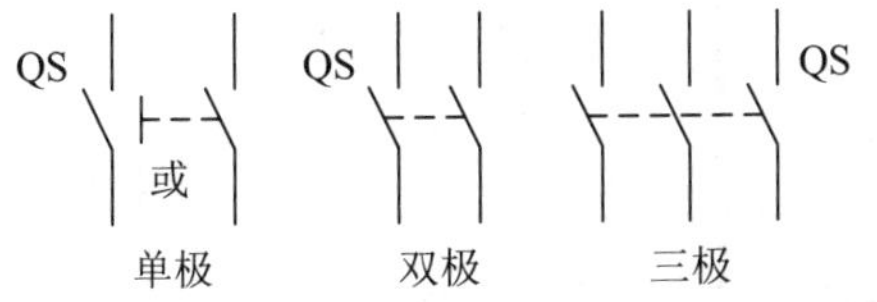 QS 或 单极　QS 双极　QS 三极	转换开关	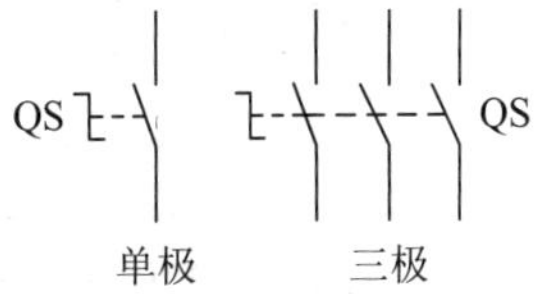 QS 单极　QS 三极
自动开关	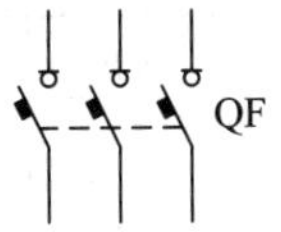 QF	熔断器	 FU
按钮	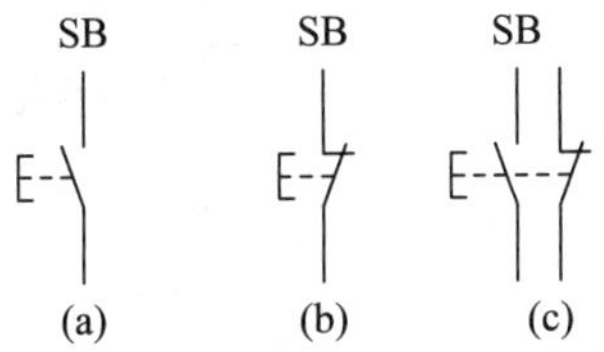 SB (a)　SB (b)　SB (c)	行程开关	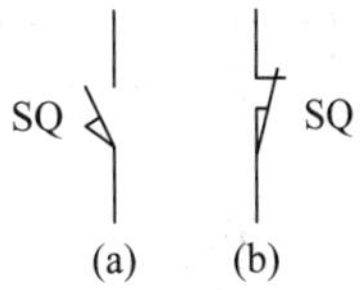 SQ (a)　SQ (b)
接近开关	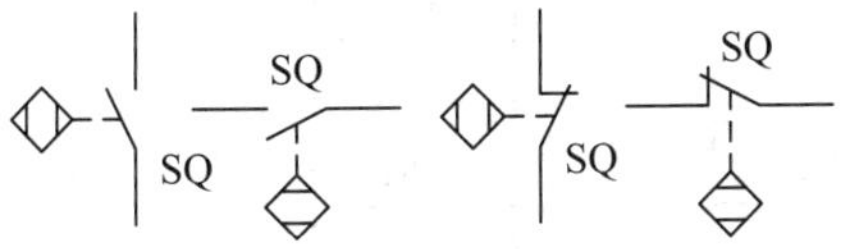 SQ　SQ　SQ　SQ	接触器	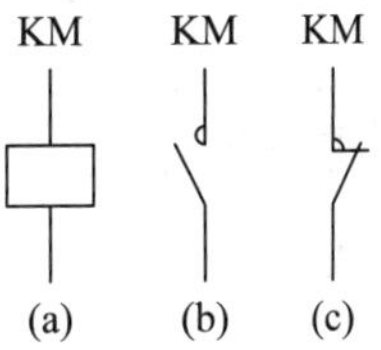 KM (a)　KM (b)　KM (c)
电压继电器	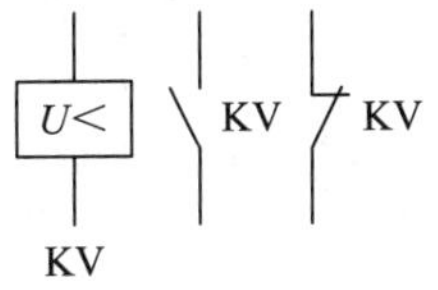 U< KV　KV　KV	电流继电器	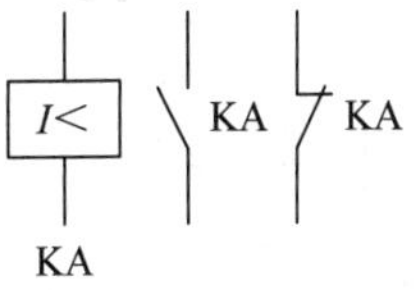 I< KA　KA　KA
时间继电器	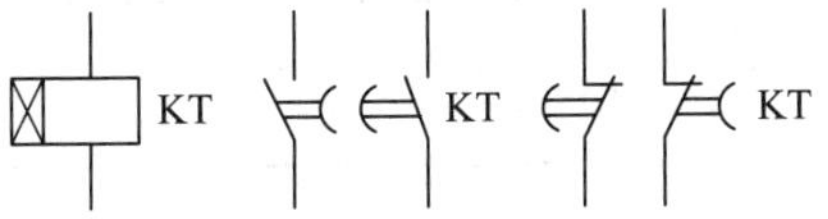 KT　KT　KT	热继电器	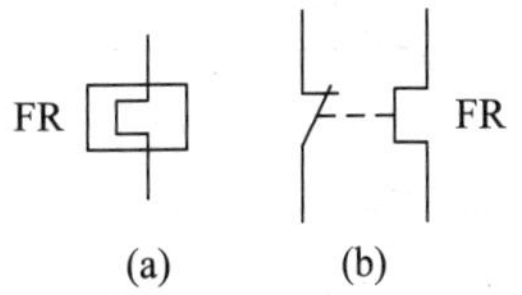 FR (a)　FR (b)
速度继电器	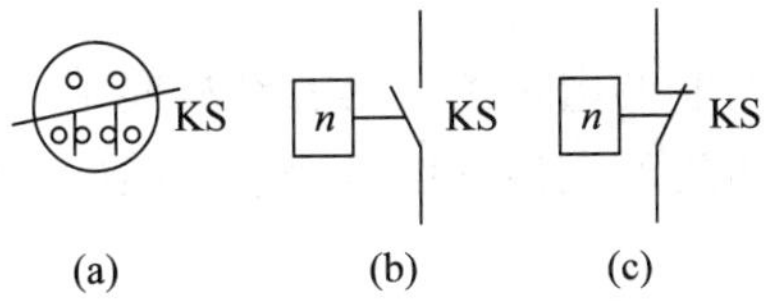 KS (a)　n KS (b)　n KS (c)	变压器	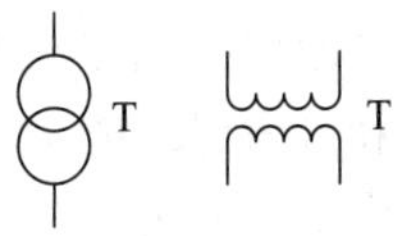 T　T
电压互感器	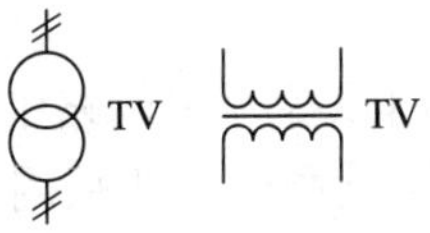 TV　TV	鼠笼式电机	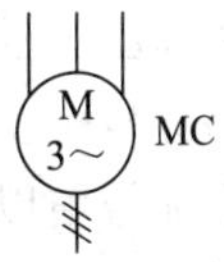 M 3～ MC

表 2-2　电气设备常用的基本文字符号

基本文字符号		项目种类	设备、装置、元器件举例
单字母	双字母		
A	AT	组件部件	抽屉柜
B	BP	非电量到电量	压力变换器
	BO	变换器或电量到非电量变换器	位置变换器
	BT		温度变换器
	BV		速度变换器
F	FU	保护器件	熔断器
	FV		限压保护器
H	HA	信号器件	声响指示器
	HL		指示灯
K	KA	继电器	瞬时接触继电器
			交流继电器
			中间继电器
	KM	接触器	接触器
	KP		极化继电器
	KR		簧片继电器
	KT		时间继电器
P	PA	测量设备	电流表
	PJ	试验设备	电能表
	PS		记录仪器
	PV		电压表
	PT		时钟、操作时间表
Q	QF	开关器件	断路器
	QM		电动机保护开关
	QS		隔离开关
R	RP	电阻器	电位器
	RT		热敏电阻器
	RV		压敏电阻器
S	SA	控制、记忆信号	控制开关
	SB	电路的开关选择器	按钮开关
	SP		压力传感器
	SQ		位置传感器
	ST		温度传感器
T	TA	变压器	电流互感器
	TC		电源变压器
	TM		电力变压器
	TV		电压互感器
X	XP	端子、插头、插座	插头
	XS		插座
	XT		端子板
Y	YA	电气操作的机械器件	电磁铁
	YV		电磁阀
	YB		电磁离合器

2.1.2　电气原理图

电气原理图是根据电气设备的工作原理绘制的电路图，具有结构简单、层次分明、便于研究和分析电路的工作原理等优点。在各种生产机械的电气控制线路中，电气原理图都得到了广泛的应用。

1. 电气原理图的绘制

电气原理图中的支路、节点一般都加有标号。

主电路标号由文字符号和数字组成。文字符号用以标明主电路中的元件或电路的主要特征，数字标号用以区别电路的不同线段。三相交流电源引入线采用 L_1、L_2、L_3 标号，电源开关之后的三相交流电源主电路分别标 U、V、W，如 U_{11} 表示电动机的第一相的第一个节点代号，U_{21} 为第一相的第二个节点代号，依次类推。

控制电路由 3 位或 3 位以下数字组成。流控制电路的标号一般以主要压降元件(如电气元件线圈)为分界，左侧用奇数标号，右侧用偶数标号。直流控制电路中，正极按奇数标号，负极按偶数标号。

电气控制线路根据通过电路的电流强弱可分为主电路和控制电路。主电路包括从电源到电动机的电路，是强电流通过的电路，用粗线条画在原理图的左边。控制电路是通过弱电流的电路，一般由按钮、电气元件的线圈、接触器的辅助触点和继电器的触点等组成，用细线条画在原理图的右边。

绘制电气原理图应遵循以下原则：

(1) 所有电气元件的图形符号、文字符号必须采用国家规定的统一标准。

(2) 采用电气元件展开图的画法。同一电气元件的各部件可以不画在一起，但需要用同一文字符号标出。若有多个同一种类的电气元件，可在文字符号后面或者右下角加上数字序号，如 KM1、KM2 等。

(3) 所有按钮、触点均按没有外力作用和没有通电时的原始状态画出。

(4) 控制电路的分支线路，原则上按照动作先后顺序排列，两线交叉连接时的电气连接点需用黑点标出。

图 2-1 所示为笼型电动机正、反转控制电路的电气原理图。

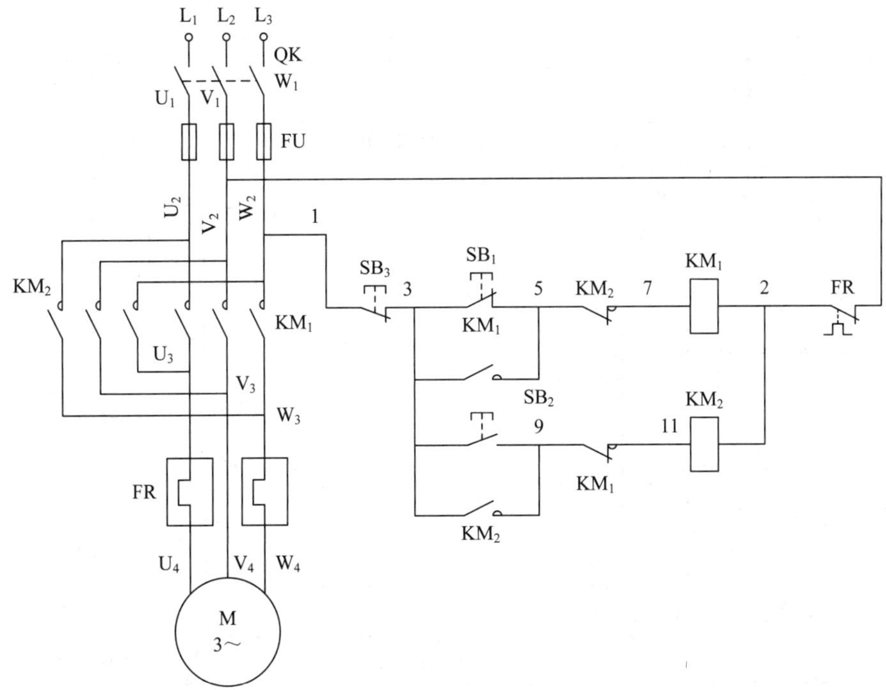

图 2-1　笼型电动机正、反转控制电路的电气原理图

2. 图上元器件的位置表示法

在绘制和阅读电路时，往往需要确定元器件、连接线等的图形符号在图上的位置。例如：

(1) 当继电器、接触器在图上采用分开表示法(线圈与触点分开)绘制时，需要采用图或表格形式表明各元器件在图上的位置。

(2) 较长的连接线采用中断画法。当连接线的另一端需要画到另一张图上去时，除了要在中断处标记中断标记，还需标注另一端在图上的位置。

(3) 在使用、维修的技术文件(如说明书)中，有时需要对某一元件或器件作注释和说明，为了找到图中相应的元器件的图形符号，需要注明这些符号在图上的位置。

(4) 在更改电路设计时，需要标明被更改部分在图上的位置。

图上元器件的位置表示法通常有 3 种：电路编号法、表格法和横坐标图示法。

1) **电路编号法**

图 2-2 所示为某机床电气原理图，其中图 2-2(a)用电路编号法来表示元器件和线路在图上的位置。电路编号法特别适用于多分支电路，如继电控制和保护电路。每一编号代表一个支路。编制方法是对每个电路或分支电路按照一定顺序(自左至右或自上至下)用阿拉伯数字编号，从而确定各支路项目的位置。例如，图 2-2(a)有 8 个电路或支路，在各支路的下方顺序标有电路编号 1～8，图上方与电路编号对应的方框内的“电源开关”等字样表明了其下方元器件或线路功能。

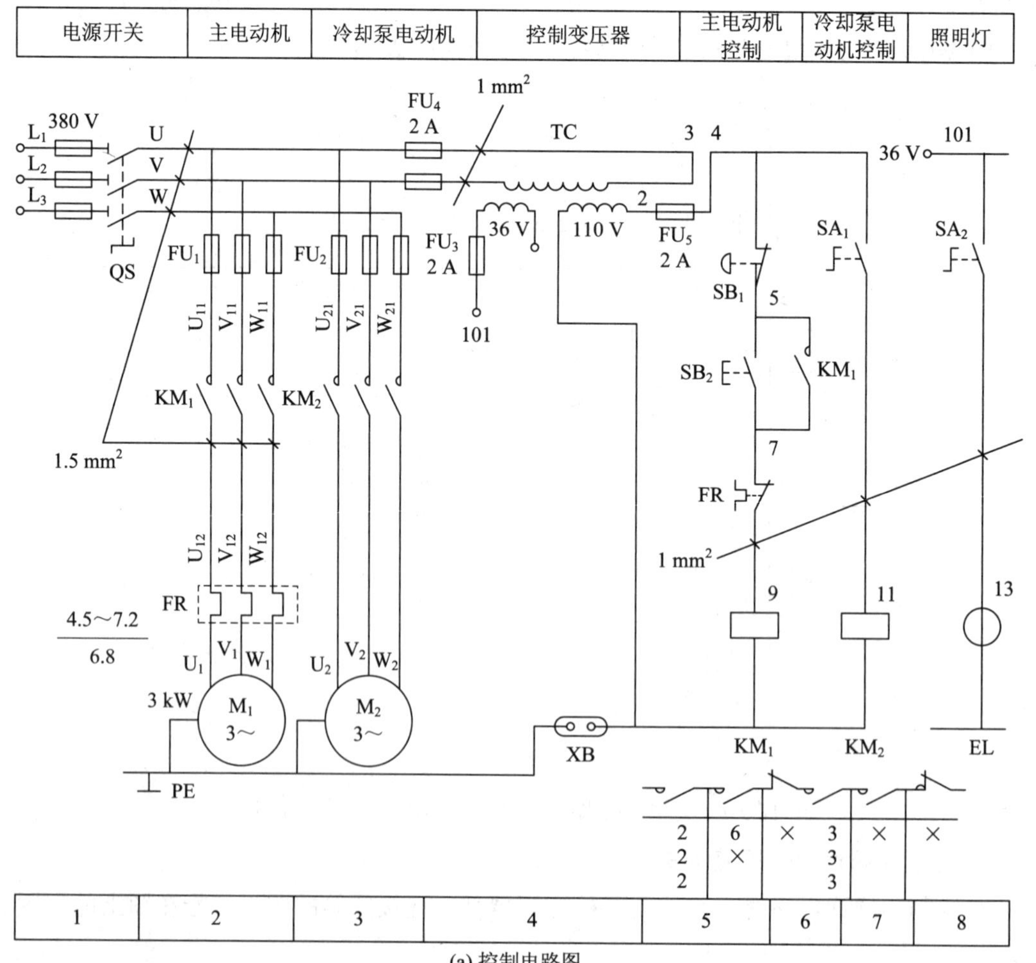

(a) 控制电路图

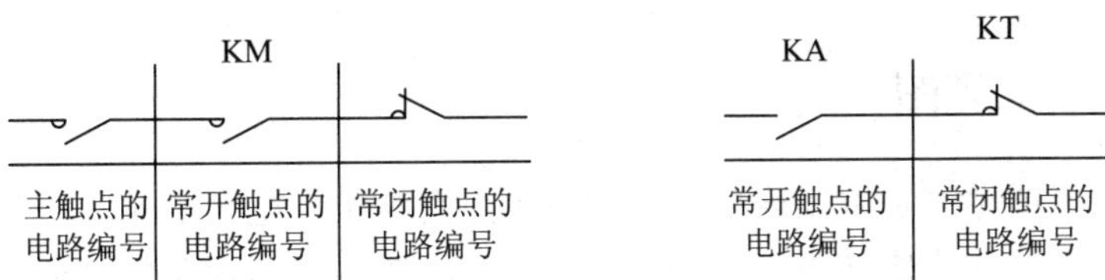

(b) 触点位置表示

图 2-2　某机床电气原理图

2) *表格法*

继电器和接触器的触点位置采用附加图表的方式表示，如图 2-2(b)所示。此图表可以画在电路图中相应线圈的下方，此时可只标出触点的位置(电路编号)索引，也可以画在电路图上的其他地方。以图 2-2(a)中线圈 KM_1 下方的图表为例，第一行用图形符号表示主、辅触点的种类，表格中的数字表示此类触点所在支路的编号。例如，第 2 列中的数字“6”表示 KM_1 的一个常开触点在第 6 支路内，表中的符号“×”表示未使用的触点。有时所附图表中的图形符号也可以省略不画。

3) *横坐标图示法*

电动机正、反转电气原理图(横坐标图示法)如图 2-3 所示。采用横坐标图示法时，线路中各电气元件均按横向画法排列。各电气元件线圈的右侧，由上到下标明各支路的序号并在该电气元件线圈旁标明其常开触点(标在横线上方)、常闭触点(标在横线下方)在电路中所在支路的标号，以便阅读和分析电路时查找。例如，接触器 KM_1 常开触点在主电路有 3 个，在控制回路 2 支路中有 1 对；常闭触点在控制电路 3 支路中有 1 对。此种表示法普遍使用在机床电气控制线路中。

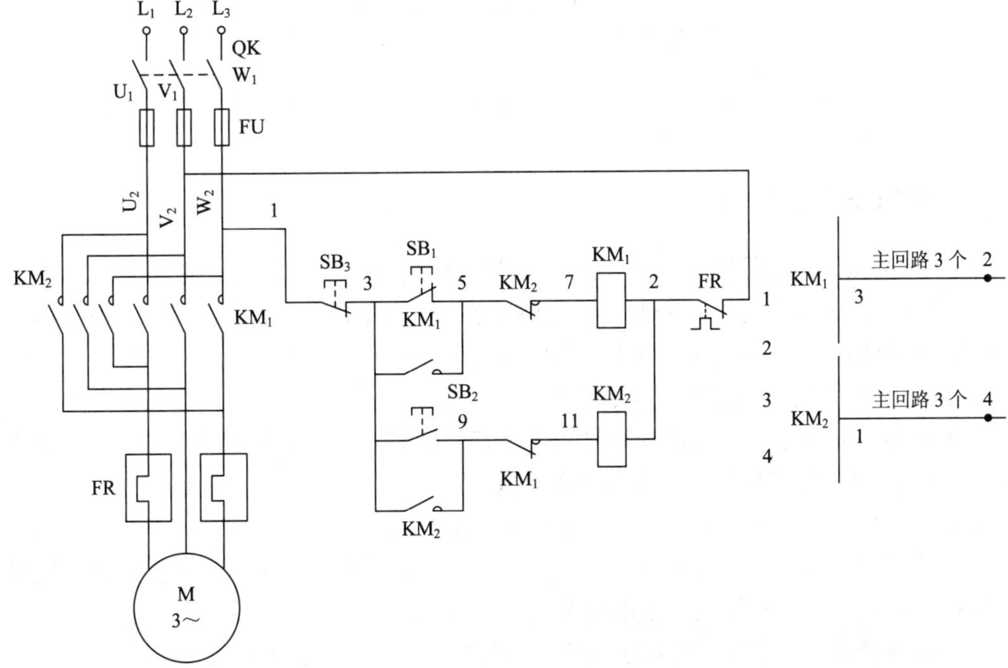

图 2-3　电动机正、反转电气原理图(横坐标图示法)

2.1.3 电气元件布置图

电气元件布置图主要是用来表明电气设备上所有电机、电器的实际位置，是机械电气控制设备制造、安装和维修必不可少的技术文件。布置图根据设备的复杂程度，或集中绘制在一张图上，或将控制柜与操作台的电气元件布置图分别绘制。绘制布置图时，机械设备轮廓用双点画线画出，所有可见的和需要表达清楚的电气元件及设备，用粗实线绘制出其简单的外形轮廓。电气元件及设备代号必须与有关电路图和清单上的代号一致。图 2-4 为电动机正、反转控制电气元件布置图。

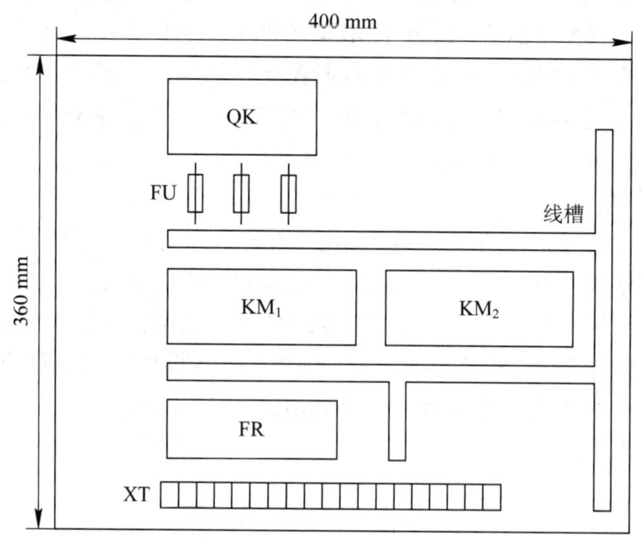

图 2-4　电动机正、反转控制电气元件布置图

2.1.4 电气安装接线图

电气安装接线图是按照电气元件的实际位置和实际接线绘制的，根据电气元件布置最合理、连接导线最经济等原则来安排。它为安装电气设备、电气元件之间进行配线及检修电气故障等提供了必要的依据。图 2-5 为电动机正、反转控制电气安装接线图。

绘制电气安装接线图应遵循以下原则：

(1) 各电气元件用规定的图形符号及文字符号绘制，同一电气元件各部件必须画在一起。各电气元件的位置应与实际安装位置一致。

(2) 不在同一控制柜或配电屏上的电气元件的电气连接必须通过端子板进行。各电气元件的文字符号及端子板的编号应与电气原理图一致，并按电气原理图的接线进行连接。

(3) 走向相同的多根导线可用单线表示。

(4) 画连接线时，应标明导线的规格、型号、根数和穿线管的尺寸。

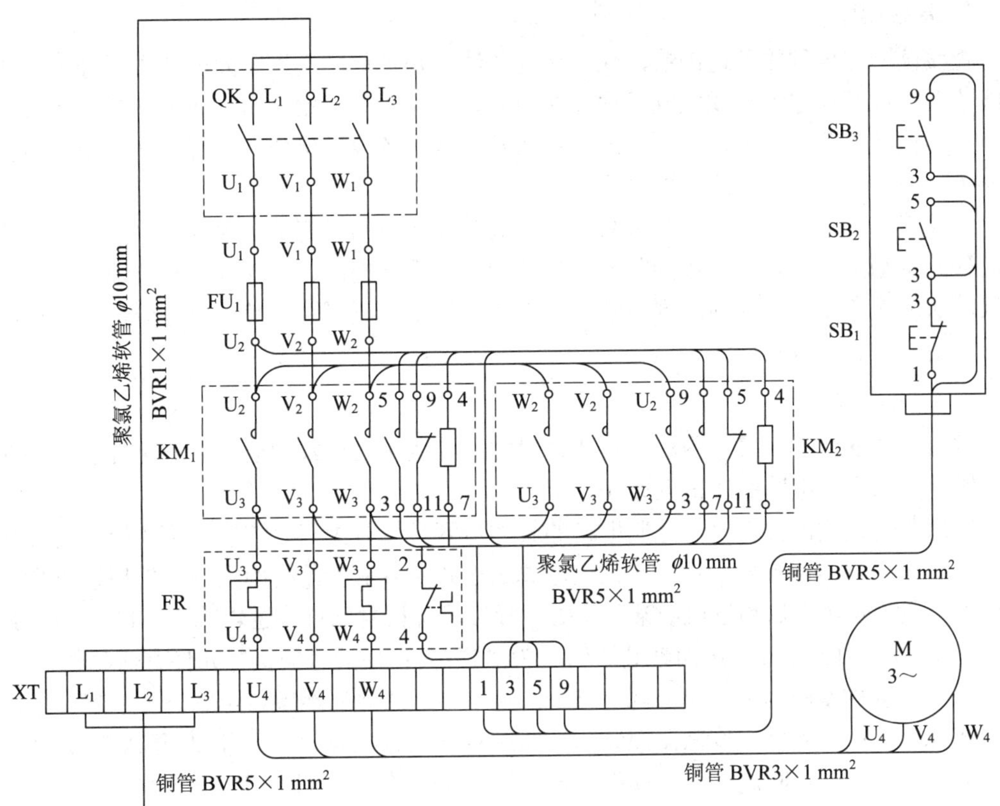

图 2-5　电动机正、反转控制电气安装接线图

2.1.5　电气控制电路的分析方法

电气控制电路通常按照由主到辅、由上到下、由左到右的原则进行分析。对于较复杂的图形，通常可以化整为零，将控制电路化成几个独立环节进行细节分析，然后串为一个整体进行分析。一般阅读和分析电气控制电路的步骤是：

(1) 阅读设备说明书，了解设备的机械结构、电气传动方式、对电气控制的要求、电机和电气元件的布置情况以及设备的使用方法，了解各种按钮、开关等的作用，熟悉图中各器件的符号和作用。

(2) 在电气原理图上先分清主电路或执行元件电路和控制电路，并从主电路着手，根据电动机的拖动要求，分析其控制内容(包括启动方式、有无正反转、调速方式、制动控制和手动循环等)，并根据工艺过程，了解各用电器设备之间的相互联系、采用的保护方式等。

(3) 控制电路由各种电器组成，主要用来控制主电路的工作。在分析控制电路时，一般根据主电路接触器主触头的文字符号，到控制电路中去找与之相应的吸引线圈，进一步弄清楚电动机的控制方式。

(4) 了解机械传动和液压传动情况。

(5) 阅读其他电路环节，比如照明、信号指示、监测、保护等辅助电路环节。

阅读和分析电气控制电路图的方法主要有查线读图法和逻辑代数法。

1. 查线读图法

查线读图法也称跟踪追击法，或直接读图法，是目前广泛采用的一种看图分析方法。查线读图法以某一电动机或电气元件线圈为对象，从电源开始，由上而下、自左至右，逐一分析其接通和断开关系，并区分出主令信号、联锁条件、保护环节等，从而分析出各种控制条件与输出结果之间的因果关系。

查线读图法在分析电气控制电路时，一般应先从电动机着手，根据主电路中有哪些控制元件的主触点、电阻等大致判断电动机是否有正反转控制、制动控制和调速要求等。查线读图法的优点是直观性强，容易掌握，因而得到了广泛采用；其缺点是分析复杂电路时容易出错，叙述也较长。

2. 逻辑代数法

逻辑代数法又称间接读图法，是通过对电路的逻辑表达式的运算来分析控制电路的，其关键是正确写出电路的逻辑表达式。

应用逻辑代数法分析电气控制电路的具体步骤是：首先写出控制电路各控制元件和执行元件动作条件的逻辑表达式，并记住逻辑表达式中各变量的初始状态；然后发出指令控制信号，通常是按下启动按钮或某一开关；紧接着分析判别哪些逻辑式为“1”(“1”为得电状态)，以及由于相互作用而使其逻辑式为“1”者；最后考虑执行元件有何动作。

在继电接触器控制电路中，规定如下：继电器、接触器线圈得电状态为“1”，线圈失电状态为“0”；继电器、接触器控制的按钮触点的闭合状态为“1”，断开状态为“0”。为了清楚地反映元件状态，元件线圈、常开触点(动合触点)的状态用相同字符(例如接触器为 KM)来表示，而常闭触点(动断触点)的状态以 KM 表示。若 KM 为“1”状态，则表示线圈得电，接触器吸合，其常开触点闭合，常闭触点断开。得电、闭合都是“1”状态，而断开则为“0”状态。若 KM 为“0”状态，则与上述相反。在继电接触器控制电路中，把表示触点状态的逻辑变量称为输入逻辑变量，把表示继电器、接触器等受控元件的逻辑变量称为输出逻辑变量。输出逻辑变量是根据输入逻辑变量经过逻辑运算得出的，输入、输出逻辑变量的这种相互关系称为逻辑函数关系，也可用真值表来表示。

逻辑代数法读图的优点是：只要控制元件的逻辑表达式书写正确，并且对式中各指令元件、控制元件的状态清楚，则电路中各电气元件之间的联系和制约关系在逻辑表达式中一目了然。通过对逻辑函数进行具体运算，各控制元件的动作顺序、控制功能一般也不会遗漏，而且采用逻辑代数法后，对电气控制电路进行计算机辅助分析提供了方便。该方法的主要缺点是：对于复杂的电气控制电路，其逻辑表达式烦琐冗长，分析过程也比较麻烦。

总之，上述两种读图分析法各有优缺点，可根据具体需要选用。逻辑代数法是以查线读图法为基础的，因而首先应熟练掌握查线读图法，在此基础上，再去理解和掌握其他读图分析法。

2.2 三相异步电动机的启动控制电路

三相笼型异步电动机的启动控制电路是应用最广、最基本的控制电路之一。不同型号、不同功率和不同负载的电动机，往往有不同的启动方法，因而控制电路也不同。三相异步电动机一般有全压启动和降压启动两种方法。

2.2.1　三相异步电动机的全压启动控制

在供电变压器的容量足够大时，小容量笼型电动机可直接启动。直接启动(又称全压启动)的优点是电气设备少，线路简单；缺点是启动电流大，会引起供电系统的电压波动，干扰其他用电设备的正常工作。全压启动控制分为长动控制和点动控制。

1. 单向全压启动控制电路

图 2-6 所示是一个常用的最简单、最基本的电动机控制电路。主电路由刀开关 QS、熔断器 FU_1、接触器 KM 的主触点、热继电器 FR 的热元件与电动机 M 构成；控制电路由启动按钮 SB_2、停止按钮 SB_1、接触器 KM 的线圈及其常开辅助触点、热继电器 FR 的常闭触点、熔断器 FU_2 等几部分构成。正常启动时，合上 QS，引入三相电源，按下 SB_2，交流接触器 KM 的吸引线圈通电，接触器的主触点闭合，电动机接通电源直接启动运转；同时，与 SB_2 并联的常开辅助触点 KM 也闭合，使接触器的吸引线圈经两条路通电。因此，当松开启动按钮，SB_2 自动复位时，接触器 KM 的线圈仍可通过辅助触点继续通电，从而保持电动机的连续运行。这个辅助触点起着自保持或自锁的作用。这种由接触器(继电器)自身的常开触点使其线圈长期保持通电的环节叫自锁。

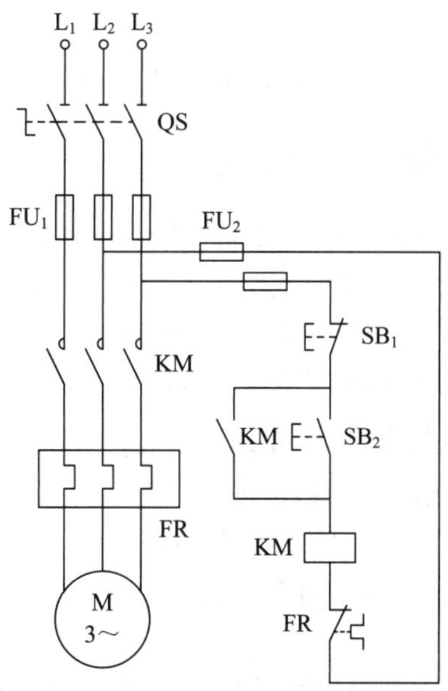

图 2-6　单向全压启动控制线路

按下停止按钮 SB_1，控制电路被切断，接触器的线圈断电，其主触点释放，将三相电源断开，电动机停止运转。同时接触器 KM 的辅助常开触点也释放，自锁环节被断开。因此，当松开停止按钮后，SB_1 在复位弹簧的作用下恢复到原来的常闭状态，接触器的线圈也不能再依靠自锁环节通电了。

2. 电动机的点动控制电路

某些生产机械在安装或维修时，常常需要试车或调整，此时就需要点动控制。点动控制的操作要求为：按下点动启动按钮时，常开触点接通电动机启动控制电路，电动机转动；松开按钮后，由于按钮自动复位，常开触点断开，切断了电动机启动控制电路，电动机停转。点动启、停的时间长短由操作者手动控制。

图 2-7 中列出了实现点动的控制电路和几种点动与长动均可的控制电路。

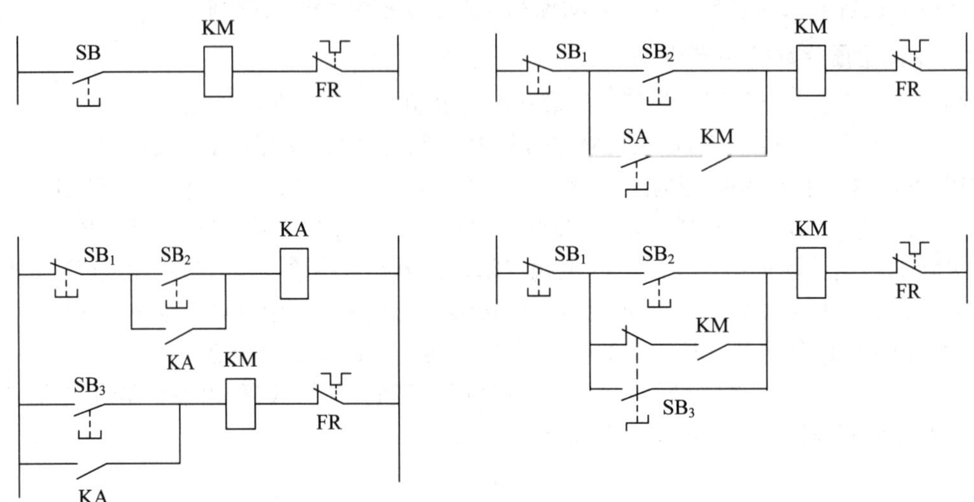

图 2-7　实现点动的控制电路和几种点动与长动均可的控制电路

2.2.2　三相异步电动机的降压启动控制

容量大于 10 kW 的三相笼型异步电动机直接启动时，启动冲击电流为额定值的 4～7 倍，故常采用降压启动的方法，即启动时将定子绕组电压降低，启动结束将定子电压升至全压，使电动机在全压下运行。常用的降压启动方式有：定子电路串电阻(或电抗器)降压启动、星形-三角形(Y-△)降压启动和自耦变压器降压启动。

1. 定子电路串电阻(或电抗器)降压启动

定子电路串电阻(或电抗器)降压启动即在电动机启动时，在三相定子绕组中串接电阻分压，使定子绕组上的压降降低，启动后再将电阻短接，电动机即可在全压下运行。这种启动方式不受接线方式的限制，操作简单，常用于中小型设备，在机床设备中用于限制点动调整时的启动电流。

图 2-8 所示为三相笼型异步电动机以时间为变化参量控制启动的电路，该电路根据启动过程中时间的变化利用时间继电器控制降压电阻的切除。

控制电路的工作原理是：合上刀开关 QS，按下启动按钮 SB_2，接触器 KM_1 通电吸合并自锁，其主触点闭合，电动机串接电阻降压启动。与此同时，时间继电器 KT 通电开始计时，当达到时间继电器的整定值时，其延时常开触点闭合，接触器 KM_2 线圈得电，其主触点闭合，将启动电阻短接，电动机在额定电压下进入正常工作状态。

图 2-8(a)所示电路中有一个缺陷——在电动机启动后，KM_1 和 KT 一直得电动作，这就

造成了能量损耗。图 2-8(b)所示电路解决了图 2-8(a)中的能量损耗问题，KM_2 得电后，其常闭触头将 KM_1 及 KT 断电，其常开触点让 KM_2 自锁。这样在电动机启动后，只要 KM_2 得电，电动机便能正常运行。

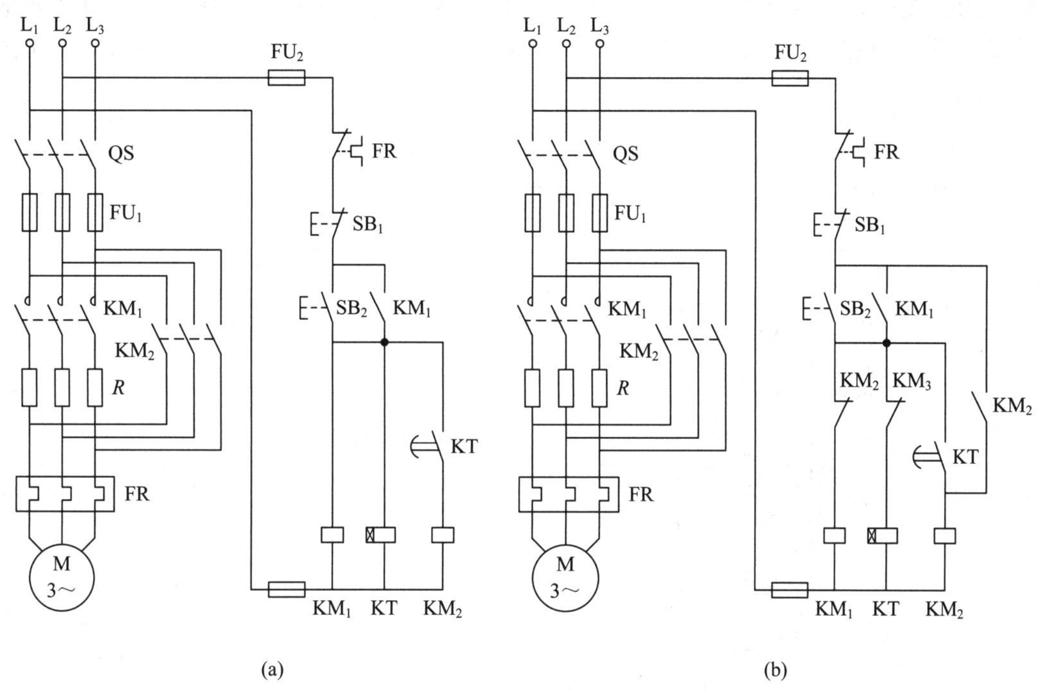

图 2-8　三相笼型异步电动机以时间为变化参量控制启动的电路

2. 星形-三角形降压启动

在电动机正常运行时，定子绕组接成三角形的三相笼型异步电动机可采用星形-三角形降压启动方法来达到限制电流的目的。Y 系列的三相笼型异步电动机容量在 4 kW 以上时定子绕组均为三角形接法，且都可以采用星形-三角形降压启动方式启动。

在启动过程中，将电动机定子绕组接成星形，使电动机每相绕组承受的电压为额定电压的 $1/\sqrt{3}$，启动电流为三角形接法时的 $1/\sqrt{3}$。星形-三角形降压启动工作原理如图 2-9 所示，UU'、VV'、WW'为电动机的三相绕组，当 KM_3 的动合触点闭合，KM_2 的动合触点断开时，相当于把 U′、V′、W′连在一起，这种接法为星形接法，用符号“Y”表示；当 KM_3 的动合触点断开，KM_2 的动合触点闭合时，相当于把 U 和 V′、V 和 W′、W 和 U′连在一起，三相绕组头尾相连，此种接法为三角形接法，用符号“△”表示。

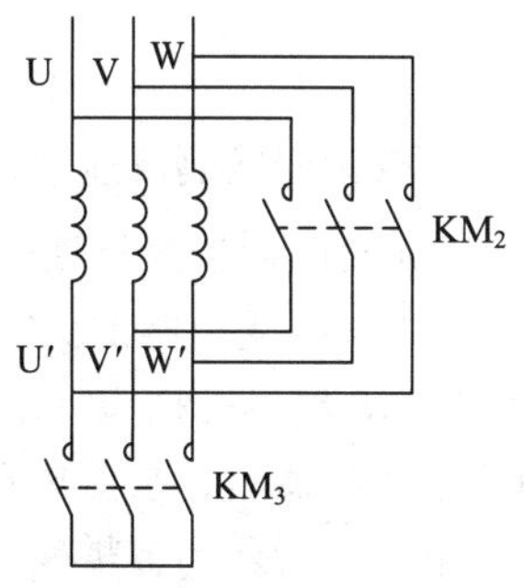

图 2-9　星形-三角形降压启动工作原理

主电路由 3 个接触器进行控制，KM_1、KM_3 主触点闭合，将电动机绕组连接成星形；KM1、KM2 主触点闭合，将电动机绕组连接成三角形。控制电路中，用时间继电器来实现电动机绕组由星形连接向三角形连接的自动转换。

图 2-10 所示为星形-三角形降压启动控制电路。合上刀开关 QS，按下启动按钮 SB_1，接触器 KM_1、KM_3 线圈以及通电延时型时间继电器 KT 线圈通电，将电动机绕组连接成星形，降压启动。当电动机转速接近额定转速、KT 延时时间到时，其延时闭合常闭触点断开 KM_3 线圈回路，KM_3 常闭触点恢复闭合，使得接触器 KM_2 通电吸合，将电动机绕组连接成三角形，电动机进入全压运行状态。KM_2、KM_3 互锁控制，防止两个线圈同时得电而造成电源短路。

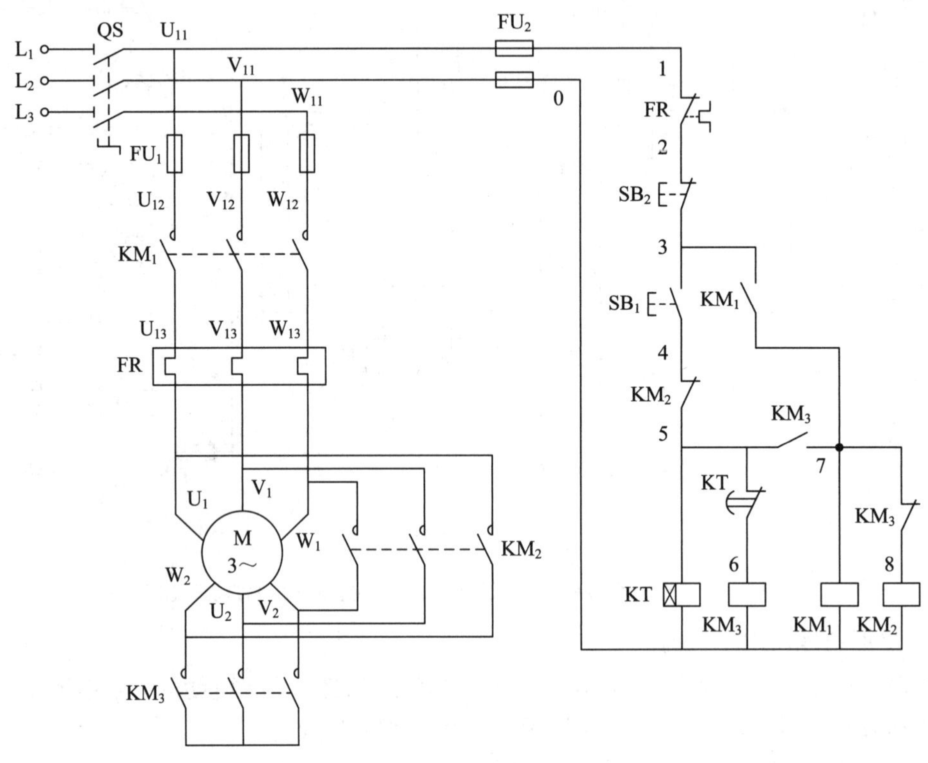

图 2-10　星形-三角形降压启动控制电路

3. 自耦变压器降压启动

自耦变压器按星形连接、电动机启动时，定子绕组得到的电压是自耦变压器的二次电压。改变自耦变压器抽头的位置可以获得不同的启动电压。在实际应用中，自耦变压器一般有 65%、85%等抽头。启动完毕，自耦变压器被切除，额定电压(即自耦变压器的一次电压)通过接触器直接加到电动机的定子绕组上，电动机进入全压运行状态。

图 2-11 所示为自耦变压器降压启动控制电路。KM_1 为降压接触器，KM_2 为正常运行接触器，KT 为启动时间继电器。启动时，合上电源开关 QS，按下启动按钮 SB_2，接触器 KM_1 的线圈和时间继电器 KT 的线圈通电，KT 瞬时动作的常开触点闭合，形成自锁，KM_1 主触点闭合，电动机定子绕组经自耦变压器接至电源，电动机降压启动。KT 延时时间到时，其延时常闭触点断开，KM_1 线圈失电，其主触点断开，将自耦变压器从电网上切除。同时 KT 延时常开触点闭合，KM_2 线圈通电，电动机在全压下运行。

自耦变压器降压启动方法适用于容量较大的、正常工作时连接成星形或三角形的电动机。其启动转矩可以通过改变自耦变压器抽头的连接位置得到改变。它的缺点是价格较高，而且不允许频繁启动。

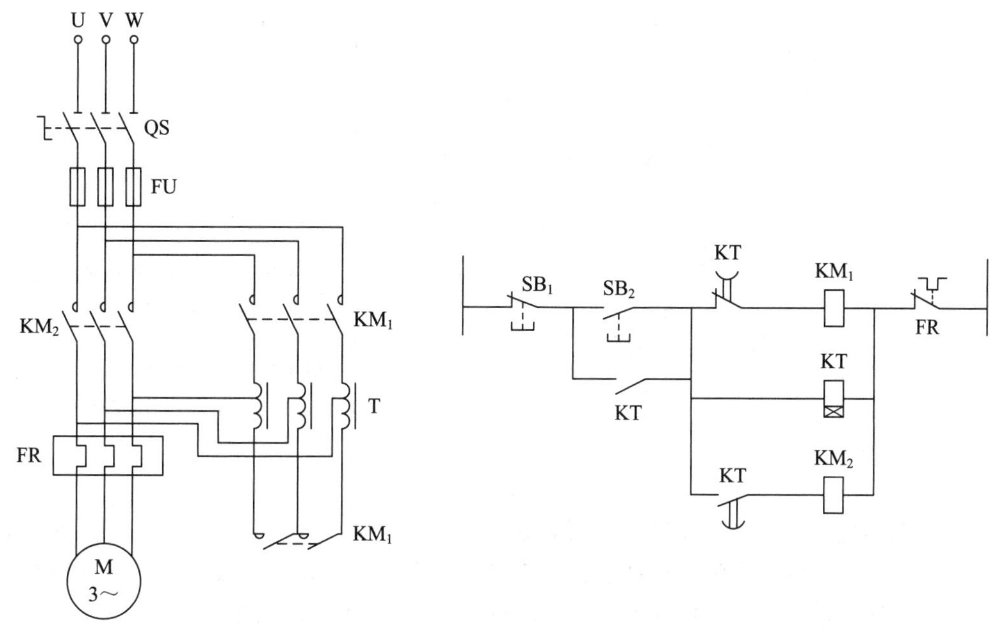

图 2-11　自耦变压器降压启动控制电路

2.3　三相异步电动机的正、反转控制电路

在生产设备中，很多运动部件需要两个相反的运动方向，如机床工作台的前进与后退、主轴的正转与反转、起重机吊钩的上升与下降等，这就要求电动机能实现正、反两个方向的转动。由三相交流电动机的工作原理可知，实现电动机正、反转的方法是将任意两根电源线对调。电动机主电路需要用两个交流接触器分别提供正转和反转两个不同相序的电源。

2.3.1　三相异步电动机的正、反转控制

图 2-12 为正、反转控制电路，电路分为主电路和控制电路两部分。主电路中的两个交流接触器 KM_1 和 KM_2 分别构成正、反两个相序的电源接线。按照控制原理分析：按动正转启动按钮 SB_1，接触器 KM_1 线圈通电自锁，KM_1 主触点闭合，电动机正向转动；电动机正转过程中，按动停止按钮 SB_3，KM_1 线圈断电，自锁回路打开，主触点打开，电动机停转；按动反转启动按钮，交流接触器 KM_2 线圈通电自锁，KM_2 主触点闭合，电动机反向转动。

若主电路中 KM_1 和 KM_2 的主触点同时闭合，将会造成主电路电源短路，因此，主电路任何时刻只允许有一个接触器的触点闭合。实现这一控制要求的方法是分别将 KM_1 和 KM_2 的常闭触点串接在对方线圈电路中，形成相互制约的关系，简称为互锁控制(又称联锁控制)。

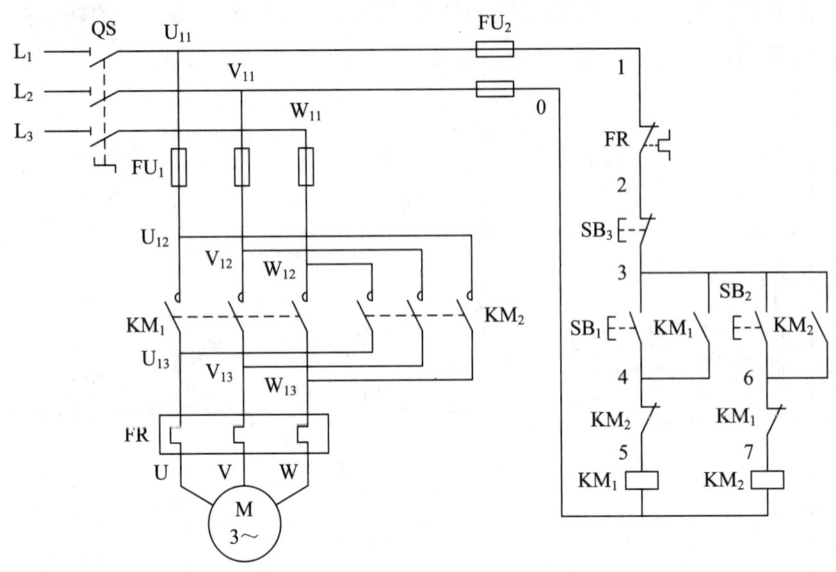

图 2-12　正停反转控制电路

欲使电动机由正转进入反转或由反转进入正转，必须先按下停止按钮，然后再进行相反操作，这会给设备操作带来一些不便。为了操作方便，提高生产效率，在图 2-12 的基础上增加了按钮联锁功能，如图 2-13 所示，将正、反转按钮的常闭触点串接到对方电路中，利用按钮常开、常闭触点的机械连接，在电路中起相互制约的联锁作用。如正转过程中，按动反转按钮 SB_2，SB_2 的常闭触点使 KM_1 线圈断电(自锁打开)，电动机正转停止，KM_1 常闭触点复位，SB_2 的常开触点闭合，使 KM_2 线圈通电自锁，电动机实现反转。同理，在反转过程中，按动正转按钮 SB_1，可以使 KM_2 线圈断电，KM_1 线圈通电，电动机进入正转。采用按钮联锁后，在电动机转动的状态下，直接按动反向按钮，就可以进入相反方向的转动状态，不必操作停止按钮，简化了电路操作。双重互锁使电路更具有实用性。

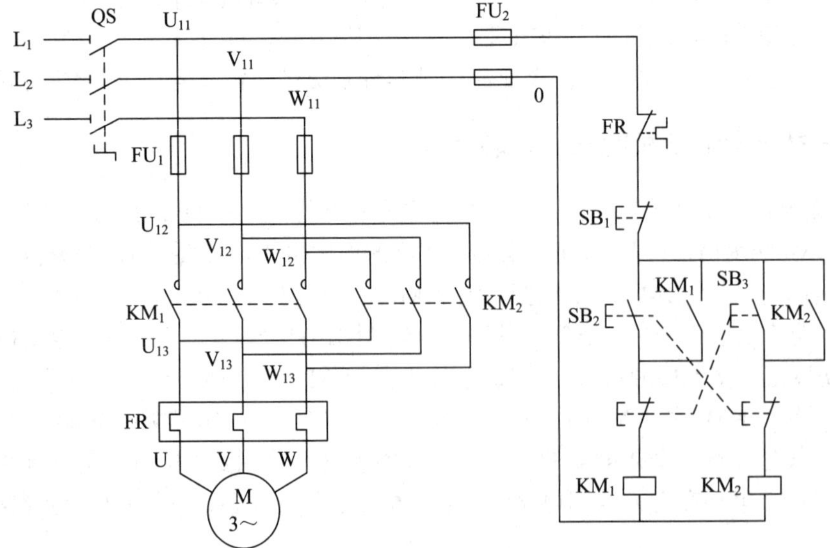

图 2-13　正反停控制电路

2.3.2　自动往返控制

在生产实践中，有些机械设备需要做自动往复循环运动，如机床工作台的前进和后退。自动循环控制通常采用行程开关，按行程原则实现控制。自动往返控制电路如图 2-14 所示。行程开关按工艺要求安装在机床床身两端，机械挡块安装在运动部件工作台上，如图 2-15 所示。

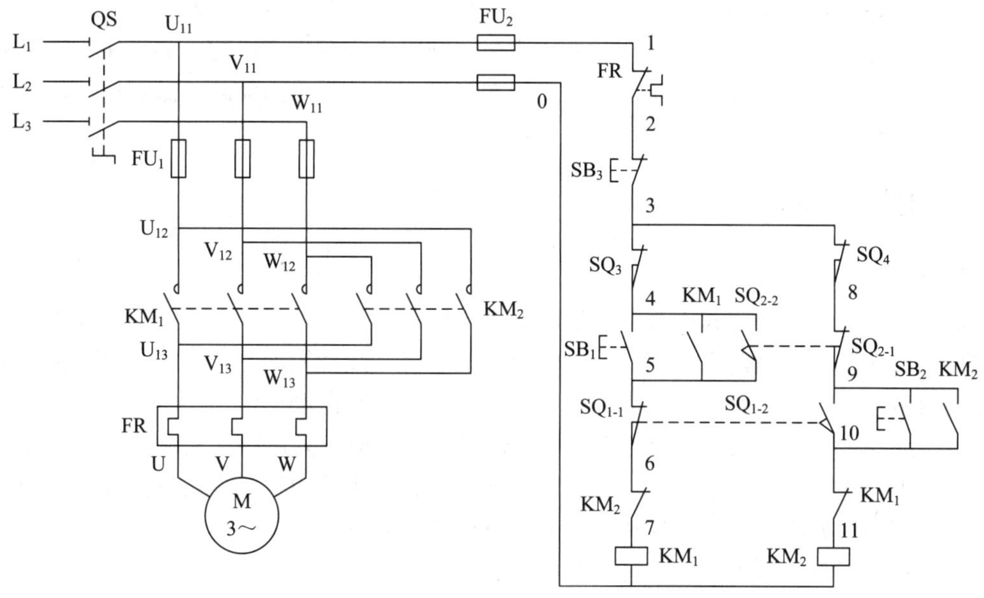

图 2-14　自动往返控制电路

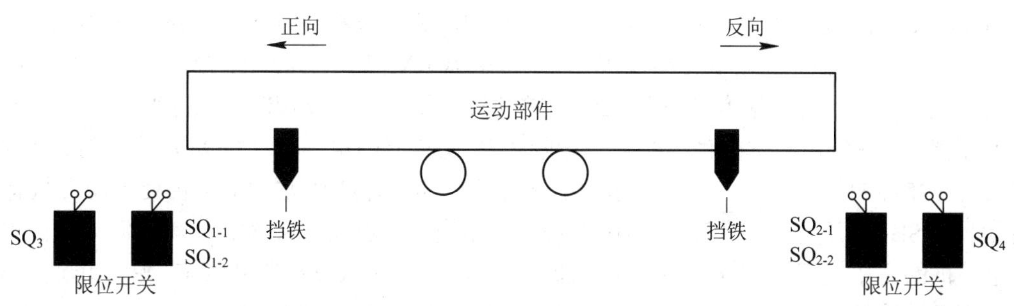

图 2-15　自动往返行程示意图

按下正向启动按钮 SB_1，正转接触器 KM_1 通电吸合，电动机正转并带动工作台向左运动。当工作台行至 SQ_1 位置时，挡块压下 SQ_1，其常闭触点断开，从而使 KM_1 线圈电路断电。同时，SQ_1 常开触点闭合，使反转接触器 KM_2 通电，电动机改变电源相序而反转，带动工作台向右运动，直到压下 SQ_2，电动机由反转转变为正转，又带动工作台向左运动，如此周而复始地实现自动往复循环控制。当希望工作台停止运动时，按下停止按钮 SB_3，使正在吸合的接触器 KM_1(或 KM_2)断电释放，电动机脱离电源而停转，于是工作台停止运动。

在该控制电路中，不仅可以利用行程开关 SQ_1 和 SQ_2 实现往复循环，还可以利用限位

开关 SQ_3 和 SQ_4 实现终端限位保护，以防止 SQ_1 和 SQ_2 失灵时造成工作台冲出机床床身的事故。

2.4 三相异步电动机制动控制电路

在切断电动机的电源时，由于具有惯性，因此电动机不会立即停止，而是要经过一段时间后才能完全停止转动。这样不但会延长非生产时间，影响生产效率，还有可能引发意外事故。因此，对于要求快速操作、迅速停车、准确定位的生产机械，如机床、卷扬机、电梯等，应对电动机进行制动控制，以迫使其迅速停车。常用的制动方法有电气制动和机械制动两大类。

2.4.1 电气制动控制

1. 反接制动

反接制动控制电路是利用改变异步电动机电源的相序，使定子绕组产生相反方向的旋转磁场，从而产生制动转矩，使电动机转速迅速下降。反接制动时，转子与旋转磁场的相对速度约为同步转速的两倍，所以定子绕组中流过的反接制动电流为全压直接启动时电流的两倍，因此，反接制动速度快，效果好，但是冲击效应较大，通常只适用于 10 kW 以下的小容量电动机。为了减小冲击电流，通常在电动机主电路中串接电阻以限制制动电流，这个电阻称为反接制动电阻。反接制动的另一个要求是在电动机转速接近于零时，必须及时切断反相序电源，否则电动机将反向启动运行。

反接制动按速度原则实现控制，因此采用速度继电器来检测电动机的速度变化。速度继电器与电动机同轴相连，转速在 120～3000 r/min 范围内速度继电器触点动作；当转速低于 100 r/min 时，触点复位。单向运行三相异步电动机的反接制动控制电路如图 2-16 所示。启动时，合上开关 QS，按下启动按钮 SB_1，接触器 KM_1 通电并自锁，电动机 M 启动运行。在电动机正常运转时，速度继电器 KS 的常开触点闭合，为反接制动做好准备。停止时，按下停止按钮 SB_2，其常闭触点断开，接触器 KM_1 线圈断电，电动机 M 脱离电源。此时，电动机在惯性的作用下仍以较高的速度旋转，速度继电器 KS 常开触点仍处于闭合状态，因此，当 SB_2 常开触点闭合时，接触器 KM_2 通电自锁，其主触点闭合，串入制动电阻 R，使电动机的定子绕组得到反相序三相交流电源，电动机进入反接制动状态，转速迅速下降。当电动机转速接近于零时，速度继电器 KS 常开触点复位，接触器 KM_2 线圈断电，反接制动过程结束。

图 2-17 为可逆运行电动机的反接制动控制电路。线路中 KS_F 和 KS_R 是速度继电器 KS 的两个常开触点，分别在电动机正转和反转时闭合。由于该电路没有设置反接制动电阻，所以一般仅用于 10 kW 以下容量的电动机。工作过程与单向运行电动机的反接制动控制电路相似。

虽然可逆运行电动机的反接制动效果较好，而且较为经济，但是用于准确停车有一定困难，因为可逆运行容易造成反转，而且需要串接制动电阻，所以能耗较大。

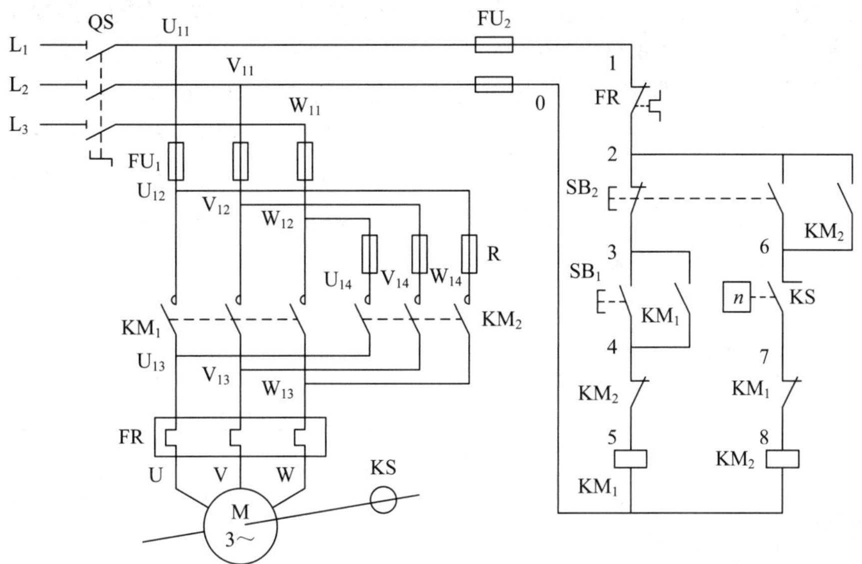

图 2-16　单向运行三相异步电动机的反接制动控制电路

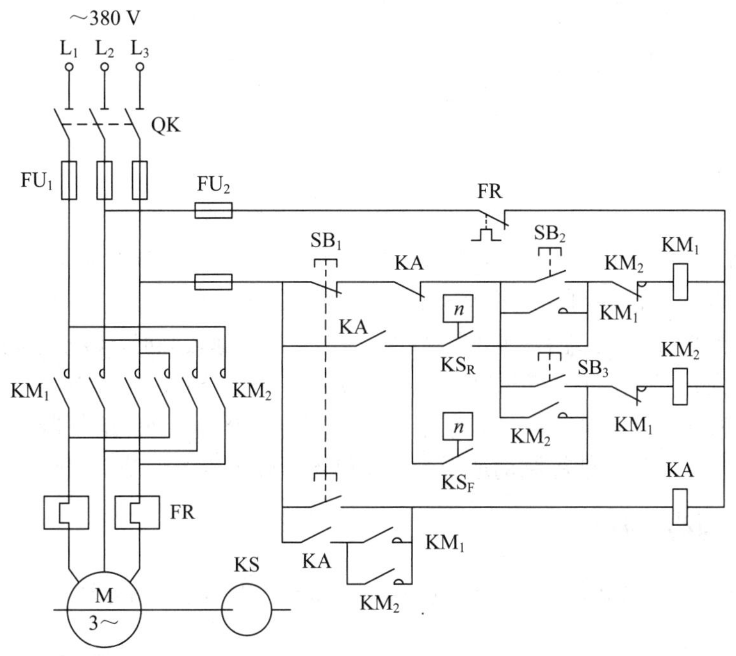

图 2-17　可逆运行三相异步电动机的反接制动控制电路

2. 能耗制动

所谓能耗制动，是指在电动机脱离三相交流电源后，立即在定子绕组的任意两相通入低压直流电流，使其在电动机内部产生恒定磁场。由于惯性，电动机在这个磁场中仍按原方向继续旋转，转子内产生感应电势和感应电流。该电流与恒定磁场相互作用，产生与转子旋转方向相反的制动转矩，从而使电动机转速迅速下降，达到制动目的。当转速降为零时，转子对磁场无相对运动，转子中的感应电势和感应电流变为零，制动转矩消失，电动机停转，制动过程结束。可见，这种制动方法是将电动机转子的机械能转换为电能，并消耗在电动机转子回路中，故称为能耗制动。在制动结束后，应及时切除直流电源，否则会烧损定子绕组。

图 2-18 所示是利用时间继电器控制的单向能耗制动控制电路。当需要制动时，按下停止按钮 SB_1，其常闭触点断开，接触器 KM_1 线圈断电释放，电动机 M 脱离三相交流电源。同时，SB_1 的常开触点闭合，时间继电器 KT 和接触器 KM_2 通电并自锁。经降压，整流后的直流电源经过 KM_2 的主触点通入电动机的两相定子绕组，电动机进入能耗制动状态。经过一段时间延迟后，KT 延时打开常闭触点，断开 KM_2 的线圈电路，电动机切断直流电源，能耗制动结束。KM_2 常开辅助触点复位，KT 线圈断电。

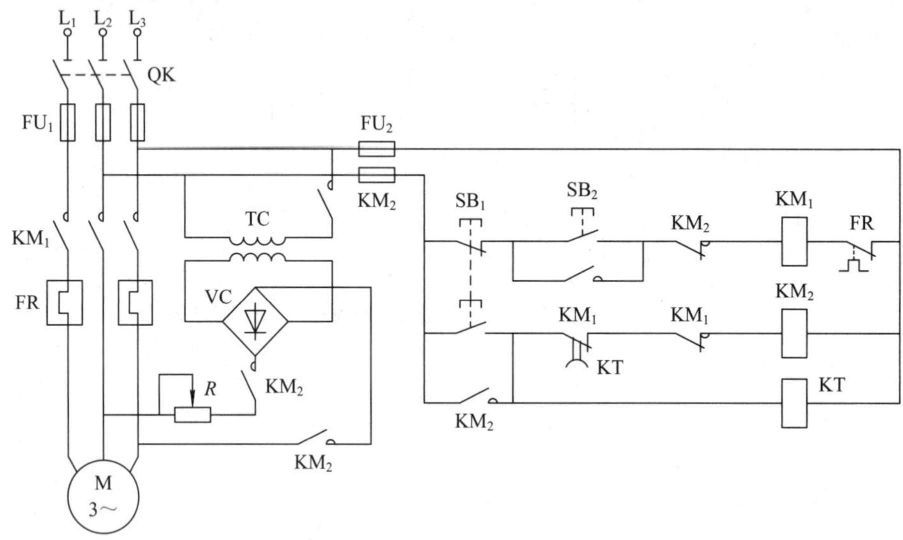

图 2-18 单向能耗制动控制电路

与反接制动相比，能耗制动利用转子中的储能进行制动，能量消耗少；能耗制动电流比反接制动电流小；能耗制动过程平稳，不会产生过大的机械冲击；能耗制动时不会产生反转，能够实现准确停车。能耗制动的缺点是当电动机转速较高时，转子中的感应电流较大，制动转矩也较大，但是到了制动后期，随着电动机转速的降低，转子中的感应电流减小，制动转矩也相应减小，所以能耗制动效果不如反接制动显著。另外，能耗制动需要整流电源，控制电路相对复杂。通常能耗制动适用于电动机容量较大以及启动、制动较频繁的场合。

2.4.2 机械制动控制

机械制动是利用机械装置使电动机在断电后迅速停止转动的方法，一般采用电磁抱闸制动。

电磁抱闸制动分为断电制动和通电制动两种方式。断电制动是指线圈断电或未通电时电动机处于制动状态，线圈通电时电动机可自由转动；通电制动则与之相反。在具体使用中，应根据生产机械的工艺要求进行制动方式的选择。一般来说，对于电梯、吊车、卷扬机等升降机械，应采用断电制动方式；对于机床这一类经常需要调整工件位置的生产机械，通常采用通电制动方式。

电磁抱闸制动器的文字符号为 YB，图形符号如图 2-19 所示。

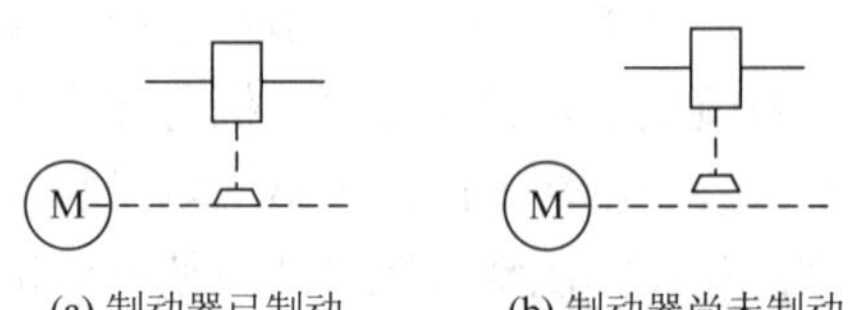

图 2-19 电磁抱闸制动器的图形符号

图 2-20 所示为电磁抱闸制动控制电路，制动器线圈可以接至电动机进线端子(见图 2-20(a)，也可以直接接入控制回路(见图 2-20(b))。

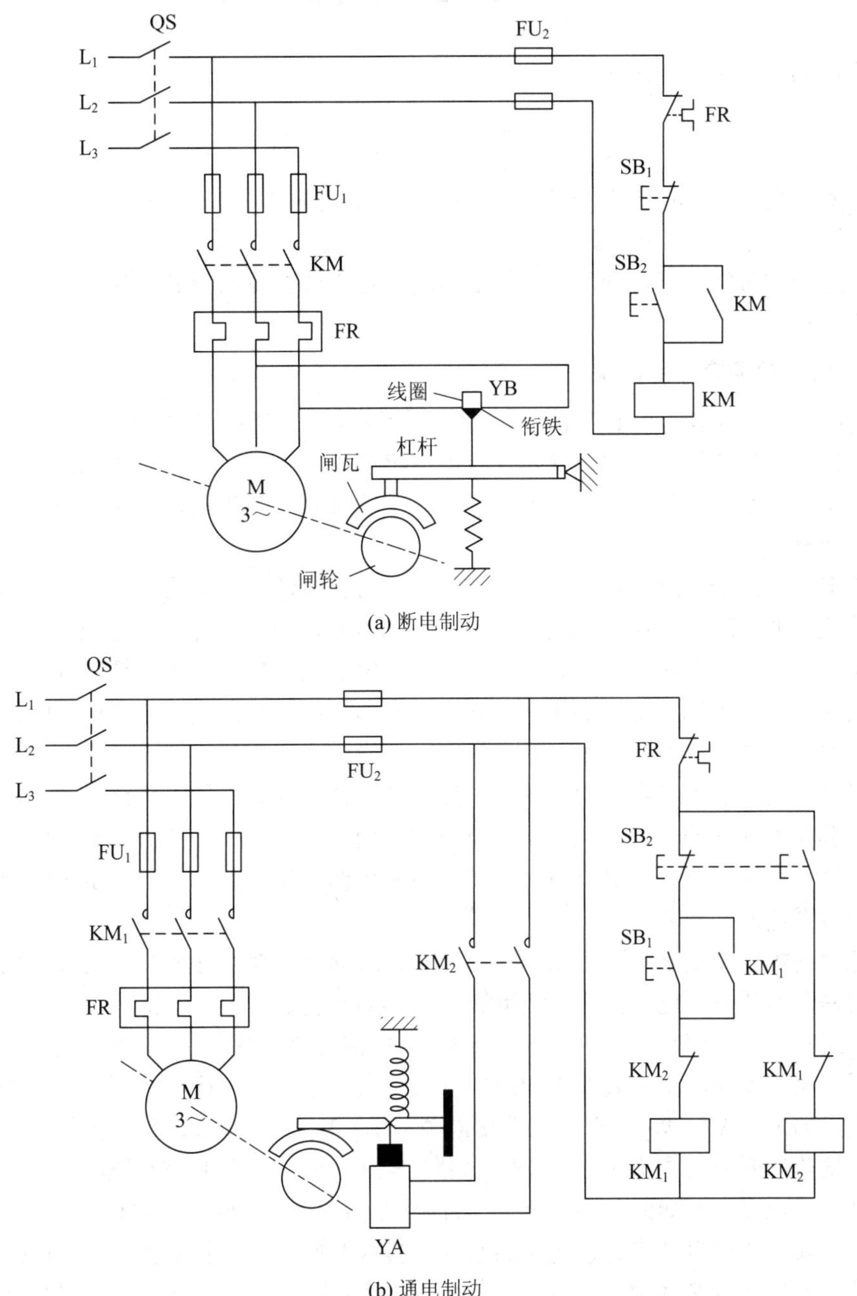

(a) 断电制动

(b) 通电制动

图 2-20　电磁抱闸制动控制电路

电磁抱闸制动的特点是制动转矩大，制动迅速，停车准确，且操作方便，安全可靠，因此在生产中得到了广泛的应用。但是，机械制动时间越短，冲击振动就越大，将对机械传动系统产生不利的影响，这一点在使用中应予以注意。

2.5 三相异步电动机调速控制电路

异步电动机转速表达式如下：

$$n = \frac{60f}{p}(1-s) \tag{2-1}$$

式中：n 为异步电动机的转速(r/min)；f 为异步电动机的频率(Hz)；p 为异步电动机的磁极对数；s 为异步电动机的转差率。

由上述公式可知，三相异步电动机的调速方法主要有变极对数调速、变转差率调速及变频调速三种。

1. 变极对数调速控制电路

频率(f)和转差率(s)固定以后，电动机的转速(n)与它的极对数(p)成反比。因此，变极对数调速控制电路的设计思想，就是通过改变电动机定子绕组的外部接线，改变电动机的极对数，从而达到电动机调速的目的。变更定子绕组极对数的调速方法一般仅适用于鼠笼式异步电动机。

通常把变更定子绕组极对数的调速方法简称为变极调速。变极调速是有级调速，速度变换是阶跃式的。这种调速方法简单、可靠、成本低，因此在变极调速能够满足要求的机械设备中，广泛采用多速异步电动机作为主拖动电机。例如，镗床、铣床等机床都将采用多速电动机来拖动主轴。常用的变极调速方法有两种：一种是改变定子绕组的接法，即变更定子绕组每相的电流方向；另一种是在定子上设置具有不同极对数的两套互相独立的绕组。有时为了使一台电动机获得更多的速度等级，往往同时采用上述两种方法，既在定子上设置两套相互独立的绕组，又使每套绕组具有变更电流方向的能力。多速电动机一般有双速、三速、四速之分。本书以双速异步电动机为例，说明如何通过变更绕组接线来实现改变极对数调速的原理。

双速电动机三相定子绕组接线示意图如图 2-21 所示。图 2-21 示出了△/YY 接线的变换原理，它属于恒功率调速。当定子绕组的 U_1、V_1、W_1 接线端接电源，U_2、V_2、W_2 接线端悬空时，三相定子绕组接成了三角形（低速），如图 2-21(a)所示。此时每相绕组中的线圈①、线圈②相互串联，其电流方向如图中箭头所示，每相绕组具有 4 个极(即两对极)。若将定子绕组的 U_2、V_2、W_2 三个接线端接电源，U_1、V_1、W_1 接线端短接为星点，则把原来的三角形接线改变为双星形接线(高速)，如图 2-21(b)所示。此时每相绕组中的线圈①、线圈②并联，其电流方向如图中箭头所示，每相绕组具有 2 个极(即一对极)。

综上可知，变更电动机定子绕组的△/YY 接线，就改变了极对数，由此就改变了电动机的转速。△接线具有 4 极，对应低速；YY 接线具有 2 极，对应高速。应当强调指出，当把电动机定子绕组的△接线变更为 YY 接线时，接线的电源相序必须反相，从而保证电动机由低速变为高速时旋转方向的一致性。

Y/YY 接线方式属于恒转矩调速。同理，其定子绕组的磁场极数有 4 极和 2 极，对应电动机的低速和高速两个速度等级。

图 2-22 所示为双速电动机调速控制电路。

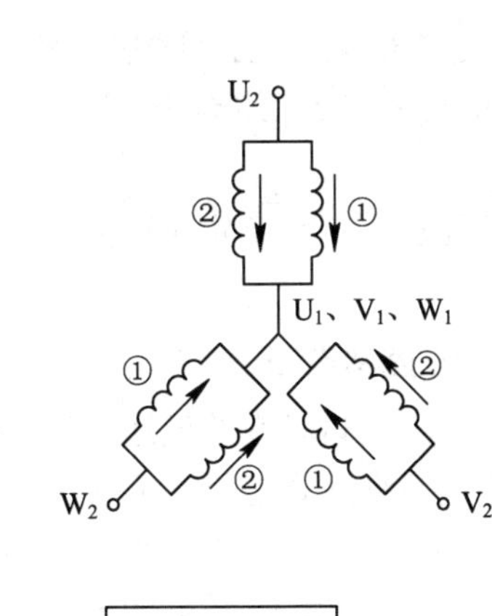

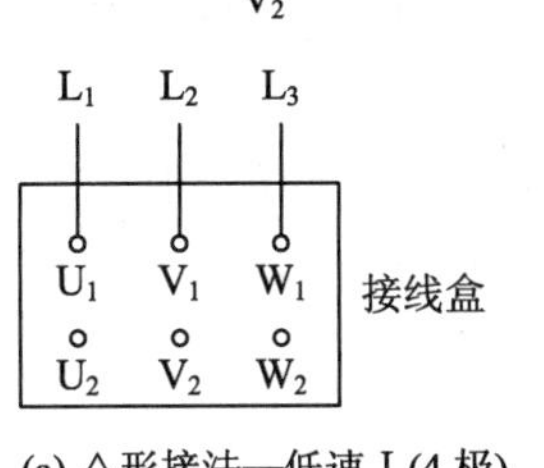

(a) △形接法—低速 I (4 极)

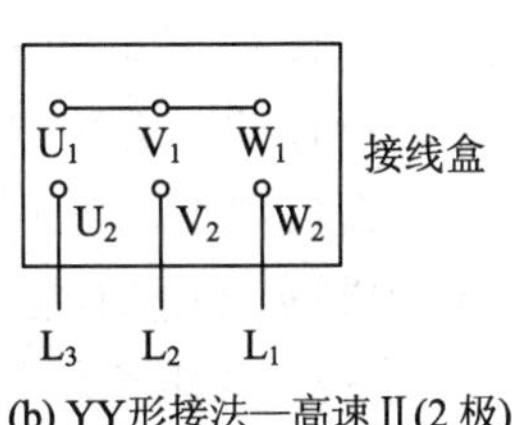

(b) YY形接法—高速 II (2 极)

图 2-21　双速电动机定子绕组接线示意图

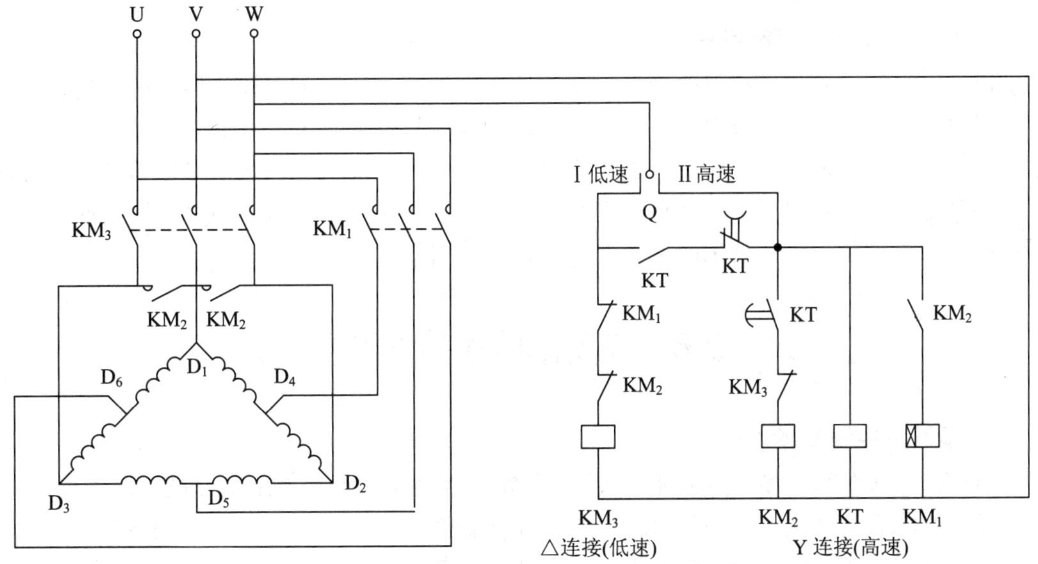

图 2-22　双速电动机调速控制电路

其控制电路的工作原理如下：

(1) 转换开关 SA 合向“低速”位置时，接触器 KM_3 线圈得电，电动机接成三角形，低速运转。

(2) 转换开关 SA 置于“空挡”位置时，电动机停转。

(3) 转换开关 SA 合向“高速”位置时，时间继电器 KT 得电，其瞬动常开触点闭合，使 KM_3 线圈得电，绕组接成三角形，电动机低速启动。

(4) 经一定延时，KT 的延时常闭触点断开，使 KM_3 线圈失电，KT 的延时常开触点延时闭合，使 KM_2 和 KM_1 线圈相继得电，定子绕组接线自动从三角形切换为双星形，电动机高速运转。

这种先低速启动，经一定延时后自动切换到高速运行的控制，目的是限制电动机的启动电流。

2. 变频调速控制电路

通常把变更电动机频率的调速方法简称为变频调速。变频调速通常通过变频器来实现。变频器全称为交流变频调速器。它主要用于交流电动机的驱动调速，在调整输出频率的同时按比例调整输出电压，从而改变电动机的转速，达到交流电动机调速的目的。变频器的最大特点是高效、节能。变频器的控制及调速方法主要有：

(1) 采用变频器操作控制面板实现电动机的启停和正反转控制。

(2) 采用外部按钮实现电动机的启停和正反转控制。

(3) 采用 PLC 控制实现电动机的启停和正反转控制。

(4) 采用 PLC 控制电动机实现多级调速。

(5) 采用脉宽控制(PWM)的调速控制。

(6) 采用模拟量实现变频器的无级调速控制。

(7) 采用现场总线控制变频器实现无级调速。

3. 变转差率调速控制电路

通过变更转子外加电阻来改变转差率的调速方法，只适用于绕线式异步电动机。因串入转子电路的电阻不同，故电动机工作在不同的人为特性曲线上，从而获得不同的转速，达到调速的目的。通过变更转子外加电阻来改变转差率从而实现调速，尽管这种调速方法把一部分电能消耗在电阻上，降低了电动机的效率，但是由于该方法简单，便于操作，所以目前在吊车、起重机一类生产机械上仍被普遍采用。

2.6 其他典型控制电路

1. 多地点控制电路

有些生产设备和机械，由于种种原因，常常要在两地或两个以上地点进行操作。例如，重型龙门刨床有时在固定的操作台上控制，有时需要站在机床周围利用悬挂按钮进行控制。又如自动电梯，人在梯厢里时就在梯厢里面控制，人未上梯厢时在楼道上控制。有些场合为了便于集中管理，由中央控制台进行控制，但每台设备调速检修时，又需要就地进行控制。用一组按钮可在一处进行控制，要在两地进行控制，就应该有两组按钮。要在三地进行控制，就应该有三组按钮，而且这三组按钮的连接原则为：常开启动按钮要并联，常闭停止按钮应串联。这一原

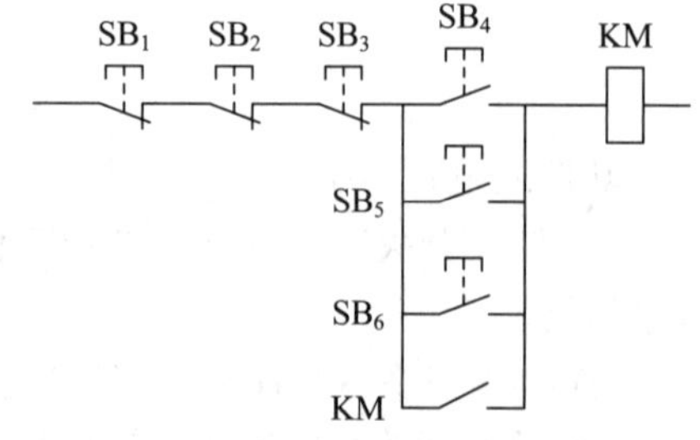

图 2-23 三地点控制电路

则也适用于四个或更多地点的控制。图 2-23 所示为三地点控制电路。图中 SB_1 和 SB_4、SB_2 和 SB_5，SB_3 和 SB_6 组装在一起，分别固定于生产设备的三个地方，就可有效地进行三地控制。

2. 顺序启停控制电路

在生产实践中，有时要求一个拖动系统中多台电动机实现先后顺序工作。例如，镗床的主轴旋转后，工作台方可移动；龙门刨床工作台移动时，导轨内必须有足够的润滑油。顺序启停控制电路包括顺序启动、同时停止控制电路，顺序启动、顺序停止控制电路，顺序启动、逆序停止控制电路。

图 2-24(a)所示为顺序启动控制电路。在该电路中，只有接触器 KM_1 先得电吸合后，接触器 KM_2 才能得电，即 M_1 先启动，M_2 后启动。图 2-24(b)所示为逆序停止控制电路。在该电路中，断电时，KM_2 先复位，KM_1 后复位，即先停 M_2，再停 M_1。

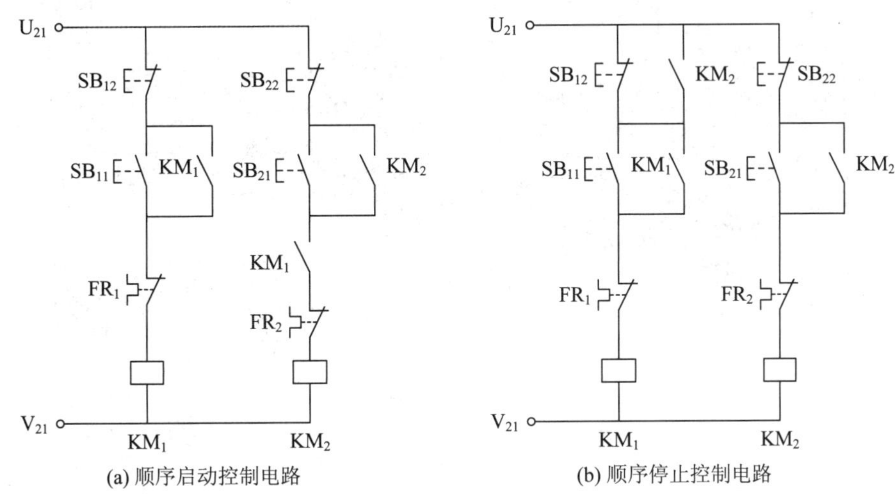

图 2-24　顺序启停控制电路

能否搭建顺序启动、逆序停止控制电路呢？启动时，先 KM_1 后 KM_2 顺序得电，即先 M_1 后 M_2 的顺序启动；断电时，先 KM_2 后 KM_1 顺序复位，即按先 M_2 后 M_1 的顺序停止。

顺序启停控制电路的控制规律是：把控制电动机先启动的接触器常开触点串联在控制后启动电动机的接触器线圈电路中，用两个(或多个)停止按钮控制电动机的停止顺序，或将先停的接触器常开触点与后停的停止按钮并联即可。

2.7　典型机床电路

生产机械种类繁多，其拖动控制方式和控制电路各不相同。本节在单元控制电路的基础上，对普通机床的电气控制电路进行学习和讨论，使学生学会分析常用机械设备电气控制电路的方法和步骤，理解机械设备电气控制电路常见故障分析和排除方法，加深对典型控制环节的理解，熟悉机、电、液在控制中的相互配合，为电气控制的设计、安装、调试、维护打下基础。

2.7.1 CA6140 型车床控制电路

车床是一种应用极为广泛的金属切削机床，适用于车削外圆、内圆、端面、圆锥面及其他旋转面，车削各种公制、英制、模数和径节螺纹，并能装上钻头或铰刀进行钻孔、铰孔和拉油槽等工作。车床结构示意图如图 2-25 所示。在加工过程中机床各运动部件是怎样实现控制的呢？

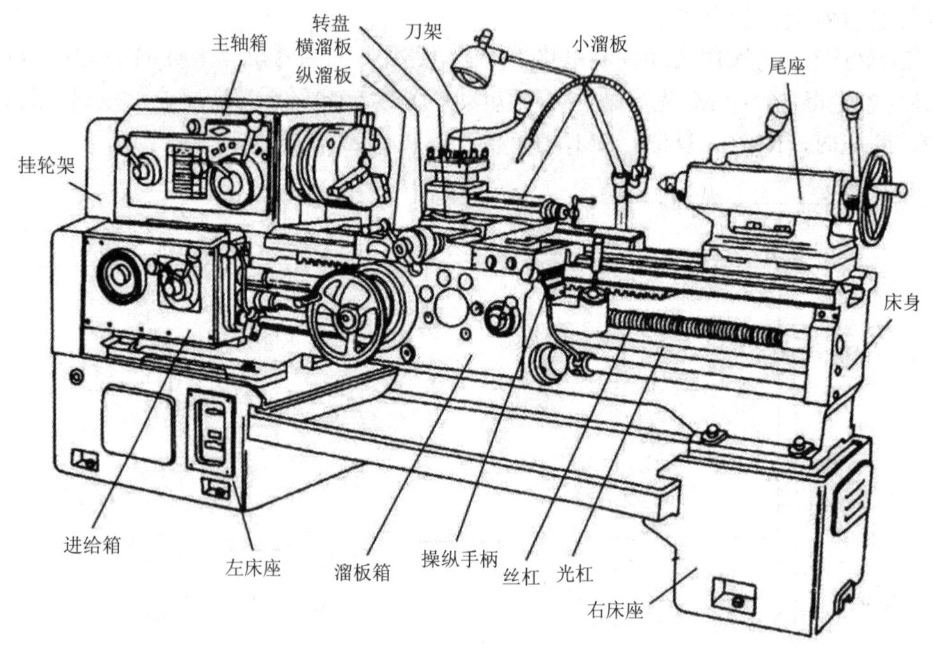

图 2-25 CA6140 型普通车床的结构示意图

1. CA6140 型车床的结构

CA6140 型普通车床的结构如图 2-25 所示，主要由床身、主轴箱、进给箱、溜板箱、溜板、刀架、尾座、光杠和丝杠等组成。

2. CA6140 型车床的主要运动形式及控制要求

主运动：主轴通过卡盘或顶尖带动工件旋转运动。主轴电动机选用三相鼠笼型异步电动机，不进行电气调速，主轴的变速靠主轴变速箱的齿轮等机械进行的有级调速。主轴电动机的容量不大，可采用直接启动。车螺纹时要求主轴有正反转，一般由机械方法实现，主轴一般只需要单方向的旋转。

进给运动：刀架带动刀具的直线运动。进给运动由主轴电动机拖动完成，主轴电动机的动力通过挂轮架传递给进给箱来实现刀具的纵向或横向进给。车螺纹时要求主轴的旋转速度和进给的移动距离之间保持一定的比例关系。

辅助运动：刀架的快速移动由一台单独的电动机拖动完成，不需要正反转和调速。尾座的纵向进给运动通过操作手柄完成。工件的夹紧与放松通过操作手柄完成。冷却泵电动机在工作时提供冷却液，它和主轴电动机实现顺序控制，冷却泵电动机不需要正反转和调速。

CA6140 型车床控制电路分析如图 2-26 所示。

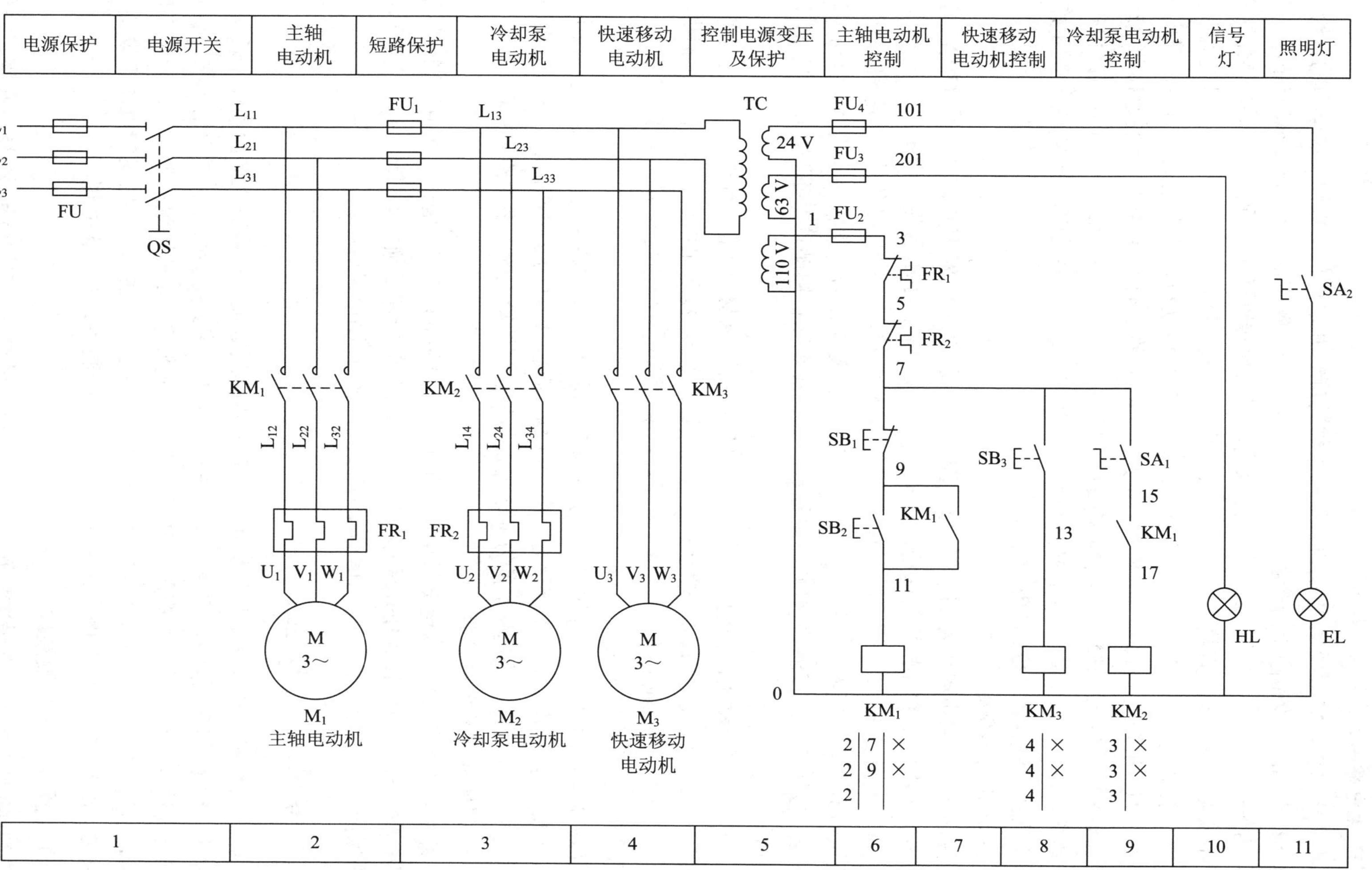

图 2-26　CA6140 型车床控制电路分析

1) 主电路分析

在主电路中，M_1 为主轴电动机，拖动主轴的旋转并通过传动机构实现车刀的进给。主轴电动机 M_1 的运转和停止由接触器 KM_1 的三个常开主触点的接通和断开来控制，电动机 M_1 只需作正转，而主轴的正反转是由摩擦离合器改变传动链来实现的。电动机 M_1 的容量小于 10 kW，所以采用直接启动。M_2 为冷却泵电动机，进行车削加工时，刀具的温度高，需用冷却液来进行冷却。为此，车床备有一台冷却泵电动机，用于拖动冷却泵，喷出冷却液，实现刀具的冷却。冷却泵电动机 M_2 由接触器 KM_2 的主触点控制。M_3 为快速移动电动机，由接触器 KM_3 的主触点控制。M_2 和 M_3 的容量都很小，装有熔断器 FU_1，用作短路保护。

热继电器 FR_1 和 FR_2 分别作 M_1 和 M_2 的过载保护，快速移动电动机 M_3 是短时工作的，所以不需要过载保护。QS 是电源总开关。

2) 控制电路分析

控制电路的供电电压是 110 V，通过控制变压器 TC 将 380 V 的电压降为 110 V。控制变压器的一次侧由 FU_1 作短路保护，二次侧由 FU_2、FU_3、FU_4 作短路保护。

(1) 主轴电动机 M_1 的控制。SB_1 是红色的停止按钮，SB_2 是绿色的启动按钮。按下启动按钮 SB_2，KM_1 线圈通电吸合并自锁，KM_1 的主触点闭合，主轴电动机 M_1 启动运转。按下停止按钮 SB_1，接触器 KM_1 断电释放，其主触点和自锁触点都断开，电动机 M_1 断电停止运行。

(2) 冷却泵电动机的控制。当主轴电动机启动后，KM_1 的常开触点闭合，这时若旋转转换开关 SA_1 闭合，则 KM_2 线圈通电，其主触点闭合，冷却泵电动机 M_2 启动，提供冷却液。当主轴电动机 M_1 停车时，KM_1 常开触点恢复断开，冷却泵电动机 M_2 随即停止运行。M_1 和 M_2 之间存在联锁关系。

(3) 快速移动电动机 M_3 的控制。快速移动电动机 M_3 由 KM_3 进行点动控制。按下按钮 SB_3，KM_3 线圈通电，其主触点闭合，电动机 M_3 启动，拖动刀架快速移动；松开按钮 SB_3，电动机 M_3 停止运行。快速移动的方向通过扳动装在溜板箱上的十字手柄来控制。

3) 照明和信号电路分析

照明电路采用 24 V 安全交流电压，信号回路采用 63 V 交流电压，均由控制变压器二次侧提供。FU_4 是照明电路的短路保护，照明灯 EL 的一端必须保护接地。FU_3 为指示灯的短路保护，合上电源开关 QS，指示灯 HL 亮，表明控制电路有电。

2.7.2 摇臂钻床控制电路

钻床用来对工件进行钻孔、扩孔、铰孔和攻螺纹等加工，在有工装的条件下还可以进行镗孔。钻床的形式很多，主要有台式钻床、立式钻床、摇臂钻床和专用钻床等。台式钻床和立式钻床结构简单，其应用的灵活性及范围受到了一定的限定；摇臂钻床操作方便、灵活，适用范围广，具有典型性，多用于中、大型零件的加工，是常见的机加工设备。下面以 Z3040 型摇臂钻床为例，介绍摇臂钻床电气控制系统的工作原理。

1. 摇臂钻床的主要结构

Z3040 型摇臂钻床的最大钻孔直径为 40 mm、跨距为 1200 mm，主要由底座、内外立柱、摇臂、主轴箱、主轴及工作台等部分组成。摇臂钻床的结构和运动情况如图 2-27 所示。

摇臂钻床的内立柱固定在底座上，外立柱可绕内立柱回转 360°(不要沿一个方向连续转动，以防扭断内立柱中的电线)；摇臂可以借助丝杠在外立柱上作升降运动，并可以与外立柱一起沿内立柱作回转运动；主轴箱是一个复合部件，由主传动电动机、主轴和主轴传动机构、进给和变速机构、机床的操作机构等部分组成。主轴箱安装在摇臂的水平导轨上，可以通过手轮操作，使其在水平导轨上沿摇臂水平移动。回转、升降、水平三种形式的运动构成了主轴箱带动刀具在立体空间的三维运动。加工前，可以将主轴上安装的刀具移至固定在底座上的工件的任一加工位置。加工时，使用液压机构驱动夹紧装置，将主轴箱夹紧固定在摇臂导轨上，摇臂夹紧在外立柱上，外立柱夹紧在内立柱上，然后通过主轴的旋转与进给带动刀具对工件进行孔的加工。

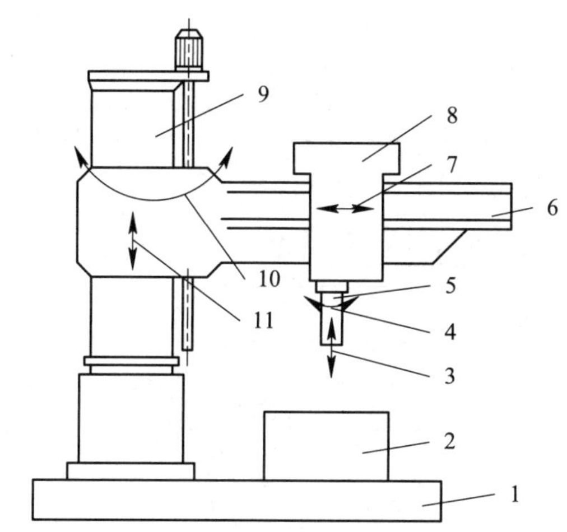

1—底座；2—工作台；3—主轴纵向进给；4—主轴旋转主运动；
5—主轴；6—摇臂；7—主轴箱沿摇臂径向运动；8—主轴箱；
9—内外立柱；10—摇臂回转运动；11—摇臂垂直移动。

图 2-27　摇臂钻床的结构及运动情况示意图

2. 摇臂钻床的运动形式

1) 主轴带刀具的旋转与进给运动

主轴的旋转与进给运动由一台三相交流异步电动机驱动，主轴的转动方向由机械液压装置控制。

2) 各运动部件的移位运动

主轴在三维空间的移位运动有三种，即主轴箱沿摇臂长度方向的水平移动(手动)、摇臂沿外立柱的升降运动(摇臂的升降运动由一台笼型三相异步电动机拖动)、外立柱带动摇臂沿内立柱的回转运动(手动)。各运动部件的移位运动用于实现主轴的对刀移位。

3) 移位运动部件的夹紧与放松

摇臂钻床的三种对刀移位装置对应三套夹紧与放松装置，对刀移动时需要将装置放松，机加工过程中，需要将装置夹紧。三套夹紧装置分别实现摇臂夹紧(摇臂与外立柱之间)，主轴箱夹紧(主轴箱与摇臂导轨之间)，立柱夹紧(外立柱和内立柱之间)。通常主轴箱和立柱的夹紧与放松同时进行，摇臂的夹紧与放松则要与摇臂的升降运动结合进行。Z3040 型摇臂钻床夹紧与放松机构液压原理如图 2-28 所示。图中液压泵采用双向定量泵。液压泵电动

机 M_3 正、反转时，驱动液压缸中活塞左、右移动，实现夹紧装置的夹紧与放松运动。电磁换向阀 YV 的电磁铁 YA 用于选择夹紧、放松的对象。电磁铁 YA 线圈不通电时，电磁换向阀 YV 工作在左工位，接触器控制液压泵电动机 M_3 的正、反转，实现主轴箱和立柱(同时)的夹紧与放松；电磁铁 YA 线圈通电时，电磁换向阀 YV 工作在右工位，接触器控制液压泵电动机 M_3 的正、反转，实现摇臂的夹紧与放松。

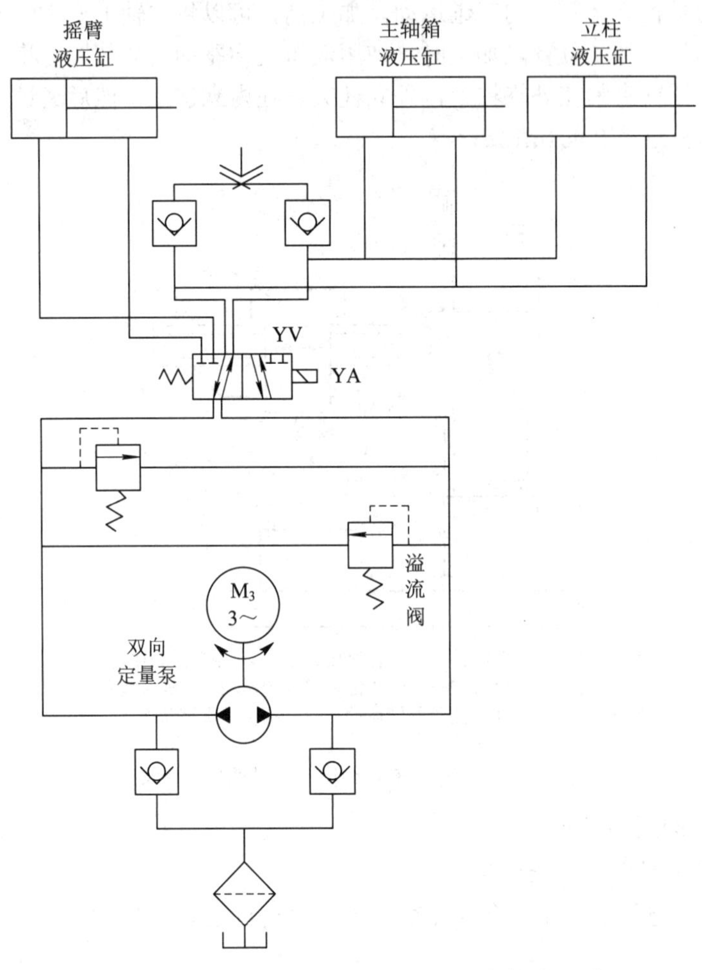

图 2-28　Z3040 型摇臂钻床夹紧与放松机构液压原理

3. 电气拖动特点及控制要求

摇臂钻床的运动部件较多，为了简化传动装置，通常采用多台电动机拖动。例如，Z3040 型摇臂钻床采用 4 台电动机拖动，它们分别是主轴电动机、摇臂升降电动机、液压泵电动机和冷却泵电动机，这些电动机都采用直接启动方式。

为了适应多种形式的加工要求，摇臂钻床主轴的旋转及进给运动有较大的调速范围，一般情况下多由机械变速机构实现。主轴变速机构与进给变速机构均装在主轴箱内。

摇臂钻床的主运动和进给运动均为主轴的运动，为此这两项运动由一台主轴电动机拖动，分别经主轴传动机构、进给传动机构实现主轴的旋转和进给。

在加工螺纹时，要求主轴能正、反转。摇臂钻床主轴的正、反转一般采用机械方法实现，因此主轴电动机仅需要单向旋转。摇臂升降电动机要求能正、反向旋转。

内外主轴的夹紧与放松、主轴与摇臂的夹紧与放松可采用机械操作、电气-机械装置、电气-液压或电气-液压-机械等控制方法实现。若采用液压装置，则应备有液压泵电动机，以拖动液压泵提供压力油。液压泵电动机要求能正反向旋转，并根据要求采用点动控制。

摇臂的移动严格按照摇臂松开→移动→摇臂夹紧的过程进行。因此摇臂的夹紧与升降按自动控制进行。

冷却泵电动机带动冷却泵提供冷却液，只要求单向旋转。

摇臂钻床电气控制系统具有联锁与保护环节以及安全照明、信号指示电路。

图 2-29 所示为 Z3040 型摇臂钻床的电气控制电路。M_1 为主轴电动机，M_2 为摇臂升降电动机，M_3 为液压泵电动机，M_4 为冷却泵电动机，QS 为总电源控制开关。

该机床采用先进的液压技术，具有两套液压控制系统：一套是操纵机构液压系统，由主轴电动机拖动齿轮输送压力油，通过操纵机构实现主轴正反转、停车制动、空挡、预选与变速；另一套由液压泵电动机拖动液压泵输送压力油，实现摇臂的夹紧与松开、主轴箱和立柱的夹紧与松开。电气-机械-液压装置在控制中相互配合，形成统一的系统。

1) 操纵机构液压系统

在该系统中，压力油由主轴电动机拖动齿轮泵送出，由主轴操作手柄改变两个操纵阀的相互位置，使压力油作不同的分配，获得不同动作。主轴操作手柄有上、下、里、外和中间 5 个空间位置。其中，上为“空挡”，下为“变速”，外为“正转”，里为“反转”，中间位置为“停车”。主轴转速及主轴进给量各由一个旋钮预选。

主轴旋转：首先按下主轴电动机的启动按钮，主轴电动机启动旋转，拖动齿轮泵，送出压力油。然后操纵主轴操作手柄，扳至所需转向位置(里或外)，于是两个操纵阀相互改变位置，使一股压力油将制动摩擦离合器松开，为主轴旋转创造条件，另一股压力油压紧正转(反转)摩擦离合器，接通主轴电动机到主轴的传动链，驱动主轴正转或反转。在主轴正转或反转的过程中，可转动变速旋钮，改变主轴转速或主轴进给量。

主轴停车：将主轴操作手柄扳回中间位置，这时主轴电动机仍拖动齿轮泵旋转，但此时整个液压系统为低压油状态，无法松开制动摩擦离合器，而在制动弹簧作用下将制动摩擦离合器压紧，使制动轴上的齿轮不能转动，实现主轴停车。因此主轴停车时主轴电动机仍在旋转，只是不能将动力传到主轴上。

主轴变速与进给变速：将主轴操作手柄扳至“变速”位置，改变两个操纵阀的相互位置，使齿轮泵送出的压力油进入主轴转速预选阀和主轴进给量预选阀，然后进入各变速油缸。变速液压缸为差动液压缸，具体哪个液压缸上腔进压力油或回油，视所选择主轴转速和进给量大小而定。与此同时，另一油路系统推动拨叉缓慢移动，逐渐压紧主轴转速摩擦离合器，接通主轴电动机到主轴的传动链，带动主轴缓慢旋转(称为缓速)，以利于齿轮的顺利啮合。当变速完成后，松开主轴操作手柄，此时手柄在弹簧的作用下由“变速”位置自动复位到主轴停车位置，然后操纵主轴正转或反转，主轴将在新的转速或进给量下工作。

主轴空挡：当主轴操作手柄扳向“空挡”位置时，压力油使主轴传动中的滑移齿轮处于中间脱开位置。这时可用手轻便地转动主轴。

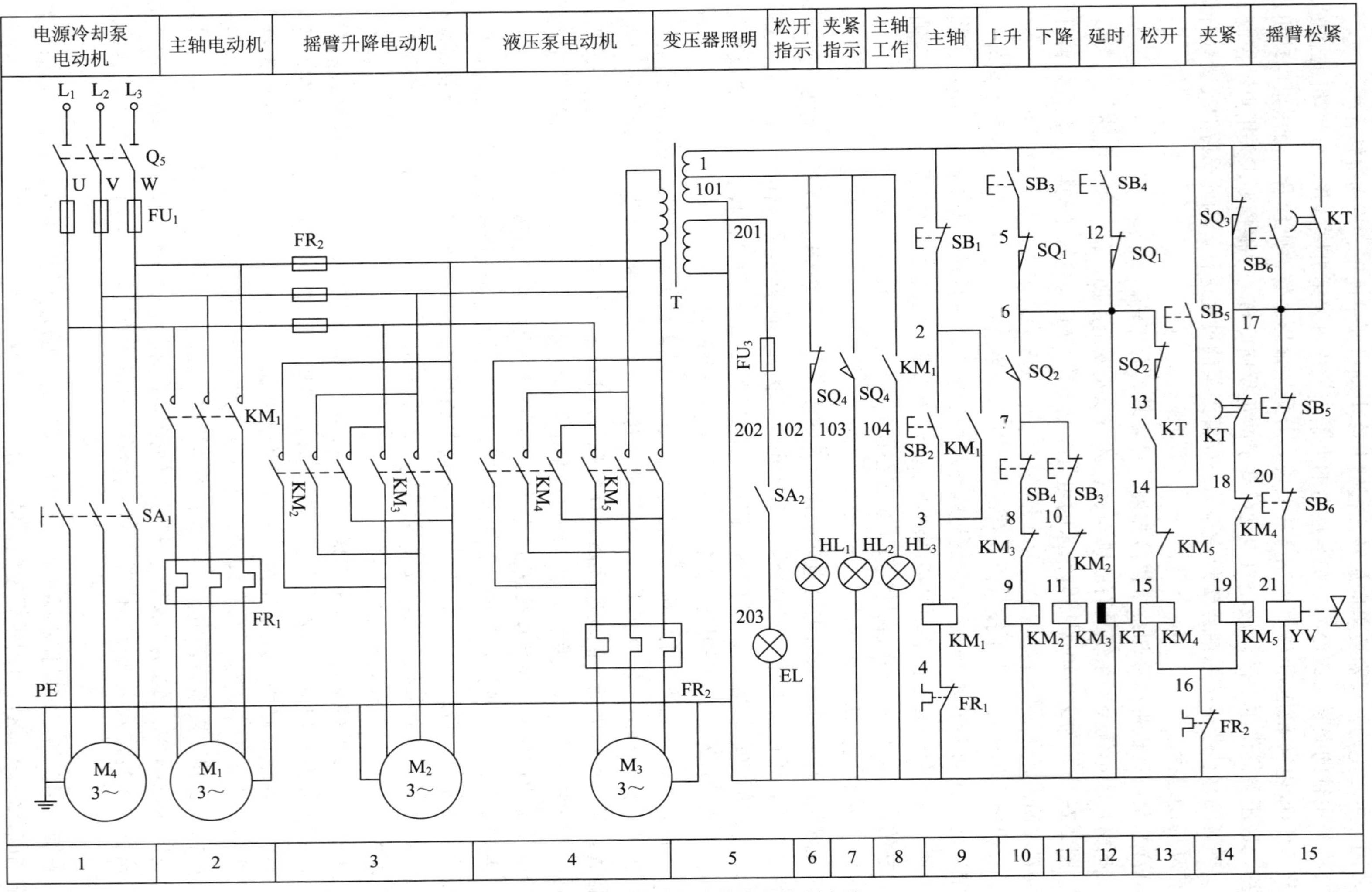

图 2-29 Z3040 型摇臂钻床的电气控制电路

2) 夹紧机构液压系统

主轴箱、内外立柱和摇臂的夹紧与放松，是由液压泵电动机拖动液压泵送出压力油，推动活塞和菱形块来实现的。其中主轴箱和立柱的夹紧或放松由一个油路控制；而摇臂的夹紧或放松因要与摇臂的升降运动构成自动循环，故由另一油路来控制。这两个油路均由电磁阀操纵，如图 2-28 所示。

该钻床共配置 4 台电动机。M_1为主轴电动机，由接触器 KM_1控制，带动主轴的旋转和使主轴作轴向进给运动，为单向旋转。主轴正、反转则由电动机拖动齿轮泵送出压力油，通过液压系统操纵机构配合正、反转摩擦离合器驱动主轴正转或反转来实现，并由热继电器 FR_1 作为长期过载保护。M_2为摇臂上升下降电动机，由接触器 KM_2、KM_3控制正、反转。M_3为液压泵电动机，由接触器 KM_4、KM_5控制正、反转。控制电路保证在操纵摇臂升降时，首先使液压泵电动机启动运转，供出压力油，经液压系统使摇臂松开，然后才使电动机 M_2启动，拖动摇臂上升或下降。当摇臂移动到位后，控制电路又保证 M_2先停下，再自动通过液压系统，将摇臂夹紧，最后液压泵电动机 M_3才停下。M_4为冷却泵电动机，由转换开关 SA_1控制。

(1) 短路保护：在主电路中，熔断器 FU_1作为总电路和电动机 M_1、M_4的短路保护；熔断器 FU_2作为电动机 M_2、M_3和控制变压器 T 原边的短路保护；在辅助电路中，熔断器 FU_3作为照明回路的短路保护。

(2) 过载保护：在主电路中，热继电器 FR_1、FR_2 分别作为主轴电动机 M_1、液压泵电动机 M_3 的过载保护。如果液压系统的夹紧机构出现故障不能夹紧，那么行程开关 SQ_3 的常闭触点无法断开；或者由于行程开关 SQ_3安装不当，摇臂夹紧后仍不能压下行程开关 SQ_3，这时会使液压泵电动机 M_3 处于长期过载状态，易将 M_3 烧毁。M_2为短时工作，不用设长期过载保护。

(3) 失压(欠压)保护：主轴电动机 M_1 采用按钮与自锁控制方式，具有失压保护功能，各接触器线圈自身也具有失压保护功能。

4. 电气分析

1) 主轴电动机 M_1的控制

按启动按钮 SB_2→接触器 KM_1得电吸合并自锁→KM_1主触点闭合→M_1转动，同时 KM_1辅助常开触点闭合，指示灯 HL_3点亮，表明主轴电动机在旋转。按停止按钮 SB_1→KM_1失电释放→M_1停转，同时 KM_1辅助常开触点恢复断开，表明电动机 M_1停转。

主轴的正、反转由液压系统的操纵机构配合正、反转摩擦离合器实现。

2) 摇臂升降的控制

当由摇臂上升或下降点动按钮 SB_3、SB_4发出摇臂升降指令时，先使摇臂松开，然后摇臂上升或下降，待摇臂上升或下降到位时，又重新自行夹紧。由于摇臂的松开与夹紧是由夹紧机构液压系统实现的，因此摇臂升降必须与夹紧机构液压系统紧密配合。

摇臂升降电动机 M_2由按钮 SB_3、SB_4点动控制正、反转接触器 KM_2、KM_3，以实现电动机 M_2的正、反转，进而拖动摇臂上升或下降。

液压泵电动机 M_3由正、反转接触器 KM_4、KM_5控制，实现电动机正、反转，拖动双向液压泵送出压力油，经二位六通阀送至摇臂夹紧机构，实现摇臂的夹紧与放松。

下面以摇臂上升为例，分析摇臂升降的控制过程。

摇臂升降启动的初始条件是：摇臂钻床在平常或加工工件时，其摇臂始终处于夹紧状态，摇臂夹紧信号开关 SQ_3 被压合，其触点处于断开状态；摇臂放松信号开关 SQ_2 未受压，其常开触点处于断开状态，而常闭触点处于闭合状态。

(1) 摇臂升降启动过程。

按住上升点动启动按钮 SB_3，其常闭触点断开，使 KM_3 不能得电，其常开触点闭合，使断电延时时间继电器 KT 得电吸合，KT 瞬动常开触点闭合，使接触器 KM_4 得电吸合，其通路为 SB_3→SQ_1→SQ_2→KT→KM_4 线圈→FR_2，液压泵电动机启动旋转，拖动液压泵送出正向压力油。与此同时，KT 断电延时闭合的常闭触点立即断开，使接触器 KM_5 不能得电，实现互锁；KT 的断电延时断开的常开触点闭合，使电磁阀 YV 得电，其通路为 KT→SB_5→SB_6→YV 线圈。这样压力泵送出的压力油经二位六通阀进入液压系统的摇臂夹紧机构的松开油腔，推动活塞和菱形块，将摇臂松开，并使摇臂夹紧信号开关 SQ_3 复位，SQ_3 常闭触点恢复闭合。当摇臂完全松开时，活塞杆通过弹簧片压下行程开关 SQ_2，发出摇臂已放松信号，即 SQ_2 的常闭触点断开，常开触点闭合，使接触器 KM_2 得电吸合，其通路为 SB_3→SQ_1→SQ_2→SB_4→KM_3→KM_2 线圈，摇臂升降电动机 M_2 启动旋转，拖动摇臂上升；同时 KM_2 的辅助常闭触点断开，确保 KM_3 不能得电，实现互锁。因此，行程开关 SQ_2 是用来反映摇臂是否松开且发出松开信号的元件。

(2) 摇臂升降停止过程。

当摇臂上升到所需位置时，松开摇臂上升点动按钮 SB_3，KM_2 和 KT 同时失电释放。KM_2 失电释放，使摇臂上升电动机 M_3 停止转动，摇臂停止上升；KT 失电释放，KT 瞬动的常开触点立刻恢复断开，确保 KM_4 不能得电。在 KT 断电延时的 1～3 s 时间内，KM_5 线圈仍处于失电状态，电磁阀 YV 仍处于得电状态，确保摇臂升降电动机 M_2 在断开电源后到完全停止运转时才开始摇臂的夹紧动作，因此 KT 延时长短根据 M_3 电动机切断电源至完全停止旋转的惯性大小来调整。

一旦 KT 断电延迟时间到，延时闭合的 KT 常闭触点便闭合，使 KM_5 得电吸合，其通路为 SQ_3→KT→KM_4→KM_5 线圈→FR_2，液压泵电动机 M_3 反向启动，拖动液压泵，供出反向压力油。同时，KT 触点断开，电磁阀 YV 失电，这时压力油经二位六通阀进入摇臂夹紧油腔，反方向推动活塞和菱形块，将摇臂夹紧。同时，活塞杆通过弹簧片压下行程开关 SQ_3，使 SQ_3 触点断开，电磁阀 YV、KM_5 失电，液压泵电动机 M_3 停止旋转，摇臂夹紧完成。因此 SQ_3 为摇臂夹紧信号开关。

在摇臂升降电路中，除了采用按钮 SB_3 和 SB_4 的机械联锁外，还采用了接触器 KM_2 和 KM_3 的电气联锁，即对摇臂升降电动机 M_2 实现了正、反转复合联锁。在液压泵电动机 M_3 的正、反转控制电路中，接触器 KM_4 和 KM_5 采用了电气联锁，在主轴箱和立柱的夹紧、放松电路中，为保证压力油不供给摇臂夹紧油路，将按钮 SB_5 和 SB_6 的常闭触点串联在电磁阀 YV 线圈的电路中，以达到连锁的目的。

在摇臂上升过程中，电气动作顺序用助记符表示为：预备状态(摇臂钻床在平常或加工工件时)——SQ_3 被压，SQ_2 未受压；摇臂放松——当摇臂松开后，SQ_3 不再受压。如果点动按钮 SB_3 或 SB_4 时间过短，则可能会造成摇臂处于半放松状态，使行程开关 SQ_3 常闭触点复位。这时电磁阀 YV 得电，时间继电器 KT 的延时闭合常闭触点会在 1～3 s 后保

证接触器 KM_5 得电，液压泵电动机 M_1 反转，使摇臂夹紧。在此之后，行程开关 SQ_3 常闭触点断开，切断接触器 KM_5 和电磁阀 YV 电路，这样就保证了摇臂在加工工件前总是处于夹紧状态。

3) *立柱和主轴箱夹紧与放松的控制*

立柱与主轴箱均采用液压夹紧与松开，且从液压系统看，两者同时动作。当进行夹紧或松开时，要求电磁铁 YV 处于释放状态。

当按下点动放松按钮 SB_5(或夹紧按钮 SB_6)时，接触器 KM_4(或 KM_5)得电吸合，拖动液压泵 M_1 正转(或反转)，输送出正向(或反向)压力油。压力油经二位六通阀进入立柱夹紧液压缸的松开(或夹紧)油腔和主轴箱夹紧液压缸的松开(或夹紧)油腔，推动活塞和菱形块，使立柱和主轴箱分别松开(或夹紧)。由于此时 YV 线圈处于失电状态，压力油不会打入摇臂松开油腔，因此摇臂仍处于夹紧状态。当主轴箱和立柱完全放松时，行程开关 SQ_4 恢复原状，其常闭触点保持闭合，指示灯 HL_1 点亮，表示主轴箱与立柱处于松开状态，此时可以手动将主轴箱在摇臂的水平导轨上移动至适当位置。推动摇臂(套在内立柱上)使外立柱绕内立柱旋转至适当的位置。当主轴箱和立柱完全夹紧时，行程开关 SQ_4 动作，SQ_4 常闭触点断开，指示灯 HL_1 熄灭，同时 SQ_4 常开触点闭合，指示灯 HL_2 点亮，表示它们确实已夹紧，可以进行钻削加工。

利用主轴箱和立柱的夹紧或放松，还可以检查电源相序的正确与否，以确保摇臂升降电动机 M_2 的正、反转接线正确。

4) *冷却泵电动机 M_4 的控制*

该机床的冷却泵电动机 M_4 容量较小(0.125 kW)，未设长期过载保护，只由三极主令开关 SA_1 控制其单方向旋转。

5) *照明、指示电路*

通过控制变压器 T 降压，分别得到照明电路安全电压 36 V、指示灯电路电压 6.3 V 和控制电路电压 220 V。照明电路中的照明灯由主令控制开关 SA_2 控制。在指示灯电路中，指示灯 HL_1 亮表示主轴箱和立柱同时处于放松状态，可以调节它们的位置；指示灯 HL_2 亮表示主轴箱和立柱同时处于夹紧状态，这两只指示灯分别由行程开关 SQ_4 的常闭、常开触点控制；指示灯 HL_3 亮表示主轴电动机带动主轴旋转工作，由接触器 KM_1 的辅助常开触点控制。

2.8　电气控制电路的设计

中小型生产机械设备电气传动控制系统，大多数是由继电器-接触器系统来实现其控制的。当生产机械设备的控制方案确定后，可根据各电动机的不同控制任务，参照典型电路逐一分别设计局部线路，然后根据各部分的相互关系综合成完整的控制电路。

2.8.1　电气控制电路的设计方法与原则

电气控制系统的设计一般包括确定拖动方案、选择电机容量和设计电气控制电路。电气控制电路的设计方法通常有两种：一般设计法和逻辑设计法。以下主要介绍一般设计法。

一般设计法是根据生产工艺的控制要求，利用各种典型的控制环节，直接设计控制电路。

这种设计方法要求设计人员必须掌握和熟悉大量的典型控制电路，以及各种典型电路的控制环节，同时具有丰富的设计经验。由于这种设计方法主要靠经验进行设计，因此又称经验设计法。经验设计法的特点是没有固定的设计模式，灵活性很大，对于具有一定工作经验的设计人员来说容易掌握，因此在电气设计中被普遍采用。但用经验设计法初步设计出来的控制电路可能有多种，也可能有一些不完善的地方，需要多次反复修改、试验，才能使电路符合设计要求。即使这样，设计出来的电路可能也不是最简的，所用的电器及触点也不一定最少，因此，得出的方案也不一定是最佳的。采用一般设计法设计控制电路时，应遵循以下原则。

(1) 保护控制电路工作的安全和可靠性。

电气元件要正确连接，电器线圈和触点连接不正确，会使控制电路发生误动作，有时会造成严重的事故。

(2) 注意线圈的连接。

在交流控制电路中，不能串联接入两个电器线圈，串联接入两个电器线圈如图 2-30 所示，即使外加电压是两个线圈的额定电压之和也是不允许的。因为每个线圈上所分配到的电压与线圈阻抗成正比，两个电器的动作总有先后，先吸合的电器，磁路先闭合，其阻抗比没有闭合的电器大，电感显著增加，线圈上的电压也相应增大，故没吸合电器的线圈电压达不到吸合值。同时电路中的电流将增加，有可能烧毁线圈。因此两个电器需要同时动作时，线圈应并联连接。

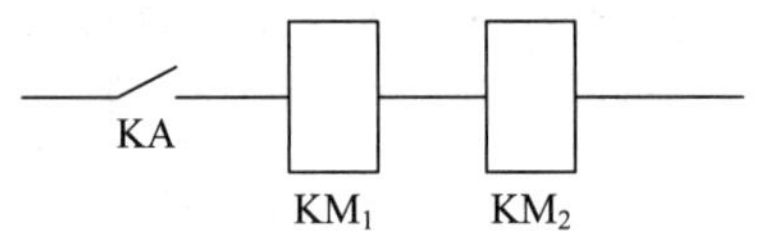

图 2-30 串联接入两个电器线圈

(3) 注意电器触点的连接。

同一电器的常开触点和常闭触点位置靠得很近，不能分别接在电源的不同相上。不正确连接电器的触点如图 2-31(a)所示，位置开关 SQ 的常开触点和常闭触点不是等电位，当触点断开、产生电弧时，很可能在两触点之间形成飞弧而引起电源短路。正确连接电器的触点如图 2-31(b)所示，两电器的电位相等，不会造成飞弧也就不会引起电源短路。

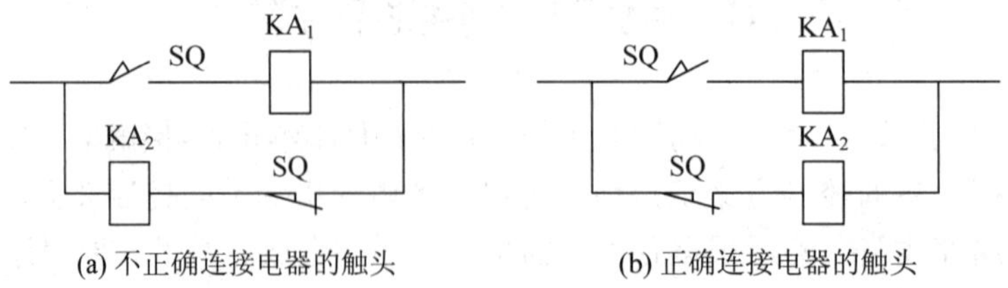

(a) 不正确连接电器的触头　　(b) 正确连接电器的触头

图 2-31 电器触点的连接

(4) 尽量减少多个电气元件依次动作后才能接通另一电气元件的情况。

如图 2-32(a)所示，线圈 KA_3 的接通要经过 KA、KA_1、KA_2 三对常开触点。若改为如

图 2-32(b)所示，则每一线圈的通电只需经过一对常开触点，工作较可靠。

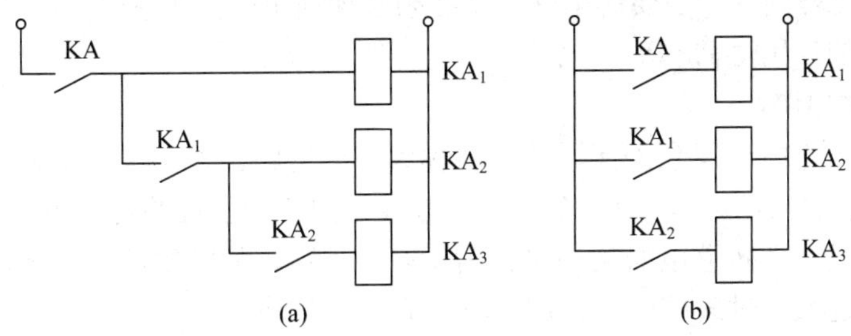

图 2-32　多个电气元件的连接

(5) 应考虑电器触点的接通和分断能力。

若电器触点的容量不够，可在电路中增加中间继电器或增加线路中触点的数目。要提高接通能力，应用多触点并联连接；要提高分断能力，应用多触点串联连接。

(6) 应考虑电气元件的触点“竞争”问题。

同一继电器的常开触点和常闭触点有“先断后合”型和“先合后断”型。通电时常闭触点先断开，常开触点后闭合，断电时常开触点先断开，常闭触点后闭合，这样的常开触点和常闭触点属于“先断后合”型。

“先合后断”型则相反：通电时常开触点先闭合，常闭触点后断开；断电时常闭触点先闭合，常开触点后断开。

如果触点先后发生“竞争”，则电路工作不可靠。触点“竞争”电路如图 2-33 所示。

若继电器 KA 采用“先合后断”型，则自锁环节起作用；若继电器 KA 采用“先断后合”型，则自锁环节不起作用。

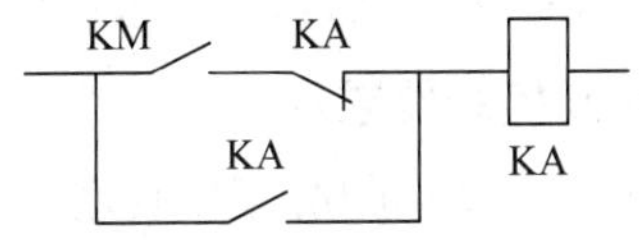

图 2-33　触点“竞争”电路

(7) 尽量合理安排触点位置。

将电器触点的位置进行合理安排，可减少导线的数量，缩短导线的长度，以简化接线。如图 2-34 所示，启动按钮和停止按钮一同放置在操作台上，而接触器放置在电器柜内。从按钮到接触器要经过较远的距离，所以必须把启动按钮和停止按钮直接连接，这样可减少连接线的长度。

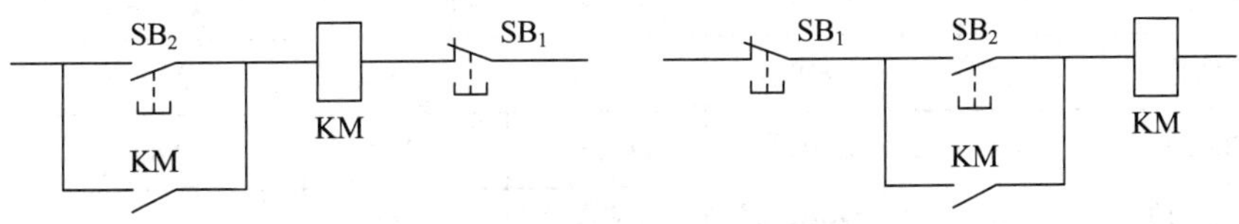

图 2-34　减少导线连接

(8) 尽量减少长期通电电器的数目。

控制电路在工作时，除必要的电气元件必须长期通电外，其余电器应尽量不长期通电，以延长电气元件的使用寿命和节约电能。

(9) 防止寄生电路。

控制电路在工作中出现意外接通的电路称为寄生电路。寄生电路会破坏电路的正常工作，造成误动作。图 2-35 所示为一个只具有过载保护和指示灯的可逆电动机的控制电路，电动机正转时过载，则热继电器动作时会出现寄生电路，如图中虚线所示，使接触器 KM 不能及时断电，延长了过载的时间，起不到应有的保护作用。

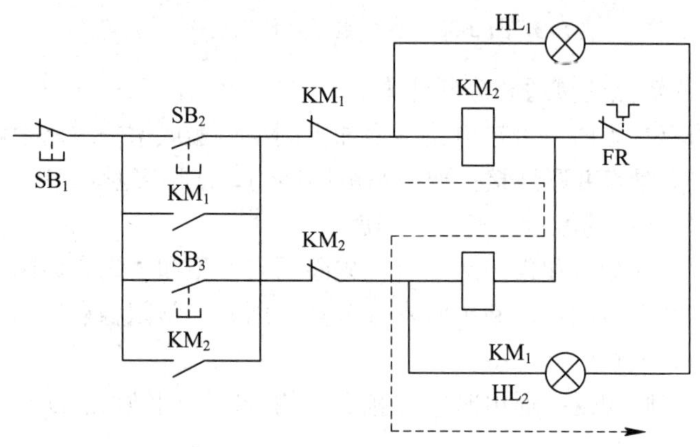

图 2-35 可逆电动机的控制电路

2.8.2 电气控制电路的设计步骤

以 CW6163 型卧式车床的电气控制电路设计为例说明电气控制电路的设计步骤。

1. 明确车床电气传动的特点及控制要求

(1) 车床的主运动和进给运动由电动机 M_1 集中传动，采用机械方法调速，主轴运动的正反向(满足螺纹加工要求)转换由两组摩擦片离合器来实现。

(2) 主轴制动采用液压制动器。

(3) 冷却泵由电动机 M_2 拖动。

(4) 刀架的快速移动由单独的快速移动电动机 M_3 实现。

(5) 进给运动的纵向运动、横向运动以及快速移动统一由一个手柄操纵。电动机型号按经验设计法选择，如表 2-3 所示。

表 2-3 电动机的选择

元件	符号	型号	功率/kW	额定电压/V	额定电流/A	转速/(r/min)
主轴电动机	M_1	Y160M-4	11	380	22.6	1460
冷却泵电动机	M_2	JCB-22	0.15	380	0.43	2790
快速移动电动机	M_3	Y90S-4	1.1	380	2.7	1400

2. 电气控制电路设计

1) 主电路设计

下面采用经验设计法进行 CW6163 型卧式车床电气控制电路的设计。主电路有三台电动机，根据电气传动的特点及控制要求，由接触器 KM_1、KM_2、KM_3 分别控制电动机 M_1、M_2 及 M_3。CW6163 型卧式车床主电路的电气原理如图 2-36 所示。

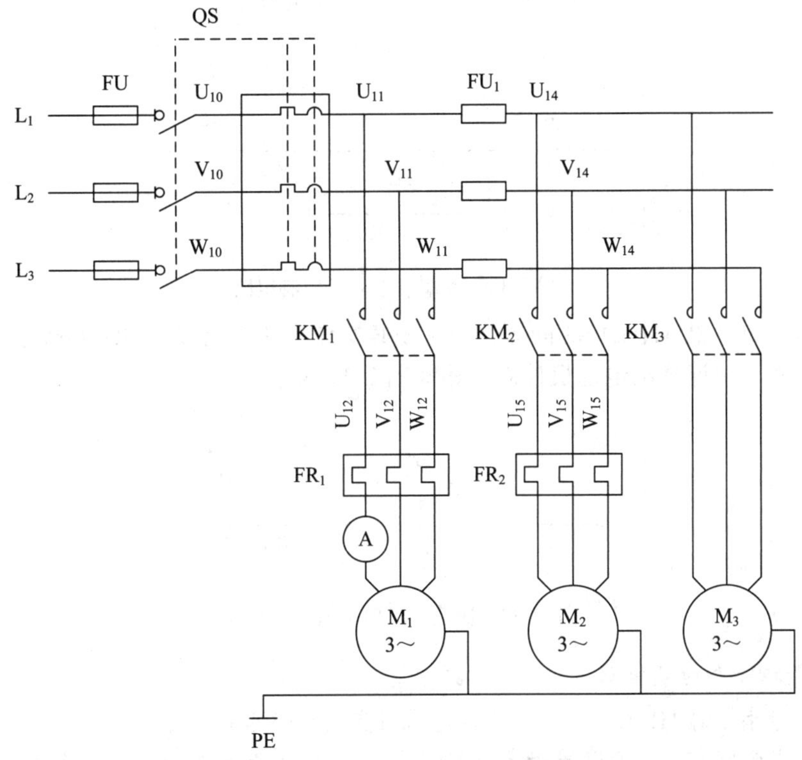

图 2-36　CW6163 型卧式车床主电路的电气原理图

车床的三相电源由电源引入开关 QS 引入。主电动机 M_1 的过载保护由热继电器 FR_1 实现，它的短路保护可由机床前一级配电箱中的熔断器 FU 实现。冷却泵电动机 M_2 的过载保护由热继电器 FR_2 实现。快速移动电动机 M_3 由于是短时工作，因此不设过载保护。电动机 M_2、M_3 共同的短路保护由熔断器 FU_1 实现。

2) 控制电路设计

考虑到操作方便，对主电动机 M_1 进行两地启停控制。可在床头操作板上和刀架拖板上分别设启动和停止按钮 SB_1、SB_2、SB_3、SB_4 进行操纵。主电动机控制电路如图 2-37 所示。接触器 KM_1 与控制按钮组成自锁的启停控制电路。

冷却泵电动机 M_2 的启停操作由按钮 SB_5、SB_6 进行控制。冷却泵电动机控制电路如图 2-38 所示。SB_5、SB_6 装在床头操作板上。

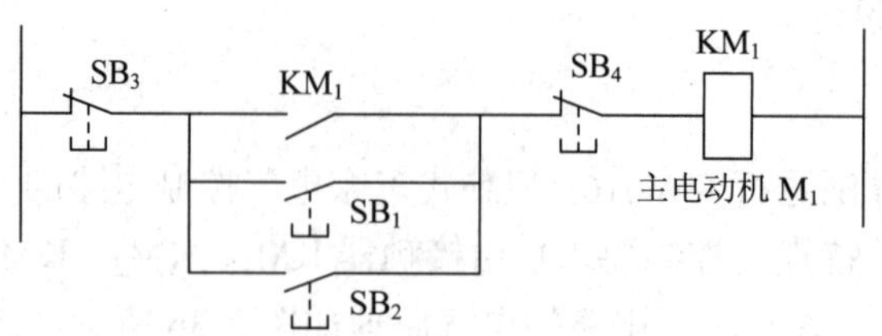

图 2-37　主电动机控制电路

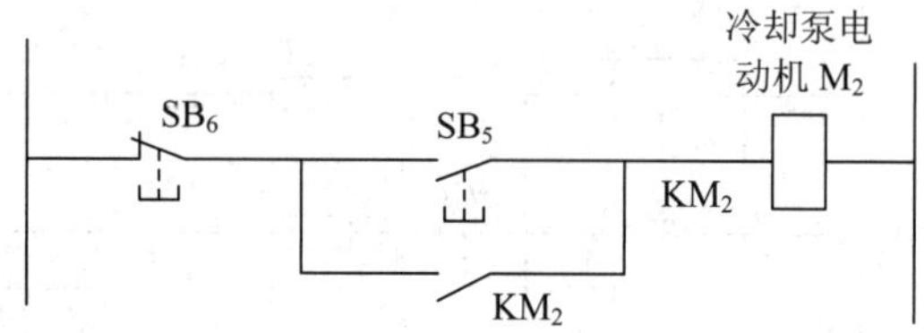

图 2-38　冷却泵电动机控制电路

快速移动电动机 M_3 工作时间短，为了使其操作灵活，用按钮 SB_7 与接触器 KM_3 组成点动控制电路。快速移动电动机控制电路如图 2-39 所示。

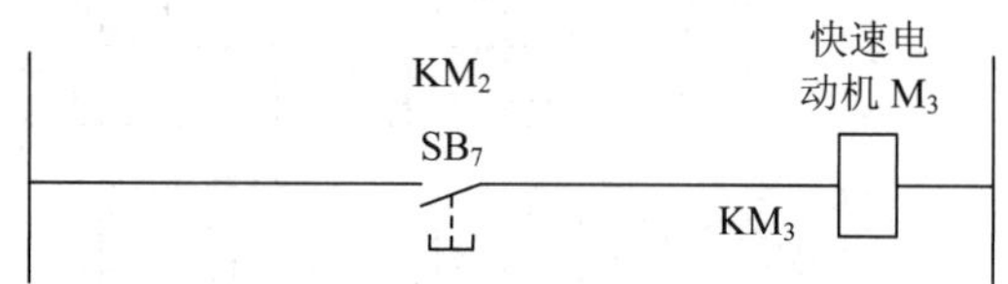

图 2-39　快速移动电动机控制电路

3) 信号指示与照明电路

设置信号指示灯 HL_2(绿色)，用于在电源开关 QS 接通后立即发光显示，表示机床电气电路已处于供电状态。设置信号指示灯 HL_1(红色)，用于表示主电动机是否运行。这个指示灯可由接触器 KM_1 的常开辅助触点控制。

在操作板上设有交流电流表，它串联在电动机主电路中，用以显示机床的工作电流。

这样可根据电动机的工作情况调整切削用量，使主电动机尽量满载运行，提高生产率，并能提高电动机的功率因数。

设置照明灯 HL，用于局部安全照明(安全电压为 36 V)。

4) 控制电路电源

考虑到安全、可靠性及满足信号指示灯的要求，控制电路电压为 270 V，车床局部照明电压为 36 V，指示灯电压为 6.3 V。

5) 绘制电气原理图

根据各局部电路之间的相互关系和电气保护电路，可绘制电气原理图。CW6163 型车床电气电路控制原理图如图 2-40 所示。电气原理图分为若干图区，上方图区配以中文，用于说明每个部分的功能，下方图区用阿拉伯数字编号，以帮助读图。

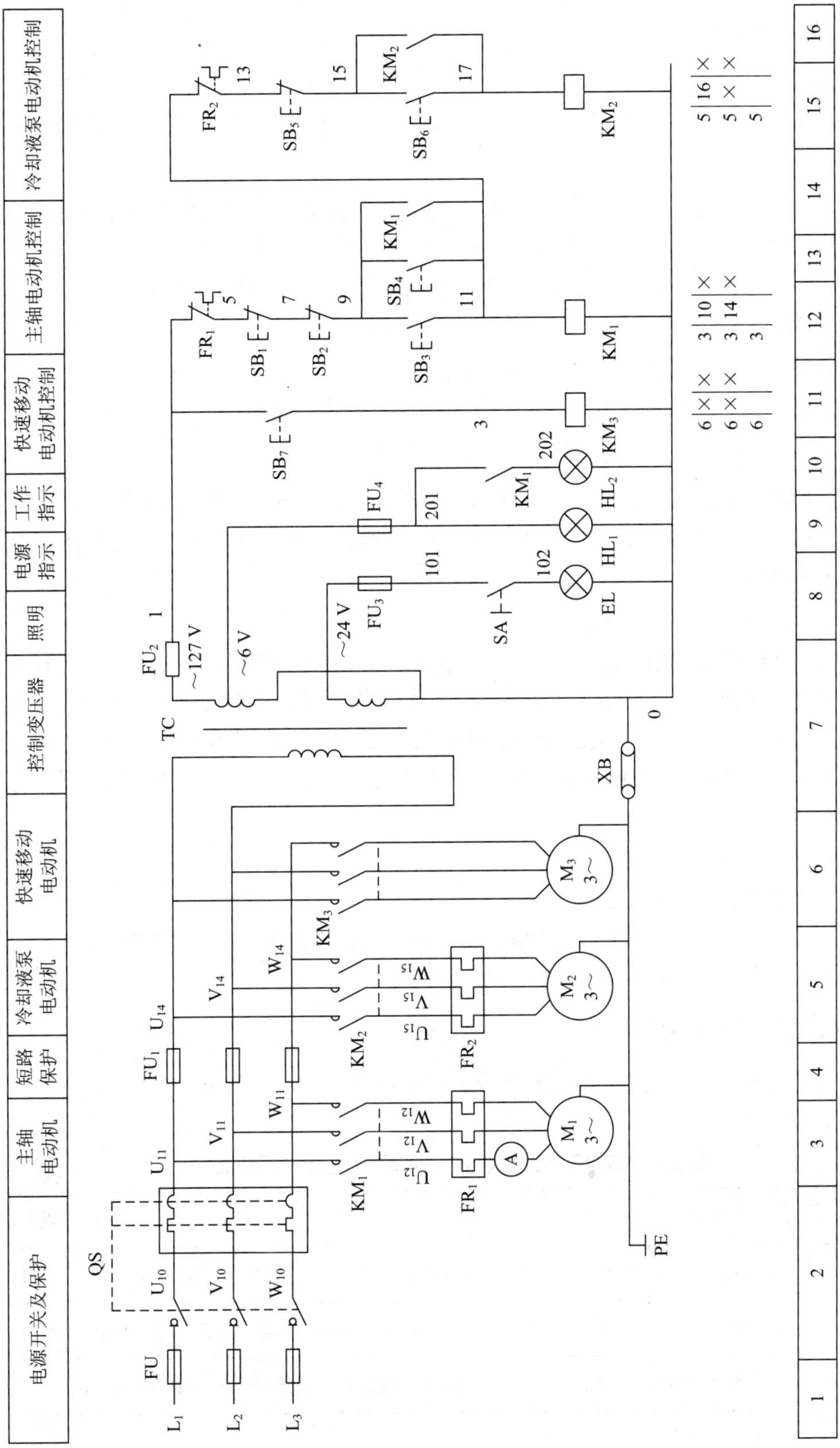

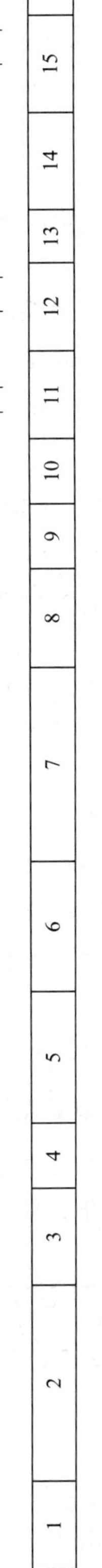

图 2-40　CW6163 型车床电气电路控制原理图

3. 选择电气元件

1) 电源引入开关 QS

中小型机床常用组合开关，这里选用 HZ10-25/3 型三极组合开关，其额定电流为 25 A。

2) 热继电器 FR_1、FR_2

主电动机 M_1 的额定电流为 23 A，FR_1 应选用 JR16-6013 型热继电器，热元件电流为 25 A。整定电流调节范围为 16～25 A，工作时将额定电流调整为 23 A。

同理，FR_2 应选用 JR16-20 型热继电器，整定电流调节范围是 0.4～0.64 A，工作时将额定电流调整为 0.43 A。

3) 熔断器 FU、FU_1、FU_2、FU_3、FU_4

在选用熔断器时，当多台电动机由一个熔断器保护时，应满足：

$$I_{RN} = (1.5 \sim 2.5) I_{Nmax} + \sum I_N \tag{2-2}$$

FU 是对 M_1、M_2、M_3 三台电动机进行保护的熔断器，可选用 RL6-63 型熔断器，配 50 A 的熔体。FU_1 可选用 RL6-25 型熔断器，配 10 A 的熔体。FU_2～FU_4 选用 RL1-15 型熔断器，配 2 A 的熔体。

4) 接触器 KM_1、KM_2、KM_3

主电动机 M_1 的额定电流 I_n = 23 A，控制电路电源 127 V，需主触点三对、常开辅助触点两对、常闭辅助触点一对。根据上述情况，KM_1 选用 CJ10-40 型接触器，电磁线圈电压为 127 V。由于 M_2、M_3 的额定电流很小，所以 KM_2、KM_3 可选用 JZ7-44 型交流中间继电器，线圈电压为 127 V，触点电流为 5 A，可完全满足要求。对小容量的电动机，通常选用中间继电器替代接触器。

5) 控制变压器 TC

控制变压器的具体计算、选择请参考有关书籍。

本设计中控制变压器应选用 BK-100 型变压器，电压等级为 380 V/127-36-6.3 V，可满足辅助回路的各种电压需要。

4. 制订电气元件明细表

电气元件明细表要注明各元器件的型号、规格及数量等。CW6163 型卧式车床的电气元件明细表如表 2-4 所示。

表 2-4　CW6163 型卧式车床的电气元件明细表

符号	名称	型号	规　　格	数量/个
M_1	异步电动机	Y160M-4	功率：11 kW；额定电压：380 V；转速：1460 r/min	1
M_2	冷却泵电动机	JCB-22	功率：0.15 kW；额定电压：380 V；转速：2790 r/min	1
M_3	异步电动机	Y90S-4	功率：11 kW；额定电压：380 V；转速：1400 r/min	1

续表

符号	名称	型号	规　　格	数量/个
QS	组合开关	HZ10-25/3	额定电压：500 V；额定电流：25 A；极数：3 极	1
KM_1	交流接触器	CJ10-40	额定电流：40 A；线圈电压：127 V	1
KM_2、KM_3	交流中间继电器	JZ7-44	额定电流：5 A；线圈电压：127 V	各 1
FR_1	热继电器	JR16-60/3	额定电流：32 A；整定电流：23 A	1
FR_2	热继电器	JR16-20	额定电流：0.5 A；整定电流：0.43 A	1
FU	熔断器	RL6-63	额定电压：500 V；熔体电流：50 A	1
FU_1	熔断器	RL6-25	额定电压：500 V；熔体电流：10 A	1
FU_2～FU_4	熔断器	RL1-15	额定电压：500 V；熔体电流：2 A	各 1
TC	控制变压器	BK-100	额定电压：100 V；380 V/127-36-6.3 V	1
SB_1、SB_2、SB_5	控制按钮	LA-18	5 A，黑色	各 1
SB_3、SB_4、SB_6	控制按钮	LA-18	5 A，红色	各 1
SB_7	控制按钮	LA-18	5 A，绿色	1
HL_1、HL_2	信号指示灯	ZSD-0	6.3 V 红色、绿色	各 1
FL、SA	照明灯及灯开关	JC2	36 V，40 W	各 1
PA	交流电流表	62T2	电流：0～50 A，直接接入	1

5. 绘制电气接线图

机床的电气接线图是根据电气原理图及各电气设备安装的布置图来绘制的。安装电气设备或检查电路故障都要依据电气接线图。电气接线图要表示出各电气元件的相对位置及各元件的相互接线关系，因此，要求电气接线图中各电气元件的相对位置与实际的安装位置一致，并且同一个电气元件要画在一起。另外，还要求各电气元件的文字符号与原理图一致。各部分电路之间接线和外部接线都应通过端子板进行，而且应该注明外部接线的去向。为了看图方便，将导线走向一致的多根导线合并画成单线，可在元件的接线端标明接线的编号和去向。

电气接线图还应标明接线用导线的种类和规格，以及穿管的管子型号、规格和尺寸。成束的接线应说明接线根数及其接线号。图 2-41 为 CW6163 型卧式车床的电气接线图。表 2-5 所示为 CW6163 型卧式车床电气接线图中管内敷线明细表。

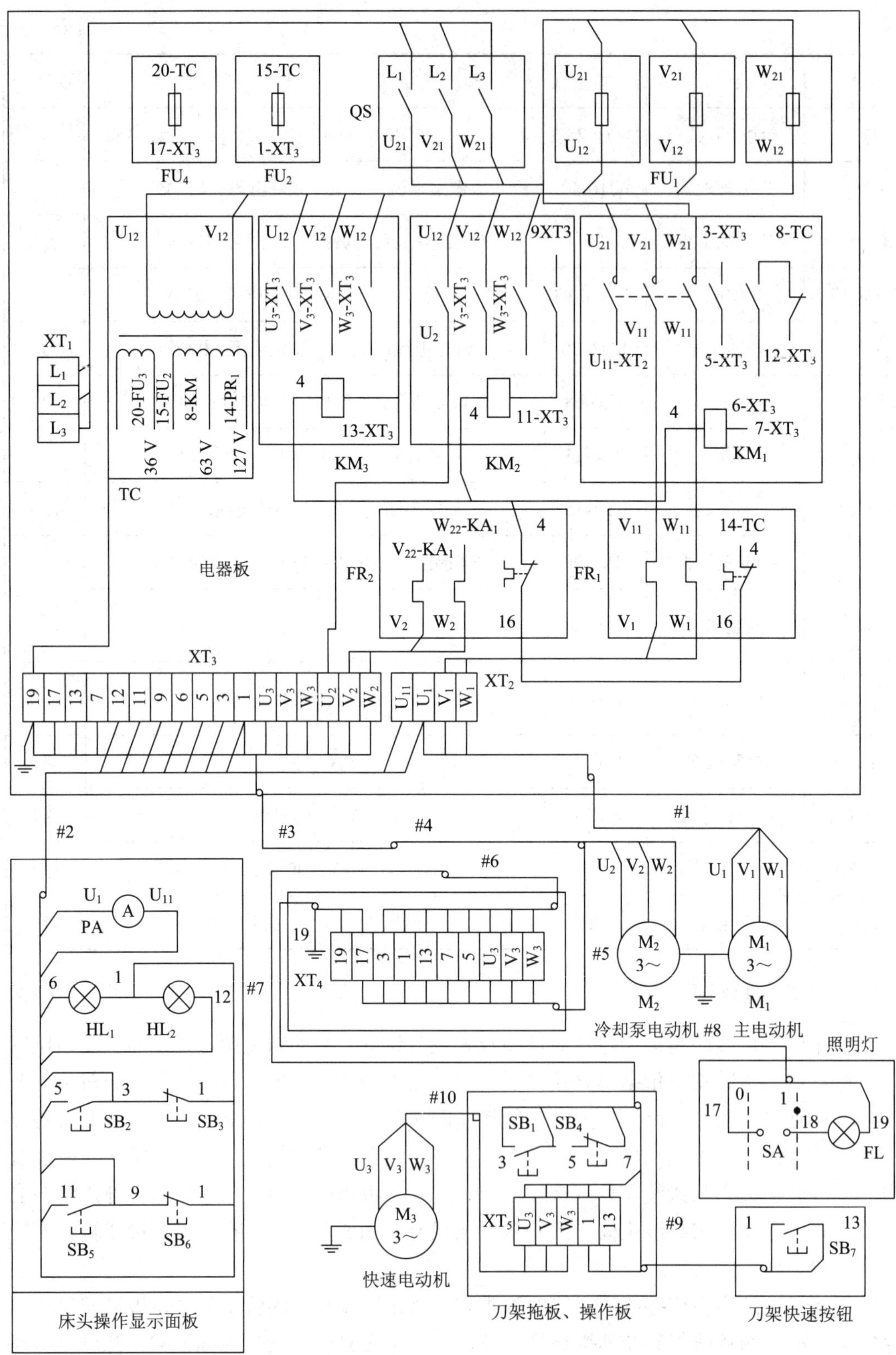

图 2-41　CW6163 型卧式车床的电气接线图

表 2-5　CW6163 型卧式车床电气接线图中管内敷线明细表

<table>
<tr><th rowspan="2">代号</th><th rowspan="2">穿线用管(或电缆类型)内径/mm</th><th colspan="2">电　线</th><th rowspan="2">接　线　号</th></tr>
<tr><th>截面面积/mm^2</th><th>根数</th></tr>
<tr><td>#1</td><td>内径 15 聚氯乙烯软管</td><td>4</td><td>3</td><td>U_1，V_1，W_1</td></tr>
<tr><td rowspan="2">#2</td><td rowspan="2">内径 15 聚氯乙烯软管</td><td>4</td><td>2</td><td>U_1，U_{11}</td></tr>
<tr><td>1</td><td>7</td><td>1，3，5，6，9，11，12</td></tr>
<tr><td>#3</td><td>内径 25 聚氯乙烯软管</td><td rowspan="2">1</td><td rowspan="2">13</td><td rowspan="2">U_2，V_2，W_2，U_3，V_3，W_3
1，3，5，7，13，17，19</td></tr>
<tr><td>#4</td><td>G3/4(in)螺纹管</td></tr>
<tr><td>#5</td><td>内径 15 金属软管</td><td>1</td><td>10</td><td>U_3，V_3，W_3，1，3，5，7，13，17，19</td></tr>
<tr><td>#6</td><td>内径 15 聚氯乙烯软管</td><td rowspan="2">1</td><td rowspan="2">8</td><td rowspan="2">U_3，V_3，W_3，1，3，5，7，13</td></tr>
<tr><td>#7</td><td>18 mm × 16 mm 铝管</td></tr>
<tr><td>#8</td><td>内径 11 金属软管</td><td>1</td><td>2</td><td>17，19</td></tr>
<tr><td>#9</td><td>内径 8 聚氯乙烯软管</td><td>1</td><td>2</td><td>1，13</td></tr>
<tr><td>#10</td><td>YHZ 橡套电缆</td><td>1</td><td>3</td><td>U_3，V_2，W_3</td></tr>
</table>

习　题　2

一、填空题

1．电气原理图一般分为(　　　)和辅助电路两部分。

2．接触器或继电器利用自己的辅助触点来保持线圈得电，称为(　　　)。

3．两个接触器或继电器的常闭辅助触点串入对方的线圈电路中，称为(　　　)。

4．常用降压启动方法有定子电路串电阻、自耦变压器降压、(　　　)降压等。

5．三相异步电机的制动方法分为两类：机械制动和(　　　)制动。

6．电磁抱闸制动可分为断电电磁抱闸制动和(　　　)制动。

7．互锁有机械互锁和(　　　)互锁。

8．多地控制的原则是：常开启动按钮要并联，(　　　)按钮要串联。

9．顺序启动的控制规律是：把先启动电机的接触器的常开触点(　　　)在后启动电机的接触器线圈电路中。

10．顺序停止的控制规律是：把先停电机的接触器的常开触点与后停电机的停止按钮(　　　)。

二、判断题

1．点动和长动的区别是：点动无自锁，长动有自锁。　　(　　)

2．由于电机的输出力矩与电压的平方成正比，所以在降压启动的过程中，电机的输出

力矩也大大下降。(　　)

3．电磁制动把闸制动的制动力矩大、快速准确，但对设备的冲击振动大。　(　　)

4．在自动往返控制中，限位开关反映运动的起点和终点，会被经常使用，极限保护开关实现极限保护。(　　)

5．在自动往返控制中，若行程开关失灵、无法实现换向，则极限保护开关实现极限保护，避免运动部件因超出极限位置而发生事故。(　　)

三、选择题

1．绘制电气原理图应遵循的原则中，下面叙述错误的是(　　)。

A．所有元件都必须用国家统一规定的图形和文字符号来表示

B．主电路用粗实线画在图的左侧或上方

C．所有电器的可动部分均以自然状态画出

D．同一元件的不同部分必须画在一起

2．关于三相鼠笼式异步电机的启动，下面说法错误的是(　　)。

A．10 kW 以下电机可直接(全压)启动

B．电机容量小于电源容量的 20%可直接启动

C．满足 $I_q/I_e \leqslant 3/4 +$ 电源变压器 / (4 × 电机容量)可直接启动

D．所有异步电机在任何情况下都可以采用全压启动

四、综合题

1．设计一个电气控制电路，要求控制两台电机 M_1 和 M_2，M_1 启动后才允许 M_2 启动，有短路保护和过载保护，M_1 和 M_2 都要求长动控制。画出主电路和辅助电路。

2．设计一个三相鼠笼式异步电机串电阻降压启动电路，要求按时间原则自动控制，要实现长动控制，有短路保护和过载保护。画出主电路和辅助电路。

3．设计一个三相鼠笼式异步电机自耦变压器降压启动电路，要求按时间原则自动控制，要实现长动控制，有短路保护和过载保护。画出主电路和辅助电路。

4．设计一个三相鼠笼式异步电机 Y-△降压启动电路，要求按时间原则自动控制，要实现长动控制，有短路保护和过载保护。主电路已经给出(见图 2-42)，按要求设计出控制电路。

5．设计一个电机的“正-停-反”可逆运行控制电路，要求有自锁和互锁，有短路保护和过载保护。画出主电路和辅助电路。

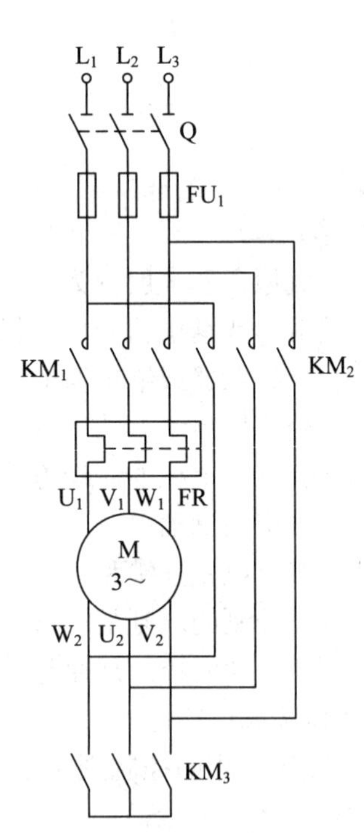

图 2-42　三相鼠笼式异步电机 Y-△降压启动主电路

6．设计一个电机的“正-反-停”可逆运行控制电路，要求有自锁和互锁，有短路保护和过载保护。画出主电路和辅助电路。

7．设计三相鼠笼式异步电动机的反接制动继电控制电路，要求按速度原则控制，单方向全压启动，要实现长动控制，反接制动时定子绕组串入制动电阻，有过载保护和短路保护。画出主电路和辅助电路。

8．设计三相鼠笼式异步电动机的单向能耗制动电路，要求按速度原则控制，单方向全压启动，要实现长动控制，有过载保护和短路保护。画出主电路和辅助电路。

9．设计三相鼠笼式异步电动机的单向能耗制动电路，要求按时间原则控制，单方向全压启动，要实现长动控制，有过载保护和短路保护。画出主电路和辅助电路。

第3章　工业控制系统

知识目标

1. 了解计算机控制系统的基本知识。
2. 了解工业计算机控制系统的分类与发展。
3. 掌握典型的工业控制系统的结构与特点。

技能目标

1. 能识别常见的典型的工业计算机控制系统。
2. 能根据实际情况选择工业控制系统。

3.1　计算机控制基础

计算机控制是关于计算机技术如何应用于工业、农业等生产生活领域，提高其自动化程度的一门综合性学科。随着新的应用领域不断出现，计算机控制的应用范围也在不断扩大。

3.1.1　计算机控制的一般概念

现代工业在人类文明进程中具有举足轻重的地位，因此，计算机控制技术与工业生产相结合而产生的工业自动化是计算机控制最重要的一个应用领域。工业自动化系统与用于科学计算、一般数据处理等领域的计算机系统有较大的不同，其最大的不同之处在于工业自动化系统中计算机控制的对象是具体的物理过程，因此会对物理过程产生影响和作用。计算机控制的好坏直接关系到被控物理过程的稳定性、设备和人员的安全等。按照目前最新的技术术语，工业自动化系统属于信息-物理融合系统(Cyber-Physical System，CPS)。该术语更加明确地表明了工业自动化系统的本质特征。

工业自动化技术有其自身的发展过程，而当计算机技术与自动化技术紧密结合后，工业自动化技术经历了革命性的发展。现有的工业自动化系统是在常规仪表控制系统的基础上发展起来的。工业生产行业众多，存在蒸汽化工过程自动化、农业自动化、矿山自动化、纺织自动化、冶金自动化、机械自动化等面向不同行业的自动化系统，但它们在本质上是有相似性的。现以锅炉液位控制系统为例加以说明。锅炉液位控制系统是一个基本的常规控制系统，其结构组成如图 3-1 所示。系统中的测量变送环节(液位检测变送)对被控对象进行检测，把被控量(如温度、压力、流量、液位、转速、位移等物理量)转换成电信号(电流或电压)，气动调节阀再将之反馈到控制器中。控制器将此测量值与给定值进行比较，并按照一定的控制规律产生相应的控制信号以驱动执行器工作，使被控量跟踪给定值，抑制干扰，从而实现自动控制的目的。其控制原理如图 3-2 所示。把图 3-2 中的控制器用计算机及其输入/输出通道(计算机控制装置)代替，就构成了一个典型的计算机控制系统，其结构如图 3-3 所示。

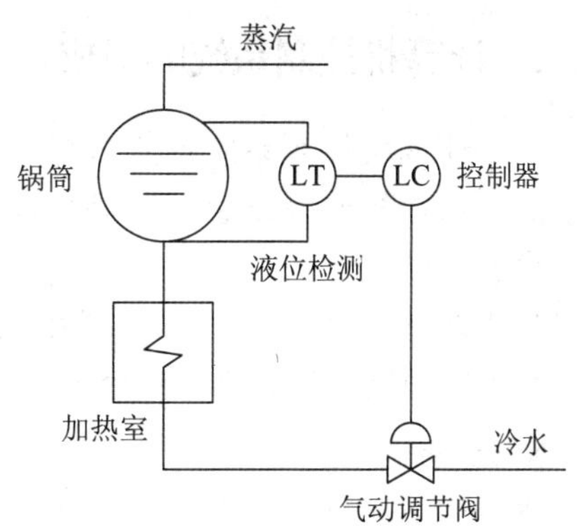

图 3-1　锅炉液位控制系统

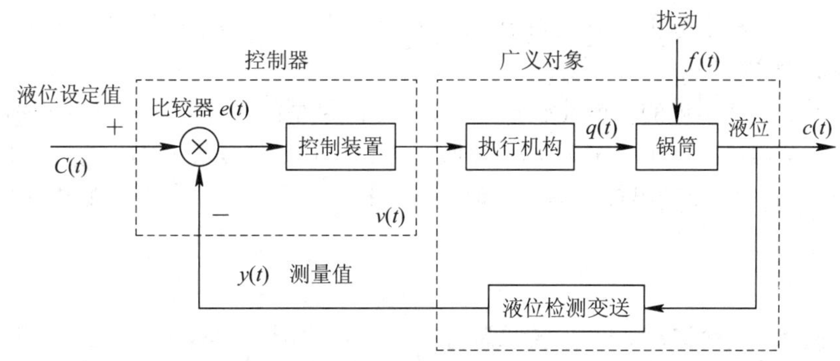

图 3-2　锅炉液位控制系统控制原理

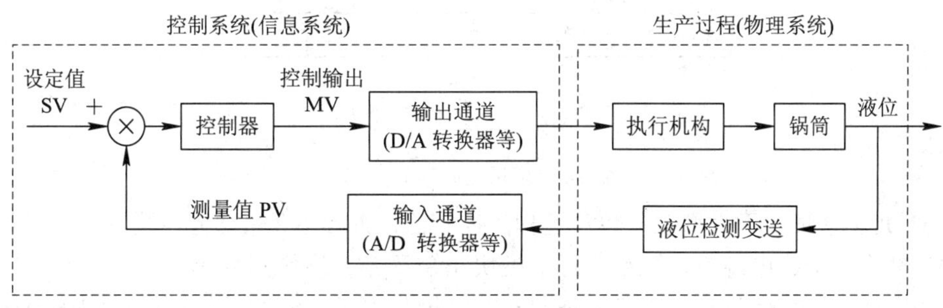

图 3-3　锅炉液位计算机控制系统控制原理

计算机采用的是数字信号，而现场仪表多采用模拟信号。因此，系统中需要有将模拟信号转换为数字信号的模/数(A/D)转换器和将数字信号转换为模拟信号的数/模(D/A)转换器。图 3-3 中的 A/D 转换器与 D/A 转换器就表征了计算机控制系统中这种典型的输入/输出通道。

3.1.2 计算机控制系统的组成

尽管计算机控制系统形式多样，设备种类千差万别，形状、大小各不相同，但一个完整的计算机控制系统总是由硬件和软件两大部分组成的。当然还包括机柜、操作台等辅助设备。

把计算机控制系统应用到实际的工业生产过程中，就构成了工业控制系统。传感器和执行器等现场仪表与装置是整个工业控制系统的重要组成部分，本书不做介绍。

1. 硬件组成

1) 上位机系统

现代的计算机控制系统的上位机多数采用服务器、工作站或 PC。计算机控制系统早期使用的专用计算机已经不再采用。这些计算机的配置随着 IT 技术的发展而不断发展，硬件配置也在不断增强。

不同厂家的计算机控制系统在上位机层次的硬件在配置上已经几乎没有差别，且多数是通用系统。读者对于通用计算机系统的组成及原理较为熟悉，这里就不详细介绍了。

2) 现场控制站/控制器

现场控制站虽然实现的功能比较接近，却是不同类型的工业控制系统的差别最大之处，现场控制站的差别也决定了相关的 I/O 及通信等的差异。现场控制站硬件一般由中央处理单元(CPU 模块)、输入/输出接口模块、通信接口模块、存储器、机架、底板和电源等模块组成，如图 3-4 所示。

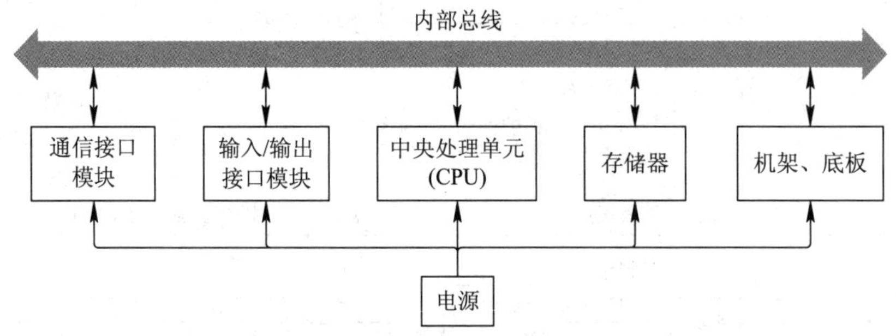

图 3-4 现场控制站的组成

对于 DCS 这种用于大型工业生产过程的控制器，通常还会采取冗余措施。这些冗余包括 CPU 模块冗余、电源模块冗余、通信模块冗余及 I/O 模块冗余等。

(1) 中央处理单元。中央处理单元(CPU 模块)是现场控制站的控制中枢与核心部件，其性能决定了现场控制器的性能，每个现场控制站至少有一个 CPU 模块。与我们常见的通用计算机上的 CPU 不同，现场控制站的中央处理单元不仅包括 CPU 芯片，还包括总线接口、存储器接口及有关控制电路。控制器上通常还带有通信接口，典型的通信接口包括 USB、串行接口(RS-232、RS-485 等)及以太网。这些接口主要用于编程或与其他控制器、上位机通信。

CPU 模块是现场控制站的控制与信号处理中枢，主要用于实现逻辑运算、数字运算及响应外设请求，协调控制系统内部各部分的工作，执行系统程序和用户程序。控制器的工作方式与控制器的类型和厂家有关。例如，可编程序控制器就采用扫描方式工作，在每个扫描周期，用扫描的方式采集由输入通道送来的状态或数据，并存入规定的寄存器中，再执行用户程序扫描；同时，诊断电源和 PLC 内部电路的工作状态，并给出故障显示和报警(设置相应的内部寄存器的参数)。CPU 速度和内存容量是 PLC 最重要的参数，它们决定着 PLC 的工作速度、I/O 数量、软元件容量及用户程序容量等。

控制器中的 CPU 多采用通用的微处理器，也有采用 ARM 系列处理器或单片机的。例如，通常控制器中的 CPU 采用施耐德电气的 Quantum 系列和通用的 Rx7i、3i 系列，PLC 采用 Intel Pentium 系列的 CPU 芯片。三菱电机 FX2 系列可编程序控制器使用的微处理器是 16 位的 8096 单片机。通常情况下，即使最新一代的 CPU 模块已应用于计算机，PLC 采用的 CPU 芯片也要至少落后于计算机芯片一代，尽管这样，这些 CPU 对于处理任务相对简单的控制程序来说也已经足够了。

与一般的计算机系统不同，现场控制站的 CPU 模块通常都带有存储器，其作用是存放系统程序、用户程序、逻辑变量和其他一些运行信息。控制器中的存储器主要有只读存储器 ROM 和随机存储器 RAM。ROM 存放控制器制造厂家写入的系统程序，并永远驻留在 ROM 中。控制器掉电后再上电，ROM 内容不变。RAM 为可读写的存储器，导出时其内容不被破坏，写入时，新写入的内容覆盖原有的内容。控制器中配备有掉电保护电路，掉电后，锂电池为 RAM 供电，以防止掉电后重要信息丢失。除此之外，控制器还有 EPROM 和 EEPROM 存储器。通常调试完后不需要修改的程序可以放在 EPROM 或 EEPROM 中。

控制器产品样本或使用说明书中给出的存储器容量一般是指用户存储器的容量。存储器容量是控制器的一个重要性能指标。存储器容量大，可以存储更多的用户指令，能够实现对复杂过程的控制。除了 CPU 自带的存储器，为了保存用户程序和数据，目前不少 PLC 还采用 SD 卡等外部存储介质。

(2) 输入/输出(I/O)接口模块。输入/输出接口模块是控制器与工业过程现场设备之间的连接部件，是控制器的 CPU 单元接收外界输入信号和输出控制指令的必经通道。输入单元与各种传感器、电气元件触点等连接，把工业现场的各种测量信息送入控制器中；输出单元与各种执行设备连接，应用程序的执行结果改变执行设备的状态，从而对被控过程施加调节作用。输入/输出接口模块直接与工业现场设备连接，因此要求它们有很好的信号适应能力和抗干扰能力。通常，I/O 接口模块会配置各种信号调理、隔离、锁存电路，以确保信号采集的可靠性和准确性，保护工业控制系统不受外界干扰的影响。

由于工业现场信号种类的多样性和复杂性，控制器通常配置有各种类型的输入/输出接口模块。根据变量类型，I/O 接口模块可以分为模拟量输入模块、数字量输入模块、模拟量输出模块、数字量输出模块和脉冲量输入模块等。

数字量输入和输出模块的点数通常为 4、8、16、32、64。数字量输入和输出模块会把若干点(如 8 点)组成一组，即它们共用一个公共端。

模拟量输入和输出模块的点数通常为 2、4、8 等。有些模拟量输入模块支持单端输入与差动输入两种方式。对于一个差动输入为 8 路的模块，当设置为单端输入时，可以接入 16 路模拟量信号。对于模拟量采样要求高的场合，有些模块具有通道隔离功能。

用户可以根据控制系统信号的类型和数量，考虑一定的 I/O 冗余量，合理地选择不同点数的模块组合，从而节约成本。

① 数字量输入模块。通常可以按电压水平对数字量模块进行分类，主要有直流输入模块和交流输入模块。直流输入模块的工作电源主要有 24 V 及 TTL 电平。交流输入模块的工作电源为 220 V 或 110 V。一般当现场节点与 I/O 端子距离远时采用交流输入模块；而如果现场的信号采集点与数字量输入模块的端子之间距离较近，就可以用 24 V 直流输入模块。

在工业现场，特别是在过程工业中，对于数字输入信号，会采用中间继电器输入，即数字量输入模块的信号都来自继电器的触点。数字输出信号通过中间继电器隔离和放大后，才和外部电气设备连接。因而，在各种工业控制系统中，直流输入/输出模块使用广泛，交流输入/输出模块使用较少。

② 数字量输出模块。按照现场执行机构使用的电源类型，可以把数字量输出模块分为直流输出模块(继电器和晶体管)和交流输出模块(继电器和晶闸管)。

直流输出模块的输出电路采用晶体管驱动，所以，也叫晶体管输出模块。其输出方式一般为集电极输出，外加直流负载电源。其带负载能力一般为每个输出点 0.75 A 左右。因为晶体管输出模块为无触点输出模块，所以使用寿命比较长。

交流输出模块的输出电路是采用光控双向硅开关驱动的，所以，又叫双向二极管、晶闸管输出模块。该模块需要外部电源，带负载能力一般为 1 A 左右，不同型号的交流输出模块的外加电压和带负载能力有所不同。晶闸管输出模块为无触点输出模块，使用寿命较长。

③ 模拟量输入模块。模拟量信号是一种连续变化的物理量，如电流、电压、温度、压力、位移、速度等。在工业控制中，要对这些模拟量进行采集并送给控制器的 CPU 处理，必须先对这些模拟量进行模/数(A/D)转换。模拟量输入模块就是用来将模拟信号交换成控制器所能接收的数字信号的。生产过程的模拟信号是多种多样的，类型和参数大小也不相同，因此一般在现场先用变送器把模拟信号交换成统一的标准信号(如 4～20 mA 的直流电流信号)，然后送入模拟量输入模块将模拟量信号转换成数字量信号，以便控制器进行处理。模拟量输入模块一般由滤波器、模/数(A/D)转换器、光耦合器等组成。光耦合器有效防止了电磁干扰。对多通道的模拟量输入模块，通常设有多路转换开关，用于进行通道的切换，且在输出端设置信号寄存器。

此外，由于工业现场大量使用热电偶、热电阻测温，因此控制设备厂家生产了相应的模块。热电偶模块具有冷端补偿电路，以消除冷端温度变化带来的测量误差。热电阻的接线方式有二线、三线和四线 3 种。选择合理的接线方式，可以减弱连接导线电阻变化的影响，提高测量精度。选择模拟量输入模块时，除了要明确信号类型外，还要注意模块(通道)的精度、转换时间等是否满足实际数据采集系统的要求。

传感器/测量仪表有二线制和四线制之分，因而这些仪表与模拟量输入模块连接时，要注意仪表类型是否与模块匹配。通常 PLC 中的模拟量模块同时支持二线制和四线制仪表。信号类型可以是电流信号，也可以是电压信号(有些产品要进行软硬件设置，接线方式会有不同)。对于采用二线制接法的，通常仪表的工作电源由模块提供。DCS 的模拟量输入模块对信号的限制很大。例如，某些型号的模拟量输入只支持二线制仪表，即必须由该模块的端子为现场仪表供电，外部不能再接 24 V 直流电源；如果使用了四线制仪表，则必须选配支持四线制的模拟量输入模块。

④ 模拟量输出模块。现场的执行器，如电动调节网、气动调节阀等都需要模拟量来控制，所以模拟量输出通道的任务就是将计算机计算的数字量转换为可以推动执行器动作的模拟量。模拟量输出模块一般由光耦合器、数/模(D/A)转换器和信号驱动器等组成。

模拟量输出模块输出的模拟量可以是电压信号，也可以是电流信号。电压或电流信号的输出范围通常可调整，如电流输出可以设置为 0～20 mA 或 4～20 mA。不同厂家的设置方式不同，有些需要通过硬件进行设置，有些需要通过软件进行设置，而用于电压输出或电流输出时，外部接线也不同，这点要特别注意。通常模拟量输出模块的输出端要外接 24 V 直流电源，以提供驱动外部执行器动作的能力。

(3) 通信接口模块。通信接口模块包括上位机通信接口模块及与现场总线设备通信接口模块两类。这些接口模块有些可以集成到 CPU 模块上，有些是独立的模块。比如，横河电机 Centum VP 等型号 DCS 的 CPU 模块上配有以太网接口。对于 PLC 系统，CPU 模块上通常还会配备串行通信接口。这些接口通常能满足控制站编程及上位机通信的需求。但由于用户的需求不同，因此各个厂家，特别是 PLC 厂家，都会配置独立的以太网等通信模块。

对于现场控制站来说，目前广泛采用现场总线技术，因此现场控制站还支持各种类型的总线接口通信模块，典型的包括 FF、Profibus-DP、ControlNet 等。由于不同厂家通常支持不同的现场总线技术，因此总线模块的类型还与厂商或型号有关。例如，A-B 公司就有 Device Net 和 ControlNet 模块，三菱电机有 CG-Link 模块，ABB 有 ARCNET 网络接口和 CANopen 接口模块等。

在大工厂，通常除了 DCS 还存在多种 PLC(这些控制系统通常随设备一起供货)，为了实现全厂监控，要求 DCS 能与 PLC 通信，所以一般 DCS 上还会配置 Modbus 通信模块。

(4) 智能模块与特殊功能模块。所谓智能模块，是指由控制器制造商提供的一些满足复杂应用要求的其他模块。这里的智能表明该模块具有独立的 CPU 和存储单元，如专用温度控制模块或 PID 控制模块，它们可以检测现场信号，并根据用户的预先组态进行工作，把运行结果输出给现场执行设备。特殊功能模块还有用于条形码识别的 ASCI/BASIC 模块，用于运行控制、机械加工的高速计数模块、单轴位置控制模块、双轴位置控制模块、凸轮定位器模块和称重模块等。

这些智能与特殊模块的使用，不仅可以有效地降低控制器处理特殊任务的负荷，还增强了对特殊任务的响应速度和执行能力，从而提高了现场控制站的整体性能。

(5) 电源。所有的现场控制站都需要独立可靠的供电。现场控制站的电源包括给控制站设备本身供电的电源及控制站 I/O 模块的供电电源两种。除了一体化的 PLC 等设备，一般的现场控制站都有独立的电源模块，这些电源模块为 CPU 等模块供电。有些产品需要为模块单独供电，有些只需要为电源模块供电，电源模块通过总线为 CPU 及其他模块供电。一般的 I/O 模块连接外部设备时都需要单独供电。

电源类型有交流电源(AC 220 V 或 AC 110 V)和直流电源(常用为 DC 24 V)。虽然有些电源模块可以为外部电路提供一定功率的 24 V 工作电源，但一般不建议这样用。

(6) 底板、机架。从结构上分，现场控制站可分为固定式和组合式(模块式)两种。固定式控制站包括 CPU、I/O、显示面板、内存块、电源等，这些元素组合成一个不可拆卸的整体。模块式控制站包括 CPU 模块、I/O 模块、电源模块、通信模块、底板和机架，这些模块可以按照一定规则组合配置。显然，不同产品的底板和机架形式不同，甚至叫法不一样，但它们的功能是基本相同的。不同厂家对模块在底板上的安装顺序有不同的要求，如电源模块与 CPU 模块的位置就是固定的，CPU 模块通常不能放在扩展机架上等。

在底板上通常还有用于本地扩展的接口，即扩展底板通过接口与主底板通信，从而确保现场控制器可以安装足够多的各种模块，具有较好的扩展性，适应不同规模系统的各种应用需求。

2. 软件组成

1) 上位机系统软件

上位机系统的软件包括服务器、工作站上的系统软件和各种应用软件。早期除了部分 DCS 采用 UNIX 等作为操作系统，目前普遍采用 Windows 操作系统。

上位机系统等应用软件包括各种人机界面、控制器组态软件、通信配置软件、实时和历史数据库软件及其他高级应用软件(如资产管理软件等)。通常 DCS 只要安装厂家提供的软件包就可以了，而 SCADA 等系统要根据系统功能要求配置相应的应用软件包。

2) 现场控制站软件

现场控制站的软件包括 CPU 模块中的操作系统和用户编写的应用程序。由于现场控制站的开放性较差，厂商只提供编程软件作为开发平台，因此用户对于其操作系统了解甚少。由于现场控制站要进行实时控制，且硬件资源有限，因此其操作系统一般是支持多任务的嵌入式实时操作系统。这些操作系统的主要特点是将应用系统中的各种功能划成若干任务，并按其重要性赋予不同的优先级，各任务的运行进程及相互间的信息交换由实时多任务操作系统进行调度和协调。

施耐德电气的 Quantum 系列和罗克韦尔自动化公司的 ControlLogix 系列 PLC 的操作系统采用 VxWorks 操作系统。VxWorks 操作系统是美国 WindRiver 公司于 1983 年设计开发的一种嵌入式实时操作系统。早在 Windows 发行之前，VxWorks 及 QNX 等就已是十分出色的实时多任务操作系统。VxWorks 具有可靠性高、实时性强、可裁剪等特点，并以其良好的持续发展能力、高性能的内核以及友好的用户开发环境在嵌入式实时操作系统领域占据一席之地，在通信、军事、航空航天等高精尖技术及实时性要求极高的领域广泛应用。美国的 F-16 和 FA-18 战斗机、B-2 隐形轰炸机和爱国者导弹甚至火星探测器上也使用了 VxWorks。

控制站上的应用软件是控制系统设计开发人员针对具体的系统要求而设计开发的。通常，控制器厂商会提供软件包以便于技术人员开发针对具体控制器的应用程序。目前，这类软件包主要是基于 IEC61131-3 标准的。有些厂商的软件支持该标准中的所有编程语言及规范，有些则是部分支持。该软件包通常是一个集成环境，提供了系统配置、项目创建与管理、应用程序编辑、在线和离线调试、应用程序仿真、诊断及系统维护等功能。

3. 辅助设备

计算机控制系统除了上述硬件和软件外，还有机柜、操作台等辅助设备。机柜主要用于安装现场控制器、I/O 端子、隔离单元、电源等设备，而操作台主要用于操作和管理。操作台一般由显示器、键盘、开关、按键和指示灯等构成。操作员通过操作台可以了解与控制整个系统的运行状态，而且在紧急情况下，可以实施紧急停车等操作，确保安全生产。

现代计算机控制系统还配置有视频监控系统，有些监控设备也会安装在操作台上或通过中控室的大屏幕显示，以加强对重要设备和生产过程的监控，进一步提高生产运行和管理水平。

3.2　工业计算机控制系统的分类与发展

随着计算机技术的发展，计算机控制系统在工业控制中的应用不断深入和发展。

3.2.1　工业计算机控制系统的分类

从计算机控制系统的历史和目前的应用状况来看，工业计算机控制系统可以分为如下类型。

1. 数据采集系统(DAS)

数据采集系统(Data Acquisition System，DAS) 是计算机应用于生产过程控制最早、最基本的一种系统，其原理如图 3-5 所示。生产过程中的大量参数经仪表发送并经 A/D 通道或 DI 通道送入计算机，计算机对这些数据进行分析和处理，并按操作要求进行屏幕显示、制表打印和越限报警等。该系统可以代替大量的常规显示、记录和报警仪表，对整个生产过程进行集中监视。因此，该系统对于指导生产以及建立或改善生产过程的数学模型是有重要作用的。

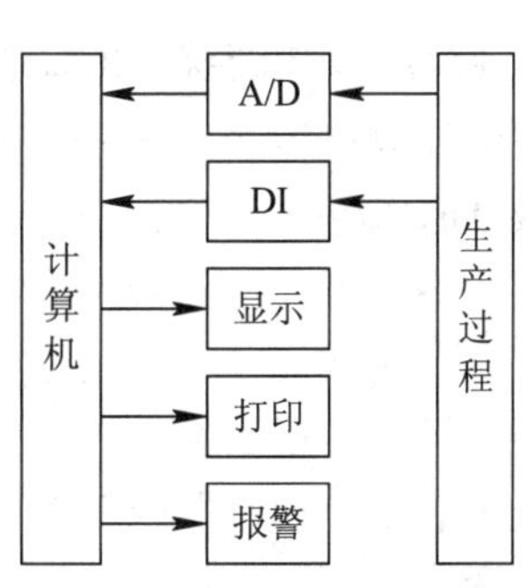

图 3-5　数据采集系统原理

2. 操作指导控制(OGC)系统

操作指导控制(Operation Guide Control，OGC)系统是基于数据采集系统的一种开环系统，其原理如图 3-6 所示。计算机根据采集到的数据以及工艺要求进行最优化计算，计算出的最优操作条件并不直接输出以控制生产过程，而是显示或打印出来，操作人员据此改变各个控制器的给定值或操作执行器输出，从而起到操作指导的作用。显然，这属于计算机离线最优控制的一种形式。操作指导控制系统的优点是结构简单，控制灵活和安全，缺点是要由人工操作，速度受到限制，而且不能同时控制多个回路。因此，操作指导控制系统常常用于计算机控制系统操作的初级阶段，或用于试验新的数学模型、调试新的控制程序等场合。

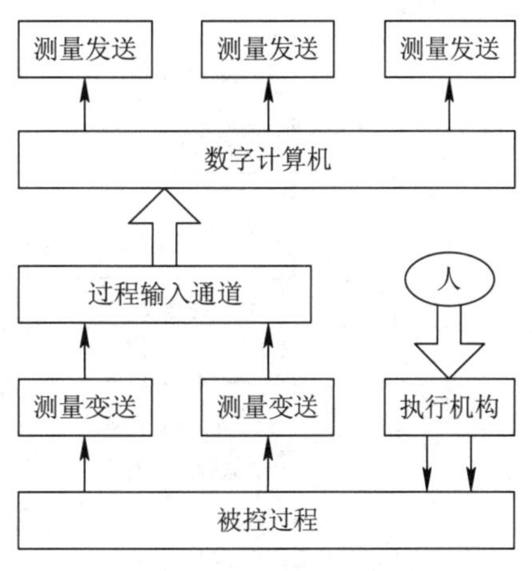

图 3-6　操作指导控制系统原理

3. 直接数字控制(DDC)系统

直接数字控制(Direct Digital Control，DDC)系统用一台计算机不仅完成对多个被控参数的数据采集，而且能按一定的控制规律进行实时决策，并通过过程输出通道发出控制信号，实现对生产过程的闭环控制，其控制原理如图 3-7 所示。为了操作方便，DDC 系统还配备了一个包括给定、显示、报警等功能的操作控制台。

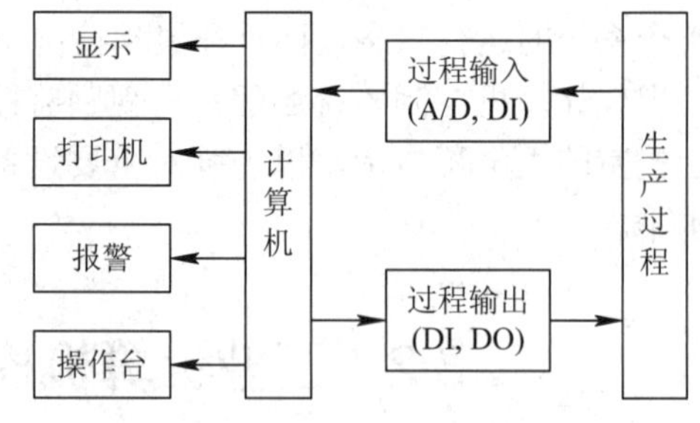

图 3-7 直接数字控制系统原理

DDC 系统中的一台计算机不仅完全取代了多个模拟调节器，而且在各个回路的控制上，不改变硬件，只改变程序就能有效地实现各种各样的复杂控制，因此，DDC 系统的控制方式在理论上有其合理性和优越性。但是，由于 DDC 系统的这种控制方式用于集中控制与管理，而风险的集中会对安全生产带来威胁，特别是早期的计算机其可靠性较差，因此，DDC 系统的这种控制方式并没有被大规模推广。

4. 监督计算机控制(SCC)系统

监督计算机控制(Supervisory Computer Control，SCC)系统是 OGC 系统与常规仪表控制系统或 DDC 系统综合而成的两级系统，该系统的结构形式如图 3-8 所示。SCC 系统有两种不同的结构形式：一种是 SCC+模拟控制器系统(也可称为计算机设定值控制系统，即 SPC 系统)，另一种是 SCC+DDC 控制系统。其中，作为上位机的 SCC 计算机按照描述生产过程的数学模型，根据原始工艺数据与实时采集的现场变量计算出最佳动态给定值，送给作为下位机的模拟控制器或 DDC 计算机，由下位机控制生产过程。这样系统就可以根据生产工况的变化，不断地修正给定值，使生产过程始终处于最优工况。显然，这属于计算机在线最优控制的一种实现形式。

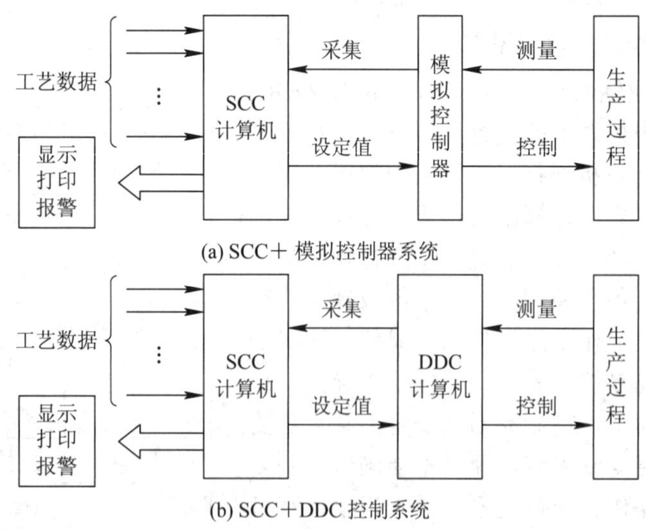

图 3-8 监督计算机控制系统的两种结构形式

另外，当上位机出现故障时，可由下位机独立完成控制。下位机直接参与生产过程机制，要求下位机实时性好，可靠性高，抗干扰能力强；而上位机承担高级控制与管理任务，应配置数据处理能力强、存储容量大的高档计算机。

5. 基于 PC(PC-Based)的控制系统

PLC 作为传统主流控制器，具有抗恶劣环境、稳定性好、可靠性高、逻辑顺序控制能力强等优点，在自动化控制领域具有不可替代的优势。但 PLC 也有明显的不足：采用封闭式架构、封闭式软硬件系统，产品兼容性差，编程语言不统一等。这些都造成了 PLC 的应用壁垒，也增加了用户的维修难度和集成成本，而脱胎于商用 PC 的工业控制计算机 IPC，具有价格相对低廉、结构简单、开放性好、软硬件资源丰富、环境适应能力强等特点。因此 IPC 除了可以用于监控系统做人机界面主机外，还可以分出部分资源来模拟 CPU 的功能，即同时具有实时控制功能。因此，首先产生了软 PLC(Soft PLC，也称为软逻辑 Soft Logic)的概念，其基本原理如图 3-9 所示。

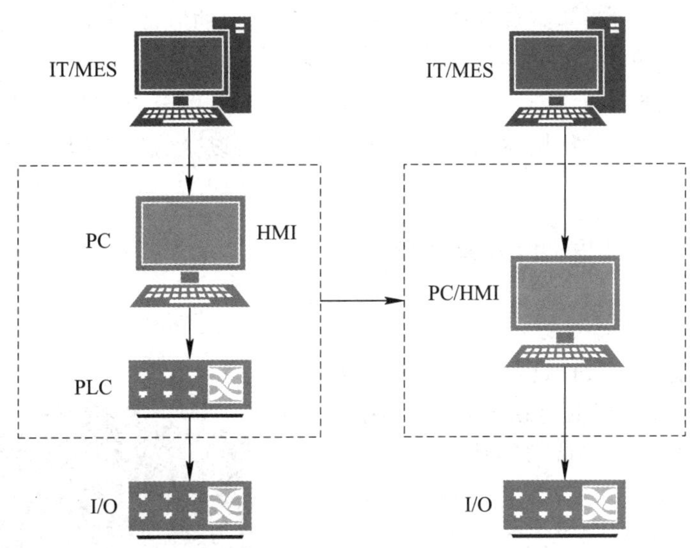

图 3-9　软 PLC 的基本原理(从 PLC 控制到软 PLC 控制)

软 PLC 利用 PC 的部分资源来模拟 PLC 的 CPU 功能，从而在 PC 上运行 PLC 的程序。软 PLC 综合了计算机和 PLC 的开关量控制、模拟量控制、数学运算、数值处理、网络通信、PID 调节等功能，通过一个多任务机制内核，提供强大的指令集，快速而准确地执行控制任务。随着对软 PLC 的深入认识及控制技术的发展，进一步产生了基于 PC(PC-Based)的控制的概念。目前，有两种基于 PC 的控制解决方案，分别是软 PLC 解决方案和基于 PLC 技术的解决方案。后一种方案针对软 PLC 解决方案控制与监控功能集中而导致可靠性下降的问题，采用了独立的硬件 CPU。这两种基于 PC 的控制解决方案及相关的产品具有各自的特点和应用领域，随着这些技术与产品的不断成熟，它们的应用领域也在不断扩大。

6. 集散控制系统(DCS)

随着生产规模的扩大，不仅对控制系统的 I/O 处理能力要求更高，而且随着信息量的增多，对集中管理的要求也越来越高，控制和管理的关系日趋密切。对于大型企业生产的控制和管理，从可靠性要求来看，不可能只用一台计算机来完成。另外，计算机技术、通信技术和控制技术的发展，使得开发大型分布式计算机控制系统成为可能。通过通信网络连接管理计算机和现场控制站的集散控制系统(Distrlbuled Control System，DCS)在 1975 年被研制出来。DCS 利用分散控制、集中操作、分级管理和综合协调的设计原则，自下而上可以分为若干级，如过程控制级、控制管理级、生产管理级和经营管理级等，满足了大规模工业生产过程对子工业控制系统的需求，成为主流的工业过程控制系统。

7. 计算机集成制造系统(CIMS)

计算机集成制造系统(Computer Integrated Manufacturing System，CIMS)是把企业内部各个环节，包括工程设计、在线和离线过程监控、产品销售、市场预测、订货和生产计划、新品开发、产品设计、经营管理和用户反馈信息等进行高度计算机化、自动化和智能化而形成的管控一体化系统，是随着计算机辅助设计与制造的发展而产生的，适用于多品种、小批量生产，是实现整体效益集成化和智能化的制造系统。从功能层面，CIMS 可以分为生产/制造系统、硬事务处理系统、技术设计系统、软事务处理系统、信息服务系统、决策管理系统六种系统；从生产工艺层面，CIMS 可分为离散型制造业、连续型制造业和混合型制造业三种；从体系结构层面，CIMS 可以分成集中型、分散型和混合型三种类型。

3.2.2 控制装置(控制器)的主要类型

1. 可编程调节器(PC)

可编程调节器(Programmable Controller，PC)又称单回路调节器(Single Loop Controller，SLC)、智能调节器、数字调节器等。它主要由微处理器单元、过程 I/O 单元、面板单元、通信单元、硬手操单元和编程单元等组成，在过程工业特别是单元级设备控制中广泛应用。典型的可编程调节器实物如图 3-10 所示。

图 3-10 典型的可编程调节器实物

可编程调节器实际上是一种仪表化了的微型控制计算机，它既保留了仪表面板的传统操作方式，易被现场人员接受，又发挥了计算机软件编程的优点，可以方便灵活地构成各种过程控制系统。与一般的控制计算机不同的是，可编程调节器在软件编程上使用一种面向问题的语言(Problem Oriented Language，POL)。这种 POL 组态语言为用户提供了几十种常用的运算和控制模块。其中，运算模块不仅能实现各个组合的四则运算，还能完成函数运算。而通过控制模块的系统组态更能实现各种复杂的控制算法，如 PID、串级、比值、前馈、选择、非线性、程序控制等。这种系统组态方式简单易学，便于修改与调试，因此极大地提高了系统的设计效率。用户在使用可编程调节器时在硬件上无须考虑通信接口、信号传输和转换等问题。为了满足集中管理和监控的需求，可编程调节器配置的通信接口可以与上位机通信。可编程调节器具有的继电保护和自诊断等功能提高了其可靠性。因此，利用可编程调节器的现场回路控制功能，结合上位管理和监控计算机，可以构成集散控制系统，特别是对于规模较小的生产过程控制，这种方案具有较高的性价比。

近年来，不少传统的无纸记录仪在其显示和记录的基础上增加了调节功能，构成了功能强大的调节器，这类新型的可编程调节器的使用越来越多。

2. 智能仪表

智能仪表可以看作功能简化的可编程调节器。它主要由微处理器、过程 I/O 单元、面板单元、通信单元、硬手操单元等组成。常用的智能仪表如图 3-11 所示。与可编程调节器相比，智能仪表不具有编程功能，其只有内嵌的几种控制算法供用户选择，典型的有 PID 和模糊 PID 控制。用户可以通过按键设置和调节各种参数，如输入通道类型及量程、输出通道类型、调节算法及具体的参数、报警设置、通信设置等。智能仪表也可选配通信接口，从而与上位机构成分布式监控系统。

图 3-11　典型智能仪表

3. 可编程序控制器(PLC)

可编程逻辑控制器(Programmable Logical Controller，PLC)，简称可编程序控制器，是计算机技术和继电逻辑控制概念相结合的产物，其低端产品为常规继电逻辑控制的替代装置，而高端产品为一种高性能的工业控制计算机。

4. 可编程自动化控制器(PAC)

可编程自动化控制器(Programmable Automation Controller，PAC)是将 PLC 强大的实时控制、可靠、坚固、易于使用等特性与 PC 强大的计算能力、高效的通信处理、广泛的第三方软件支持等结合在一起而形成的一种新型的控制系统。一般认为，PAC 系统应该具备以下特征和性能：

(1) 提供通用开发平台和单一数据库，以满足多领域自动化系统设计和集成的需求。

(2) 有一个轻便的控制引擎，可以实现多领域的功能，包括逻辑控制、过程控制、运动控制和人机界面等。

(3) 允许用户根据系统的实施要求在同一平台上运行多个不同功能的应用程序，并根据控制系统的设计要求，在各程序间进行系统资源的分配。

(4) 采用开放的模块化硬件架构，以实现不同功能的自由组合与搭配，减少系统升级带来的开销。

(5) 支持 IEC61158 现场总线规范，可以实现基于现场总线的高度分散的工厂自动化环境。

(6) 支持事实上的工业以太网标准，可以与工厂的 MES、 ERP 等系统集成。

(7) 使用既定的网络协议、IEC61131-3 程序语言标准来保障用户的投资及多供应商网络的数据交换。

近年来，主要的工业控制厂家推出了一系列 PAC 产品，这些产品有罗克韦尔自动化公司的 ControlLogix5000 系统、美国通用电气公司的 PACSystems RX3i/7i、美国国家仪器 NI 公司的 Compact FieldPoint 等。然而，NI 公司的 PAC 不支持 TEC61131-3 的编程方式，因此严格来说它不是典型的 PAC。其他在传统 PLC 和基于 PC 控制设备的基础上衍生而来的产品总体上更符合 PAG 的特点。

常用的 PAC 产品实物如图 3-12 所示。

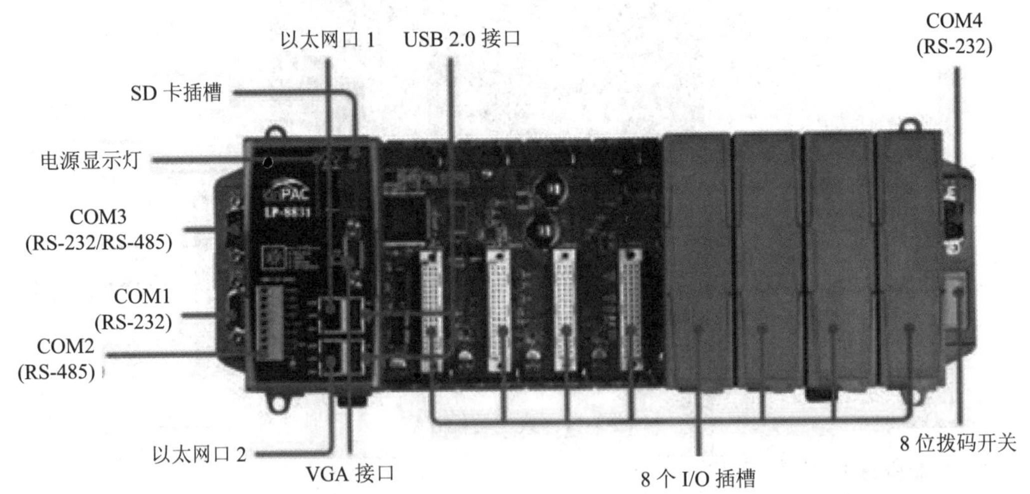

图 3-12 PAC 产品实物

PLC、PAC 和基于 PC 的控制设备是目前几种典型的工控设备，PLC 和 PAC 在坚固性和可靠性上要高于 PC，但 PC 的软件功能更强。一般认为，PAC 是高端的工控设备，其综合功能更强，当然价格也比较贵。

5. 远程终端单元(RTU)

远程终端单元(Remote Terminal Unit，RTU)是安装在远程现场用来监测和控制远程现场设备的智能单元设备。RTU 将测得的状态或信号转换成数字信号向远方发送，同时还将从中央计算机发送来的数据转换成命令，实现对设备的远程监控。许多工业控制厂家生产各种形式的 RTU，不同厂家的 RTU 通常自成体系，即有自己的组网方式和编程软件，开放性较差。RTU 作为体现“测控分散、管理集中”思路的产品，从 20 世纪 80 年代起被介绍到我国并迅速得到了广泛的应用。它在提高信号传输可靠性、减轻主机负担、减少信号电缆用量、节省安装费用等方面的优点也得到了用户的肯定。

与常用的工业控制设备 PLC 相比，RTU 具有如下特点：

(1) 同时提供多种通信接口和通信机制。RTU 产品往往在设计之初就预先集成了多个通信端口，包括以太网和串口(RS-232/RS-485)。这些端口满足远程和本地的不同通信要求，包括与中心站建立通信、与智能设备(流量计、报警设备等)以及就地显示单元和终端调试设备建立通信。通信协议多采用 Modbus RTU、Modbus ASCII、Modbus TCP/IP、DNP3 等标准协议，具有广泛的兼容性。同时通信端口具有可编程特性，支持对非标准协议的通信定制。

(2) 提供大容量程序和数据存储空间。从产品配置来看，早期 PLC 提供的程序和数据存储空间往往只有 6～13 KB，而 RTU 可提供 1～32 MB 的大容量存储空间。RTU 的一个重要产品特征是能够在特定的存储空间连续存储/记忆数据，这些数据可标记时间标签。当通信中断时 RTU 能就地记录数据，通信恢复后可补传和恢复数据。

(3) 具有高度集成的、更紧凑的模块化结构设计。紧凑的、小型化的产品设计简化了系统集成工作，适合无人值守站或室外应用的安装。高度集成的电路设计增加了产品的可靠性，同时其有低功耗特性，简化了备用供电电路的设计。

(4) 更适应恶劣环境应用。PLC 要求环境温度为 0～55℃，安装时不能放在发热最大的元器件下面，四周通风散热的空间要足够大。为了保证 PLC 的绝缘性能，空气的相对湿度应小于 85%(无凝露)，否则会导致 PLC 部件的故障率提高，甚至损坏。RTU 产品就是为适应恶劣环境而设计的，通常产品的工作环境温度为 40～60℃。某些产品具有 DNV(船级社)等认证，适合船箱、海上平台等潮湿环境应用。

RTU 产品有鲜明的行业特性，不同行业产品在功能和配置上有很大的不同。RTU 主要运用在电力系统中，在其他需要遥测、遥控的地下领域(如油田、油气输送、水利等)也有一定的使用。图 3-13 所示为油田监控等领域常用的 RTU，图 3-14 所示为电力系统常用的 RTU。

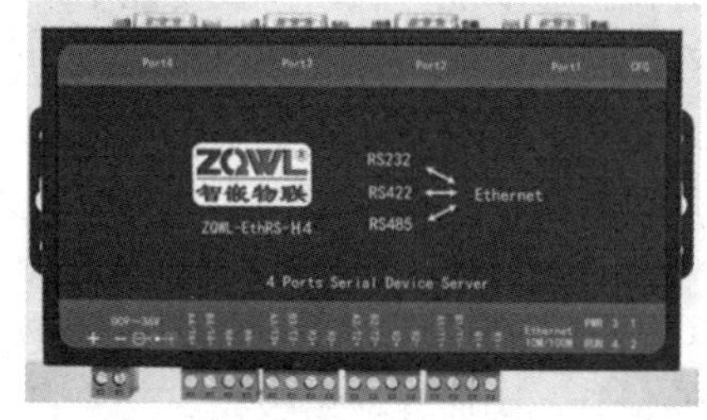

(a) 一体化结构

(b) 模块化结构

图 3-13 油田监控领域常用的 RTU

图 3-14 电力系统常用的 RTU

6. 总线式工控机

随着计算机设计的日益科学化、标准化与模块化，一种总线系统和开放式体系结构的概念应运而生。总线即一组信号线的组合，一种传送规定信息的公共通道。它定义了各引线的信号特性、电气特性和机械特性。按照这种统一的总线标准，计算机厂家可设计制造出若干具有某种通用功能的模板，而系统设计人员则根据不同的生产过程，选用相应的功能模板组合成自己所需的计算机控制系统。

这种采用总线技术研制生产的计算机控制系统就称为总线式工控机。图 3-15 为典型工业控制计算机主板与主机的实物图(在一块无源的并行底线上插接多个功能模板)。除构成计算机基本系统的 CPU、RAM/ROM 和人机接口外，还有 A/D、D/A、DI、DO 等数百种工业 I/O。其中的接口和通信接口板可供选择，其选用的各个模板彼此通过总线相连，均由 CPU 通过总线直接控制数据的传送和处理。

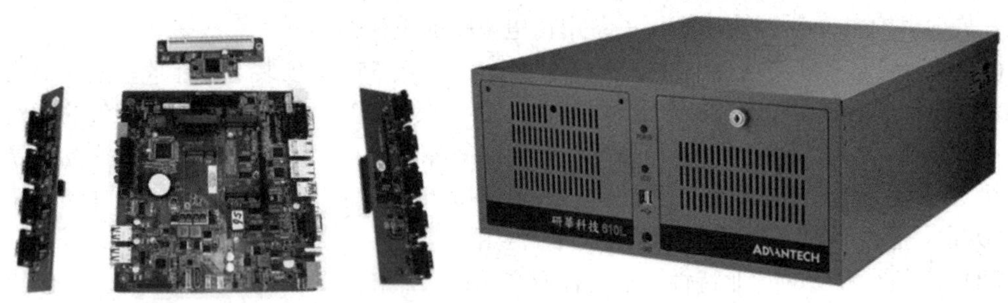

图 3-15 典型工业控制计算机主板与主机

这种工控系统结构具有开放性，方便了用户的选用，从而大大提高了系统的通用性、灵活性和扩展性。而模板结构的小型化使之机械强度好，抗振动能力强，模板功能单一，也便于对系统故障进行诊断与维修。模板的线路设计布局合理，即由总线缓冲模块到功能模块，再到 I/O 驱动输出模块，信号流向基本为直线，这都大大提高了系统的可靠性和可维护性。另外在结构配置上还采取了许多措施，如密封机箱正压送风、使用工业电源、带有 Watchdog 系统支持板等。

总线式工控机具有小型化、模板化、组合化、标准化的设计特点，既能满足不同层次、不同控制对象的要求，又能在恶劣的工业环境中可靠地运行，因而其应用极为广泛。我国工控领域的总线工控机主要有 3 个系列：Z80 系列、8088/86 系列和单片机系列。

7. 专用控制器

随着微电子技术与超大规模集成技术的发展，计算机技术的另一个分支——超小型化的单片微型计算机(Single Chip Microcomputer，简称单片机)诞生了。它抛开了以通用微处理器为核心构成计算机的模式，充分考虑到控制的需要，将 CPU、存储器、串并行 I/O 接口、定时/计数器，甚至 A/D 转换器、脉宽调制器、图形控制器等功能部件全都集成在一块大规模集成电路芯片上，构成了一个完整的具有相关控制功能的微控制器，也称片上系统(System-on-a-Chip，SoC)。

单片机主要有两种结构：一种是将程序存储器和数据存储器分开，分别编址的 Harvard 结构，如 MCS-51 系列；另一种是对两者不作逻辑上区分，统一编址的 Princeton 结构，如

MCS-96 系列。

由于单片机具有体积小、功耗低、性能可靠、价格低廉、功能扩展容易、使用方便灵活、易于产品化等诸多优点，特别是具有强大的面向控制的能力，因此它在工业控制、智能仪表、外设控制、家用电器、机器人、军事装置等方面得到了极为广泛的应用。

以往单片机的应用软件多采用面向机器的汇编语言，随着高效率结构化语言的发展，其软件开发环境已在逐步改善，现有的大量单片机多支持 C 语言开发。单片机的应用从 4 位机开始，历经了 8 位、16 位、32 位四种。但在小型测控系统与智能化仪器仪表的应用领域，8 位和 16 位单片机因其品种多、功能强、价格低廉，目前仍然是单片机系列的主流机种。

近年来，以 ARM(Advanced RISC Machine)架构为代表的精简指令集(Reduced Instruction Set Computer，RISC)处理器架构被大量使用。除了在电子消费领域，如移动电话、多媒体播放器、掌上型电子游戏设备上使用外，在工控设备中 ARM 处理器也广泛使用，各种基于 ARM 的专用控制器被大量开发。例如，电力系统继电保护设备就大量使用 ARM 处理器。ARM 家族占所有 32 位嵌入式处理器的 75%，成为全世界使用数目最多的 32 位架构之一。

8. 安全控制器

不同的应用场合发生事故后其后果不一样，一般通过对所有事件发生的可能性与后果的严重程度及其他安全措施的有效性进行定性评估，从而确定适当的安全度等级。目前，IEC-61508 标准中将过程安全所需要的安全性级别划分为 4 级，从最低到最高为 SIL1、SIL2、SIL3、SIL4。

为了实现上述一定的安全完整性水平，需要使用安全仪表系统(Safety Instrumentation System，SIS)，也称为安全联锁系统(Safety Interlocking System)。该系统是常规控制系统之外侧重功能安全的系统，保证生产正常运转、事故安全联锁。SIS 系统包括传感器、逻辑运算器和最终执行元件，即检测单元、控制单元和执行单元。SIS 系统可以监测生产过程中出现的或者潜伏的危险，发出告警信息或直接执行预定程序，防止事故的发生，降低事故带来的危害及影响。SIS 系统的核心是安全控制器，在实际应用中，可以采用独立的控制单元，也可以采用集成的安全控制方式。

3.2.3 工业计算机控制系统的发展

工业计算机控制系统融计算机技术与工业过程控制为一体，其发展历程必然与计算机技术的发展息息相关。计算机控制技术及系统的发展大体上经历了以下几个阶段。

(1) 1965 年以前是试验阶段。1946 年，世界上第一台电子计算机问世，又历经十余年的研究，1958 年，美国 Louisiana 公司的电厂投入了第一个计算机安全监视系统。1959 年，美国 Texaco 公司的炼油厂安装了第一个计算机闭环控制系统。1960 年，美国 Monsanto 公司的氨厂实现了第一个计算机控制系统。1962 年，美国 Monsanto 公司的乙烯厂实现了第一个直接数字计算机控制系统。

早期的计算机采用电子管，虽然运算速度快，但价格贵，并且体积大，可靠性差。所以，在这一阶段，计算机系统主要用于数据处理和操作指导。

(2) 1965 年到 1969 年是实用阶段。随着半导体技术与集成电路技术的发展，出现了专用于工业过程控制的高性价比的小型计算机。但当时的硬件可靠性还不够高，且所有的监视和控制任务都由一台计算机来完成，故危险也变得集中化。为了提高控制系统的可靠性，常常要另外设置一套备用的模拟式控制系统或备用计算机。这样就造成了系统的投资过高，因而限制了其发展。

(3) 1970 年以后计算机控制系统的应用逐渐走向成熟阶段。随着大规模集成电路技术的发展，1972 年生产出了运算速度快、可靠性高、价格便宜和体积很小的微型计算机，从而开创了计算机控制技术的新时代，即从传统的集中控制系统革新为集散控制系统。世界上几个主要的计算机和仪表制造厂于 1975 年几乎同时生产出 DCS，如美国 Honeywell 公司的 TDC-2000 系统，日本横河电机(Yokogawa)公司的 Centum 系统等。

20 世纪 80 年代，随着超大规模集成电路技术的飞速发展以及计算机技术、软件技术的发展，计算机控制设备的功能不断增强，种类也不断丰富。除了能控制更多回路的集散控制系统，20 世纪 80 年代中期还出现了只控制 1～2 个回路的数字调节器。而 20 世纪 80 年代末随着专家系统、模糊理论、神经网络等智能控制技术的出现，先进控制技术也融入常规的集散控制系统中，提升了过程控制的水平。网络技术、计算机技术、无线通信技术的发展更促进了工业控制技术的飞速发展、工控设备应用领域的扩大和现场应用水平的提高，有力推动了生产力的发展。

3.3 典型的工业控制系统

根据目前国内外文献介绍，可以把工业计算机控制系统(简称为工业控制系统)分为两大类，即集散控制系统(Distributed Control System，DCS) 和监控与数据采集(Supervisory Control And Data Acquisition，SCADA)系统。由于同属于工业计算机控制系统，因此从本质上看，两种工控系统有许多共性的地方，当然也存在不同点。随着现场总线技术和工业以太网的发展，逐步出现了完全基于现场总线和工业以太网的现场总线控制系统(Fieldbus Control System，FCS)。传统的 DCS 和 SCADA 系统也能更好地支持总线设备。

3.3.1 集散控制系统(DCS)

DCS 产生于 20 世纪 70 年代末。它适用于测控点数多而集中、测控精度高、测控速度快的工业生产过程(包括间歇生产过程)。DCS 有其比较统一、独立的体系结构，具有分散控制和集中管理的功能。DCS 测控功能强，运行可靠，易于扩展，组态方便，操作维护简便，但系统的价格相对较高。目前，集散控制系统已在石油、石化、电站、冶金、建材、制药等领域得到了广泛应用，是最具有代表性的工业控制系统之一。随着企业信息化的发展，集散控制系统已成为综合自动化系统的基础信息平台，是实现综合自动化的重要保障。依托 DCS 强大的硬件和软件平台，各种先进的控制、优化、故障诊断等高级功能得以运用在各种工业生产过程中，提高了企业效益，促进了节能降耗和减排。这些功能的实施同时也进一步提高了 DCS 的应用水平。

DCS 产品种类较多，但从功能和结构上看，总体差别不太大。图 3-16 所示为罗克韦尔自动化公司的 PlantPAx 集散控制系统的结构图。当然，由于不同行业有不同的特点以及使用要求，DCS 的应用体现出了明显的行业特性，如石化厂要有选择性控制，水泥厂要有大惯性、纯滞后补偿控制等。通常一个最基本的 DCS 应包括 4 个大的组成部分：一个现场控制站、至少一个操作员站、一台工程师站(也可利用一台操作员站兼作工程师站)和一个系统网络。有些系统中要求有一个可以作为操作员站的服务器。

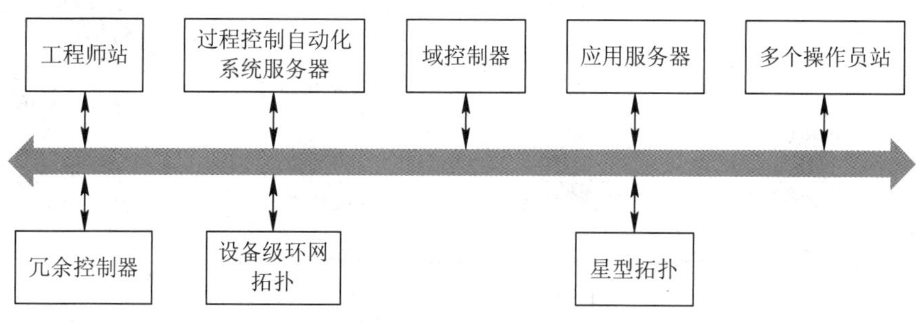

图 3-16　PlantPAx 集散控制系统的结构图

DCS 的系统软件和应用软件组成主要依附于如图 3-16 所示的结构图。现场控制站上的软件主要完成各种控制功能，包括回路控制、逻辑控制、顺序控制以及这些控制所必需的现场 I/O 处理；操作员站上的软件主要完成运行操作人员所发出的各个命令的执行、图形与画面的显示、报警的处理、对现场各类检测数据的集中处理等；工程师站上的软件则主要完成系统的组态功能和系统运行期间的状态监视功能。按照软件运行的时间和环境，可将 DCS 软件划分为在线的运行软件和离线的应用开发工具软件两大类，其中控制站软件、操作员站软件、各种功能站上的软件及工程师站上在线的系统状态监视软件等都是运行软件，而工程师站软件(除在线的系统状态监视软件外)则属于离线软件。实时和历史数据库是 DCS 系统中的重要组成部分，对整个 DCS 的性能都起重要的作用。

目前，DCS 产品种类较多，特别是一些国产的 DCS 发展很快，在一定的领域也有较高的市场份额。主要的国外 DCS 产品有罗克韦尔自动化公司的 PlantPAx、Honeywell 公司的 Experion PKS，Emerson 过程管理公司的 DeltaV 和 Ovation、Foxboro 公司的 I/A、横河电机公司的 Centum、ABB 公司的 Industrial IT 和西门子公司的 PCS7 等。国产 DCS 厂家主要有北京和利时、浙大中控和上海新华控制等。DCS 的应用具有较为鲜明的行业特性，通常这类产品在某个行业有很大的市场占有率，而在其他行业的市场份额可能较低。

3.3.2 监控与数据采集(SCADA)系统

1. SCADA 系统概述

SCADA 是英文“Supervisory Control And Data Acquisition”的简称，翻译成中文就是“监督控制与数据采集”，有些文献也简略为监控系统。从名称可以看出，其包含两个层次的基本功能：数据采集和监督控制。图 3-17 所示为污水处理厂 SCADA 系统结构示意图。这种结构也用于城市排水系统远程监控、城市煤气管网远程监控和电力调度自动化等。

目前，对 SCADA 系统没有统一的定义。一般来讲，SCADA 系统特指分布式计算机测控系统，主要用于测控点十分分散、分布范围广泛的生产过程或设备的监控。通常情况下，测控现场是无人或少人值守的。SCADA 系统在控制层面上至少具有两层设备以及连接这两个控制层的通信网络。这两层设备是处于测控现场的数据采集与控制终端设备(通常称为下位机，Slave Computer)和位于中控室的集中监视、管理和远程监控计算机(上位机，Master Computer)。

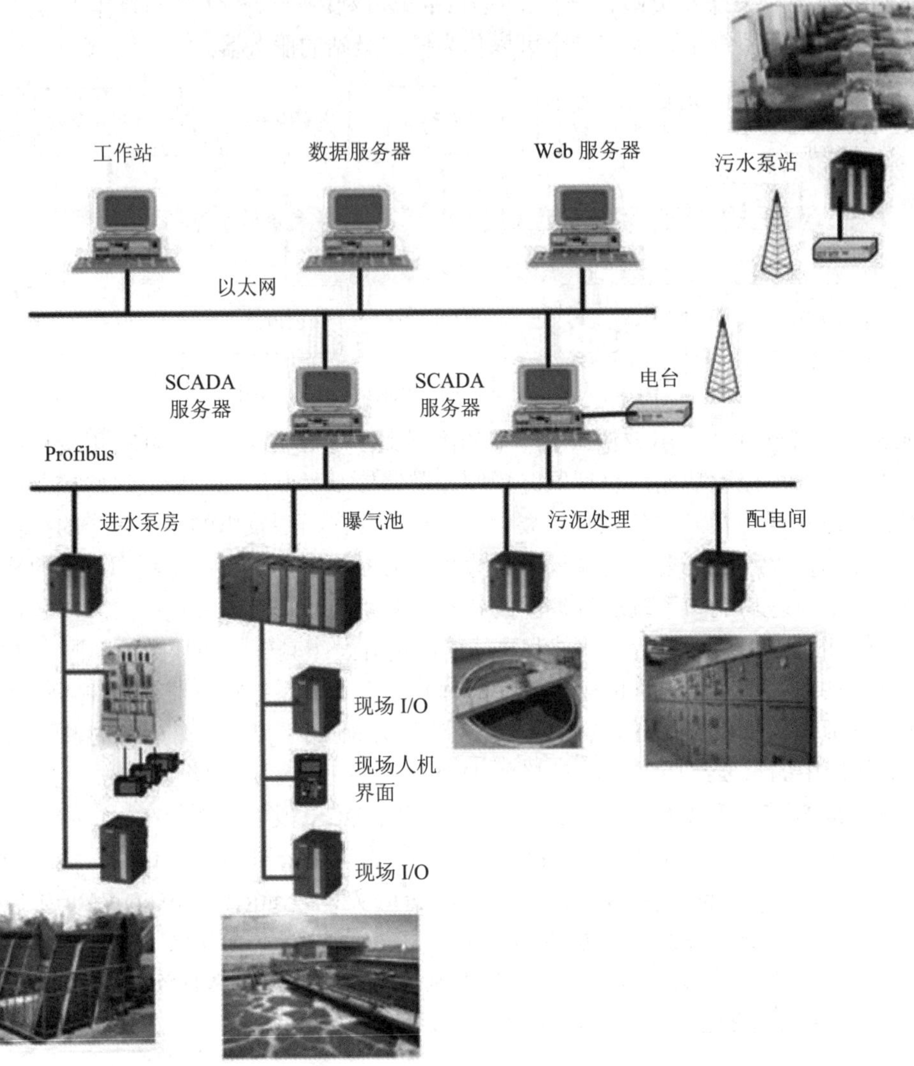

图 3-17 污水处理厂 SCADA 系统结构示意图

参考国内外的一些文献，这里总结出一个 SCADA 系统的定义：SCADA 系统是一类功能强大的计算机远程监控与数据采集系统，它综合利用了计算机技术、控制技术、通信与网络技术，完成了对测控点分散的各种过程或设备的实时数据采集、本地或远程的自动控制以及生产过程的全面实时监控，并为安全生产、调度、管理、优化和故障诊断提供了必要和完整的数据及技术支持。

近年来，随着网络技术、通信技术特别是无线通信技术的发展，SCADA 系统在结构上更加分散，通信方式更加多样，系统结构从 C/S(客户机/服务器)架构向 B/S(浏览器/服务器)与 C/S 混合的方向发展，各种通信技术如数传电台、GPRS、PSTN、VPN、卫星通信等得到了更加广泛的应用。

2. SCADA 系统的组成

SCADA 系统作为生产过程和事务管理自动化最为有效的计算机软硬件系统之一，它包含三个部分：第一部分是分布式的数据采集系统，也就是通常所说的下位机；第二部分是过程监控与管理系统，即上位机；第三部分是数据通信网络，包括上位机网络、下位机网络以及将上、下位机系统连接的通信网络。典型的 SCADA 系统的结构如图 3-18 所示。SCADA 系统的这三个组成部分的功能不同，但三者的有效集成构成了功能强大的 SCADA 系统，可完成对整个过程的有效监控。SCADA 系统广泛采用“管理集中、控制分散”的集散控制思想，因此即使上、下位机通信中断，现场的测控装置仍然能正常工作，确保系统的安全和可靠运行。下面分别对这三个部分的组成、功能等做介绍。

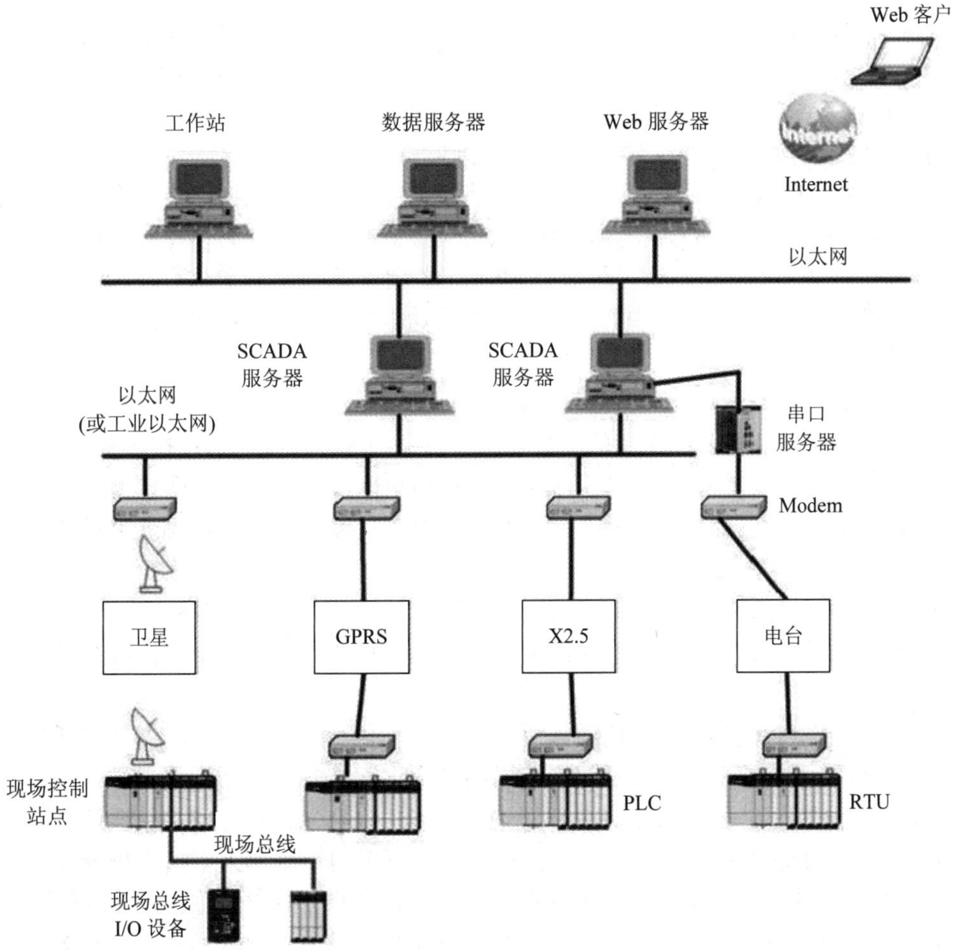

图 3-18　典型的 SCADA 系统的结构

1) 下位机系统

下位机一般来讲都是各种智能节点，这些下位机都有自己独立的系统软件和由用户开发的应用软件，不仅能完成数据采集功能，还能完成对设备或过程的直接控制。这些智能节点与生产过程中的各种检测与控制设备结合，可实时感知设备的各种参数和状态、各种工艺参数值，并将这些信号转换成数字信号，通过各种通信方式将其传送到上位机系统中，下位机同时还可以接收上位机的监控指令。典型的下位机有 RTU、PLC、近年才出现的 PAC 和智能仪表等。

2) 上位机系统(监控中心)

(1) 上位机也称为 SCADA Server 或 MTU(Master Terminal Unit)。上位机系统通常包括 SCADA 服务器、工程师站、操作员站、Web 服务器等，这些设备通常采用以太网联网。实际的 SCADA 系统上位机系统到底如何配置还要根据系统规模和要求而定，最小的上位机系统只要一台 PC 即可。根据可用性要求，上位机系统还可以实现冗余，都配置两台 SCADA 服务器，当一台出现故障时，系统自动切换到另外一台工作。上位机通过网络与在测控现场的下位机通信，以各种形式(如声音、图形、报表等)将获得的信息显示给用户，以达到监视的目的。同时数据经过处理后，告知用户设备的状态(报警、正常或报警恢复)，这些处理后的数据可能会保存到数据库中，也可能通过网络系统传输到不同的监控平台上，还可能与其他系统(如 MIS、GIS)结合形成功能更加强大的系统。上位机还可以接收操作人员的指令，将控制信号发送到下位机中，以达到远程控制的目的。

结构复杂的 SCADA 系统可能包含多个上位机系统，即系统除了有一个总的监控中心外，还包括多个分监控中心。例如，西气东输大型监控系统就包含多个地区监控中心，它们分别管理一定区域的下位机。采用这种结构的好处是系统结构更加合理，任务管理更加分散，可靠性更高。每个监控中心通过完成不同功能的工作站组成一个局域网，这些工作站的功能如下：

① 数据服务器负责收集从下位机传送来的数据，并进行汇总。

② 网络服务器负责监控中心的网络管理及与上一级监控中心的连接。

③ 操作员站在监控中心完成各种管理和控制功能，通过组态画面监测现场站点，使整个系统平稳运行，并完成工况图、统计曲线、报表等功能。操作员站通常是 SCADA 客户端。

④ 工程师站对系统进行组态和维护，如改变下位机系统的控制参数等。

(2) 通过将不同功能的计算机与相关通信设备、软件组合，整个上位机系统可以实现如下功能：

① 数据采集和状态显示。SCADA 系统的首要功能就是数据采集，即首先通过下位机采集测控现场数据，然后上位机通过通信网络从众多下位机中采集数据，进行汇总、记录和显示。通常情况下，下位机不具有数据记忆功能，只有上位机才能完整地记录和保存各种数据，为各种分析和应用打下基础。上位机系统通常具有非常友好的人机界面，人机界面可以以图形、图像、动画、声音等方式显示设备的状态和参数汇总、报警信息等。

② 远程监控。SCADA 系统中，上位机汇集了现场的各种测控数据，这些数据是远程监视、控制的基础。由于上位机采集数据具有全面性和完整性，监控中心的控制管理也具有全局性，因此能更好地实现整个系统的合理、优化运行。对许多常年无人值守的现场，远程监控是安全生产的重要保证。远程监控不仅包括管理设备的开、停及其工作方式(如手动或是自动)，还包括通过修改下位机的控制参数来实现对下位机运行的管理和监控。

③ 报警和报警处理。上位机的报警功能对于尽早发现和排除测控现场的各种故障、保证系统正常运行起着重要作用。上位机系统可以以多种形式显示发生的故障的名称、等级、

位置、时间和报警信息的处理或应答情况。上位机系统还可以同时处理和显示多个测控点的同时报警，并且对报警的应答做记录。

④ 事故追忆和趋势分析。上位机系统的运行记录数据，如报警与报警处理记录、用户管理记录、设备操作记录、重要的参数记录与过程数据的记录，对于分析和评价系统的运行状况是必不可少的。预测和分析系统的故障时，快速找到事故的原因并找到恢复生产的最佳方法是十分重要的，这也是评价一个 SCADA 系统功能强弱的重要指标之一。

⑤ 与其他应用系统的结合。工业控制的发展趋势就是管控一体化，也称为综合自动化。典型的系统架构是 FRP/MES/PCS 三级系统结构，SCADA 系统属于 PCS 层，是综合自动化的基础和保障。这就要求 SCADA 系统是开放的系统，既可以为上层应用提供各种信息，也可以接收上层系统的调度、管理和优化控制指令，实现整个企业的优化运行。

3) 通信网络

通信网络能实现 SCADA 系统的数据通信，是 SCADA 系统的重要组成部分。与一般的过程监控相比，通信网络在 SCADA 系统中的作用更大，这主要因为 SCADA 系统监控的过程大多具有地理分散的特点，如无线通信机站系统的监控。一个大型的 SCADA 系统包含多个层次的网络(如设备层总线，现场总线)，在控制中心有以太网，而连接上、下位机的通信形式更是多样，既有有线通信，也有无线通信，有些系统还有微波、卫星等通信方式。

3.3.3 现场总线控制系统(FCS)

随着通信技术和数字技术的不断发展，逐步出现了以数字信号代替模拟信号的总线技术。1984 年，现场总线的概念被正式提出。国际电工委员会(International Electrotechnical Commission，IEC)对现场总线(Fieldbus)的定义为：现场总线是一种应用于生产现场，在现场设备之间、现场设备和控制装置之间实行双向、串行、多节点的数字通信技术。后来，以现场总线为基础，产生了全数字的新型控制系统——现场总线控制系统。FCS 一方面突破了 DCS 采用通信专用网络的局限，采用了基于公开化、标准化的解决方案，克服了封闭系统所造成的缺陷，另一方面把 DCS 的集中与分散相结合的集散系统结构变成了新型全分布式结构，把控制功能彻底下放到现场。可以说，开放性、分散性与数字通信是 FCS 最显著的特征。

FCS 具有如下显著特性：

(1) 互操作性与互用性。互操作性是指实现互联设备间、系统间的信息传送与沟通，可实行点对点、一点对多点的数字通信。互用性则意味着不同生产厂家的性能类似的设备可进行互换而实现互用。

(2) 智能化与功能自治性。FCS 将传感测量、补偿计算、工程量处理与控制等功能分散到现场设备中完成，仅靠现场设备即可完成自动控制的基本功能，并可随时诊断设备的运行状态。

(3) 系统结构的高度分散性。现场设备本身具有较高的智能特性，有些设备具有控制功能，因此可以使控制功能彻底下放到现场，现场设备之间可以组成控制回路，从根本上改变了现有 DCS 控制功能仍然相对集中的问题，实现了彻底的分散控制，简化了系统结构，提高了可靠性。

(4) 对现场环境的适应性。作为工厂网络底层的现场总线工作在现场设备前端，是专为在现场环境工作而设计的，它可支持双绞线、同轴电缆、光缆、射频、红外线、电力线等，具有较强的抗干扰能力，能采用两线制实现供电与通信，并可满足本质安全防爆要求等。

3.3.4 几种控制系统的比较

SCADA 系统和 DCS 的共同点表现在：

(1) 两种系统具有相同的系统结构。从系统结构看，两者都属于分布式计算机测控系统，普遍采用客户机/服务器模式，有控制分散、管理集中的特点。承担现场测控的主要是现场控制站(或下位机)，上位机侧重监控与管理。

(2) 通信网络在两种控制系统中都起重要的作用。早期 SCADA 系统和 DCS 都采用专用协议，目前更多的是采用国际标准或事实的标准协议。

(3) 下位机编程软件逐步采用符合 IEC61131-3 标准的编程语言，编程方式逐步趋同。

SCADA 系统与 DCS 也存在不同，主要表现在：

(1) SCADA 系统的构建更加强调集成，可根据生产过程监控要求从市场上采购各种自动化产品来构造满足客户要求的系统。正因为如此，SCADA 系统的构建十分灵活，可选择的产品和解决方案也很多。有时候也会把 SCADA 系统称为 DCS，因为这类系统也具有控制分散、管理集中的特点。但由于 SCADA 系统的软、硬件控制设备来自多个不同的厂家，而不像 DCS 那样，主体设备来自一家 DCS 制造商，因此把 SCADA 系统称为 DCS 并不恰当。

(2) DCS 具有更加成熟和完善的体系结构，系统的可靠性等性能更有保障；而 SCADA 系统是用户集成的，因此其整体性能与用户的集成水平紧密相关，通常要低于 DCS。

(3) 应用程序开发有所不同，主要分为以下五种：

① DCS 中的变量不需要两次定义。由于 DCS 中上位机(服务器、操作员站等)、下位机(现场控制器)软件集成度高，特别是有统一的实时数据库，因此变量只需定义一次，在控制器回路组态中可以用，在上位机人机界面等其他地方也可以用。而 SCADA 系统中的同样一个 I/O 点，比如现场的一个电机设备故障信号，在控制器中要定义一次，在组态软件中又要定义一次，同时还要求两者之间做映射(即上位机中定义的地址要与控制器中的存储器地址一致)，否则上位机中的参数状态与控制器及现场不一致。

② DCS 具有更多的面向模拟量控制的功能块。由于 DCS 主要面向模拟量较多的应用场合，因此各种模拟量控制较多。为了便于组态，DCS 开发环境中具有更多面向过程控制的功能块。

③ 组态语言有所不同。DCS 主要采用图形化的编程方式，如西门子采用梯形图、罗克韦尔采用功能块图等。SCADA 系统采用编程语言的方式。当然，编写顺控程序时，DCS 也用 SFC 编程语言，这点与 SCADA 系统中下位机编程是一样的。

④ DCS 控制器中的功能区与人机界面的面板(Faceplate)通常成对。也就是说，在控制器中组态一个 PID 回路后，在人机界面组态时可以直接根据该回路名称调用一个具有完整

PID 功能的人机界面的面板，面板中的参数自动与控制回路中的一一对应。而 SCADA 系统中必须自行设计这样的面板，设计过程较为烦琐。

⑤ 组态和调试不同。DCS 应用软件组态和调试时有一个统一环境，在该环境中，可以方便地进行硬件组态、网络组态、控制器应用软件组态和人机界面组态及相关调试；而 SCADA 系统整个功能的实现和调试相对分散。

(4) 应用场合不同。DCS 主要用于控制精度要求高、测控点集中的流程工业，如石油、化工、冶金等。而 SCADA 系统特指远程分布式计算机测控系统，主要用于测控点十分分散、分布范围广泛的生产过程或设备的监控。通常情况下，测控现场是无人或少人值守的，如移动通信基站、长距离石油输送管道的远程监控，流域水文、水情的监控，城市煤气管线的监控等。通常每个站点的 I/O 点数不太多。一般来说，SCADA 系统中对现场设备的控制要求低于 DCS 中对被控对象的要求。有些 SCADA 系统应用中只要求进行远程的数据采集而没有现场控制要求。

SCADA 系统、DCS 与 PLC 的区别主要表现在：

(1) DCS 具有工程师站、操作员站和现场控制站，SCADA 系统具有上位机(包括 SCADA 服务器和客户机)，而 PLC 组成的系统是没有上位机的，其主要功能就是现场控制，常选用 PLC 作为 SCADA 系统的下位机设备，因此可以把 PLC 看作 SCADA 系统的一部分。PLC 也可以集成到 DCS 中，成为 DCS 的一部分。从这个角度来说，PLC 与 DCS 和 SCADA 是不具有可比性的。

(2) 系统规模不同。PLC 可以用在控制点数从几个点到上万个点的领域，因此其应用范围极其广泛。而 DCS 或 SCADA 系统主要用于规模较大的过程，否则其性价比较差。此外，在顺序控制、逻辑控制与运动控制领域，PLC 应用广泛。然而，随着技术的不断发展，各种控制系统相互吸收、融合其他系统的特长，DCS 与 PLC 在功能上不断增强。具体地说，DCS 的逻辑控制功能在不断增强，而 PLC 的连续控制功能也在不断增强，两者都广泛吸收了现场总线技术，因此它们的界限也在不断模糊。

随着技术的不断进步，各种控制方案层出不穷，一个具体的工业控制问题可以有不同的解决方案。但总体上来说，还是遵循传统的思路，即在制造业的控制中，还是首选 PLC 或 SCADA 系统解决方案，而过程控制首选 DCS。对于监控点十分分散的控制过程，多数还是会选 SCADA 系统，只是随着应用的不同，下位机的选择会有不同。当然，由于控制技术的不断融合，在实际应用中，有些控制系统的选择还是具有一定的灵活性。以大型的污水处理工程为例，由于它通常包括污水管网、泵站、污水处理厂等，在地域上较为分散，检测与控制点绝大多数为数字 I/O，模拟 I/O 的数量远远少于数字 I/O 的，控制要求也没有化工生产过程那么严格，因此多数情况下还是选用 SCADA 系统，下位机多采用 PLC，通信系统采用有线与无线相结合的解决方案。当然，在国内，采用 DCS 作为污水处理厂计算机控制系统的主控设备也是有的。但是，远程泵站与污水处理厂之间的距离通常会比较远，且比较分散，还是会选用 PLC 进行现场控制，泵站 PLC 与厂区 DCS 之间通过电话线通信或无线通信，而这种通信方式主要用在 SCADA 系统中，在 DCS 中是比较少的。因此，污水处理过程控制具有更多 SCADA 系统的特性，这也是国内外污水处理厂的控制普遍采用 SCADA 系统而较少采用 DCS 的原因之一。

3.4 工业控制系统的体系结构

工业控制系统体系结构的发展经历了集中式控制结构、分布式控制结构和网络化控制结构三个阶段。与集中式控制结构对应的是所有的监控功能依赖于一台主机(mainframe)，采用广域网连接现场控制器和主机，网络协议比较简单，开放性差，功能较弱。分布式控制结构充分利用了局域网技术和计算机技术的成果，可以配置专门的通信服务器、应用服务器、工程师站和操作站，普遍采用组态软件技术。网络化控制结构以各种网络技术为基础，网络的层次化使得控制结构更加分散，信息管理更加集中。

3.4.1 主流的工业控制系统的结构类型及其发展

工业控制系统普遍以客户机/服务器(C/S)和浏览器/服务器结构(B/S)为基础，多数系统包含这两种结构，但以 C/S 结构为主，B/S 结构主要是为了支持 Internet 应用，以满足远程监控的需要。虽然目前主流的控制系统都实现了控制分散、管理集中，但在具体实现细节上，还是有所不同，下面对这两种结构做具体介绍。

1. 客户机/服务器结构

C/S 结构中，客户机和服务器之间的通信以“请求响应”的方式进行。客户机先向服务器发出请求，服务器再响应这个请求，如图 3-19 所示。

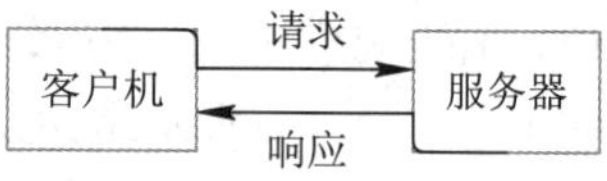

图 3-19 C/S(客户机/服务器)结构

C/S 结构最重要的特征是：它不是一个主从环境，而是一个平等的环境，即 C/S 系统中各计算机在不同的场合既可能是客户机，也可能是服务器。在 C/S 应用中，用户只关心完整地解决自己的应用问题，而不关心这些应用问题由系统中哪台或哪几台计算机来完成。

能为应用提供服务的计算机，当其被请求服务时就成为服务器。一台计算机可能提供多种服务，一个服务也可能要由多台计算机组合完成。与服务器相对，提出服务请求的计算机在当时就是客户机。从客户应用角度看，这个应用的一部分工作在客户机上完成，其他部分的工作则在(一个或多个)服务器上完成。

软件体系采用 C/S 结构，能保证数据的一致性、完整性和安全性。多服务器结构可实现软件的灵活配置和功能分散。如数据采集、实时数据管理、历史数据管理、报警管理及日志管理等任务均为服务器任务，而各种功能的访问单元如操作员站、工程师站、先进控制计算站及数据分析站等构成不同功能的客户机，真正实现了功能分散。

严格来说，C/S 结构并不是从物理分布的角度来定义的，它所体现的是一种软件任务间数据访问的机制。系统中每一个任务都作为一个特定的客户机/服务器模块，扮演着自己的角色，并通过 C/S 体系结构与其他任务接口，这种模式下的客户机任务和服务器任务可以运行在不同的计算机上，也可以运行在同一台计算机上。换句话说，一台机器正在运行服务器程序的同时，还可运行客户机程序。目前，这种结构的工业控制系统应用已经非常广泛。

2. 浏览器/服务器结构

随着 Internet 的普及和发展，以往的主机/终端和 C/S 结构都无法满足当前的全球网络开放、互连、信息随处可见和信息共享的新要求，于是就出现了 B/S 结构，如图 3-20 所示。

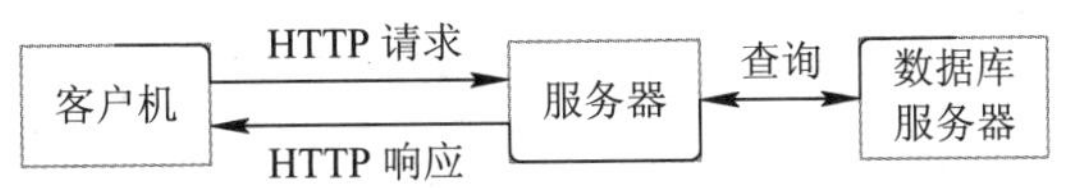

图 3-20　B/S(浏览器/服务器)结构

B/S 结构的最大特点是：用户可以通过浏览器去访问 Internet 上的文本、数据、图像、动画、视频点播和声音等信息，这些信息都是由许许多多 Web 服务器产生的，而每一个 Web 服务器又可以通过各种方式与数据库服务器连接，大量数据实际存放在数据库服务器中。B/S 结构的最大优点是：客户机统一采用浏览器，这不仅让用户使用方便，而且使得客户端不存在维护问题。当然，软件开发和维护的工作不是自动消失了，而是转移到了 Web 服务器端。B/S 结构中采用基于 Socket 的 ActiveX 控件或 Java Applet 程序两种方式实现客户机与远程服务器之间动态数据的交换。ActiveX 控件和 Java Applet 都驻留在 Web 服务器上，用户登录服务器后下载到客户机。Web 服务器在响应客户程序过程中，若遇到与数据库有关的指令，则交给数据库服务器来解释执行，并返回给 Web 服务器，Web 服务器再返回给浏览器。在 B/S 结构中，将许许多多网连接到一块，形成一个巨大的网，即全球网。各个企业可以在 B/S 结构的基础上建立自己的 Internet。对于大型分布式 SCADA 系统而言，B/S 结构的引入有利于解决远程监控中存在的问题，已经得到了主流的 SCADA 系统供应商的支持。

3.4.2　工业控制系统结构的优缺点

1. B/S 结构的优点与缺点

B/S 结构的优点表现在：

(1) 具有分布性特点，可以随时随地进行查询、浏览等业务处理。

(2) 业务扩展简单方便，通过增加网页即可增加服务器功能。

(3) 维护简单方便，只需要改变网页，即可实现所有用户的同步更新。

(4) 开发简单，共享性强。

B/S 结构的缺点表现在：

(1) 个性化特点明显减弱，无法实现个性化的功能要求。

(2) 通过鼠标进行基本操作，无法满足快速操作的要求。

(3) 页面动态刷新、响应速度明显降低。

(4) 功能弱化，难以实现传统模式下的特殊功能要求。

2. C/S 结构的优点和缺点

C/S 结构的优点表现在：

(1) 由于客户端实现与服务器的直接相连，没有中间环节，因此响应速度快。

(2) 操作界面漂亮，形式多样，可以充分满足客户自身的个性化要求。

(3) C/S 结构的管理信息系统具有较强的事务处理能力，能实现复杂的业务流程。

C/S 结构的缺点表现在：

(1) 需要专门的客户端安装程序，分布功能弱，针对点多面广且不具备网络条件的用户群体，不能够实现快速部署、安装和配置。

(2) 兼容性差，对于不同的开发工具，具有较大的局限性。若采用不同工具，需要重新改写程序。

(3) 开发成本较高，需要具有一定专业水准的技术人员才能完成。

一般而言，B/S 和 C/S 两种结构都具有各自的特点，都是流行的 SCADA 系统结构。在 Internet 应用、维护与升级等方面，B/S 比 C/S 要强得多；但在运行速度、数据安全、人机交互等方面，B/S 不如 C/S。

习 题 3

1．工业计算机控制系统有哪些？

2．控制器主要有哪些？

3．DCS 系统包括哪四个部分？

4．SCADA 系统的定义是什么？

5．现场总线控制系统的特性是什么？

6．SCADA 系统和 DCS 的异同点表现在哪里？

7．客户机/服务器结构的优缺点是什么？

8．浏览器/服务器结构的优缺点是什么？

第 4 章　PLC 及 S7-1200 概述

知识目标

1. 掌握 PLC 的概念、用途、结构、工作原理和性能。
2. 了解 PLC 的分类和发展。
3. 掌握 S7-1200 的硬件模块和软件基础。

技能目标

1. 会用 S7-1200 的硬件模块安装和搭建系统。
2. 会用博途软件对 PLC 进行配置和调试。

4.1 PLC 简　介

可编程控制器(PLC)是以微处理器为基础，综合了计算机技术、半导体集成技术、自动控制技术、数字技术和通信及网络技术而发展起来的一种通用工业自动控制装置。它面向控制过程，面向用户，操作方便，可靠性高，可适应工业环境，成为现代工业控制的三大支柱(PLC、机器人和 CAD/CAM)之一。PLC 控制技术代表着当今自动控制的先进水平，PLC 装置已成为自动化系统的基本手段，在各行各业获得了非常广泛的应用。

4.1.1 PLC 的定义及特点

在 PLC 出现之前，工业控制中的顺序控制占主导地位的是继电器-接触器控制系统，这种控制系统有着十分明显的缺点：体积大、耗电多、可靠性差、寿命短、运行速度慢、适应性差。若控制要求发生变化，则控制柜中的元器件和接线都必须做相应的改变。为了改变这一现状，人们希望寻求一种比继电器控制更可靠、功能更齐全、响应速度更快、体积更小的新型工业控制装置。20 世纪 60 年代后期，尽管计算机控制技术已开始用于工业控制领域，但由于计算机本身的技术要求复杂以及当时的各种条件所限制，计算机控制技术并未得到广泛使用。1968 年，美国最大的汽车制造商——通用汽车公司(GM 公司)为了适应汽车型号不断翻新的需要，以在激烈竞争的汽车工业中占有优势，提出要研制一种新型的工业控制装置来取代继电器控制装置，并尽可能减少重新设计继电器控制系统和重新接线的工作，以降低成本、缩短周期。同时，设想把计算机通用、灵活、功能完备等优点和继电器控制系统的简单易懂、价格便宜等优点结合起来，并把计算机的编程方法和程序输入方式加以简化。为此，特拟定了 10 项公开招标的技术要求：

(1) 编程简单方便，可在现场修改程序；

(2) 硬件维护方便，最好是插件式结构；

(3) 可靠性要高于继电器控制装置；

(4) 体积要小于继电器控制装置；

(5) 可将数据直接送入管理计算机；

(6) 成本上可与继电器控制装置竞争；

(7) 输入可以是交流 115 V；

(8) 输出为交流 115 V、2 A 以上，能直接驱动电磁阀；

(9) 扩展时，原有系统只需做很小的改动；

(10) 用户程序存储器容量至少可以扩展到 4 KB。

根据招标要求，1969 年，美国数字设备公司(DEC)研制出世界上第一台 PLC(PDP-14 型)，并在通用汽车公司自动装配线上试用，获得了成功，从而开创了工业控制新时期。

1. PLC 的定义

国际电工委员会(IEC)对 PLC 作了如下定义：“可编程控制器是一种数字运算操作的电子系统，专为在工业环境下的应用而设计。它采用可编程序的存储器，存储执行逻辑运算、顺序控制、定时、计数和算术运算等操作的面向用户的指令，并能通过数字或模拟输入/输出模块，控制各种类型的机械或生产过程。可编程控制器及其有关外部设备，都按易于与工业控制系统连成一个整体、易于扩充其功能的原则设计。”定义强调 PLC 是一种“数字运算操作的电子系统”，说明 PLC 也是一种计算机，是一种抗干扰能力很强、能直接应用于各种工业环境的专用工业计算机。这种工业计算机采用“面向用户的指令”，因此，编程简单方便，除能完成“逻辑运算、顺序控制、定时、计数和算术运算等操作”外，还能通过“数字或模拟输入/输出模块”控制各种生产过程，并且非常易于“扩充”，易于“与工业控制系统连成一个整体”，形成一个强大的网络系统。

2. PLC 的特点

(1) 可靠性高，抗干扰能力强。

为了确保 PLC 在恶劣的工业环境中能可靠地工作，在设计上强化了 PLC 的抗干扰能力。在硬件方面，采用了电磁屏蔽、滤波、光电隔离等一系列抗干扰措施。例如，输入/输出电路都采用了光隔离措施，做到电浮空，有效地隔离了 PLC 内部电路与输入/输出之间的电联系，从而避免了输入/输出部分因窜入干扰信号而引起的故障和误动作；供电系统和输入/输出电路除了采用各种模拟滤波外，还加上了数字滤波，以消除或抑制高频干扰；对电源变压器、CPU、编程器等主要部件，采用了导电、导磁良好的材料进行屏蔽，有效地防止了外界电磁的干扰。在软件上，PLC 采用了故障检测、信息保护和恢复、设置警戒时钟、加强对程序的检查和校验、对程序和动态数据进行后备保护等，进一步提高了可靠性和抗干扰能力。一般 PLC 允许工作的环境温度为 60℃，允许环境湿度为 15%～85%(无结露)，PLC 还具有抗振荡、抗噪声、抗射频等能力，因而可靠性极高。

(2) 通用性强，灵活性好，接线简单。

PLC 是专为在工业环境下应用而设计的，具有面向工业控制的鲜明特点。通过选配相应的控制模块便可适用于各种不同的工业控制系统。同时，由于 PLC 采用逻辑存储，其控制逻辑以程序方式存储在内存中，当生产工艺改变或生产设备更新时，不必改变 PLC 的硬件，只需改变程序或改变控制逻辑即可(故称为“软接线”)，加之 PLC 中每个软继电器的触点数理论上无限制，因此，灵活性和扩展性都很好。另外，PLC 的接线十分方便，只需将输入信号的设备(如按钮等)与 PLC 的输入端子相连，将接受控制的执行元器件(如接触器、电磁阀等)与输出端子相连即可。

(3) 功能强，功能的扩展能力强。

现代 PLC 具有强大的功能系统，用程序可实现任意复杂的控制功能。PLC 利用程序进行定时、计数或顺序、步进等控制，十分准确可靠。而用继电器控制时，需使用大量时间继电器、计数器、步进控制开关等设备，其准确性与可靠性无法与 PLC 相比。PLC 还具有 A/D 和 D/A 转换、数据运算和处理、运动控制等功能，因此，它既可对开关量进行控制，又可对模拟量进行控制。PLC 具有通信联网功能，不仅可以控制一台单机、一条生产线，还可以控制一个机群、多条生产线；既可现场控制，也可远距离对生产过程进行监控。

目前，PLC 产品已系列化、模块化和标准化，能方便灵活地扩展成大小不同、功能不同的控制系统。组成系统后，即使控制程序发生变化，只要修改软件即可，增强了控制系统的柔性。

(4) 编程简单，使用方便。

PLC 的编程语言通常有梯形图、指令表和顺序功能图等。目前大多数 PLC 采用的是梯形图语言编程。梯形图语言既继承了传统继电器-接触器控制电路清晰直观感的优点，又考虑了大多数电气技术人员的读图习惯，因此很容易让电气技术人员理解和掌握。这是 PLC 的最大特点之一，也是其得到普及和推广的重要原因之一。

(5) 编程和接线可同步进行。

用继电器控制系统完成一项控制工程，首先必须按工艺要求画出电气原理图，然后再画出继电器控制柜(屏)的布置和接线图等图样，其设计、安装、装配、接线和试验等工作所需要的时间长，且以后要修改十分不便。而 PLC 控制系统，由于采用软件编程取代继电器硬接线实现控制功能，即使是一个非常复杂的控制，也很容易通过编程来实现，且能事先进行模拟调试，极大地减轻了繁重的现场安装接线工作。另外，由于 PLC 控制系统的硬件可按控制系统的性能、输入/输出点数和内存容量的大小等来选配，使系统的设计、编程和现场接线可同时进行，因而极大地缩短了开发周期，提高了工作效率。

4.1.2　PLC 的主要功能

随着自动化技术、计算机技术及网络通信技术的迅速发展，PLC 的功能日益增多。它不仅能实现单机控制，而且能实现多机群控制；不仅能实现逻辑控制，还能实现过程控制、运动控制和数据处理等。PLC 的主要功能如下：

(1) 开关量逻辑控制。开关量逻辑控制是 PLC 最基本的功能。PLC 具有强大的逻辑运算能力，它提供了与、或、非等各种逻辑指令，可实现继电器触点的串联、并联和串并联等各种连接的开关控制，常用于取代传统的继电器控制系统。使用 PLC 提供的定时、计数指令，可实现定时、计数功能，其定时值和计数值既可由用户在编程时设定，也可用数字拨码开关来设定，其值可进行在线修改，操作十分灵活方便。

(2) 模拟量控制。在工业生产过程中，有许多连续变化的量都是模拟量，如温度、压力、流量、液位和速度等。PLC 提供了各种智能模块，如模拟量输入模块、模拟量输出模块、模拟量输入/输出模块、热电阻用模拟量输入模块、热电阻用模拟量输出模块等。通过使用这些模块，可以把现场输入的模拟量经 A/D 转换后送 CPU 处理；而 CPU 处理的数字结果，可以经 D/A 转换成模拟量去控制被控设备，以完成对连续量的控制。

(3) 闭环过程控制。使用 PLC 不仅可以对模拟量进行开环控制，而且可以进行闭环控制。配置 PID(比例-积分-微分)控制单元或模块，可对控制过程中某一变量(如速度、温度、电流、电压等)进行 PID 控制。

(4) 运动控制。PLC 可使用专用的运动控制模块，实现对步进电动机或伺服电动机的单轴、多轴位置控制，完成直线运动或圆周运动控制。

(5) 网络通信。现代 PLC 具有网络通信的功能，它既可以对远程 I/O 端口进行控制，又能实现 PLC 与 PLC、PLC 与计算机之间的通信，从而构成“集中管理，分散控制”的分布式控制系统，实现工厂自动化。例如，PLC 通过 RS-232C 接口可与各种 RS-232C 设备进行通信，可与个人计算机、打印机、条码读出器等具有 RS-232C 接口的外部设备相连；通过 RS-422A 接口，可与数据存取单元(DU)、人机界面(HMI)相连；通过 RS-485 通信适配器和机能扩充板，可用计算机作为主站，PLC 作为就地控制站，形成一个 PLC 网络系统，对 PLC 进行集中监视管理，从而对整个生产线乃至整个工厂进行监控。PLC 还可与其他智能控制设备(如变频器、数控装置)实现通信。PLC 与变频器组成联合控制系统，可提高交流电动机的自动化控制水平。

4.1.3 PLC 的应用领域

PLC 是一种很有特色和发展前途的新型工业控制装置，它可以代替传统的继电器控制系统，使硬件“软”化，加上它具有运算、计数、定时、通信和联网等功能，还可用于输入/输出点数较多、控制要求较复杂的工业场合。目前，PLC 在各行各业中得到了非常广泛的应用，如在电力工业中，用于电厂输煤系统、锅炉燃烧系统、汽轮机和锅炉的启动及停车系统、废水处理系统、发电机和变压器监控系统等；在冶金工业中，用于轧钢机、高炉冶炼、配料、钢板卷取控制，包装、进出料场控制等；在机电自动化工业中，用于数控机床、机器人、自动仓库控制，电镀生产线控制，热处理控制等；在汽车工业中，用于自动焊接控制、装配生产线控制、喷漆流水线控制等；在食品工业中，用于制罐机控制、饮料灌装生产线控制、产品包装控制等；在化学工业中，用于化学反应槽控制、橡胶硫化机控制、自动配料控制等；在公共事业中，用于电梯控制、大楼防灾系统控制、城市交通灯控制等。

在各种应用领域中，PLC 的主要功能包括：

(1) 开关逻辑和顺序控制：这是 PLC 最基本的控制功能，在工业场合应用最广泛，可代替继电器控制系统。它既可用于单机控制，又可用于多机群控制及自动化生产线的控制。

(2) 过程控制：PLC 通过模拟量 I/O 模块，可对温度、流量等连续变化的模拟量进行控制。大中型 PLC 都具有 PID 闭环控制功能，并已广泛用于电力、化工、机械、冶金等行业。

(3) 运动控制：PLC 可应用于对直线运动或圆周运动的控制，如数控机床、机器人、金属加工、电梯控制等。

(4) 多级控制网络系统：PLC 与 PLC 之间、PLC 与计算机及其他智能控制设备之间可以联网通信，实现远程数据处理和信息共享，从而构成工厂计算机集成制造(生产)系统(CIMS/CIPS)。

4.2　PLC 的基本结构与工作原理

4.2.1　PLC 的硬件系统

PLC 专为工业场合设计，采用了典型的计算机结构，硬件电路主要由中央处理器(CPU)、电源、存储器和专门设计的输入/输出接口电路以及编程器等外设接口组成。图 4-1 所示为整体式 PLC 基本结构简图。其中，CPU 是 PLC 的核心，输入端子与输出端子是连接现场输入/输出设备与 CPU 的接口电路，通信接口用于与编程器、上位计算机等外设连接。

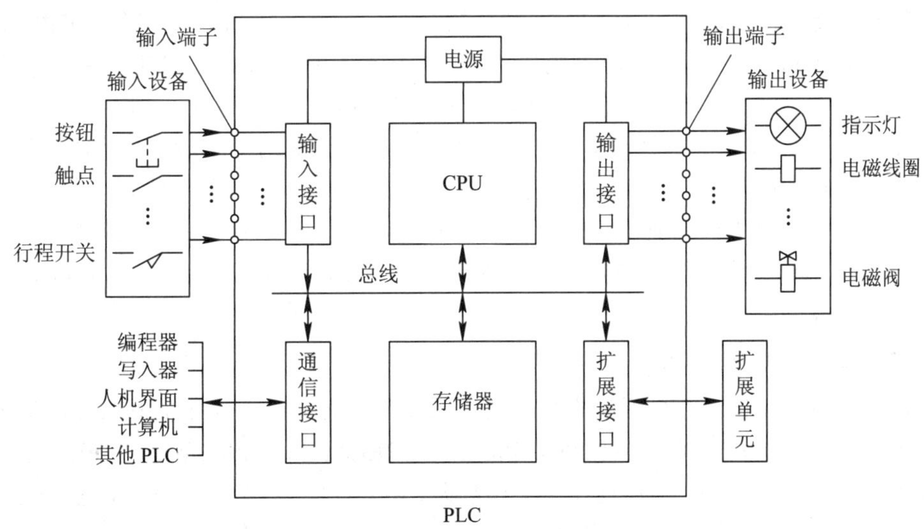

图 4-1　整体式 PLC 基本结构

对于整体式 PLC，所有部件都装在同一机壳内。对于模块式 PLC，各部件独立封装成模块，各模块通过总线连接，安装在机架或导轨上。无论哪种结构类型的 PLC，都可根据用户需要进行配置与组合。

1. CPU 模块

CPU 是 PLC 的核心，起神经中枢的作用，每台 PLC 至少有一个 CPU，它按 PLC 的系统程序赋予的功能接收并存储用户程序和数据，用扫描的方式采集由现场输入装置送来的状态或数据，并存入规定的寄存器中。同时，诊断电源和 PLC 内部电路的工作状态和编程过程中的语法错误等。CPU 运行后，从用户程序存储器中逐条读取指令，经分析后再按指令规定的任务产生相应的控制信号，去指挥有关的控制电路。

与通用计算机一样，CPU 主要由运算器、控制器、寄存器及实现它们之间联系的数据总线、控制总线及状态总线构成，还有外围芯片、总线接口及有关电路等。CPU 确定进行控制的规模、工作速度、内存容量等。内存主要用于存储程序及数据，是 PLC 不可缺少的组成单元。

CPU 由控制器控制工作，由它读取指令、解释指令及执行指令。但工作节奏由振荡信号控制。CPU 的运算器用于进行数字或逻辑运算，在控制器指挥下工作。CPU 的寄存器参与运算，并存储运算的中间结果，它也在控制器指挥下工作。

CPU 虽然划分为以上几个部分，但 PLC 中的 CPU 芯片实际上就是微处理器，CPU 模块的外部表现就是它工作状态的各种显示、各种接口及设定或控制开关。一般情况下，CPU 模块总要有相应的状态指示灯，如电源显示、运行显示、故障显示等。箱体式 PLC 的主箱体也有这些显示。CPU 模块有总线接口，用于接 I/O 模块或底板；有内存接口，用于安装内存；有外设接口，用于连接外部设备；有的还有通信口，用于进行通信。CPU 模块上还有许多设定开关，用以对 PLC 做设定，如设定起始工作方式、内存区等。

PLC 大多采用 8 位、16 位、32 位微处理器或单片机作为主控芯片，如 Intel80X 系列 CPU、ATMEL89SX 系列单片机。一般来说，PLC 的档次越高，CPU 的位数就越多，运算速度也越快，指令功能越强。为了提高 PLC 的性能，也有一台 PLC 采用多个 CPU 的。

目前，小型 PLC 多为单 CPU 系统，而中、大型 PLC 则大多为双 CPU 系统，甚至有些 PLC 中多达 8 个 CPU。对于双 CPU 系统，其中一个 CPU 一般为字处理器，采用 8 位或 16 位处理器；另一个 CPU 为位处理器，采用由各厂家设计制造的专用芯片。字处理器为主处理器，用于执行编程器接口功能、监视内部定时器、监视扫描时间、处理字节指令以及对系统总线和位处理器进行控制等。位处理器为从处理器，主要用于处理位操作指令和实现 PLC 编程语言向机器语言的转换。位处理器的采用，提高了 PLC 的速度，使 PLC 可以更好地满足实时控制要求。

2. 存储器(ROM 和 RAM)

与通用计算机一样，PLC 系统中也主要有两种存储器：一种是可读/写操作的随机存储器(RAM)，另一种是只读存储器(ROM、PROM、EPROM 和 E^2PROM)。在 PLC 中，存储器主要用于存放系统程序、用户程序及工作数据。ROM 用来存放系统程序，它是使软件固化的载体，相当于通用计算机的 BIOS；RAM 则用来存放用户的应用程序。

在系统程序存储区中存放着由 PLC 的制造厂家编写的系统程序，它和 PLC 的硬件组成有关，包括监控程序、管理程序、功能程序、命令解释程序、系统诊断程序等，主要完成系统诊断、命令解释、功能子程序调用管理、逻辑运算、通信及各种参数设定等功能，提供 PLC 运行的平台。系统程序也叫系统软件，有些 PLC 制造商将其固化在 EPROM 存储器中，用户不能对其修改、存取，它和硬件一起决定了该 PLC 的性能。

用户程序存储区存放用户编制的用户程序。用户程序随 PLC 的控制对象而定，是由用户根据对象生产工艺的控制要求而编制的应用程序。PLC 用得比较多的是 CMOS RAM。

它的特点是制造工艺简单、集成度高、功耗低、价格便宜，所以适用于存放用户程序和数据，以便于用户读出、检查和修改程序，这种存储器一般用锂电池作为后备电源，以保证掉电时不会丢失信息。

由于 CMOS RAM 需要锂电池支持才能保证 RAM 内数据掉电不丢，而且经常使用的锂电池的寿命通常在 2～5 年，这些给用户带来不便，所以近年来有许多 PLC 直接采用 E^2PROM 作为用户存储器。

工作数据是 PLC 运行过程中经常变化、经常存取的一些数据，存放在 RAM 中，以满足随机存取的要求。在 PLC 的工作数据存储器中，设有存放输入/输出继电器、辅助继电器、定时器、计数器等逻辑器件的存储区，这些器件的状态都是由用户程序的初始设置和运行情况确定的。根据需要，部分数据在掉电时用后备电池维持其现有的状态，这部分在掉电时可保存数据的存储区域称为保持数据区。

由于系统程序及工作数据与用户无直接联系，所以在 PLC 产品样本或使用手册中所列存储器的形式及容量是指用户程序存储器。当 PLC 提供的用户存储器容量不够用时，许多 PLC 还提供有存储器扩展功能。

3. I/O 模块

输入/输出单元通常也称 I/O 单元或 I/O 模块，是 PLC 与工业生产现场输入设备(如限位开关、操作按钮、选择开关、行程开关、主令开关等)、输出设备(如驱动电磁阀、接触器、电动机等执行机构)或其他外部设备之间的连接部件。I/O 模块集成了 PLC 的 I/O 电路，其输入暂存器反映输入信号状态，输出点数反映输出锁存器状态。

PLC 通过 I/O 接口可以检测所需的过程信息，又可将处理后的结果传送给外部设备，驱动各种执行机构，实现生产过程的控制。

PLC 的外部输入设备和输出设备所需的信号电平是多种多样的，而内部 CPU 处理的信号只能是标准电平，因此需要完成信号转换，I/O 接口就能实现这种信号的转换。I/O 接口一般都具有光电隔离和滤波功能，以提高 PLC 的抗干扰能力。另外，I/O 接口上通常还有状态指示，工作状况直观，便于维护。

PLC 提供了多种操作电平和具有驱动能力的 I/O 接口，有各种各样功能的 I/O 接口供用户选用。I/O 接口的主要类型有数字量(开关量)输入/输出接口、模拟量输入/输出接口等。

PLC 常用的开关量输入接口按其使用的电源不同可分为直流输入接口、交流输入接口和交/直流输入接口三种类型，其基本原理电路如图 4-2 所示。

PLC 的开关量输出接口按输出开关器件不同可分为继电器输出接口、晶体管输出接口和双向晶闸管输出接口三种类型，其基本原理电路如图 4-3 所示。继电器输出接口可驱动交流或直流负载，但其响应时间长，动作频率低；而晶体管输出接口和双向晶闸管输出接口的响应速度快，动作频率高，但前者只能用于驱动直流负载，后者只能用于驱动交流负载。

PLC 的 I/O 接口所能接收的输入信号个数和输出信号个数称为 PLC 的 I/O 点数。一般按 I/O 点数确定模块规格及数量，I/O 模块可多可少，但其最大数量受 CPU 所能管理的基本配置能力限制，即受最大的底板或机架槽数限制。

I/O 点数是选择 PLC 的重要依据之一。当系统的 I/O 点数不够时，可通过 PLC 的 I/O 扩展接口对系统进行扩展。

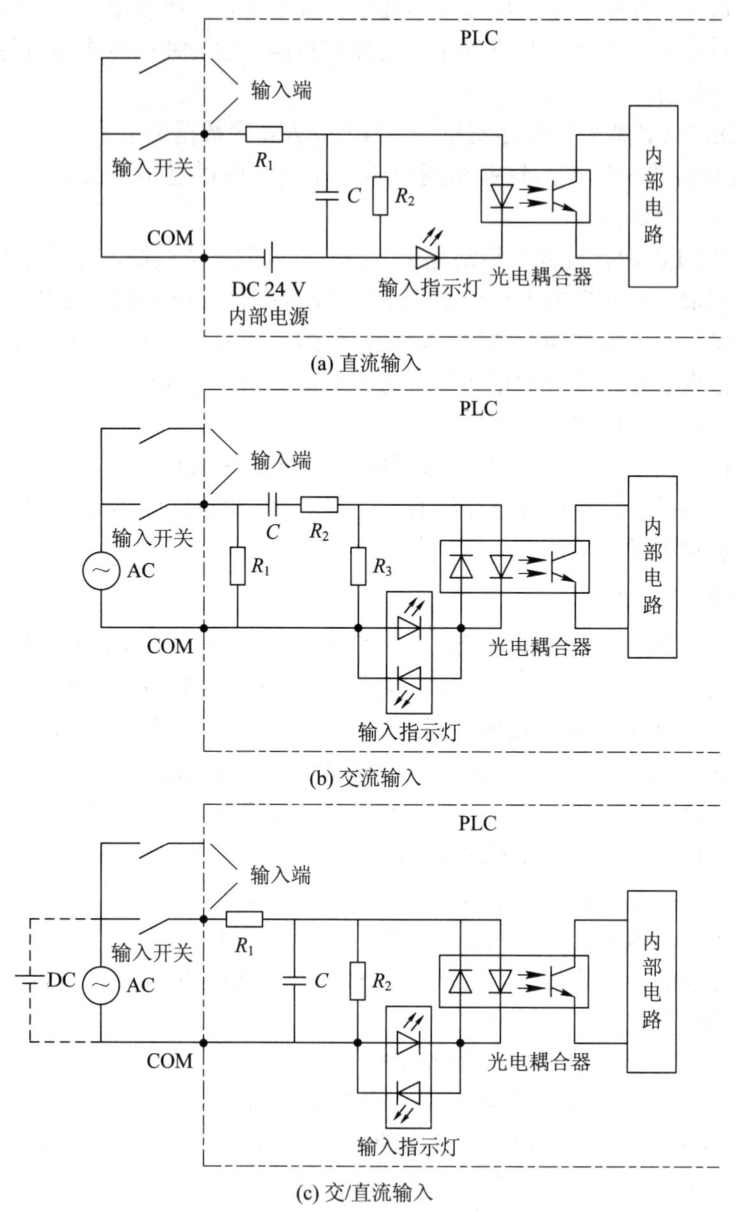

图 4-2　PLC 开关量输入模块的基本原理

4. 电源模块

电源模块在 PLC 中所起的作用是极为重要的，因为 PLC 内部各部件都需要它来提供稳定的直流电压和电流。PLC 内部有一个高性能的稳压电源，有些稳压电源是与 CPU 模块合二为一的，有些是分开的，其主要用途是为 PLC 各模块的集成电路提供工作电源，并备有锂电池(备用电池)以保证外部电源故障时内部重要数据不致丢失。另外，有的电源还为输入电路提供 24 V 的工作电压。电源按其输入类型可分为交流电源(输入为交流 220 V 或 110 V)和直流电源(输入为直流电压，常用的为 24 V)。

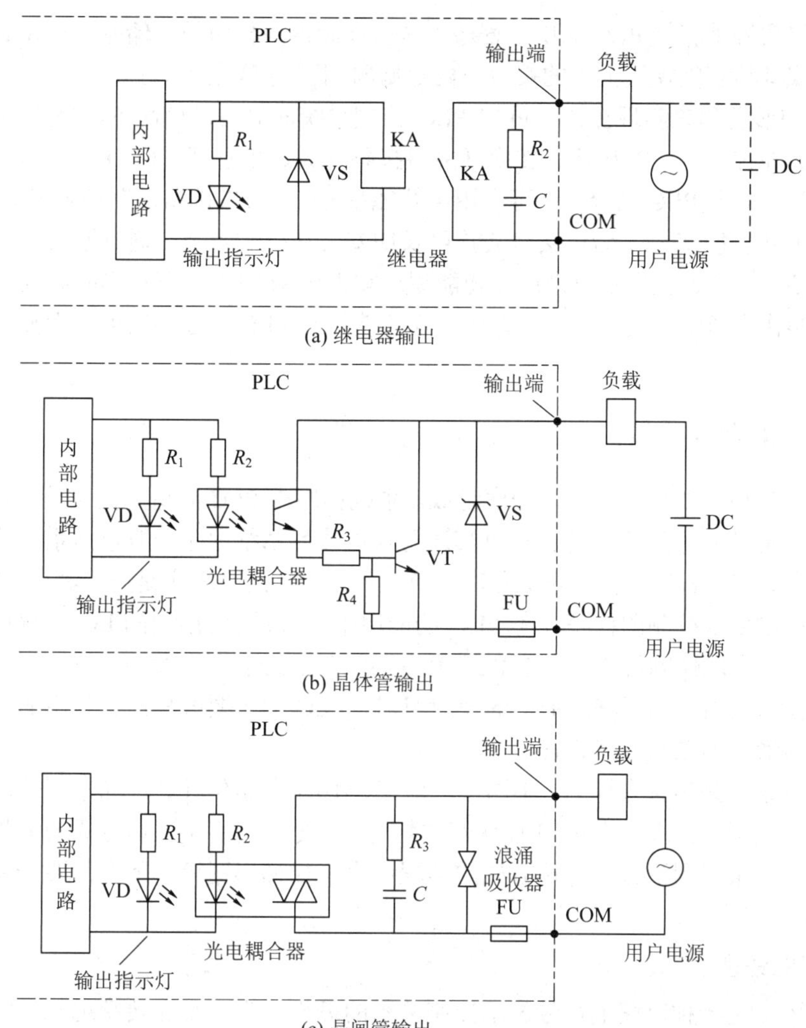

图 4-3　PLC 开关量输出模块的基本原理

5. 智能接口模块

智能接口模块是独立的计算机系统，它有自己的 CPU、系统程序、存储器以及与 PLC 系统总线相连的接口。它作为 PLC 系统的一个模块，通过总线与 PLC 相连，进行数据交换，并在 PLC 的协调管理下独立地进行工作。

PLC 的智能接口模块种类很多，如高速计数模块、闭环控制模块、运动控制模块、中断控制模块等。

6. 其他外部设备

除了以上所述的部件和设备外，PLC 还有许多外部设备，如 EPROM 写入器、外存储器、人机接口装置等。

EPROM 写入器是用来将用户程序固化到 EPROM 存储器中的一种 PLC 外部设备。为了使调试好的用户程序不易丢失，经常用 EPROM 写入器将 PLC 用户程序保存到 EPROM 中。PLC 内部的半导体存储器称为内存储器。有时可用外部的 SD 卡、TF 卡等半导体存储器做成的存储盒等来存储 PLC 的用户程序，这些存储器件称为外存储器。外存储器一般是通过编程器或其他智能模块提供的接口与内存储器相互传送用户程序。

人/机接口装置用来实现操作人员与 PLC 控制系统的对话。最简单、最普遍的人/机接口装置由安装在控制台上的按钮、转换开关、拨码开关、指示灯、LED 显示器、声光报警器等器件构成。对于 PLC 系统，还可采用半智能型 CRT 人/机接口装置和智能型终端人/机接口装置。半智能型 CRT 人/机接口装置可长期安装在控制台上，通过通信接口接收来自 PLC 的信息并在 CRT 上显示出来；而智能型终端人/机接口装置有自己的微处理器和存储器，能够与操作人员快速交换信息，并通过通信接口与 PLC 相连，也可作为独立的节点接入 PLC 网络。

4.2.2 PLC 的软件系统

PLC 的软件由系统程序和用户程序组成。系统程序由 PLC 制造厂商设计编写，并存入 PLC 的系统存储器中，用户不能直接对其读写与更改。系统程序一般包括系统诊断程序、输入处理程序、编译程序、信息传送程序、监控程序等。用户程序是用户利用 PLC 的编程语言，根据控制要求编制的程序。在 PLC 的应用中，最重要的是用 PLC 的编程语言来编写用户程序，以实现控制目的。由于 PLC 是专门为工业控制而开发的装置，其主要使用者是广大电气技术人员，为了满足他们的使用习惯，PLC 的主要编程语言采用的是比计算机语言简单、易懂、形象的专用语言。

PLC 编程语言是多种多样的，不同生产厂家、不同系列的 PLC 产品采用的编程语言的表达方式也不相同，但基本上可归纳为两种类型：一是采用字符表达方式的编程语言，如语句表等；二是采用图形符号表达方式的编程语言，如梯形图等。下面简要介绍几种常见的 PLC 编程语言。

1. 梯形图语言

梯形图语言是一种以图形符号表示控制关系的编程语言，是在传统电气控制系统中常用的接触器、继电器等图形表达符号的基础上演变而来的。它与电气控制电路图相似，继承了传统电气控制逻辑中使用的框架结构、逻辑运算方式和输入/输出形式，具有形象、直观、实用的特点，电气技术人员容易接受，是 PLC 的第一编程语言。图 4-4 所示是传统的电气控制电路图和 PLC 梯形图。

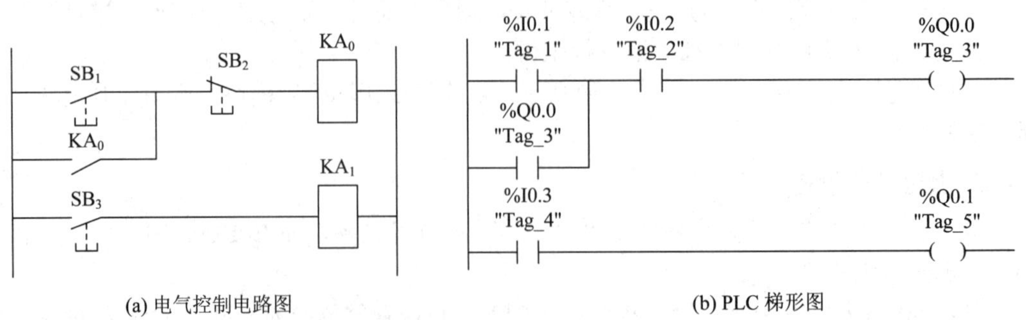

(a) 电气控制电路图　　(b) PLC 梯形图

图 4-4　电气控制电路图与 PLC 梯形图

由图 4-4 可知，两种图表达的思想是一致的，但具体表达方式有一定区别。PLC 梯形图使用的是内部继电器、定时器、计数器等，都由软件来实现，使用方便，修改灵活，是原电气控制电路硬接线所无法比拟的。

2. 指令表语言

指令表语言(STL)是与汇编语言类似的一种助记符编程语言，和汇编语言一样，由操作码和操作数组成。在无计算机的情况下，适合采用 PLC 手持编程器编制用户程序。同时，指令表语言与梯形图语言一一对应，在 PLC 编程软件下可以相互转换。

3. 逻辑图语言

逻辑图语言是一种类似于数字逻辑电路结构的编程语言，由与门、或门、非门、定时器、计数器、触发器等逻辑符号组成，熟悉数字电路的人较容易掌握。逻辑图左侧为逻辑运算的输入变量、右侧为输出变量，信号自左向右流动，如图 4-5 所示，就像电路图一样。

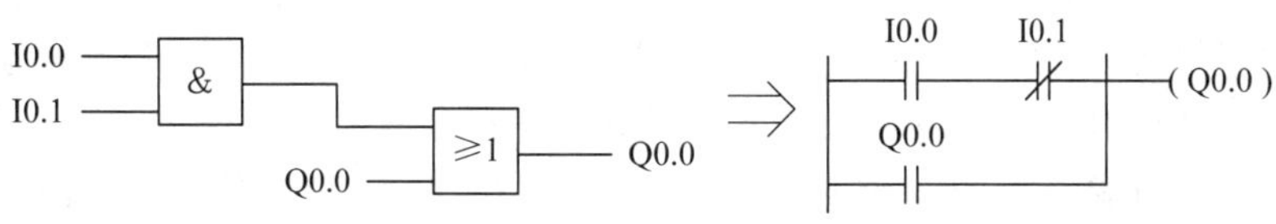

图 4-5　逻辑图

4. 顺序功能图语言

顺序功能图语言(SFC 语言)是一种较新的编程方法，又称状态转移图语言。它将一个完整的控制过程分为若干阶段，各阶段具有不同的动作，阶段间有一定的转换条件，转换条件满足就实现阶段转移，上一阶段动作结束，下一阶段动作开始。顺序功能图语言用功能图的方式来表达一个控制过程，对于顺序控制系统特别适用，如图 4-6 所示。

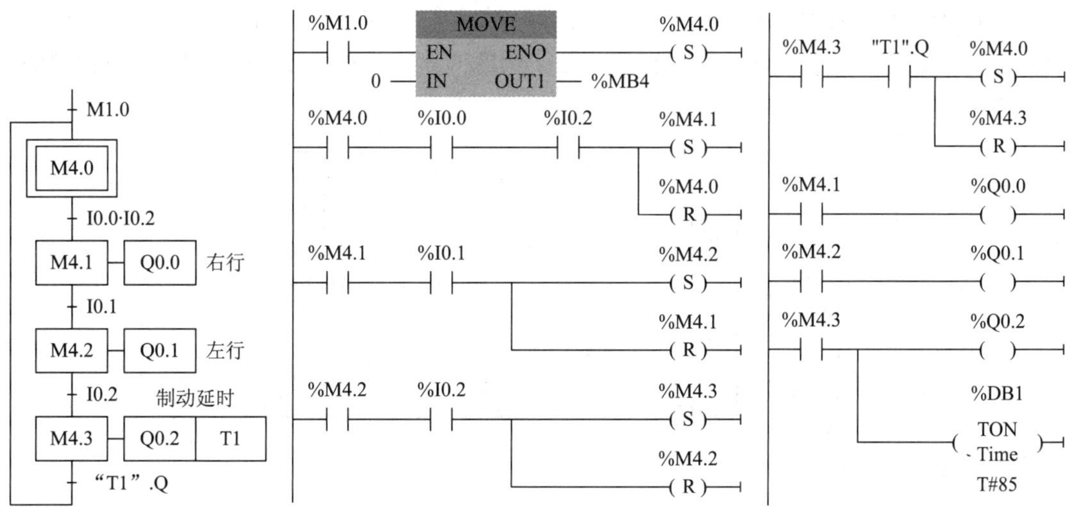

图 4-6　顺序功能图及相应的梯形图

5. 高级语言

随着 PLC 技术的发展，PLC 在运算、数据处理及通信等方面有了更高的功能需求，以上编程语言已无法满足需求。近年来推出的 PLC，尤其是大型 PLC，都可用高级语言，如

BASIC 语言、C 语言、PASCAL 语言等进行编程。采用高级语言后，用户可以像使用普通微型计算机一样操作 PLC，使 PLC 的各种功能得到更好的发挥。

4.2.3 PLC 的工作原理

PLC 源于用计算机控制来取代继电器、接触器，所以 PLC 与通用计算机具有相同之处，如具有相同的基本结构和相同的指令执行原理。但两者在工作方式上却有着很大的区别，不同点体现在 PLC 的 CPU 采用循环扫描工作方式，集中进行输入采样，集中进行输出刷新。I/O 映像区分别存放执行程序之前的各输入状态和执行过程中各结果的状态。

1. 建立 I/O 映像区

在 PLC 存储器内开辟了 I/O 映像区。I/O 映像区的大小由 PLC 的程序决定，对于系统的每一个输入点，总有输入映像区的某一位与之相对应；对于系统的每一个输出点，总有输出映像区的某一位与之相对应。系统的输入点、输出点的编址号与 I/O 映像区的映像寄存器地址号相对应。PLC 工作时，将采集到的输入信号状态存放在输入映像区对应的位上，将运算结果存放到输出映像区对应的位上。PLC 在执行用户程序时所需的“输入继电器”“输出继电器”数据取自 I/O 映像区，而不直接与外部设备发生关系。

I/O 映像区的建立，使 PLC 工作时只和内存有关的地址单元所存储的信息状态发生关系，而系统输出也只给内存某一地址单元设定一个状态，这样不仅加快了程序执行速度，而且还使控制系统与外界隔开，提高了系统的抗干扰能力，同时控制系统远离实际控制对象，为硬件标准化生产创造了条件。

2. 循环扫描的工作方式

1) PLC 的工作过程

PLC 上电后，在系统程序的监控下，周而复始地按一定的顺序对系统内部的各种任务进行查询、判断和执行，这个过程实质上是按顺序循环扫描的过程。PLC 的工作过程如图 4-7 所示。

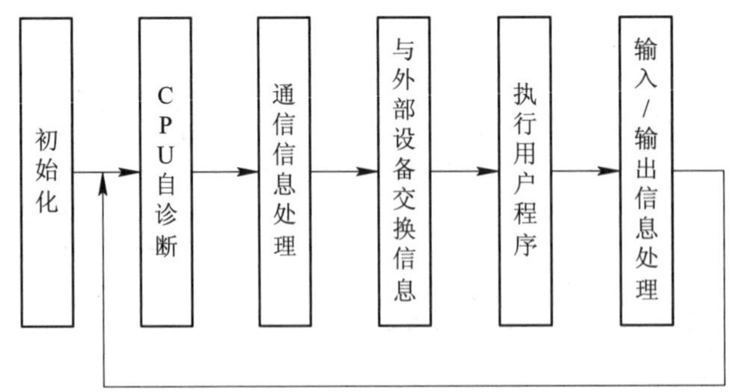

图 4-7 PLC 的工作过程

(1) 初始化：PLC 上电后，首先进行系统初始化，清除过程映像区、复位定时器等。

(2) CPU 自诊断：PLC 在每个扫描周期都要进入 CPU 自诊断阶段，对电源、PLC 内部电路、用户程序的语法进行检查，定期复位监控定时器(WDT)等，以确保系统可靠运行。

(3) 通信信息处理：在每个通信信息处理扫描阶段，进行 PLC 之间以及 PLC 与计算机之间的信息交换，或 PLC 与其他带微处理器的智能设备(如智能 I/O 模块)之间的通信。在多处理器系统中，CPU 还要与数字处理器交换信息。

(4) 与外部设备交换信息：PLC 与外部设备连接时，在每个扫描周期内要与外部设备交换信息。这些外部设备有编程器、终端设备、显示器、打印机等。

(5) 执行用户程序：PLC 在运行状态下，每一个扫描周期都要执行用户程序。执行用户程序时，是以扫描的方式按顺序进行逐句扫描处理，扫描一条执行一条，并把运算结果存入输出映像区的对应位中。

(6) 输入/输出信息处理：PLC 在运行状态下，每一个扫描周期都要进行输入/输出信息处理。以扫描的方式把外部输入信号的状态存入输入映像区；将运算处理后的结果存入输出映像区，直至传送到外部被控设备。

PLC 周而复始地循环扫描，执行上述过程，直至停机。

2) PLC 对用户程序进行扫描的工作过程

PLC 的工作过程与 CPU 的操作方式有关。CPU 有两种操作方式：STOP 方式和 RUN 方式。在扫描周期内，STOP 方式和 RUN 方式的主要差别在于：在 RUN 方式下执行用户程序，而在 STOP 方式下不执行用户程序。PLC 对用户程序进行循环扫描可分为三个阶段，即输入采样阶段、程序执行阶段和输出刷新阶段，如图 4-8 所示。

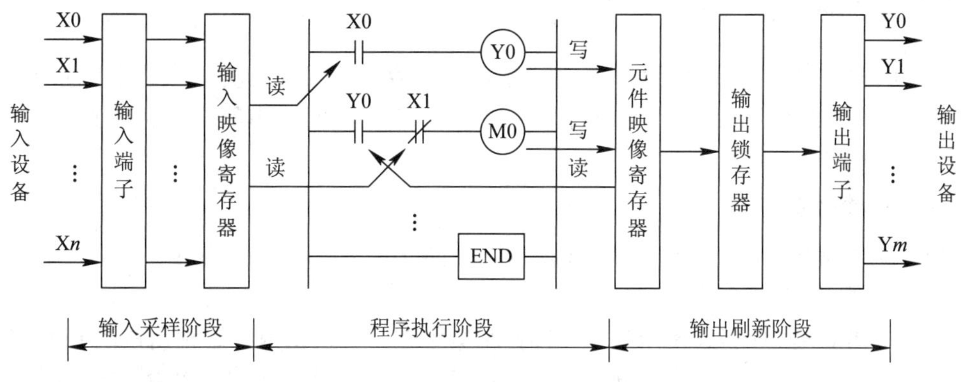

图 4-8　PLC 对用户程序循环扫描的工作过程

(1) 输入采样阶段。在输入采样阶段，PLC 用扫描方式把所有输入端的外部输入信号的通/断(ON/OFF)状态一次写入到输入映像寄存器(或称输入状态寄存器)中。此时，输入映像寄存器被刷新。接着进入程序执行阶段，在程序执行阶段或输出刷新阶段，输入映像寄存器与外界隔离，即使外部输入信号的状态发生了变化，输入映像寄存器的内容也不会随之改变。输入信号变化了的状态，只能在下一个扫描周期的输入采样阶段才能被读入。也就是说，在输入采样阶段采样结束之后，无论输入信号如何变化，输入映像寄存器的内容保持不变，直到下一个扫描周期的输入采样阶段，才重新写入输入端的新状态(或信息)。

(2) 程序执行阶段。在程序执行阶段，PLC 逐条解释和执行程序。若是梯形图程序，则按先上后下、先左后右的顺序进行扫描。若程序中有跳转指令，则根据跳转条件是否满足来决定程序的执行方向。在顺序执行程序时，所需要的输入状态由输入映像寄存器读出，其他软元件的状态从元件映像寄存器中读出，执行结果则写入到元件映像寄存器中。对每一个软元件(输入继电器 X 除外)来说，元件映像寄存器中所存的内容会随着程序执行的进程而变化。

(3) 输出刷新阶段。当所有的用户程序执行完后，PLC 将元件映像寄存器中的输出元件(即输出继电器)的状态(此状态存放在对应的输出映像寄存器中)转存到输出锁存器中，经过输出模块隔离和功率放大，转换成被控设备所能接收的电压或电流信号后，再去驱动被控用户设备(即外部负载)。

PLC 重复上述三个阶段，每重复一次的时间即为一个扫描周期。扫描周期的长短与用户程序的长短有关。

对于小型 PLC，由于 I/O 点数较少，用户程序较短，可以采用集中采样、集中输出的工作方式，这种方式虽然在一定程度上降低了系统的响应速度，但从根本上提高了系统的抗干扰能力，并且增强了系统的可靠性。而对于大中型 PLC，由于 I/O 点数多，控制要求高，用户程序较长，为了提高系统的响应速度，可以采用定周期输入采样、输出刷新、直接采样、直接输出刷新、中断 I/O 以及智能 I/O 等方式。

4.3 PLC 的分类与发展趋势

4.3.1 PLC 的分类

PLC 的种类很多，各种产品实现的功能、内存容量、控制规模、外形等方面均存在较大差异。因此，PLC 的分类没有一个严格的标准，而是按照结构形式、控制规模、控制性能等进行大致的分类。

1. 按结构形式分类

PLC 按结构形式可分为整体式、模块式和叠装式三类。

1) 整体式 PLC

整体式 PLC 是将电源、CPU、I/O 部件都集中在一个机箱内。这种结构的 PLC 具有体积小、重量轻、结构紧凑、成本低、安装方便等优点，一般小型 PLC 采用这种结构。整体式 PLC 由不同 I/O 点数的基本单元和扩展单元组成。基本单元内有 CPU、I/O 模块和电源，扩展单元内只有 I/O 模块和电源。整体式 PLC 一般配备有特殊功能单元，如模拟量单元、位置控制单元等，使 PLC 的功能得以扩展。这种结构的 PLC 适用于工业生产中的单机控制，如三菱公司的 FXs 系列 PLC。

2) 模块式 PLC

模块式 PLC 为总线结构，其总线做成总线板形式，上面有若干总线槽，每个总线槽上可安装一个 PLC 模块，不同的模块可实现不同的功能。PLC 的 CPU、存储器做成一个模块(有的把电源也做在上面)，该模块在总线板上的安装位置一般是固定的，其他的模块可根据 PLC 的控制规模、实现的功能来选用，可以安装在总线板的其他任一总线槽上。模块式 PLC 安装完成后，需进行登记，使 PLC 对安装在总线板上的各模块进行地址确认。模块式 PLC 的总线板又称底板。模块式 PLC 的特点是系统配置灵活，可组成具有不同控制规模和功能的 PLC，但它的价格相对较高。一般大中型 PLC 采用这种结构。

3) 叠装式 PLC

将整体式和模块式结合起来，称为叠装式。叠装式 PLC 除了基本单元外，还有扩展模块和特殊功能模块，配置比较方便。叠装式 PLC 集整体式 PLC 与模块式 PLC 的优点于一身，结构紧凑、体积小、安装方便。西门子公司的 S7-200 PLC 就是叠装式的结构形式。

2. 按控制规模分类

PLC 的控制规模主要是指开关量的输入/输出点数及模拟量的输入/输出路数，但主要以开关量的点数计数。模拟量的路数可折算成开关量的点数，一般一路模拟量相当于 8～16 点开关量。根据 I/O 控制点数的不同，PLC 大致可分为小型、中型、大型。

1) 小型 PLC

小型 PLC 的 I/O 点数不超过 128 点，用户存储器容量小于 4 KB。这种 PLC 带有简易编程器，适用于中小容量的开关量控制，一般可取代 4～60 个继电器，具有逻辑运算、定时、计数、顺序控制、通信等功能。由于小型 PLC 与被控装置直接相连，因此要求小型 PLC 具有较高的环境适应能力和较高的可靠性，其价格十分便宜。

2) 中型 PLC

中型 PLC 的 I/O 点数为 129～512 点，用户存储器容量为 4～16 KB。中型 PLC 除具有小型 PLC 的功能外，还增加了数据处理能力，适用于小容量综合控制系统。例如，西门子公司的 S7-300 PLC 就是中型 PLC。

3) 大型 PLC

大型 PLC 的 I/O 点数超过 512 点，用户存储器容量大于 16 KB。大型 PLC 除具有中、小型 PLC 的功能外，还增加了编程终端的处理能力和通信能力，适用于多级自动控制和大型分散控制系统。

需要说明的是，PLC 的大、中、小型的划分并无严格的界限，多数 PLC 的 I/O 接口和存储器容量都有扩展能力，用户可根据需要配置自己的系统。

3. 按控制性能分类

按控制性能不同，PLC 可分为低档机、中档机和高档机三类。

1) 低档机

这类 PLC 具有基本的控制功能和一般的运算能力，工作速度比较慢，能驱动的输入和输出模块数量比较少，输入和输出模块的种类也比较少。这类 PLC 只适合于小规模的简单控制，在联网中一般适合作从站使用。

2) 中档机

这类 PLC 具有较强的控制功能和运算能力，它不仅能完成一般的逻辑运算，也能完成比较复杂的三角函数、指数和 PID 运算，工作速度比较快，能驱动的输入和输出模块的数量比较多，而且输入和输出模块的种类也比较多。这类 PLC 不仅能完成小型的控制，也可以完成较大规模的控制任务。在联网中可以作从站，也可以作主站。例如，西门子公司的 S7-300 就属于这一类。

3) 高档机

这类 PLC 具有强大的控制功能和强大的运算能力，它不仅能完成逻辑运算、三角函数运算、指数运算和 PID 运算，还能进行复杂的矩阵运算，工作速度很快，能驱动的输入和输出模块的数量很多，输入和输出模块的种类也很全面。这类 PLC 不仅能完成中等规模的控制工程，也可以完成规模很大的控制任务，在联网中一般作主站使用。

4.3.2 PLC 的发展趋势

不同的应用领域，不同的控制需求，决定了 PLC 发展的侧重点不同，其发展趋势主要体现在大型化、微型化、多功能化、标准化、模块智能化和网络化等几个方面。

1. 大型化、高速度、大存储容量趋势

为了拓宽 PLC 的应用领域，使其逐渐具备工业控制计算机、集散控制系统所具有的先进功能(尤其是在实时处理方面)，同时为了提升自身 PLC 品牌的竞争力，PLC 朝着大型化、高速度、大存储容量的趋势发展是必然的。现阶段的大型 PLC 采用以下方法增强处理能力，提高响应速度，例如使用 16 位、32 位甚至 64 位高性能 CPU，采用多 CPU 并行处理技术，发展智能模块实现分级处理等。另外，在数字量输入/输出点数、模拟量输入/输出路数及各类模块的数量方面都朝着大容量发展，如西门子公司的 S7-400 PLC 可扩展到 32 KB DI/DO。由于控制系统规模扩大了，用户程序量必然也会增加，所以 PLC 大型化也包含存储容量的增加。

2. 微型化、多功能化趋势

大型化是为了拓展 PLC 的应用领域，而在 PLC 的强项——小型设备的控制上，则需要在降低成本、提高速度和改善结构方面作出努力。微型化、多功能化可以使控制系统体积减小、成本下降、结构趋于模块化、配置灵活及易于改造。目前，超小型 PLC 的 I/O 点数少则几个，多则数百，甚至个别的超小型 PLC 可以扩展到上千。如此规模即使是复杂对象也能胜任。

3. 标准化趋势

PLC 的能力在不断增强，生产过程自动化要求(如生产调度、综合管理等)也在不断提高，过去那种封闭的、不开放的、自成一体的结构显然已不合适，越来越需要使不同品牌的 PLC 在通信协议、总线结构、编程语言等方面能够遵循一个统一的标准，以提高兼容性。国际电工委员会为此制定了国际标准 IEC61131。该标准由总则、设备性能和测试、编程语言、用户手册、通信、模糊控制的编程、可编程控制器的应用和实施指导等八部分和两个技术报告组成。

几乎所有的 PLC 生产厂家都表示支持 IEC61131，并开始向该标准靠拢。一些主流的 PLC 产品虽然在指令描述符上还存在一定差异，但在指令功能上差异不大，相互之间的程序转换已不再困难，甚至有时候可以做到指令数一样。

4. 模块智能化趋势

分级控制、分布控制的思想是增强 PLC 控制功能、提高处理速度的一个有效办法，也是控制系统的一个发展方向。智能 I/O 模块是以微处理器和存储器为基础的功能部件，它们可以独立于主 CPU 工作，自成系统，分担主 CPU 的处理任务，这有利于提高 PLC 的处理速度，而且主 CPU 可以随时访问智能 I/O 模块，修改控制参数。模块智能化既可以提高控制效率，简化设计和编程工作量，也可以提高动作可靠性、实时性，满足复杂控制的要求。这也是分级控制思想在 PLC 应用中的体现。

目前，大、中、小型 PLC 都有自己相应的智能 I/O 模块，如模拟量调节(PID 控制)、运动控制(步进、伺服、凸轮控制)、高速计数、中断输入、热电偶输入、热电阻输入、模糊控制器、通信等智能模块。有了这些模块，PLC 的 CPU 在处理复杂的控制任务(如运动控制)时就如同控制继电器触点的通断一样方便。

5. 网络化趋势

加强 PLC 的联网能力是实现分布式控制、适应工厂自动化系统和计算机集成制造系统发展的需要，也是实现网络化的需要。从物理关系上看，联网包括 PLC 与 PLC 之间、PLC 与远程 I/O 之间、PLC 与计算机之间的信息交换。从技术层面上看，网络结构采用三级通信网络：底层为设备网络，用来实现 PLC 与现场设备之间的通信，又称为远程 I/O 网络，如 RS-232C、RS-485、RS-422A 等协议；中间层是控制网络，用来实现 PLC 与计算机之间的通信，如 PROFIBUS、Mod-bus、CAN 等现场总线；上层为信息网络，负责传递生产管理信息，如 TCP/IP。

4.4　S7-1200 的硬件

S7-1200 可编程控制器是德国西门子公司新一代的模块化小型 PLC。它具有紧凑的设计、良好的扩展性、灵活的组态及功能强大的指令系统，已成为各种控制应用的完美解决方案。本节主要介绍 S7-1200 的硬件结构。S7-1200 的硬件主要由 CPU 模块、信号板、信号模块和通信模块组成，各种模块安装在标准 DIN 导轨上。

4.4.1　S7-1200 的 CPU 模块

如图 4-9 所示，S7-1200 的 CPU 模块将微处理器、集成电源、输入和输出电路、内置 PROFINET、高速运动控制 I/O 电路以及板载模拟量输入电路组合到一个设计紧凑的外壳中，形成了功能强大的控制器。CPU 模块除通过 PROFINET 进行网络通信外，还可使用通信模块通过 RS-485 或 RS-232 进行网络通信。CPU 模块相当于 PLC 的大脑，能根据用户程序逻辑监视输入并更改输出，用户程序可以包含布尔逻辑、计数、定时、复杂数学运算以及与其他智能设备的通信。

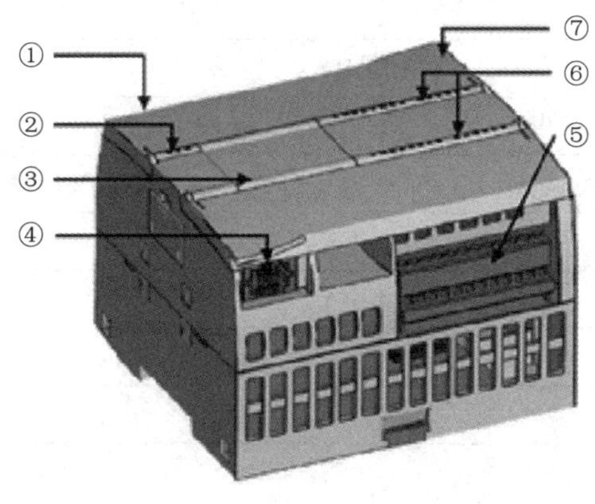

① 电源接口(上部保护盖下面)；
② 三个指示 CPU 运行状态的 LED灯；
③ 可插入扩展板；
④ PROFINET 以太网接口的 RJ45 连接器；
⑤ 可拆卸用户接线连接器；
⑥ 集成 I/O 的状态 LED 灯；
⑦ 存储卡插槽(上部保护盖下面)。

图 4-9　S7-1200 的 CPU 模块

1. CPU 的共性

(1) 可以使用梯形图(LAD)、函数块图(FDB)和结构化控制语言(SCL)三种编程语言。布尔运算、字传送指令和浮点运算指令的执行速度分别为 0.08 μs/指令、1.7 μs/指令和 2.3 μs/指令。

(2) S7-1200 工作存储器最大容量为 150 KB，装载存储器最大容量为 4 KB，保持性存储器容量为 10 KB。CPU 1211C 和 CPU 1212C 的位存储器(M)容量为 4096 B，其他 CPU 容量为 8192 B。可以选用 SIMATIC 存储卡扩展存储容量，还可以用存储卡传输程序到其他 CPU。

(3) 过程映像输入、过程映像输出各 1024 B。集成的数字量输入电路的输入类型为漏型/源型，电压额定值为 DC 24 V，输入电流为 4 mA。1 状态允许的最小电压/电流为 DC 15 V/ 2.5 mA，0 状态允许的最大电压/电流为 DC 5 V/1 mA。输入延迟时间可以组态为 0.1 μs～20 ms，有脉冲捕获功能。在过程输入信号的上升沿或下降沿可以产生快速响应硬件中断。

继电器输出的电压范围为 DC 5～30 V 或 AC 5～250 V，最大电流为 2 A，阻性负载为 DC 30 W 或 AC 200 W。DC/DC/DC 型 CPU 的 MOSFET 场效应管的 1 状态最小输出电压为 DC 20 V，0 状态最大输出电压为 DC 0.1 V，输出电流为 0.5 A，最大阻性负载为 5 W。脉冲输出最多 4 路，CPU 1217 支持最高 1 MHz 的脉冲输出，其他型本机支持最高 100 kHz 脉冲，通过信号板可输出 200 kHz 的脉冲。

(4) 有 2 点集成的模拟量输入(0～10 V)，10 位分辨率，输入电阻不小于 100 kΩ。

(5) 集成的 DC 24 V 电源可供传感器和编码器使用，也可作输入回路的电源。

(6) CPU 1215C 和 CPU 1217C 有两个带隔离的 PROFINET 以太网端口，其他 CPU 只有一个，传输速率为 10/100 Mb/s。

(7) 实时时钟的保存时间通常为 20 天，40℃时最少可达 12 天，最大误差为±60 s/月。

2. CPU 的技术规范

S7-1200 现有 5 种型号的 CPU 模块，此外还有故障安全型 CPU。CPU 可以扩展 1 块信号板、3 块通信模块。S7-1200 CPU 技术规范如表 4-1 所示。

表 4-1 S7-1200 CPU 技术规范

特　征		CPU 1211C	CPU 1212C	CPU 1214C	CPU 1215C	CPU 1217C
物理尺寸/(mm × mm × mm)		90 × 100 × 75		110 × 100 × 75	130 × 100 × 75	150 × 100 × 75
用户存储器	工作	50 KB	75 KB	100 KB	125 KB	150 KB
	负载	1 MB		4 MB		
	保持性	10 KB				
本地板载输入/输出	数字量	6 入/4 出	8 入/6 出	14 入/10 出		
	模拟量	2 路输入			2 点输入/2 点输出	
过程映像大小	输入(I)	1024 字节				
	输出(Q)	1024 字节				
位存储器(M)		4096 字节		8192 字节		
信号模块(SM)扩展		无	2	8		
信号板(SB)、电池板(BB)或通信板(CB)		1				

续表

特　　征		CPU 1211C	CPU 1212C	CPU 1214C	CPU 1215C	CPU 1217C
通信模块(CM)(左侧扩展)		3				
高速计数器	总计	最多可组态 6 个使用任意内置或 SB 输入的高速计数器				
	1 MHz	—				Ib.2 到 Ib.5
	100/80 kHz	Ia.0 到 Ia.5				
	30/20 kHz	—	Ia.6 到 Ia.7	Ia.6 到 Ib.5		Ia.6 到 Ib.1
	200 kHz					
脉冲输出	总计	最多可组态 4 个使用任意内置或 SB 输出的脉冲输出				
	1 MHz	—				Qa.0 到 Qa.3
	100 kHz	Qa.0 到 Qa.3				Qa.4 到 Qb.1
	20 kHz	—	Qa.4 到 Qa.5	Qa.4 到 Qb.①		—
存储卡		SIMATIC 存储卡(选件)				
实时时钟保持时间		通常为 20 天，40℃时最少为 12 天(免维护超级电容)				
PROFINET 以太网通信端口		1			2	
实数数学运算执行速度		2.3 μs/指令				
布尔运算执行速度		0.08 μs/指令				

CPU 模块有集成的输入/输出状态 LED 指示灯、3 个运行状态指示灯。每种 CPU 有 3 种不同电源电压和输入、输出电压的版本，如表 4-2 所示。

表 4-2　S7-1200 CPU 的 3 种版本

版本	电源电压	DI 输入电压	DO 输出电压	DQ 输出电流
DC/DC/DC	DC 24 V	DC 24 V	DC 24 V	0.5 A，MOSFET
DC/DC/Relay	DC 24 V	DC 24 V	DC 5～30 V，AC 5～250 V	2 A，DC 30 W/AC 200W
AC/DC/Relay	AC 85～264 V	DC 24 V	DC 5～30 V，AC 5～250 V	2 A，DC 30 W/AC 200W

3. CPU 的外部接线图

CPU 1214C AC/DC/RLY 型的外部接线图如图 4-10 所示。输入回路一般使用图中标有①的 CPU 内置的 DC 24 V 传感器电源，漏型输入时需要去除图中标有②的外接 DC 电源，将输入回路的 1M 端子与 DC 24 V 传感器电源的 M 端子连接起来，将内置的 DC 24 V 电源的 L+ 端子接到外部触点的公共端。源型输入时将 DC 24 V 传感器电源的 L+ 端子连接到 1M 端子，将内置的 DC 24 V 电源的 M 端子接到外部触点的公共端。

CPU 1214C DC/DC/RLY 型的接线图与图 4-10 所示的接线图的区别在于供电电压。CPU 1214C AC/DC/RLY 型供电电压为 AC 220 V，CPU 1214C DC/DC/RLY 型供电电压为 DC 24 V。CPU 1214C DC/DC/DC 型的外部接线图如图 4-11 所示，其电源电压、输入回路电压、输出回路电压均为 DC 24 V。输入回路可以使用外接 DC 24 V 电源，也可以使用内置的 DC 24 V 电源。

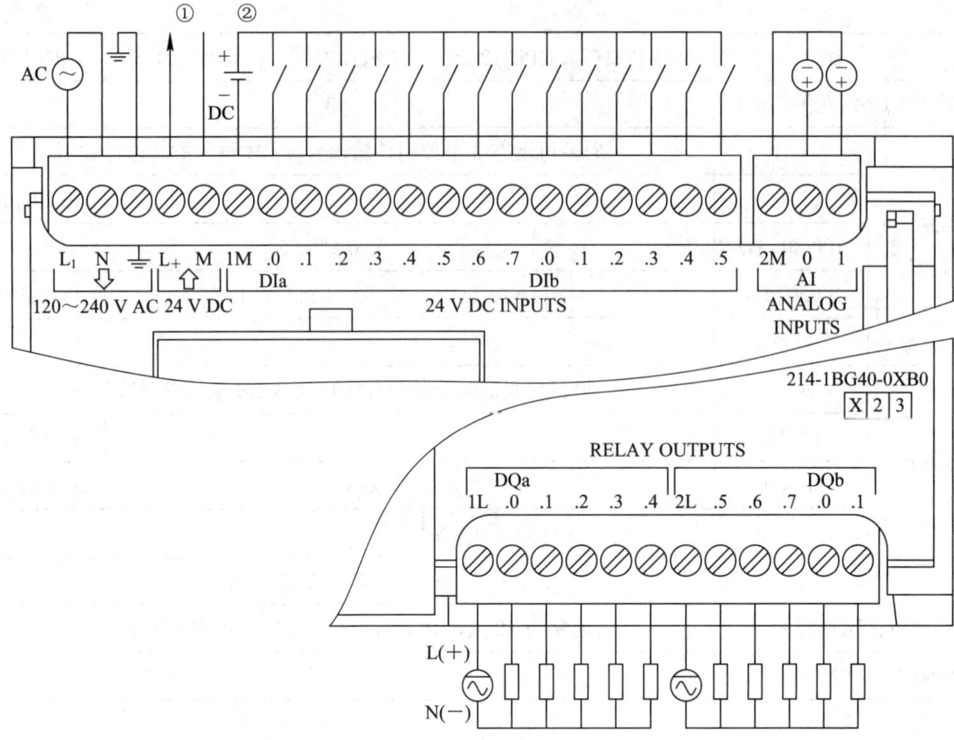

图 4-10　CPU 1214C AC/DC/RLY 型的外部接线图

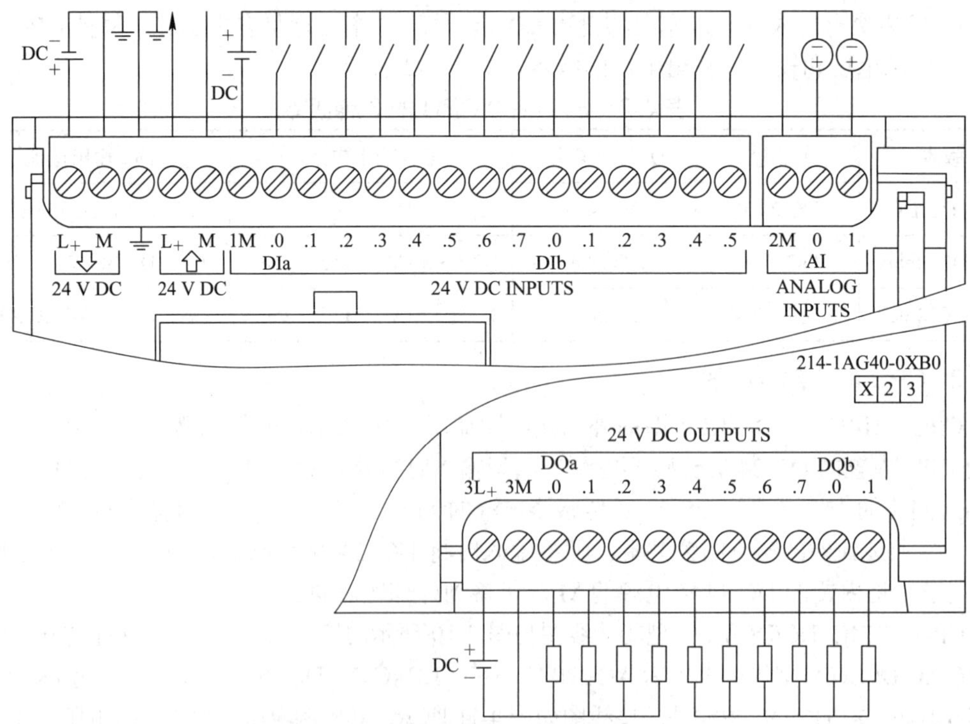

图 4-11　CPU 1214C DC/DC/DC 型的外部接线图

4. CPU 集成的工艺功能

S7-1200 集成的工艺功能包括高速计数、高速脉冲输出、运动控制和 PID 控制等。

1) 高速计数

最多可组态 6 个使用 CPU 内置或信号板输入的高速计数器，CPU 1217C 有 4 个最高频率为 1 MHz 的高速计数器。其他 CPU 可组态的最高频率为 100 kHz(单项)/80 kHz(互差 90° 的正交相位)或最高频率为 30 kHz(单项)/20 kHz(互差 90° 的正交相位)的高速计数器(与输入点地址有关)。如果使用信号板，最高计数频率为 200 kHz(单项)/160 kHz(互差 90° 的正交相位)。

2) 高速脉冲输出

各种型号的 CPU 最多有 4 个高速脉冲输出(包括信号板的 DQ 输出)。CPU 1217C 的高速脉冲输出最高频率为 1 MHz，其他 CPU 为 100 kHz，信号板为 200 kHz。

3) 运动控制

S7-1200 的高速输出可用于步进电机或伺服电机的速度和位置控制。通过一个轴工艺对象和 PLC open 运动控制指令，可以输出脉冲信号控制步进电机的速度、阀位置或加热元件的占空比。除了返回原点和点动功能以外，还支持绝对位置控制、相对位置控制和速度控制。轴工艺对象有专用的组态窗口、调试窗口和诊断窗口。

4) PID 控制

PID 控制功能用于对闭环过程进行控制，建议 PID 控制回路的个数不要超过 16 个。STEP 7 中的 PID 调试窗口提供用于参数调节的形象直观的曲线图，还支持 PID 参数自整定功能，可以自动计算 PID 参数的最佳调节值。

4.4.2　S7-1200 的信号板和信号模块

1. 信号板

每块 CPU 模块内可以安装一块信号板(Signal Board，SB)，安装后不会改变 CPU 模块的外形和体积。可以添加一个具有数字量或模拟量 I/O 端口的信号板，通过信号板可以给 CPU 增加 I/O 端口。信号板连接在 CPU 的前端，如图 4-12 所示。

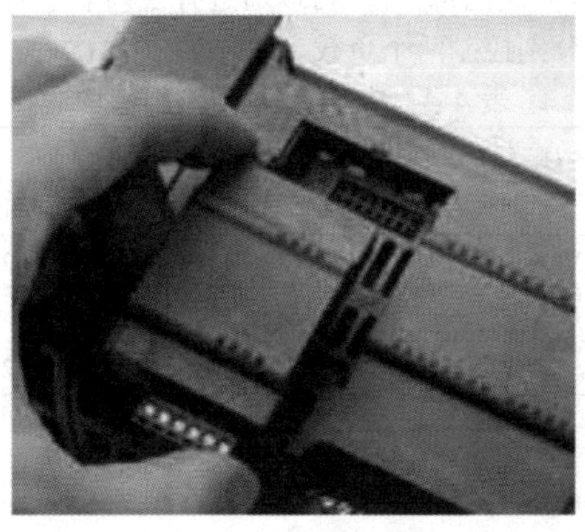

图 4-12　安装信号板

安装时首先去掉端子盖板，然后将信号板直接插入 S7-1200 CPU 正面的槽内。信号板有可拆卸的端子，因此可以很容易地更换信号板。信号板的类别和特点如表 4-3 所示。

表 4-3 信号板的类别和特点

类　别	特　点
SB 1221 数字量输出信号板	4 个输入最高计数频率为 200 kHz；额定电压为 DC 24 V 和 DC 5 V
SB 1222 数字量输入信号板	4 个固态 MOSFET 输出的最高计数频率为 200 kHz
SB 1223 数字量输入输出信号板	2 个输入和 2 个输出的最高计数频率为 200 kHz
SB 1231 热电偶和 RTD 信号板	可选择多种量程的传感器，分辨率为 0.1℃，15 位+符号位
SB 1231 模拟量输入信号板	一路 12 位的输入，可测量电压和电流
SB 1232 模拟量输出信号板	一路输出，可输出分辨率为 12 位的电压和 11 位的电流
CB 1241 RS485 信号板	一个 RS-485 接口

还可以扩展通信板(CB)，为 CPU 增加其他通信端口；也可以扩展电池板(BB)，以提供长期的实时时钟备份。

2. 信号模块

信号模块(SM)是数字量输入模块、数字量输出模块、模拟量输入模块、模拟量输出模块的简称。数字量输入模块、数字量输出模块可简称为 DI/DQ 模块，模拟量输入模块、模拟量输出模块可简称为 AI/AQ 模块。信号模块连接在 CPU 右侧，可以为 CPU 增加信号的点数，最多可扩展 8 个信号模块。信号模块是 CPU 联系外部现场设备的桥梁，输入模块用来采集与接收各种输入信号，如接收从按钮、开关、继电器等器件来的数字量输入以及接收各种变送器提供的电压、电流信号以及热电阻、热电偶等信号。输出模块用来控制现场的各种控制设备，如接触器、继电器、电磁阀等数字量控制以及调节阀、变频器等模拟量控制。CPU 模块内部工作电压一般是 DC 5 V。为防止外部的尖峰电压和干扰噪声损害 CPU 模块，在信号模块中，常用光电隔离或继电器等器件来隔离 PLC 内部电路与外部的输入、输出电路。

1) 数字量输入/输出模块

可选用 8 点、16 点和 32 点的输入/输出模块(如表 4-4 所示)来满足不同的控制要求。8 点继电器输出(双态)的 DQ 模块的每一点，可以通过有公共端子的一个常闭触点和一个常开触点，在输出 0 和 1 时，分别控制两个负载。

表 4-4 数字量输入/输出模块

型号	输入/输出	型号	输入/输出
SM 1221	8 输入 DC 24 V	SM 1222	8 继电器输出(双态)，2 A
SM 1221	16 输入 DC 24 V	SM 1223	8 输入 DC 24 V/8 继电器输出，2 A
SM 1222	8 继电器输出，2 A	SM 1223	16 输入 DC 24 V/16 继电器输出，2 A
SM 1222	16 继电器输出，2 A	SM 1223	8 输入 DC 24 V/8 输出 DC 24 V，0.5 A
SM 1222	8 输出 DC 24 V，0.5 A	SM 1223	16 输入 DC 24 V/16 输出 DC 24 V，0.5 A
SM 1222	16 输出 DC 24 V，0.5 A	SM 1223	8 输入 AC 220 V/8 继电器输出，2 A

所有的模块都能方便地安装在标准的 35 mm DIN 导轨上。所有的硬件都配备了可拆卸的端子板，不用重新接线，就能迅速地更换组件。

2) 模拟量输入/输出模块

在工业控制中，某些输入量(如压力、温度、流量、液位等)是模拟量，某些执行机构(如电动执行器和变频器等)要求 PLC 输出模拟量信号来进行控制，而 PLC 的 CPU 只能处理数字量信号。PLC 接收的模拟量信号常是传感器和变送器输出的电压或电流信号，如 4～20 mA、0～10 V，PLC 用模拟量输入模块的 A/D 转换将其转换为数字量。模拟量输出模块的 D/A 转换将数字量转换为模拟量的电压或电流信号，再去控制执行机构。模拟量输入/输出模块的主要任务就是实现 A/D、D/A 转换。

A/D、D/A 转换器的二进制位数反映了它们的分辨率，位数越多，分辨率就越高。模拟量输入/输出模块的另一个重要指标是转换时间。

(1) SM 1231 模拟量输入模块：有 4 路、8 路的 13 位模块和 4 路的 16 位模块。模拟量输入可选±10 V、±5 V 和 0～20 mA、4～20 mA 等多种量程。电压输入的输入电阻不小于 9 MΩ，电流输入的输入电阻为 280 Ω。双极性模拟量满量程转换后对应的数字为 −27 648～27 648，单极性模拟量满量程转换后对应的数字为 0～27 648。

(2) SM 1231 热电偶和热电阻模拟量输入模块：有 4 路、8 路的热电偶(TC)模块和 4 路、8 路的热电阻(RTD)模块。可选多种量程的传感器，分辨率为 0.1℃，15 位 + 符号位。

(3) SM 1232 模拟量输出模块：有 2 路、4 路的模拟量输出模块。±10 V 电压输出为 14 位，最小负载阻抗为 1 kΩ；0～20 mA 或 4～20 mA 电流输出为 13 位，最大负载阻抗为 600 Ω；−27 648～27 648 对应满量程电压，0～27 648 对应满量程电流。电压输出负载为电阻时转换时间为 300 μs，负载为 1 μF 电容时转换时间为 750 μs。电流输出负载为 1 mH 电感时转换时间为 600 μs，负载为 10 mH 电感时转换时间为 2 ms。

(4) SM 1234 4 路模拟量输入/2 路模拟量输出模块：SM1234 模块的模拟量输入和模拟量输出通道的性能指标分别与 SM 1231 AI4 × 13 bit 模块和 SM 1232 AQ2 × 14 bit 模块的相同，相当于两种模块的组合。

4.4.3　S7-1200 的通信模块

通信模块(CM)安装在 CPU 模块的左侧 S7-1200 CPU 最多可以连接 3 个通信模块。通信模块和通信处理器(CP)将增加 CPU 的通信选项，如 PROFIBUS 或 RS-232/RS-485 的连接性(适用于 PtP、Modbus 或 USS)或者 AS-i 主站。CP 可以提供其他通信类型的功能，如通过 GPRS、LTE、IEC、DNP3 或 WDC 网络连接到 CPU。

1. PROFIBUS 通信模块

PROFIBUS 总线是目前国际上通用的现场总线标准之一，S7-1200 CPU 固件版本 V2.0 以上或组态软件 STEP 7 版本 V11.0 以上都支持 PROFIBUS-DP 通信。通过使用 PROFIBUS-DP 主站模块 CM 1243-5，S7-1200 可以和其他 CPU、编程设备、人机界面以及 PROFIBUS-DP 从站设备(如 ET 200 和 SINAMICS 驱动设备)通信，CM 1243-5 通信模块可以作 S7-1200 通信的客户机或服务器，如图 4-13 和图 4-14 所示。

通过使用 PROFIBUS-DP 从站模块 CM 1243-5，S7-1200 可以作为一个智能 DP 从站设备与 PROFIBUS-DP 主站设备通信。

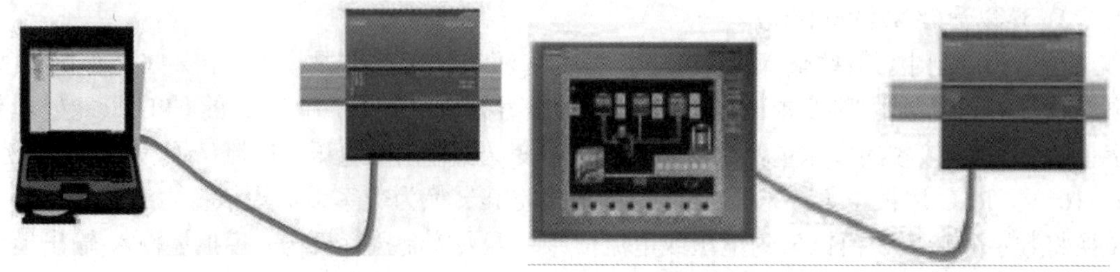

图 4-13 S7-1200 与计算机的通信　　图 4-14 S7-1200 与 HMI 的通信

2. 点对点(PtP)通信模块

通过点对点通信，S7-1200 可以直接发送信息到外部设备(如打印机)，可以从其他设备(如条形码阅读器、射频识别读写器和视觉系统)接收信息，可以与其他类型的设备(如 GPRS 装置和无线电调制解调器)交换信息。CM 1241 是点对点高速串口通信模块，可执行的协议有 ASCII 协议、USS 驱动协议、Modbus RTU 主站协议和从站协议，也可以装载其他协议。CM 1241 有 3 种通信模块，分别为 RS-232、RS-485 和 RS-422/485。通过 CM 1241 RS-485 通信模块或者 CB 1241 RS-485 通信板，S7-1200 可以作为 Modbus 主站或从站与支持 Modbus RTU 协议和 USS 协议的设备进行通信。

3. AS-i 通信模块

AS-i 是执行器传感器接口的缩写，它是用于现场自动化设备的双向数据通信网络，位于工厂自动化网络的最底层。AS-i 已被列入 IEC 62026 标准。AS-i 是单主站主从式网络，支持总线供电，即两根电缆同时作信号线和电源线。

S7-1200 的 AS-i 主站模块为 CB 1243-2，其主站协议版本为 V3.0，可配置 31 个标准开关量/模拟量从站或 62 个 A/B 类开关量/模拟量从站。

4. 远程控制通信模块

通过使用 GPRS 通信处理器 CP 1242-7，S7-1200 CPU 可以与下列设备进行无线通信：中央控制站、其他远程站、移动设备(GSM 短消息)、编程设备(远程服务)和使用开放式用户通信(UDP)的其他通信设备。通过 GPRS 可以实现简单的远程监控。

5. IO-Link 通信模块

IO-Link 是 IEC 61131-9 中定义的用于传感器/执行器领域的点对点通信接口，使用非屏蔽的三线制标准电缆。IO-Link 主站模块 SM 1278 用于连接 S7-1200 CPU 和 IO-Link 设备，它有 4 个 IO-Link 接口，同时具有信号模块功能和通信模块功能。

4.5 S7-1200 的软件

在使用传统软件设计控制系统时，编辑 PLC 程序需要一款软件，编辑 HMI 控制界面需要一款软件，配置现场设备(如变频器)还需要一款软件，而各部分却需要紧密联系才能构成一个控制系统。如果使用一款统一的软件完成上述所有的工作，将非常有益于整个系统的构建工作。博途软件就是这样一款软件，上述的所有 SIMATIC 产品都可以统一集成在这款软件中进行相应的配置、编程和调试。

4.5.1　博途软件的特点

博途软件有如下特点：

(1) 友好的界面。在博途软件的界面上，以项目树为核心，项目中所有文件通过树形逻辑结构合理整合在项目树中。单击项目树中的相应文件，可以在工作区打开该文件的编辑窗口，同时“巡视窗口”显示相应的属性信息。各个资源卡智能地根据编辑的文件选择当前所需的资源。每个窗口既可以固定位置，也可以游离到主窗口之外的任意位置，便于多屏编辑时使用。

(2) 更加方便的帮助系统。博途软件不仅编辑了大量的帮助信息，而且将这些信息进行了有效编排和索引。因此，在进行编辑时，如果需要查询某个按钮或属性值的帮助信息，只需将鼠标放在其上方，便会显示一个概括的帮助信息。如果单击这个帮助信息，会展开一个更详尽的帮助信息。如果再次单击帮助信息中的超链接，会进入帮助系统。这样的设计，使得程序的编辑可以高效进行。

(3) FB 块的调用和修改更加方便。当 FB 块的调用被建立或删除的时候，软件可以自行管理背景数据库的建立、删除和分配。当 FB 块被修改后，其对应的所有背景数据库也会自行更新。

(4) 变量的内置 ID 机制。在变量表中，每一个变量除了绝对地址和符号地址以外，还对应一个内置的 ID 号。因此，任意修改一个变量的绝对地址或符号地址，都不会影响程序中相关变量的访问。

(5) 与 OFFICE 软件实现互联互通。博途软件中的所有表格都可以与 Excel 软件中的表格实现复制粘贴。

(6) SCL、Graph 语言的使用更加灵活。无须任何附加软件，可直接添加这两种语言的程序块。

(7) 优化的程序块功能更加强大。对于优化的 OB 块，对中断 OB 内的临时变量进行了重新梳理，使用更加便利。对于优化的 DB 块，CPU 访问数据更加快速，而且可以在不改变原有数据的情况下向某 DB 块内添加新变量(下载而不初始化 DB 块的功能)。

(8) 更加丰富的指令系统。重新规划了全新的指令系统，在经典 STEP 7 下很多库中的功能整合在指令中。在全新的指令体系下，增添了 IEC 标准指令、工艺指令和可内部转换类型的指令(比如输入一个数字公式，可以直接得到计算结果，即使公式内变量类型不一致，也可以被隐式转换)。

(9) 更加丰富的调试工具。在优化原有的调试功能外，还增加了很多新功能，如跟踪功能，可以基于某个 OB 块的循环周期采样记录某个变量的变化状况。

(10) HMI、PLC 之间资源的高度共享。PLC 中的变量可以直接拖到 HMI 界面上，博途软件自动将该变量添加到 HMI 的变量词典中。

(11) 整合了 HMI 面板下的一些常用功能。如时间同步、在 HMI 上显示 CPU 诊断缓存等功能，不再需要烦琐的程序和设置来实现，可直接通过简单设置和相应控件完成。

(12) S7-1200 与 S7-1500 使用的软件是 STEP 7 V1x(TIA 博途软件)，从 11 版起，博途软件也可以对 S7-300/400 进行组态及编程等操作(限 2007 年 10 月 1 日前未退市的硬件)。

4.5.2 博途软件的基本使用

下述软件截图均来自博途 15 版，使用其他版本时可能略有不同。

1. 创建项目

在“启动”栏目中，单击“创建新项目”任务。输入项目名称并单击“创建”按钮，就完成了项目的创建，如图 4-15 所示。

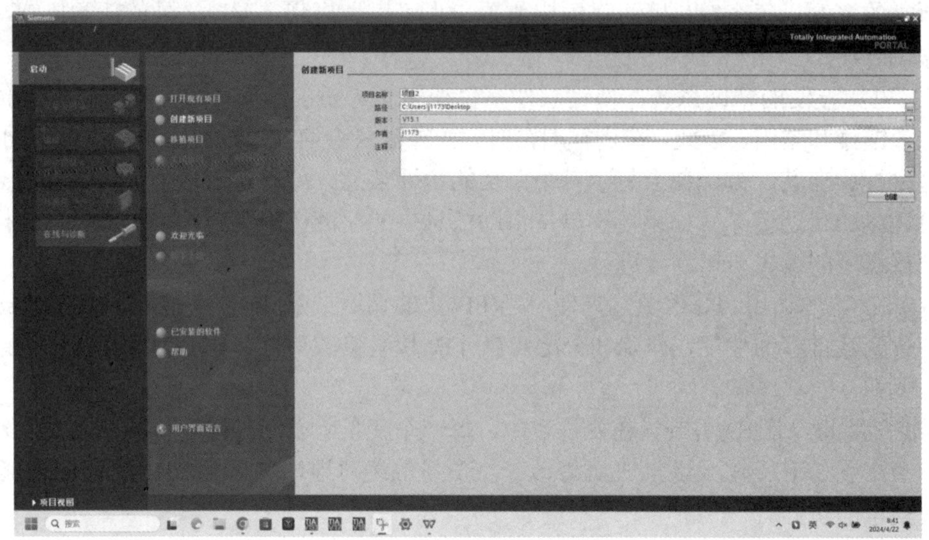

图 4-15 创建项目界面

创建项目后，要添加新建项目需要的设备。如图 4-16 所示，选择“设备与网络”，单击“添加新设备”，选择要添加到项目中的 CPU。首先在“添加新设备”对话框中，单击 SIMATIC PLC 图标；然后从列表中选择一个 CPU；最后单击“添加”按钮，将所选 CPU 添加到项目中。

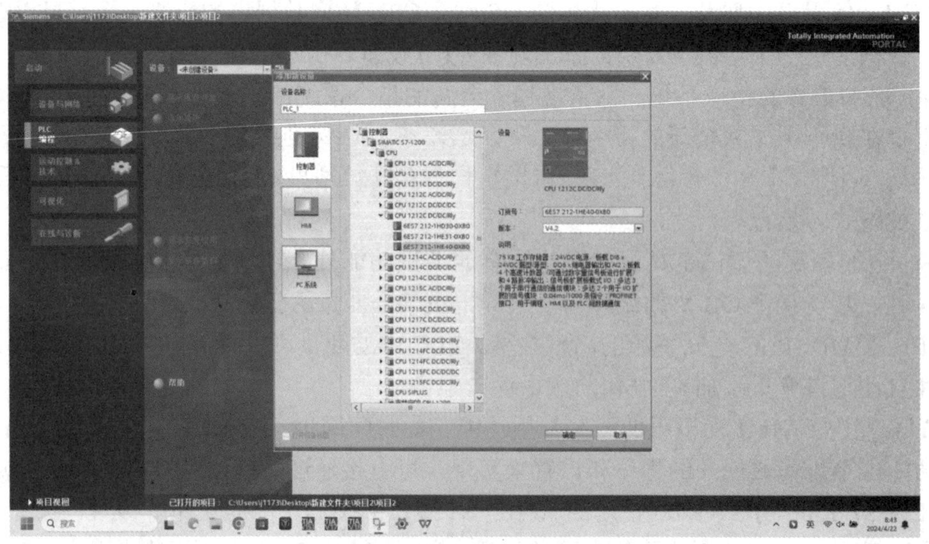

图 4-16 添加 CPU 界面

请注意，“打开设备视图”复选框已被选中。在该复选框被选中的情况下单击“添加”按钮将打开项目视图的“设备配置”。设备视图显示所添加的 CPU，如图 4-17 所示。

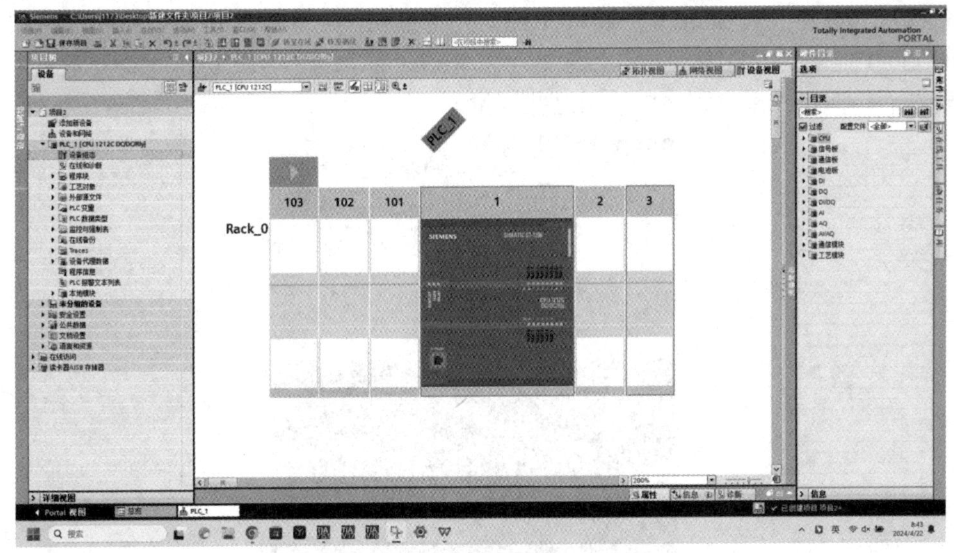

图 4-17　设备视图中的 CPU

2. 为 CPU 的输入/输出创建变量

“PLC 变量”是输入/输出和地址的符号名称。创建 PLC 变量后，STEP 7 会将变量存储在变量表中。项目中的所有编辑器(如程序编辑器、设备编辑器、可视化编辑器和监视表格编辑器)均可访问该变量表。若设备编辑器已打开，请打开变量表，可在编辑器栏中看到已打开的编辑器。

在工具栏中，单击“水平拆分编辑器空间”按钮，STEP 7 将同时显示变量表和设备编辑器，如图 4-18 所示。

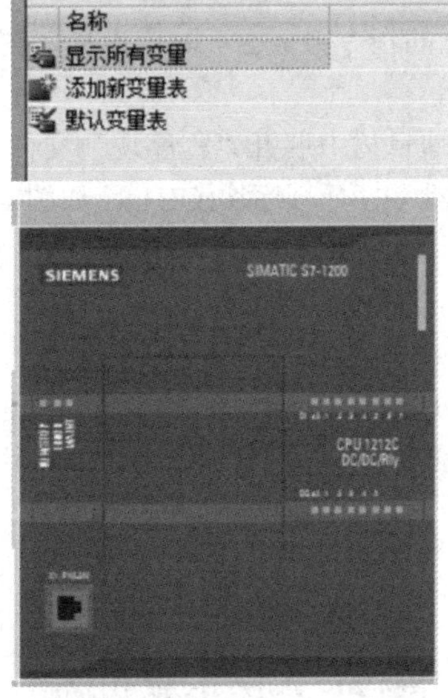

图 4-18　变量表和设备编辑器

将设备配置放大至 200%以上，以便能清楚地查看并选择 CPU 的输入/输出点。将输入和输出从 CPU 拖动到变量表的过程如下：① 选择 I0.0 并将其拖动到变量表的第一行；② 将变量名称从 I0.0 更改为 Start；③ 将 I0.1 拖动到变量表，并将名称更改为 Stop；④ 将 CPU 底部的 Q0.0 拖动到变量表，并将名称更改为 Running。如图 4-19 所示，将变量输入 PLC 变量表之后，即可在用户程序中使用这些变量。

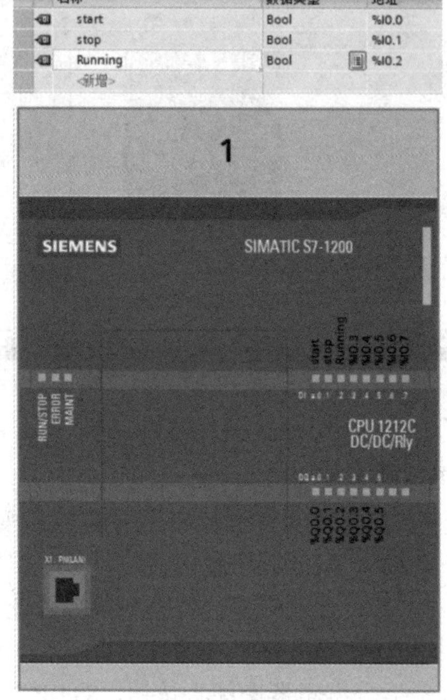

图 4-19　定义后的变量表和设备视图

3. 在用户程序中创建一个简单程序段

程序代码由 CPU 依次执行的指令组成。下面使用梯形图(LAD)创建程序代码。LAD 程序是一系列类似梯级的程序段。

打开程序编辑器：首先在项目树中展开“程序块”文件夹以显示 Main[OB1]块，然后双击 Main[OB1]块，程序编辑器将打开程序块(OB1)，如图 4-20 所示。

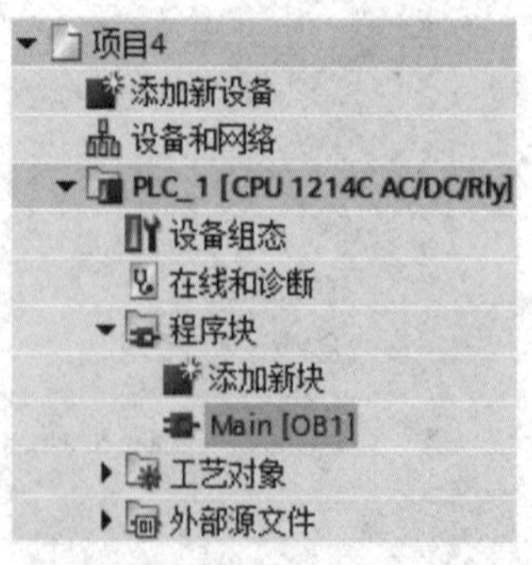

图 4-20　打开程序块(OB1)界面

使用"收藏夹"上的按钮将触点和线圈插入程序段中(见图 4-21 和图 4-22)：① 单击"收藏夹"上的"常开触点"按钮，向程序段添加一个触点；② 添加第二个常开触点；③ 单击"输出线圈"按钮插入一个线圈。

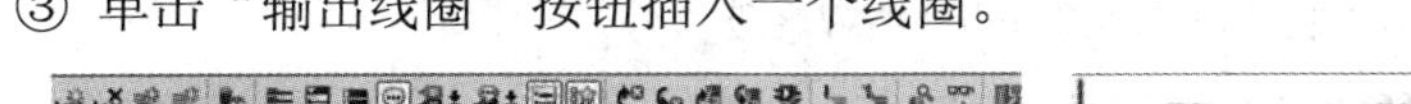

图 4-21　收藏夹中的指令

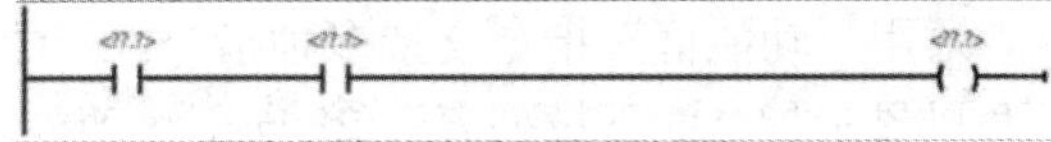

图 4-22　程序段编程 1

要保存项目，单击工具栏中的"保存项目"按钮。

4. 使用变量表中的 PLC 变量对指令进行寻址

使用变量表可以快速输入对应触点和线圈地址的 PLC 变量：① 双击第一个常开触点上方的默认地址；② 单击地址右侧的选择器图标，打开变量表中的变量；③ 从下拉列表中为第一个触点选择 Start；④ 对于第二个触点，重复上述步骤并选择变量 Stop；⑤ 对于线圈和锁存触点，选择变量 Running。单击选择器图标后显示的变量如图 4-23 所示，图 4-24 所示为定义变量后的程序段。

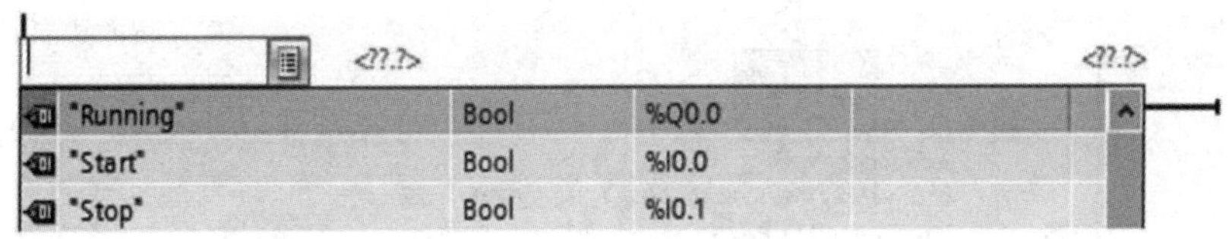

图 4-23　变量表中的变量

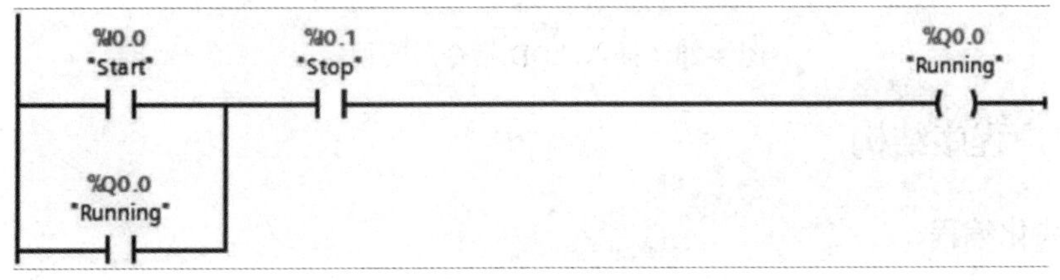

图 4-24　定义变量后的程序段

还可以直接从 CPU 中拖曳输入/输出地址。为此，只需拆分项目视图的工作区。需要注意的是，必须将 CPU 放大至 200%以上，才能选择输入/输出点。

可以将"设备组态"(Device configuration)中 CPU 上的输入/输出拖到程序编辑器的 LAD 指令上，这样不仅会创建指令的地址，还会在 PLC 变量表中创建相应条目。

5. 添加"功能框"指令

编辑器提供了一个通用"功能框"指令。插入此功能框指令之后，可从下拉列表中选择指令类型，如 ADD 指令。图 4-25 所示为"收藏夹"(Favorites)工具栏，单击通用"功能框"指令，显示的程序段如图 4-26 所示。

图 4-25　收藏夹中的指令

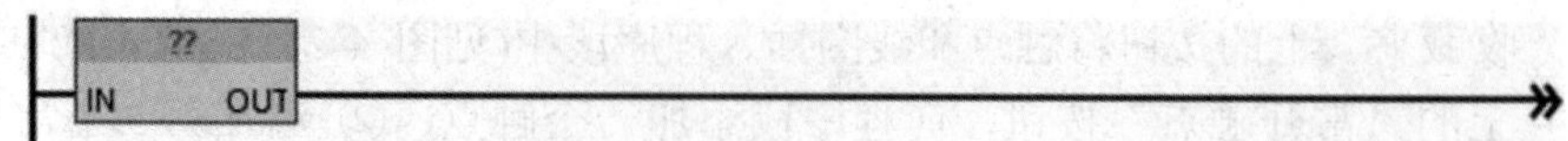

图 4-26　插入功能框指令的程序段

通用“功能框”指令支持多种指令。下面创建一个 ADD 指令：① 单击功能框指令黄色角以显示指令的下拉列表；② 向下滚动列表，并选择 ADD 指令；③ 单击“?”旁边的黄色角，为输入和输出选择数据类型。如图 4-27 所示，选择 ADD 指令。图 4-28 所示为插入 ADD 指令后的程序段。

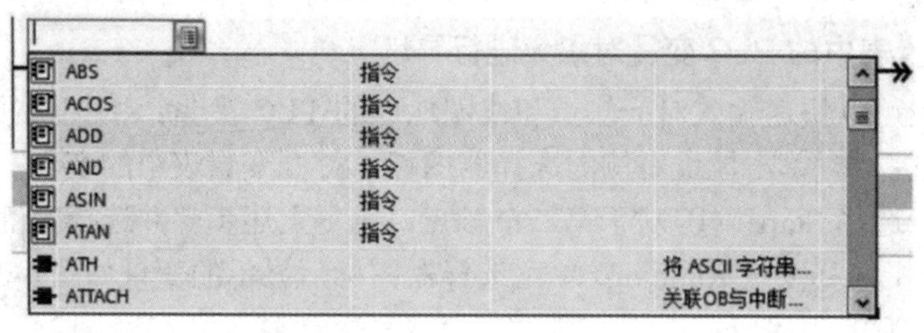

图 4-27　选择 ADD 指令

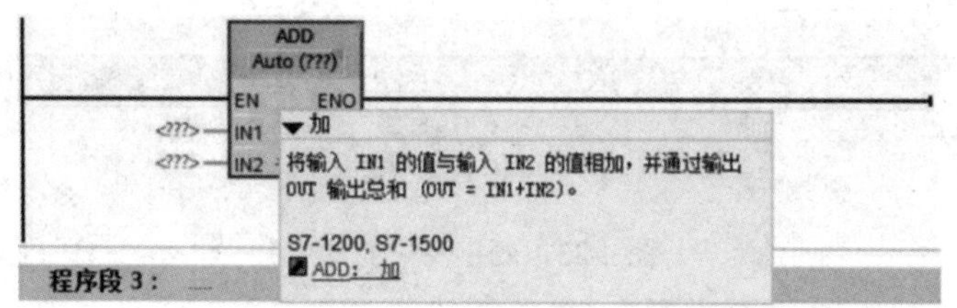

图 4-28　插入 ADD 指令后的程序段

4.5.3　用户程序结构

1. 模块化编程

模块化编程将复杂的自动化任务划分为对应于生产过程的技术功能较小的子任务，每个子任务对应于一个称为“块”的子程序，可以通过块与块之间的相互调用来组织程序。这样的程序易于修改、查错和调试。块结构显著地增加了 PLC 程序的组织透明性、可理解性和易维护性。各种块的简要说明见表 4-5，其中，OB、FB、FC 都包含程序，统称为代码(Code)块。

表 4-5　用户程序中的块的简要说明

块	简 要 描 述
组织块(Organization Block，OB)	操作系统与用户程序的接口，决定用户程序的结构
功能块(Function Block，FB)	用户编写的包含经常使用的功能的子程序，有专用的背景数据块
功能(Function，FC)	用户编写的包含经常使用的功能的子程序，没有专用的背景数据块
背景数据块(Data Block，DB)	用户保存 FB 的输入变量、输出变量和静态变量，其数据在编译时自动生成
全局数据块	存储用户数据的数据区域，供所有的代码共享

被调用的代码块又可以调用别的代码块，这种调用称为嵌套调用。CPU 模块的手册给出了允许嵌套调用的层数，即嵌套深度。代码块的个数没有限制，但是受到存储器容量的限制。在块调用中，调用者可以是各种代码块，被调用的块是 OB 之外的代码块。调用功能块时需要为它指定一个背景数据块。在图 4-29 中，OB1 调用 FB1，FB1 调用 FC1，应按下面的顺序创建块：FC1→FB1 以及背景数据块→OB1，即编程时被调用的块应该是已经存在的。

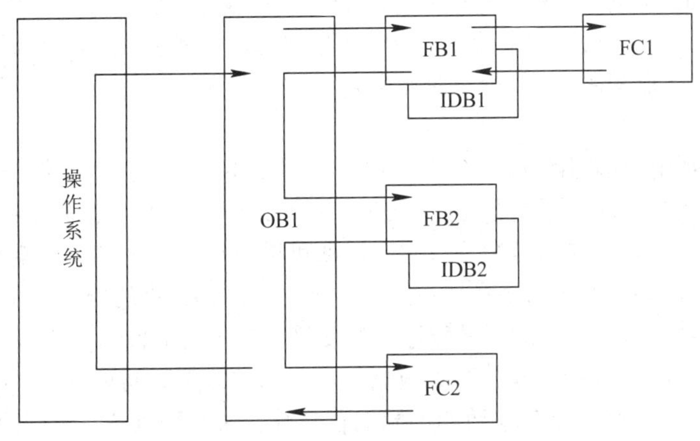

图 4-29　块调用的分层结构

2. 块的类型

1) 组织块

组织块(OB)是操作系统与用户程序的接口，由操作系统调用，用于控制扫描循环和中断程序的执行、PLC 的启动和错误处理等。组织块的程序由用户编写。每个组织块必须有唯一的 OB 编号，200 之前的某些编号是保留的，其他 OB 的编号应大于或等于 200。CPU 中特定的事件触发组织块的执行，OB 不能相互调用，也不能被 FC 和 FB 调用。只有启动事件(例如诊断中断事件或周期性中断事件)可以启动 OB 的执行。

(1) 程序循环组织块：OB1 是用户程序中的主程序，CPU 循环执行操作系统程序，在每一次循环中，操作系统程序调用一次 OB1。因此 OB1 中的程序也是循环执行的。允许有多个程序循环组织块，默认的是 OB1，其他程序循环组织块的编号应大于或等于 200。

(2) 启动组织块：当 CPU 的工作模式从 STOP 切换到 RUN 时，执行一次启动(Star)组织块，以初始化程序循环组织块中的某些变量。执行完启动组织块后，开始执行程序循环组织块。可以有多个启动组织块，默认的为 OB100，其他启动组织块的编号应大于或等于 200。

(3) 中断组织块：中断处理用来实现对特殊内部事件或外部事件的快速响应。如果没有中断事件出现，则 CPU 循环执行组织块 OB1。如果出现中断事件，例如硬件中断、循环中断和诊断错误中断等，因为 OB1 的中断优先级最低，所以操作系统在执行当前程序的当前指令(即断点处)后，立即响应中断。CPU 暂停正在执行的程序块，自动调用一个分配给该事件的组织块(即中断程序)来处理中断事件。执行完中断组织块后，返回被中断的程序的断点处执行原来的程序。这意味着部分用户程序不必在每次循环中处理，而是在需要时才被及时处理。处理中断事件的程序放在该事件驱动的 OB 中。

2) 功能

功能(FC)是用户编写的子程序，它包含完成特定任务的代码和参数。FC 或 FB 有与调用它的块共享的输入参数和输出参数。执行完 FC 或 FB 后，返回调用它的代码块。

FC 是快速执行的代码块，用于执行下列任务：

(1) 完成标准的和可重复使用的操作，例如算术运算。

(2) 完成技术功能，例如使用位逻辑运算的控制。

可以在程序的不同位置多次调用同一个 FC，这可以简化重复执行的任务的编程。FC 没有固定的存储区，FC 执行结束后，其临时变量中的数据就丢失了，可以用全局数据块或者 M 存储区来存储那些在 FC 执行结束后需要保存的数据。

3) 功能块

功能块(FB)是用户编写的子程序。调用 FB 时，需要指定或创建对应的背景数据块，指定的背景数据块是功能块专用的存储区。CPU 执行 FB 中的程序代码，将块的输入、输出参数和局部静态变量保存在背景数据块中，以便可以执行从一个扫描周期到下一个扫描周期的快速访问。FB 的典型应用是执行不能在一个扫描周期结束的操作。在调用 FB 时，打开了对应的背景数据块，对应的背景数据块的变量可以供其他代码块使用。

调用同一个 FB 时使用不同的背景数据块，可以控制不同的设备。例如用来控制水泵和阀门的 FB 使用包含特定操作参数的不同的背景数据块，可以控制不同的水泵和阀门。

S7-1200 的部分指令(例如 IEC 标准的定时器和计数器指令)实际上是 FB，在调用它们时需要指定配套的背景数据块。

4) 数据块

数据块(DB)是用于存放执行代码时所需数据的数据区，有两种类型的数据块：

(1) 全局(Global)数据块：存储供所有的代码块使用的数据，所有的 OB、FB 和 FC 都可以访问它们。

(2) 背景数据块：存储供特定的 FB 使用的数据。

4.5.4 数据类型与系统存储区

1. 物理存储区

PLC 的操作系统使 PLC 具有基本的智能，能够完成 PLC 设计者规定的各种工作。用户程序由用户设计，能够使 PLC 完成用户所要求的特定功能。

1) PLC 使用的物理存储器

(1) 随机存取存储器(RAM)：CPU 可以读取 RAM 中的数据，也可以将数据写入 RAM。RAM 是易失性的存储器，电源中断后，存储的信息将丢失。RAM 的工作速度快，价格便宜，改写方便。在关断 PLC 的外部电源后，可以用锂电池保存 RAM 中的用户程序和某些数据。

(2) 只读存储器(ROM)：ROM 中的内容只能读出，不能写入。ROM 是非易失的，电源关断后，它仍能保存存储的内容，ROM 一般用来存放 PLC 的操作系统。

(3) 快闪存储器(Flash EPROM)和可电擦除可编程只读存储器：快闪存储器简称 FEPROM，可电擦除可编程只读存储器简称 EEP-ROM，它们都是非易失性的，可以用编程装置将编程程序写入，兼有 ROM 的非易失性和 RAM 的随机存取的优点，但是将信息写入时所需的时间比 RAM 长得多。FEPROM 和 EEP-ROM 用来存放用户程序和断电时需要保存的重要数据。

2) 微存储卡

SIMATIC 微存储卡基于 FEPROM，用于在断电时保存用户程序和某些数据。微存储卡用来作装载存储器(Load Memory)或便携式媒体。

3) 装载存储器与工作存储器

(1) 装载存储器：装载存储器是非易失性的存储器，用于保存用户程序、数据和组态信息。所有的 CPU 都有内部的装载存储器，CPU 插入存储卡后，用存储卡作装载存储器。项目下载到 CPU 时，保存在装载存储器中。装载存储器具有断电保持功能。

(2) 工作存储器：工作存储器是集成在 CPU 中的高速存取的 RAM，为了提高运行速度，CPU 将用户程序中与程序执行有关的部分(例如组织块、功能块、功能和数据块)从装载存储器复制到工作存储器。装载存储器类似于计算机的硬盘，工作存储器类似于计算机的内存条。CPU 断电时，工作存储器中的内容将会丢失。

4) 断电保持存储器

断电保持存储器用来防止在电源关闭时丢失数据，暖启动后断电保持存储器中的数据保持不变，冷启动时断电保持存储器中的数据被清除。

CPU 提供了容量为 2048 B 的断电保持存储器，可以在断电时将工作存储器的某些数据(例如数据块或位存储器 M)的值永久保存在保持存储器中。断电时 CPU 有足够的时间来保存数量有限的指定存储单元的数据。

5) 存储卡

可选的 SIMATIC 存储卡用来存储用户程序，或用于传送程序。CPU 仅支持预先格式化的 SIMATIC 存储卡。打开 CPU 的顶盖后将存储卡插入插槽中。应将存储卡上的写保护开关滑动到离开“Lock”位置。

可以设置存储卡用作传送卡或程序卡：

(1) 用作传送卡可将项目复制到多个 CPU，而无须使用 STEP 7 Basic。传送卡将存储的项目从卡中复制到 CPU 的存储器，复制后必须取出传送卡。

(2) 用作程序卡可以替代 CPU 的存储器，所有 CPU 的功能都由程序卡进行控制。插入程序卡会擦除 CPU 内部装载存储器的所有内容(包括用户程序和被强制的 I/O)，然后 CPU 会执行程序卡中的用户程序。程序卡必须保留在 CPU 中。如果取出程序卡，CPU 将切换到 STOP 模式。

6) 查看存储器的使用情况

用鼠标右键点击项目树中的某个 PLC，执行出现的快捷菜单中的“资源”命令，可以查看当前项目的存储器的使用情况。

双击项目树中某个 PLC 文件夹内的“在线和诊断”，打开工作区左边窗口的“诊断”文件夹，选中“存储卡”，也可以查看 PLC 运行时存储卡的使用情况。

2．数据类型

数据类型用来描述数据的长度(即二进制的位数)和属性。很多指令和代码块的参数支持多种数据类型。将鼠标的光标放在某条指令未输入地址或常数的参数域上，过一会儿在出现的黄色背景的小方框中可以看到该参数支持的数据类型。

不同的任务需使用不同长度的数据类型，例如位指令使用位数据，传送指令使用字节、字和双字。字节、字和双字分别由 8 位、16 位和 32 位二进制数组成。表 4-6 给出了基本数据类型的属性。

表 4-6 基本数据类型的属性

变量类型	符号	位数	取值范围	常数举例
位	Bool	1	1.0	TRUE，FALSE 或 1，0
字节	Byte	8	16#00~16#FF	16#12.16#AB
字	Word	16	16#0000~16#FFFF	16#ΛBCD，16#0001
双字	Dword	32	16#00000000~16#FFFFFFFF	16#02468ACE
字符	Char	8	16#00~16#FF	A'，'，*@'
有符号字节	SInt	8	–128～127	123，–123
整数	Int	16	–32 768～32 767	123，–123
双整数	DInt	32	–2 147 483 648～2 147 483 647	123，–123
无符号字节	USInt	8	0～255	123
无符号整数	UInt	16	0～65 535	123
无符号双整数	UDInt	32	0～4294 967 295	123
浮点数(实数)	Real	32	0～4 294 967 295	123
双精度浮点数	L.Real	64	0～4 294 967 295	123
时间	Time	32	T#1d_2h-30m_45ms	24d20h31m23s647ms

数据类型的符号有下列特点：

(1) 字节、字和双字均为十六进制数，字符又称为 ASCII 码。

(2) Int 数据类型为有符号整数，UInt 数据类型为无符号整数。

(3) Int 的数据类型为 16 位整数，SInt 的数据类型为 8 位整数，DInt 的数据类型为 32 位双整数。

S7-1200 的新数据类型有下列优点：

(1) 使用短整数数据类型可以节约内存资源。

(2) 无符号数据类型可以扩大数的数值范围。

(3) 64 位双精度浮点数可用于高精度的数学函数运算。

位数据的数据类型为 Bool(布尔)型，在编程软件中，Bool 变量的值 1 和 0 用英语单词 TRUE(真)和 FALSE(假)来表示。位存储单元的地址由字节地址和位地址组成，例如 I3.2 中的区域标识符“I”表示输入(Input)，字节地址为 3，位地址为 2。这种存取方式称为“字节，位”寻址方式。

8 位二进制数组成 1 个字节(Byte，如图 4-30 所示)，例如 13.0～13.7 组成了输入字节 IB3(B 是 Byte 的缩写)。数据类型 Byte 为十六进制数，Char 为单个 ASCII 字符，SInt 为有符号字节，USInt 为无符号字节。

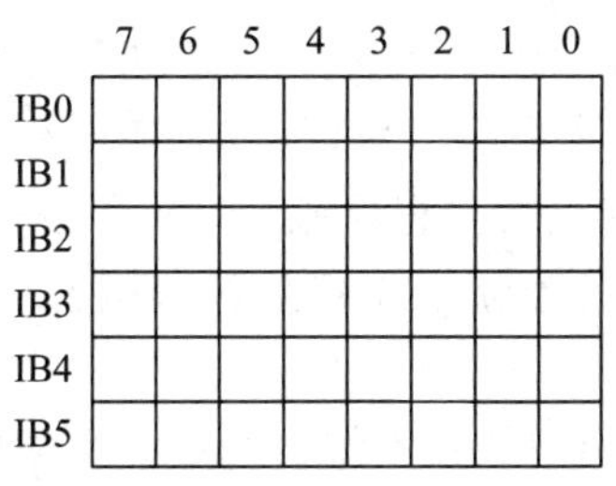

图 4-30　字节与位

相邻的两个字节组成一个字，例如字 MW100 由字节 MB100 和 MB101 组成(如图 4-31 所示)。MW100 中的 M 为区域标识符，W 表示字。需要注意以下两点：① 用组成字的编号最小的字节 MB100 的编号作为字 MW100 的编号；② 组成字 MW100 的编号最小的字节 MB100 作为 MW100 的高位字节，编号最大的字节 MB101 作为 MW100 的低位字节。双字也有类似的特点。

图 4-31　字节、字和双字

数据类型 Word 是十六进制的字，Int 为有符号的字(整数)，UInt 为无符号的字。整数和双整数的最高位为有符号位，最高位为 0 时表示正数，为 1 时表示负数。整数用补码来表示，正数的补码就是它本身，将一个二进制正整数的各位取反后加 1，得到绝对值与它相同的负数的补码。

两个字(或 4 个字节)组成一个双字，双字 MD100 由字节 MB100～MB103 或字 MW100、MW102 组成，如图 4-31(c)所示，D 表示双字，100 为组成双字 MD100 的起始字节 MB100 的编号。MB100 是 MD100 中的最高字节。数据类型 DWord 为十六进制的双字，DInt 为有符号双字(双整数)，UDInt 为无符号双字。

32 位浮点数又称为实数(Real)，浮点数的结构如图 4-32 所示，最高位(第 31 位)为浮点数的符号位，正数时为 0，负数时为 1。规定尾数的整数部分总为 1，第 0～22 位为尾数的小数部分。8 位指数加上偏移量 127 后(1～255)，占第 23～30 位。

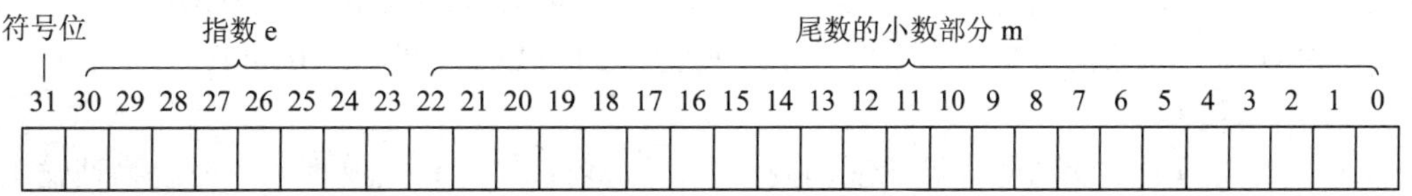

图 4-32　浮点数的结构

浮点数的优点是用很小的存储空间(4 B)可以表示非常大和非常小的数。PLC 输入和输出的数值大多是整数，例如模拟量输入值和模拟量输出值，用浮点数来处理这些数据需要进行整数和浮点数之间的互相转换，浮点数的运算速度比整数的运算速度要慢。在编程软件中，用十进制小数来输入或显示浮点数，例如 50 是整数，而 50.0 是浮点数。

LReal 为 64 位的双精度浮点数，它只能在设置了仅使用符号寻址的块中使用。LReal 的最高位(第 63 位)为浮点数的符号位，11 位指数占第 52～62 位。尾数的整数部分总为 1，第 0～51 位为尾数的小数部分。

数组(ARRAY)由相同数据类型的元素组合而成，下章中将介绍在数据块中生成数组的方法。

字符串(Sting)是由字符组成的一维数组，每个字节存放 1 个字符。第 1 个字符是字符串的最大字符长度，第 2 个字符是字符串当前有效字符的个数，字符从第 3 个字符开始存放，一个字符串最多有 254 个字符。用单引号表示字符串常数，例如′ABC′是有 3 个字符的字符串常数。

3. 系统存储器

1) 过程映像输入/输出

过程映像输入在用户程序中的标识符为 I，它是 PLC 接收外部输入的数字量信号的窗口。输入端可以外接常开触点或常闭触点，也可以接多个触点组成的串并联电路。

在每次扫描循环开始时，CPU 读取数字量输入模块的外部输入电路的状态，并将它们存在过程映像输入区。表 4-7 所示为系统存储区的简要说明。

表 4-7 系统存储区

存储区	描　述	强制	保持
过程映像输入(D)	在扫描循环开始时，从物理输入复制的输入值	Yes	No
物理输入(I: _P)	通过该区域立即读取物理输入	No	No
过程映像输出(Q)	在扫描循环开始时，将输出值写入物理输出	Yes	No
物理输出(Q: _P)	通过该区域立即写物理输出	No	No
位存储器(M)	用于存储用户程序的中间运算结果或标志位	No	Yes
临时局部存储器(L)	块的临时局部数据，只能供块内部使用	No	No
数据块	数据存储器与 FB 的参数存储器	No	Yes

过程映像输出在用户程序中的标识符为 Q，每次扫描周期开始时，CPU 将过程映像输出的数据传送给输出模块，再由后者驱动负载。

用户程序访问 PLC 的输入和输出地址区时，不是去读、写数字量模块中信号的状态，而是访问 CPU 的过程映像区。在扫描循环中，用户程序计算输出值，并将它们存入过程映像输出区。在下一循环开始时，将过程映像输出区的内容写到数字量输出模块。

I 和 Q 均可以按位、字节、字和双字来访问，例如 I.0、IB0、IW0 和 IDO。

2) 物理输入

在 I/O 点的地址或符号地址的后面附加“:P”，可以立即访问物理输入或者物理输出。通过给输入点的地址附加“:P”，例如 I.3:P 或 Stop:P，可以立即访问(或强制访问)CPU、信号板和信号模块的数字量输入和模拟量输入。访问时使用 IP 取代 I 的区别在于前者的数字直接来自被访问的输入点，而不是来自过程映像输入。因为数据从信号源被立即读取，而不是从最后一次被刷新的过程映像输入中复制，这种访问被称为“立即读”访问。

由于物理输入点从直接连接在该点的现场设备接收数据值，因此写物理输入点是被禁止的，即 I:P 访问是只读的。L:P 访问还受到硬件支持的输入长度的限制。以被组态为从 I4.0 开始的 2DI/2DQ 信号板的输入点为例，可以访问 I4.0:P、I4.1:P 或 IB4:P，但是不能访问 I4.2:P～I4.7:P，因为没有使用这些输入点；也不能访问 IW4:P 和 ID4:P，因为它们超过了信号板使用的字节范围。用 L:P 访问物理输入不会影响存储在过程映像输入区中的对应值。

3) 物理输出

在输出点的地址后面附加“:P”(例如 Q0.3:P)，可以强制访问硬件的数字量输出和模拟量输出。访问时使用 Q:P 取代 Q 的区别在于前者的数字直接写给被访问的物理输出点，同时写给过程映像输出。这种访问被称为“立即写”，因为数据被立即写给目标点，不用等到下一次刷新时将过程映像输出中的数据传送给目标点。

由于物理输入点直接控制与该点连接的现场设备，因此读物理输出点是被禁止的，即 Q:P 访问是只写的。与此相反，可以读写 Q 区的数据。Q:P 访问还受到硬件支持的输出长度的限制。以被组态为从 Q4.0 开始的 2D1/2DO 信号板的输出点为例，可以访问 Q4.0:P、Q4.1:P 或 QB4:P，但是不能访问 Q4.2:P～Q4.7:P，因为没有使用这些输出点；也不能访问 QW4:P 和 QD4:P，因为它们超过了信号板使用的字节访问。用 Q:P 访问物理输出同时影响物理输出点和存储在过程映像输出区中的对应值。

4) 位存储器区

位存储器区(M 存储器)用来存储运算的中间操作状态或其他控制信息，可以用位、字节、字或双字读/写位存储器区。

5) 数据块

数据块(DB)用来存储代码块使用的各种类型的数据，包括中间操作状态、其他控制信息以及某些指令(例如定时器、计数器指令)需要的数据结构。可以设置数据块有写保护功能。

数据块关闭后或有关的代码块的执行开始或结束后，数据块中的数据不会丢失。有两种类型的数据块：

(1) 全局数据块：存储的数据可以被所有的代码块访问，如图 4-33 所示。

(2) 背景(Instance)数据块：存储的数据供指定的功能块(FB)使用，其结构取决于 FB 的界面(Interface)区的参数。

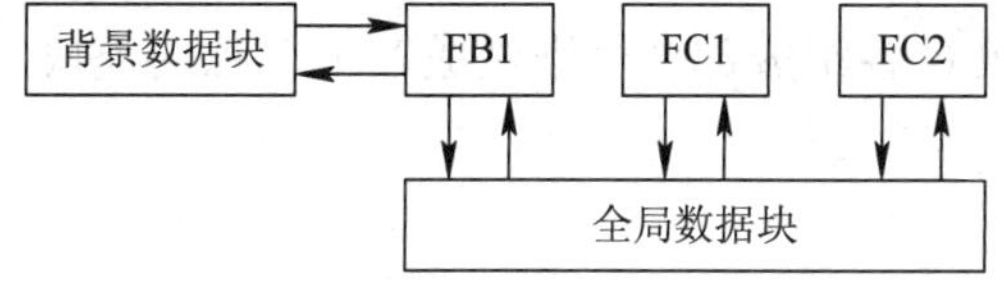

图 4-33 全局数据块与背景数据块

6) 临时局部存储器

临时局部存储器用于存储代码块被处理时使用的临时数据。

PLC 为 3 个 OB 的优先级组分别提供临时存储器：

(1) 启动和程序循环；

(2) 标准的中断事件；

(3) 时间错误中断事件。

临时局部存储器类似于 M 存储器，二者的主要区别在于 M 存储器是全局的，而临时存储器是局部的。

(1) 所有的 OB、FC 和 FB 都可以访问 M 存储器中的数据，即这些数据可以供用户程序中所有的代码块全局性地使用。

(2) 在 OB、FC 和 FB 的界面区生成临时变量(Temp)。它们具有局部性，只能在生成它们的代码块内使用，不能与其他代码块共享。即使 OB 调用 FC，FC 也不能访问调用 OB 的临时存储器。

CPU 按照按需访问的策略分配临时局部存储器。CPU 在代码块被启动(对于 OB)或被调用(对于 FC 和 FB)时，将临时局部存储器分配给代码块。

代码块执行结束后，CPU 将它使用的临时存储器区重新分配给其他要执行的代码块使用。CPU 不对再分配时可能包含数值的临时存储单元初始化，只能通过符号地址访问临时存储器。

习 题 4

一、填空题

1．PLC 主要由__________、输入模块、输出模块和编程器组成。

2．PLC 根据硬件结构的不同，可分为__________、模块式和叠装式。

3．I/O 模块的外部接线方式有汇点式、分组式和__________三种。

4．输出模块的功率放大电路有__________输出电路、晶体管输出电路和双向可控硅输出电路。

二、判断题

1．CPU 模块的工作电压一般是 5 V，而 PLC 的输入输出信号电压一般较高，如直流 24 V 和交流 220 V。 ( )

2．I/O 模块除了传递信号外，还有电平转换和噪声隔离的作用。 ( )

3．叠装式 PLC 将电源、CPU、I/O 接口等部件都集中装在一个机箱内，具有结构紧凑、体积小、价格低等特点。 ( )

4．叠装式 PLC 将 PLC 各组成部分分别做成若干单独的模块，如 CPU 模块、I/O 模块以及各种功能模块。 ( )

三、选择题

1．下列说法错误的是( )。

A．梯形图中各编程元件的常开触点和常闭触点均可以无限多次地使用

B．梯形图中的线圈和其他输出类指令应放在最左边

C．分析时假想“能流”从左向右流动，且只能从左向右流动

2．下列对输出继电器的描述错误的是(　　)。

A．每一个输出继电器对应一个输出端子

B．输出继电器的状态由用户程序的执行来控制

C．在梯形图中可以多次使用某一输出继电器的常开触点和常闭触点

D．输出继电器的线圈在程序中必须存在，而且一般能出现多次

3．下列说法正确的是(　　)。

A．结构文本 ST 是由若干指令组成的程序

B．指令表 IL 是一种专用高级语言

C．梯形图 LD 与继电器控制电路图相似，直观、易掌握

四、综合题

1．可编程控制器的特点有哪些?

2．可编程控制器与传统的继电器控制系统相比有哪些优点?

3．PLC 的扫描工作过程由哪五个阶段组成？

4．某 PLC 控制系统，经估算需要数字量输入点 20 个，数字量输出点 10 个，模拟量输入通道 5 个，模拟量输出通道 3 个。请选择 S7-1200 PLC 的机型及其扩展模块，要求按空间分布位置对主机及各模块的输入、输出点进行编址，并对主机内部电源的负载能力进行校验。

第 5 章　S7-1200 的指令系统

知识目标

1. 掌握 S7-1200 基本指令系统。
2. 掌握 S7-1200 扩展指令系统。

技能目标

1. 会用 S7-1200 基本指令解决问题。
2. 会用 S7-1200 扩展指令解决问题。

S7-1200 PLC 的指令从功能上大致可以分为三大类：基本指令、扩展指令和全局库指令。全局库指令本书不做介绍。

5.1 基 本 指 令

S7-1200 基本指令包括位逻辑指令、定时器指令、计数器指令、比较指令、数学指令、移动指令、转换类指令、程序控制指令、字逻辑运算指令以及移位和循环移位指令等。

5.1.1 位逻辑指令

位逻辑指令使用 1 和 0 两个数字，将 1 和 0 两个数字称为二进制数字或位。在触点和线圈中，1 表示通电状态，0 表示断电状态。位逻辑指令是 PLC 中最基本的指令，常用的位逻辑指令如表 5-1 所示。

表 5-1　常用的位逻辑指令

指　令	描　述	指　令	描　述
─┤ ├─	常开触点	RS	复位/置位触发器
─┤/├─	常闭触点	SR	置位/复位触发器
─┤NOT├─	取反 RLO	─┤P├─	扫描操作数的信号上升沿
─( )─	线圈	─┤N├─	扫描操作数的信号下降沿

续表

指　　令	描　　述	指　　令	描　　述
—(/)—	取反线圈	—(P)—	在信号上升沿置位操作数
—(S)—	置位输出	—(N)—	在信号下降沿置位操作数
—(R)—	复位输出	P_TRIG	扫描 RLO 的信号上升沿
—(SET_BF)—┤	置位位域	N_TRIG	扫描 RLO 的信号下降沿
—(RESET_BF)—┤	复位位域	R_TRIG	检测信号上升沿
		F_TRIG	检测信号下降沿

1．基本逻辑指令

常开触点对应的存储器地址位为 1 状态时，该触点闭合。常闭触点对应的存储器地址位为 0 状态时，该触点闭合。触点符号中间的“/”表示常闭，触点指令中变量的数据类型为 Bool 型。输出指令与线圈相对应，驱动线圈的触点电路接通时，线圈流过“能流”指定位对应的映像寄存器为 1，反之则为 0。输出线圈指令可以放在梯形图的任意位置，变量为 Bool 型。基本逻辑指令的应用如图 5-1 所示，其中 I0.0 和 I0.1 是“与”的关系，当 I0.0 = 1，I0.1 = 0 时，输出 Q4.0 = 1；当 I0.0 = 1 和 I0.1 = 0 的条件不同时满足时，Q4.0 = 0。

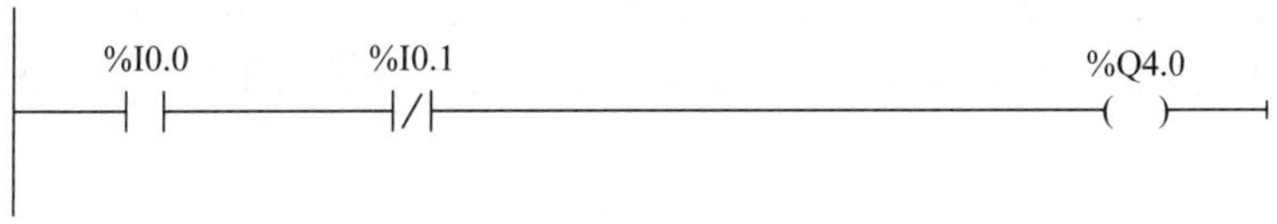

图 5-1　基本逻辑指令

取反指令的应用如图 5-2 所示，其中 I0.0 和 I0.1 是“或”的关系，当 I0.0 = 0 时，取反指令后的 Q4.0 = 1。

图 5-2　取反指令

2．置位/复位指令

置位指令(即 S 指令)用于将指定的地址位置位(变为 1 状态并保持)，复位指令(即 R 指令)用于将指定的地址位复位(变为 0 状态并保持)。如图 5-3 所示，当 I0.0 = 1，I0.1 = 0 时，Q4.0 被置位，此时即使 I0.0 和 I0.1 不再满足上述关系，Q4.0 仍然保持为 1，直到 Q4.0 对应的复位条件满足，即当 I0.2 = 1，I0.3 = 1 时，Q4.0 被复位为 0。

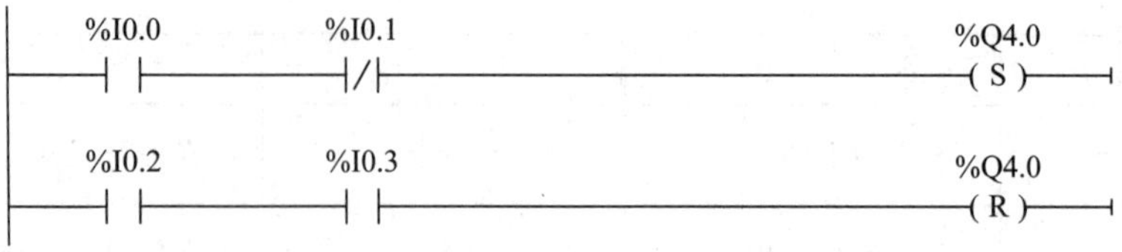

图 5-3　置位/复位指令

置位域指令 SET_BF 激活时，从地址 OUT 处开始的“n”位被分配数据值 1；SET_BF 不激活时，OUT 不变。复位域指令 RESET_BF 激活时，从地址 OUT 处开始的“n”位被分配数据值 0；RESET_BF 不激活时，OUT 不变。置位域和复位域指令必须在程序段的最右端。如图 5-4 所示，当 I0.0 = 1，I0.1 = 0 时，Q4.0 被置位，此时即使 I0.0 和 I0.1 不再满足上述关系，Q4.0 仍然保持为 1；当 I0.2 = 1，I0.3 = 1 时，Q4.0 被复位为 0。

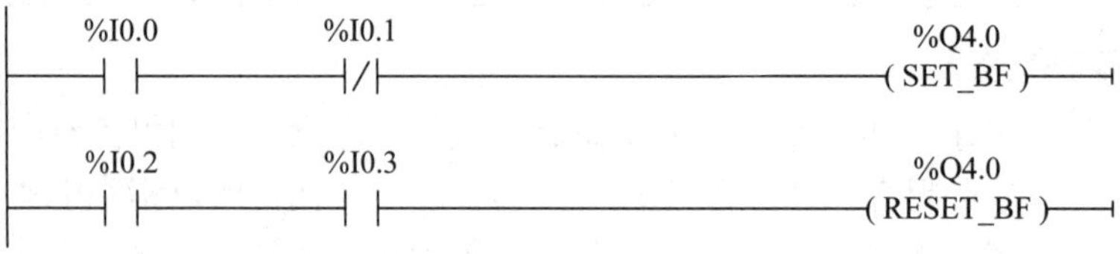

图 5-4　置位域/复位域指令

触发器的置位/复位指令如图 5-5 所示。可以看出触发器有置位输入和复位输入两个输入端，分别用于根据输入端为 1，对存储器置位或复位。当 I0.0 = 1 时，Q4.0 被复位，Q4.1 被置位；当 I0.1 = 1 时，Q4.0 被置位，Q4.1 被复位。若 I0.0 和 I0.1 同时为 1，则哪个输入端在下面哪个起作用，即触发器的置位/复位指令分为置位优先和复位优先两种。

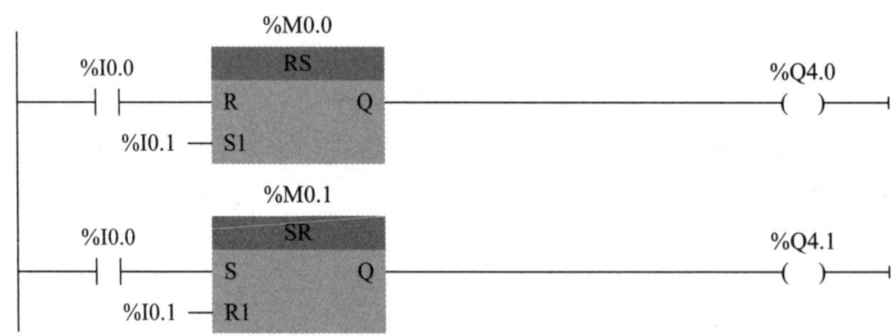

图 5-5　触发器的置位/复位指令

触发器指令上的 M0.0 和 M0.1 称为标志位，R、S 输入端首先对标志位进行复位和置位，然后再将标志位的状态送到输出端。如果用置位指令把输出置位，则当 CPU 全启动时输出被复位。在图 5-5 中，如果将 M0.0 声明为保持，则当 CPU 全启动时，它就一直保持置位状态，被启动复位的 Q4.0 会再次被赋值为“1”。

例 5-1　抢答器有 I0.0、I0.1 和 I0.2 三个输入，对应输出分别为 Q4.0、Q4.1 和 Q4.2，复位输入是 I0.4。要求：三人任意抢答，谁先按动瞬时按钮，谁的指示灯就先亮，并且只能亮一盏灯，进行下一问题时主持人按复位按钮，抢答重新开始。

编写抢答器程序如图 5-6 所示，要注意的是，SR 指令的标志位地址不能重复，否则会出错。

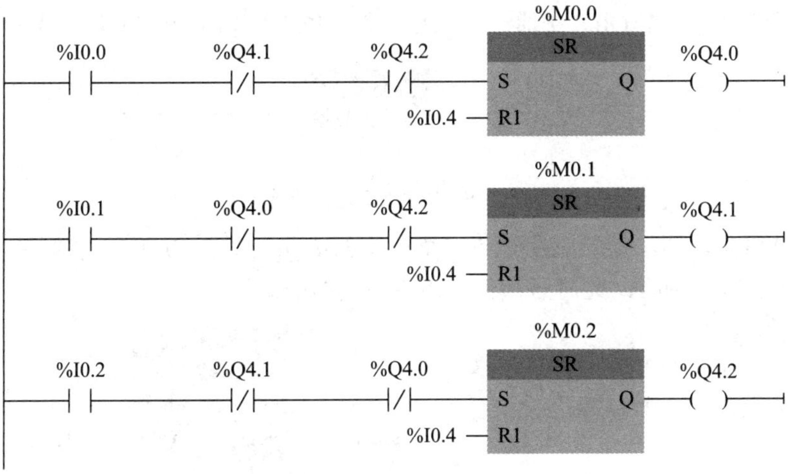

图 5-6　例 5-1 抢答器程序图

3．边沿指令

1) 触点边沿指令

触点边沿指令包括 P 触点和 N 触点指令，当触点地址位的值从“0”到“1”(上升沿或正边沿，Positive)或从“1”到“0”(下降沿或负边沿，Negative)变化时，该触点地址保持一个扫描周期的高电平，即对应常开触点接通一个扫描周期。触点边沿指令可以放置在程序段中除分支结尾外的任意位置。如图 5-7 所示，当 I0.0 和 I0.2 同时为 1，并且当 I0.1 有从 0 到 1 的上升沿时，Q0.0 接通一个扫描周期。

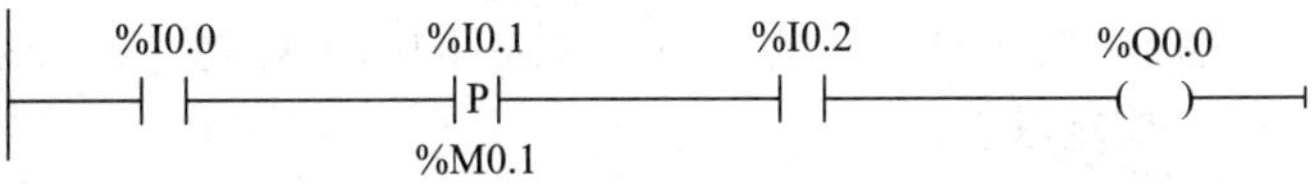

图 5-7　P 触点边沿指令

2) 线圈边沿指令

线圈边沿指令包括 P 线圈和 N 线圈指令，当进入线圈的“能流”中检测到上升沿或下降沿变化时，线圈对应的地址位接通一个扫描周期。线圈边沿指令可以放置在程序段中的任意位置。如图 5-8 所示，当线圈输入端的信号状态从“0”切换到“1”时，Q0.0 接通一个扫描周期。

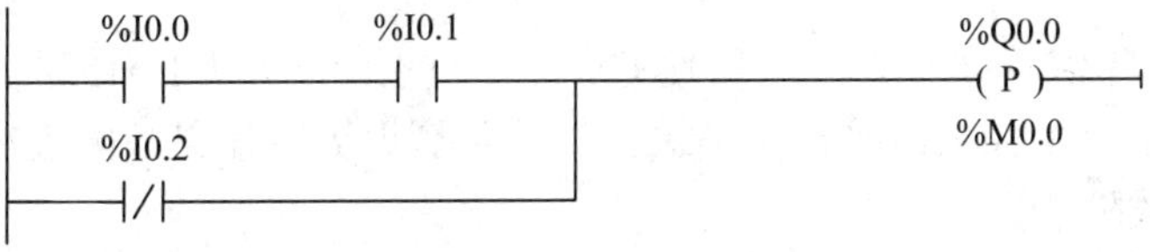

图 5-8　线圈边沿指令

3) TRIG 边沿指令

TRIG 边沿指令包括 P_TRIG 和 N_TRIG 指令，当在“CLK”输入端检测到上升沿或下降沿时，输出端接通一个扫描周期。在图 5-9 所示的 P_TRIG 例子中，当 I0.0 和 I0.1 相与的结果有一个上升沿时，Q0.0 接通一个扫描周期，I0.0 和 I0.1 相与的结果保存在 M0.0 中。

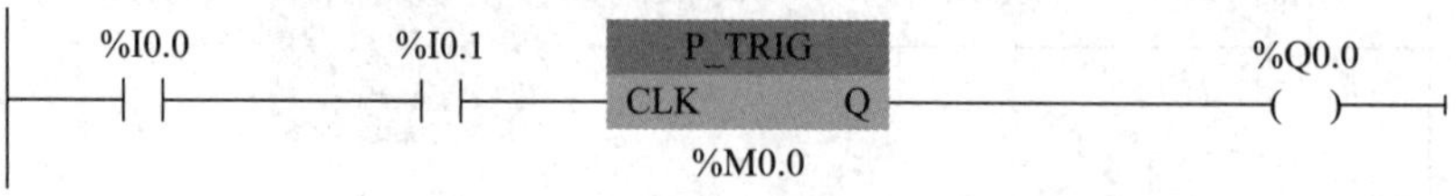

图 5-9　P_TRIG 边沿指令

由图 5-9 看出，边沿检测常用于只扫描一次的情况。图 5-10 所示的程序表示按一个瞬时按钮 I0.0，MW10 加 1，此时必须使用边沿检测指令。

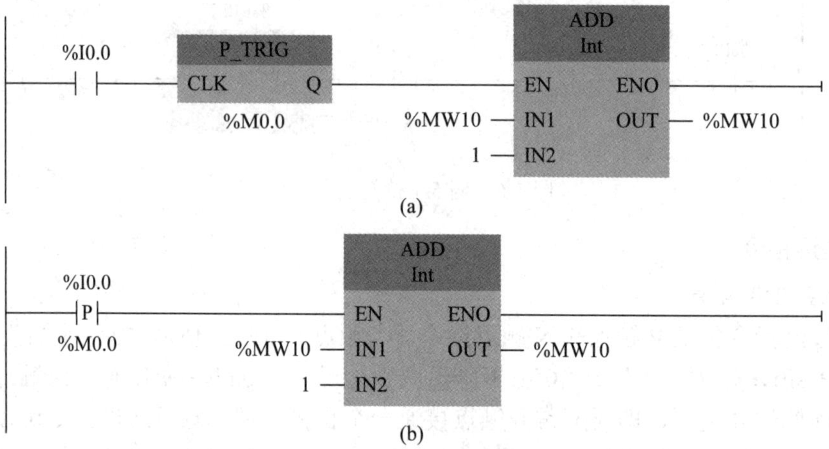

(a)

(b)

图 5-10　边沿检测指令例子

注意，图 5-10(a)和(b)中程序功能是一致的。

例 5-2　按动一次瞬时按钮 I0.0，输出 Q4.0 控制的指示灯亮，再按动一次按钮，输出 Q4.0 控制的指示灯灭，重复以上过程。

编写程序如图 5-11 所示。

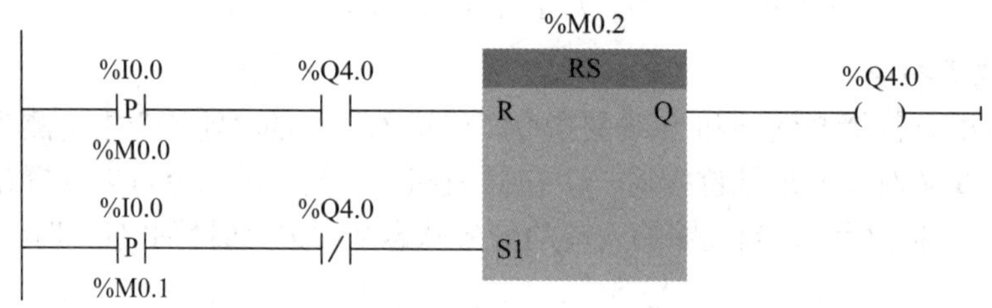

图 5-11　例 5-2 程序图

例 5-3　当故障信号 I0.0 为 1 时，使 Q4.0 控制的指示灯以 1 Hz 的频率闪烁。操作人员按复位按钮 I0.1 后，如果故障已经消失，则指示灯熄灭；如果故障没有消失，则指示灯转为常亮，直至故障消失。

编写程序如图 5-12 所示，其中 M1.5 为 CPU 时钟存储器 MB1 的第 5 位，其时钟频率为 1 Hz。

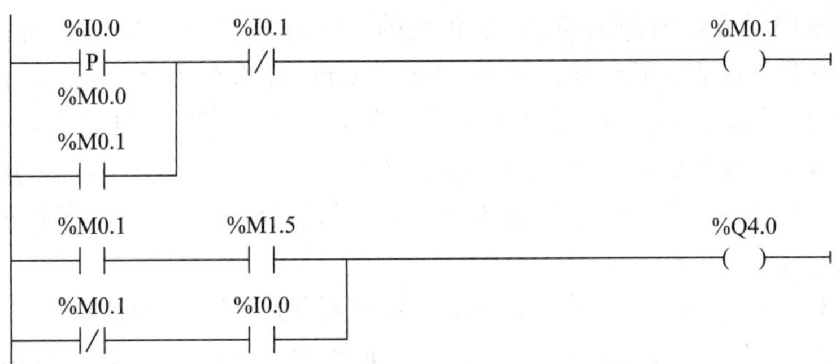

图 5-12　例 5-3 程序图

5.1.2　定时器指令

S7-1200 PLC 提供了 4 种类型的定时器，如表 5-2 所示。

表 5-2　S7-1200 PLC 的定时器

类　型	描　　述
脉冲定时器(TP)	脉冲定时器可生成具有预设宽度时间的脉冲
接通延时定时器(TON)	接通延时定时器可使输出 Q 在预设的延时过后设置为 ON
关断延时定时器(TOF)	关断延时定时器可使输出 Q 在预设的延时过后设置为 OFF
时间累加器(TONR)	时间累加器可使输出在预设的延时过后设置为 ON

使用 S7-1200 的定时器时需要注意的是，每个定时器都使用一个存储在数据块中的结构来保存定时器数据。在程序编辑器中放置定时器指令时即可分配该数据块，可以采用默认值，也可以手动设置。在功能块中放置定时器指令后，可以选择多重背景数据块选项，各数据结构的定时器结构名称可以不同。

1. 脉冲定时器指令

将指令列表中的“生成脉冲”指令 TP 拖放到梯形图中，在出现的“调用选项”对话框中，将默认的背景数据块的名称改为 T1，可以用它来作定时器的标示符。单击“确定”按钮，自动生成背景数据块。如图 5-13 所示，定时器的输入 IN 为启动输入端，PT 为预设时间值，ET 为定时开始后经过的当前时间值。PT 和 ET 的数据类型为 32 位的 Time，单位为 ms，最大定时时间为 24 天。Q 为定时器的位输出，各参数均可以使用 I(仅用于输入参数)、Q、M、D、L 存储区，PT 可以使用常量。定时器指令可以放在程序段的中间或结束处。

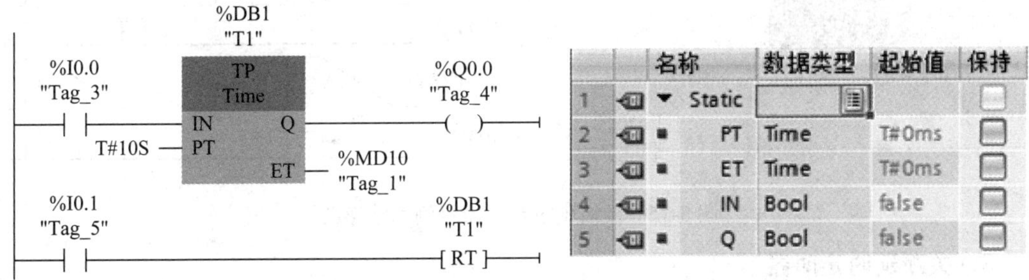

图 5-13　脉冲定时器示例

脉冲定时器用于将输出Q置位为PT预设的一段时间。在IN输入信号的上升沿启动该指令，Q输出变为1状态，开始输出脉冲，ET从0 ms开始不断增大，达到PT预设的时间时，Q输出变为0状态。如果IN输入信号为1状态，则当前时间值保持不变(如图5-14中的波形A)。如果IN输入信号为0状态，则当前时间变为0 s(如图5-14中的波形B)。IN输入的脉冲宽度可以小于预设值，在脉冲输出期间，即使IN输入出现下降沿和上升沿，也不会影响脉冲的输出。

I0.1为1时，定时器复位线圈RT通电，定时器T1被复位。如果正在定时，且IN输入信号为0状态，将使当前时间值ET清零，Q输出也变为0状态(如图5-14中的波形C)。如果此时正在定时，且IN输入信号为1状态，则使当前时间清零，但是Q输出保持为1状态(如图5-14中的波形D)。复位信号I0.1变为0状态时，如果IN输入信号为1状态，将重新开始定时(如图5-14中的波形E)。

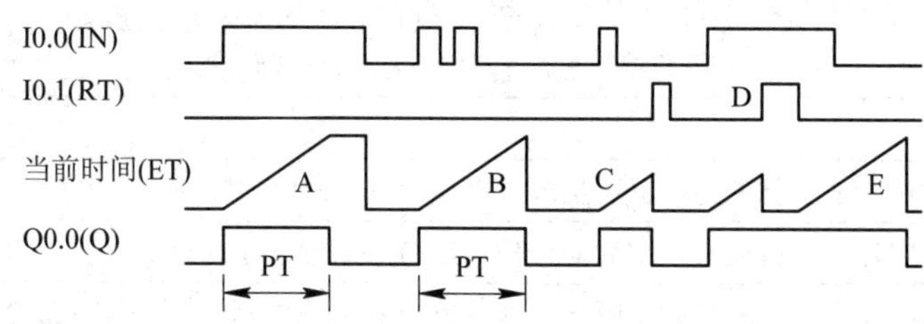

图5-14　脉冲定时器波形图

2．接通延时定时器指令

接通延时定时器(TON)用于将输出Q置位为延时参数PT指定的一段时间，在IN输入信号的上升沿开始定时。当ET大于等于PT指定的设定值时，输出Q变为1状态，ET保持不变(如图5-15中的波形A)。

IN输入电路断开时，定时器被复位，当前时间被清零，输出Q变为0状态。如果IN输入信号在未达到PT设定的时间时变为0状态(如图5-15中的波形B)，则输出Q保持0状态不变。

I0.3为1状态时，定时器复位线圈RT通电(如图5-15中的波形C)，定时器被复位，当前时间被清零，Q输出变为0状态。复位输入I0.3变为0状态时，如果IN输入信号为1状态，则将开始重新定时(如图5-15中的波形D)。

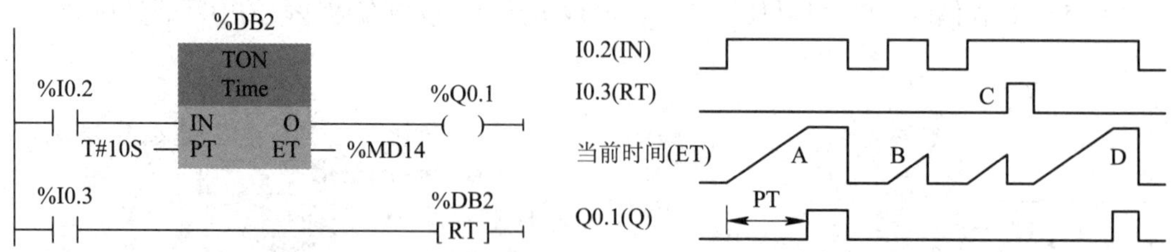

图5-15　接通延时定时器示例和波形图

3．关断延时定时器

关断延时定时器(TOF)用于将输出Q复位为延时参数PT指定的一段时间。IN输入电路接通时，输出 Q 为 1 状态，当前时间被清零。在 IN 的下降沿开始定时，ET 从 0 逐渐增大。ET 等于预设值时，输出 Q 变为 0 状态，当前时间保持不变，直到 IN 输入电路接通(如图 5-16 中的波形 A)。关断延时定时器可以用于设备停机后的延时。

如果 ET 未达到 PT 预设的值，IN 输入信号就变为 1 状态，ET 被清零，输出 Q 保持 1 状态不变(如图 5-16 中的波形 B)。复位线圈 RT 通电时，如果 IN 输入信号为 0 状态，则定时器被复位，当前时间被清零，输出 Q 变为 0 状态(如图 5-16 中的波形 C)。如果复位时 IN 输入信号为 1 状态，则复位信号不起作用(如图 5-16 中的波形 D)。

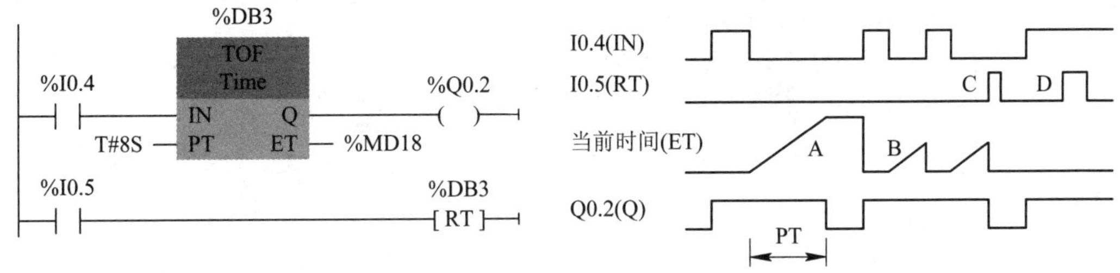

图 5-16　关断延时定时器示例与波形图

4．时间累加器指令

时间累加器(TONR)的 IN 输入电路接通时开始定时(如图 5-17 中的波形 A 和 B)。输入电路断开时，累计的当前时间值保持不变。可以用 TONR 来累计输入电路接通的若干时间段。图 5-17 中的累计时间 $t_1 + t_2$ 等于预设值 PT 时，Q 输出变为 1 状态(如图 5-17 中的波形 D)。

复位输入 R 为 1 状态时(如图 5-17 中的波形 C)，TONR 被复位，它的 ET 变为 0，输出 Q 变为 0 状态。“加载持续时间”线圈 PT 通电时，将 PT 线圈指定的时间预设值写入 TONR 定时器名为“T4”的背景数据块的静态变量 PT(“T4”.PT)中，将“T4”.PT 作为 TONR 的输入参数 PT 的实参。用 I0.7 复位 TONR 时，“T4”.PT 也被清零。

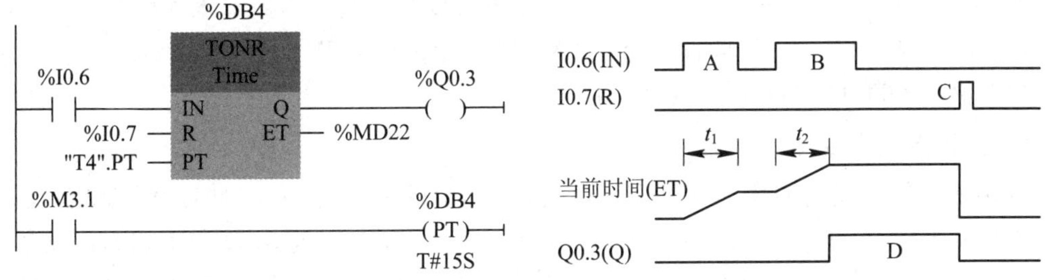

图 5-17　时间累加器示例与波形图

5．复位定时器指令

S7-1200 有专门的复位定时器指令 RT，如图 5-18 所示，“%DB2”为定时器的背景数据块，其功能为通过清除存储在指定定时器背景数据块中的时间数据来重置定时器。

图 5-18　复位定时器指令

例 5-4　用 3 种定时器设计卫生间冲水控制程序。

图 5-19 所示是卫生间冲水控制程序及其波形图。I0.7 是光电开关检测到的有使用者的信号，用 Q1.0 控制冲水电磁阀。

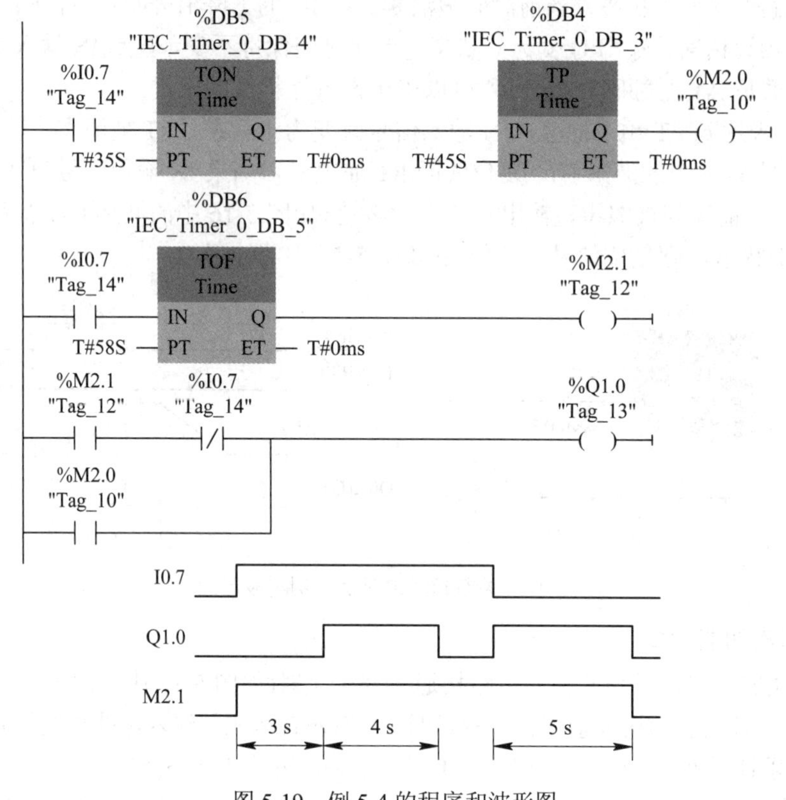

图 5-19 例 5-4 的程序和波形图

5.1.3 计数器指令

S7-1200 的计数器属于函数块，调用时需要生成背景数据块。单击指令助记符下面的问号，用下拉式列表选择某种整数数据类型。CU 和 CD 分别是加计数输入和减计数输入，在 CU 或 CD 信号的上升沿，当前计数器值 CV 被加 1 或减 1。PV 为预设计数器值，CV 为当前计数器值，R 为复位输入，Q 为复位输出。

1. 加计数器指令

当接在 R 输入端的 I1.1 为 0 状态时，在 CU 信号的上升沿，CV 加 1，直到达到指定的数据类型的上限值，CV 的值不再增加。CV 大于等于 PV 时，输出 Q 为 1 状态，反之为 0 状态。第一次执行指令时，CV 被清零。各类计数器的复位输入 R 为 1 状态时，计数器被复位，输出 Q 变为 0 状态，CV 被清零。加计数器(CTU)的程序与波形图如图 5-20 所示。

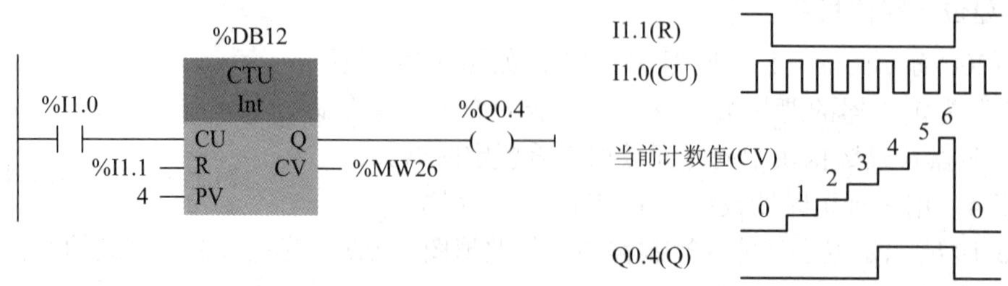

图 5-20 CTU 的程序与波形图

2．减计数器指令

减计数器(CTD)的装载输入 LD 为 1 状态时，输出 Q 被复位为 0，并把 PV 的值装入 CV。在减计数输入 CD 的上升沿，CV 减 1，直到 CV 达到指定的数据类型的下限值。此后 CV 的值不再减小。CV 小于等于 0 时，输出 Q 为 1 状态，反之 Q 为 0 状态。第一次执行指令时，CV 被清零。CTD 的程序与波形图如图 5-21 所示。

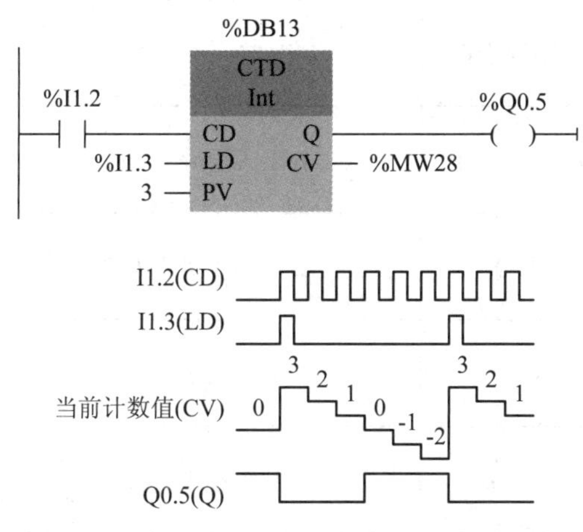

图 5-21　CTD 的程序与波形图

3．加减计数器指令

在 CU 的上升沿，CV 加 1， CV 达到指定的数据类型的上限值时不再增加。 在 CD 的上升沿，CV 减 1，CV 达到指定的数据类型的下限值时不再减小。CV 大于等于 PV 时，QU 为 1，反之为 0。CV 小于等于 0 时，QD 为 1，反之为 0。装载输入 LD 为 1 状态时，PV 被装入 CV，QU 变为 1 状态，QD 变为 0 状态。R 为 1 状态时，计数器被复位，CV 被清零，QU 变为 0 状态，QD 变为 1 状态，CU 、CD 和 LD 不再起作用。加减计数器(CTUD)的程序与波形图如图 5-22 所示。

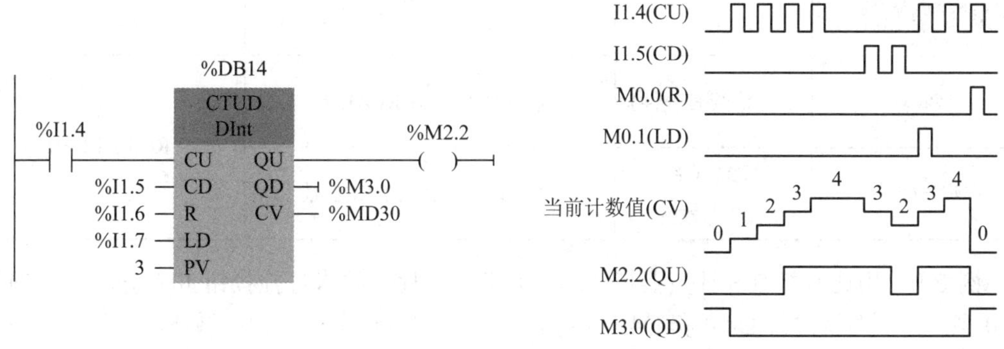

图 5-22　CTUD 的程序与波形图

5.1.4　比较指令

S7-1200 PLC 的比较指令如表 5-3 所示。使用比较指令时可以通过点击指令从下拉菜单中选择比较的类型和数据类型。比较指令只能对两个相同数据类型的操作数进行比较。

表 5-3　S7-1200 PLC 的比较指令

指令	关系类型	满足以下条件时比较结果为真	支持的数据类型
─┤ == ??? ├─	=(等于)	IN1 等于 IN2	SInt、Int、DInt、USInt、UInt、UDInt、Real、LReal、String、Char、Time、DTL、Constant
─┤ <> ??? ├─	<>(不等于)	IN1 不等于 IN2	
─┤ >= ??? ├─	>=(大于等于)	IN1 大于等于 IN2	
─┤ <= ??? ├─	<=(小于等于)	IN1 小于等于 IN2	
─┤ > ??? ├─	>(大于)	IN1 大于 IN2	
─┤ < ??? ├─	<(小于)	IN1 小于 IN2	
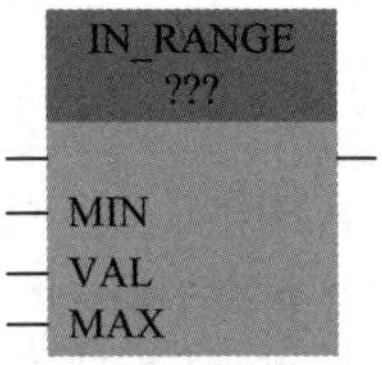 IN_RANGE ??? MIN VAL MAX	IN_RANGE (值在范围内)	MIN<=VAL<=MAX	SInt、Int、DInt、USInt、UInt、UDInt、Real、Constant
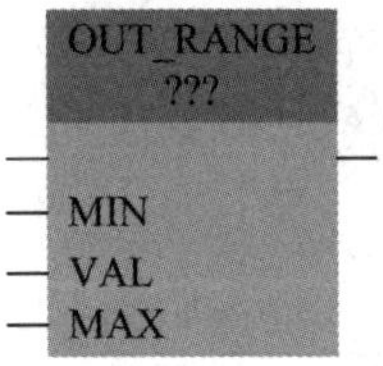 OUT_RANGE ??? MIN VAL MAX	OUT_RANGE (值在范围外)	VAL<MIN 或 VAL>MAX	
─┤OK├─	OK(检查有效性)	输入值为有效 REAL 数	Real、LReal
─┤NOT_OK├─	NOT_OK (检查无效性)	输入值不是有效 REAL 数	

例 5-5　用比较指令和计数器指令编写开关灯程序，要求灯控按钮 I0.0 按下一次时灯 Q4.0 亮，按下两次时灯 Q4.0 和 Q4.1 全亮，按下三次时灯全灭，如此循环。

编写程序如图 5-23 所示。

值在范围内指令 IN_RANGE 和值在范围外指令 OUT_RANGE 可测试输入值是在指定的取值范围之内还是之外。如果比较结果为 TRUE，则其输出为真。输入参数 MIN、VAL 和 MAX 的数据类型必须相同。

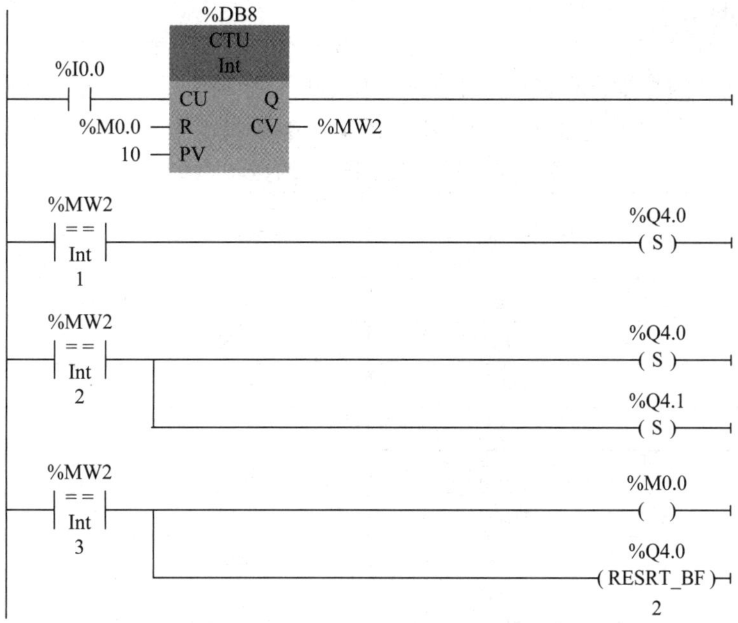

%DB8
CTU
Int
%I0.0
CU
Q
%M0.0
R
CV
%MW2
10
PV
%MW2
==
Int
1
%Q4.0
S
%MW2
==
Int
2
%Q4.0
S
%Q4.1
S
%MW2
==
Int
3
%M0.0
%Q4.0
RESRT_BF
2

图 5-23　例 5-5 程序图

例 5-6　在 HMI 设备上可以设定电动机的转速，设定值 MW20 的范围为 100～1440 r/min，若输入的设定值在此范围内，则延时 5 s 启动电动机 Q0.0，否则 Q0.1 长亮提示。

编写程序如图 5-24 所示。

IN-RANGE
Int
100
MIN
%MW20
VAL
1440
MAX
%DB1
TON
Time
IN
Q
T#5s
PT
ET
…
%Q0.0
OUT_RANGE
Int
100
MIN
%MW20
VAL
1440
MAX
%Q0.1

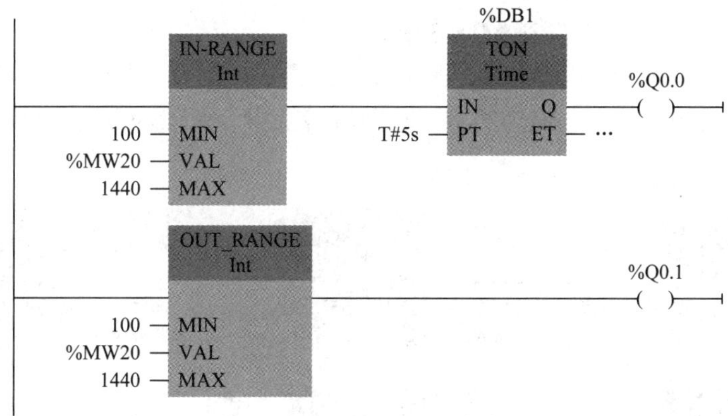

图 5-24　例 5-6 程序图

使用 OK 和 NOT_OK 指令可测试输入的数据是否为符合 IEEE 754 规范的有效实数。图 5-25 所示程序中，当 MD0 和 MD4 中为有效的浮点数时，会激活“实数乘”(MUL)运算并置位输出，即将 MD0 的值与 MD4 的值相乘，结果存储在 MD10 中，同时 Q4.0 输出为 1。

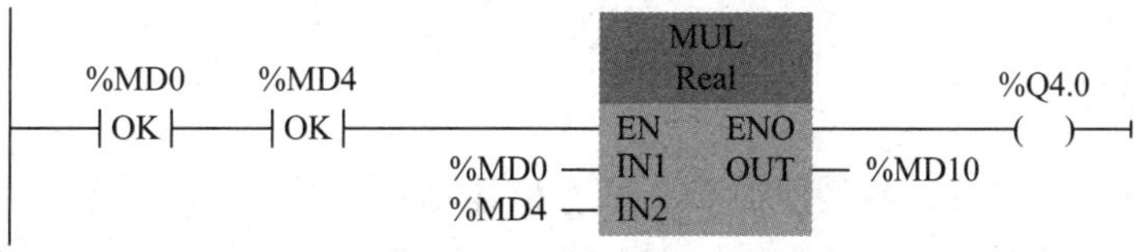

%MD0
OK
%MD4
OK
MUL
Real
EN
ENO
%MD0
IN1
OUT
%MD10
%MD4
IN2
%Q4.0

图 5-25　检查数的有效性的程序图

5.1.5 数学指令

S7-1200 PLC 的数学指令如表 5-4 所示。使用数学指令时，可以通过点击指令，从下拉菜单中选择运算类型和数据类型。数学指令的输入参数和输出参数的数据类型要一致。

表 5-4 S7-1200 PLC 的数学指令

指 令	功 能	指 令	功 能
ADD	加	SQR	平方
SUB	减	SQRT	平方根
MUL	乘	LN	自然对数
DIV	除	EXP	指数值
MOD	求余数	SIN	正弦
NEG	相反数(补码)	COS	余弦
INC	递增	TAN	正切
DEC	递减	ASIN	反正弦
ABS	绝对值	ACOS	反余弦
MIN	最小值	ATAN	反正切
MAX	最大值	FRAC	小数
LIMIT	设置限值	EXPT	取幂

例 5-7 编程实现公式$c=\sqrt{a^2+b^2}$。其中，a 为整数，存储在 MW0 中；b 为整数，存储在 MW2 中；c 为实数，存储在 MD16 中。

编写程序如图 5-26 所示，第 1 段程序中计算了“a^2+b^2”，结果为整数存在 MW8 中。由于求平方根指令的操作数只能为实数，故通过转换指令 CONV 将整数转换为实数，再进行平方根运算。

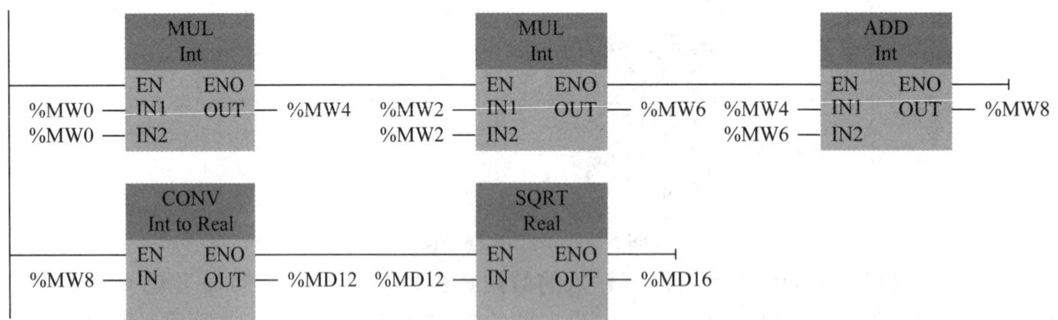

图 5-26 例 5-7 程序图

5.1.6 移动指令

使用移动指令可将设计元素复制到新的存储器地址，并从一种数据类型转换为另一种数据类型。移动过程不会更改源数据。S7-1200 PLC 的移动指令如表 5-5 所示。

表 5-5　S7-1200 PLC 的移动指令

指　令	功　能
MOVE EN ENO IN OUT1	将存储在指定地址的数据元素复制到新地址
MOVE_BLK EN ENO IN OUT COUNT	将数据元素块复制到新地址的可中断移动，参数 COUNT 用于指定要复制的数据元素个数
UMOVE_BLK EN ENO IN OUT COUNT	将数据元素块复制到新地址的不中断移动，参数 COUNT 用于指定要复制的数据元素个数
FILL_BLK EN ENO IN OUT COUNT	可中断填充指令，使用指定数据元素的副本填充地址范围，参数 COUNT 用于指定要复制的数据元素个数
UFILL_BLK EN ENO IN OUT COUNT	不中断填充指令，使用指定数据元素的副本填充地址范围，参数 COUNT 用于指定要复制的数据元素个数
SWAP ??? EN ENO IN OUT	SWAP 指令用于调换二字节和四字节数据元素的字节顺序，但不改变每个字节中的位顺序，需要指定数据类型

对于数据复制操作应遵循以下规则：

(1) 要复制 Bool 型数据，应使用 SET_BF、RESET_BF、R、S 或输出线圈。

(2) 要复制单个基本数据类型、结构或字符串中的单个字符，使用 MOVE 指令。

(3) 要复制基本数据类型，使用 MOVE_BLK 或 UMOVE_BLK 指令。

(4) 要复制字符串，使用 S_CONV 指令。

(5) MOVE_BLK 和 UMOVE_BLK 指令不能用于将数组或结构复制到 I、Q 或 M 存储区。

另外需要注意，MOVE_BLK 和 UMOVE_BLK 指令在处理中断的方式上有所不同：

(1) MOVE_BLK 指令执行期间排队并处理中断事件。在中断 OB 中未使用移动目标地址的数据时，或者虽然使用了该数据，但是目标数据不必一致时，使用 MOVE_BLK 指令。如果 MOVE_BLK 指令操作被中断，则最后移动的一个数据元素在目标地址中是完整并且一致的；MOVE_BLK 操作会在中断 OB 执行完成后继续执行。

(2) UMOVE_BLK 指令完成执行前排队但不处理中断事件。如果在执行中断 OB 前移动操作必须完成并且目标数据必须一致，则使用 UMOVE_BLK 指令。

对于数据填充操作有如下规则：

(1) 要使用 Bool 数据类型填充，使用 SET_BF、RESET_BF、R、S 或输出线圈指令。

(2) 要使用单个基本数据类型填充或在字符串中填充单个字符，使用 FILL 指令。

(3) 要使用基本数据类型填充数组，使用 FILL_BLK 或 UFILL_BLK 指令。

(4) FILL_BLK 和 UFILL_BLK 指令不能用于将数组填充到 I、Q 或 M 存储区。

另外需要注意，FILL_BLK 和 UFILL_BLK 指令在处理中断的方式上有所不同：

(1) FILL_BLK 指令执行期间排队并处理中断事件。在中断 OB 中未填充目标地址的数据时，或者虽然使用了该数据，但是目标数据不必一致时，使用 FILL_BLK 指令。

(2) UFILL_BLK 指令完成执行前排队但不处理中断事件。如果在执行中断 OB 子程序前填充操作必须完成并且目标数据必须一致，则使用 UFILL_BLK 指令。

5.1.7 转换类指令

S7-1200 的转换类指令包括转换指令、取整和截取指令、上取整和下取整指令以及标定和标准化指令，如表 5-6 所示。

表 5-6 S7-1200 PLC 的转换类指令

指　令	名　称	指　令	名　称
CONV ??? to ??? EN ENO IN OUT	转换	FLOOR Real to ??? EN ENO IN OUT	上取整
ROUND Real to ??? EN ENO IN OUT	取整	TRUNC Real to ??? EN ENO IN OUT	下取整
CEIL Real to ??? EN ENO IN OUT	截取	SCALE_X Real to ??? EN ENO MIN OUT VALUE MAX	标定
		NORM_X ??? to Real EN ENO MIN OUT VALUE MAX	标准化

1. 转换指令

转换指令用于将数据从一种数据类型转换为另一种数据类型。使用时单击指令“问号”位置，可以从下拉列表中选择输入数据类型和输出数据类型。

转换指令支持的数据类型包括整数、双整数、实型、无符号短整数型、无符号整数、无符号双整数、短整数、长整数、字、双字、字节、BCD16、BCD32 等。图 5-26 所示例子中就使用了转换指令。

2．取整和截取指令

取整指令用于将实数转换为整数，实数的小数部分舍入为最接近的整数值。如果实数刚好是两个连续整数的一半，则实数舍入为偶数，如 ROUND(10.5) = 10 或 ROUND(11.5) = 12。

截取指令用于将实数转换为整数，实数的小数部分被截成零。

3．上取整和下取整指令

上取整指令用于将实数转换为大于或等于该实数的最小整数。

下取整指令用于将实数转换为小于或等于该实数的最大整数。

4．标定和标准化指令

标定指令用于按参数 MIN 和 MAX 所指定的数据类型和值范围对标准化的实参数 VALUE 进行标定，OUT = VALUE × (MAX − MIN) + MIN，其中，0.0≤VALUE≤1.0。

对于标定指令，参数 MIN、MAX 和 OUT 的数据类型必须相同。

例 5-8　S7-1200 的模拟量输入 IW64 为温度信号，0～100℃对应 0～10 V 电压，对应于 PLC 内部 0～27 648 的数，求 IW64 对应的实际整数温度值。

根据上述对应关系，得到公式：

$$T = \frac{\text{IW}64 - 0}{27648} \times (100 - 0) + 0$$

编写程序如图 5-27 所示。

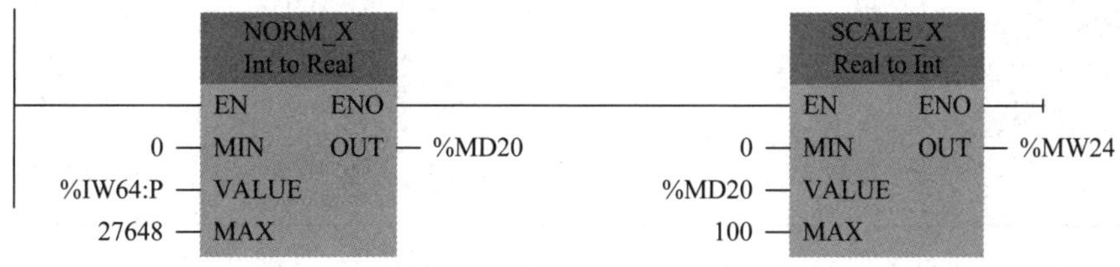

图 5-27　例 5-8 程序图

5.1.8　程序控制指令

程序控制指令用于有条件地控制程序的执行顺序，如表 5-7 所示。

表 5-7　S7-1200 PLC 的程序控制指令

指　　令	功　　能
—(JMP)—	如果有能流通过该指令线圈，则程序从指定标签后的第一条指令继续执行
—(JMPN)—	如果没有能流通过该指令线圈，则程序从指定标签后的第一条指令继续执行
<???>	JMP 或 JMPN 跳转指令的目标标签
—(RET)—	用于终止当前块的执行

5.1.9 字逻辑运算指令

字逻辑运算指令如表 5-8 所示。字逻辑运算指令需要选择数据类型。

表 5-8 S7-1200 PLC 的字逻辑运算指令

指　令	名　称	指　令	名　称
AND ??? EN ENO IN1 OUT IN2	与逻辑运算	DECO ??? EN ENO IN OUT	解码
OR ??? EN ENO IN1 OUT IN2	或逻辑运算	ENCO ??? EN ENO IN OUT	编码
XOR ??? EN ENO IN1 OUT IN2	异或逻辑运算	SEL ??? EN ENO G OUT IN0 IN1	选择
INV ??? EN ENO IN OUT	反码	MUX ??? EN ENO K OUT IN0 IN1 ELSE	多路复用

与、或、异或和反码逻辑运算指令的应用比较简单，这里不再举例说明。

1. 解码和编码指令

假设输入参数 IN 的值为 n，解码(译码)指令 DECO(Decode)将输出参数 OUT 的第 n 位置位为 1，其余各位置为 0，相当于数字电路中译码电路的功能。利用解码指令，可以用输入 IN 的值来控制 OUT 中某一位的状态。

如果输入 IN 的值大于 31，将 IN 的值除以 32 以后，用余数来进行解码操作。

IN 的数据类型为 UInt， OUT 的数据类型可选 Byte、Word 和 DWord。

IN 的值为 0～7(3 位二进制数)时，输出 OUT 的数据类型为 8 位的字节。

IN 的值为 0～15(4 位二进制数)时，输出 OUT 的数据类型为 16 位的字。

IN 的值为 0～31(5 位二进制数)时，输出 OUT 的数据类型为 32 位的双字。

如图 5-28 所示，如果 IN 的值为 5，则 OUT 为 2#00100000(16#20)，仅第 5 位为 1。

编码指令 ENCO(Encode)与解码指令相反，将 IN 中为 1 的最低位的位数给输出参数 OUT 指定的地址，IN 的数据类型可选 Byte、Word 和 DWord，OUT 的数据类型为 Int。

图 5-28 中，如果 ENCO 指令的 IN 为 2#00101000，OUT 指定的 MW150 中的编码结果

为 3。如果 IN 为 1 或 0，MW150 的值为 0。如果 IN 为 0，ENO 为 0 状态。

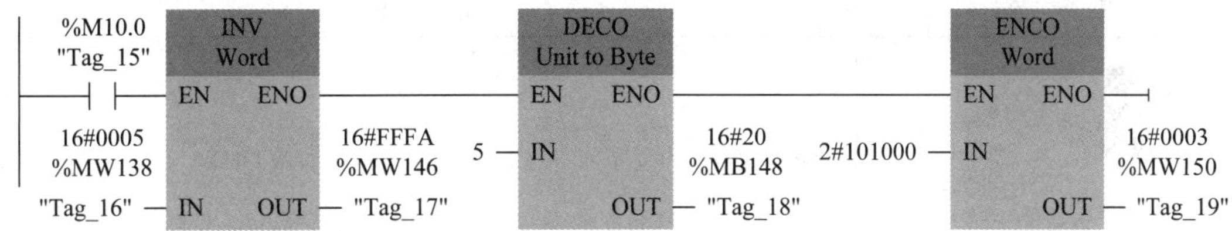

图 5-28　逻辑运算指令

2. 选择和多路复用指令

如图 5-29 所示，当指令 SEL(Select)的 Bool 输入参数 G 为 0 时选中 IN0，G 为 1 时选中 IN1，并将它们保存到输出参数 OUT 指定的地址。

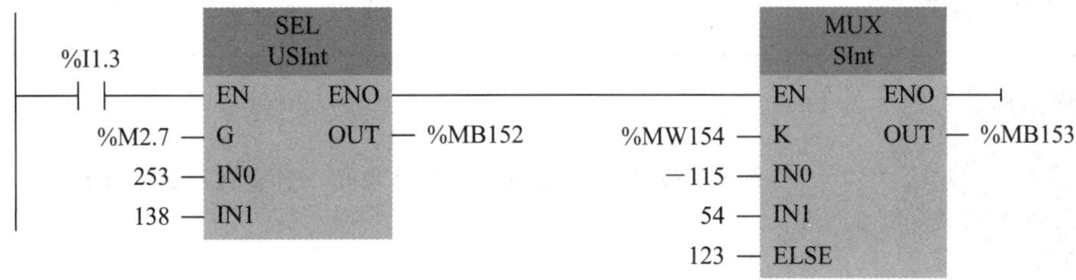

图 5-29　选择和多路复用指令

指令 MUX(Multiplex)是指多路开关选择器根据输入参数 K 的值，选中某个输入数据，并将它传送到输出参数 OUT 指定的地址。K = *m* 时，将选中输入参数 IN*m*。如果 K 的值超过允许的范围，将选中输入参数 ELSE。

将 MUX 指令拖放到程序编辑器时，它只有 IN0、IN1 和 ELSE。三个输入用鼠标右键点击该指令，执行出现的快捷菜单中的指令“插入输入”，可以增加一个输入。反复使用这个方法，可以增加多个输入。增添输入后，用右键点击某个输入 IN*n* 从方框伸出的水平短线，执行出现的快捷菜单中的指令“删除”，可以删除选中的输入，删除后自动调整剩下的输入 IN*n* 的编号。

参数 K 的数据类型为 UInt，IN*n*、ELSE 和 OUT 可以取 12 种数据类型，它们的数据类型应相同。

5.1.10　移位和循环移位指令

移位和循环移位指令如表 5-9 所示。移位和循环移位指令需要选择数据类型。

表 5-9　移位和循环移位指令

指　　令	功　　能
SHR ??? EN　ENO IN　OUT N	将参数 IN 的位序列右移 N 位，结果送给参数 OUT

续表

指　　令	功　　能
SHL ??? EN ENO IN OUT N	将参数 IN 的位序列左移 N 位，结果送给参数 OUT
ROR ??? EN ENO IN OUT N	将参数 IN 的位序列循环右移 N 位，结果送给参数 OUT
ROL ??? EN ENO IN OUT N	将参数 IN 的位序列循环左移 N 位，结果送给参数 OUT

对于移位指令，需要注意以下事项：

(1) N = 0 时，不进行移位，直接将 IN 值分配给 OUT。

(2) 用 0 填充移位操作清空的位。

(3) 如果要移位的位数(N)超过目标值中的位数(Byte 为 8 位、Word 为 16 位、DWord 为 32 位)，则所有原始位值将被移出并用 0 代替，即将 0 分配给 OUT。

对于循环移位指令，需要注意以下事项：

(1) N = 0 时，不进行循环移位，直接将 IN 值分配给 OUT。

(2) 从目标值一侧循环移出的位数据将循环移位到目标值的另一侧，因此原始位值不会丢失。

(3) 如果要循环移位的位数(N)超过目标值中的位数(Byte 为 8 位、Word 为 16 位、DWord 为 32 位)，仍将执行循环移位。

移位指令的使用如图 5-30 所示，如果移位后的数据要送回原地址，应将 I0.5 的常开触点改为 I0.5 的上升沿检测触点(P 触点)，否则在 I0.5 为 1 的每个扫描周期都要移位一次。

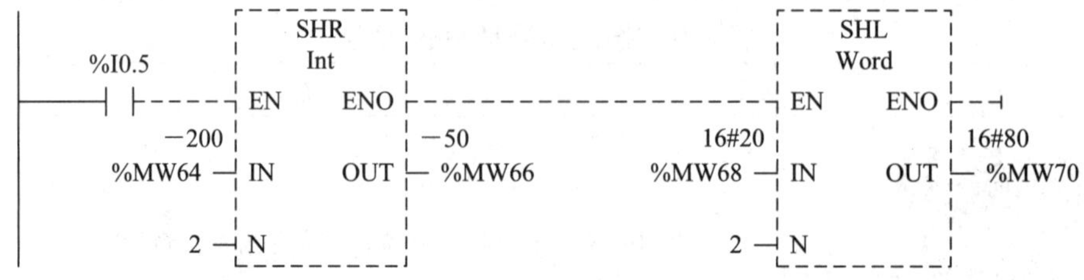

图 5-30　移位指令的使用

右移 n 位相当于除以 2^n，例如将十进制数 –200 对应的二进制数 2#1111111100111000 右移 2 位(见图 5-30 和图 5-31)，相当于除以 4，右移后得到的二进制数 2#1111111111001110 对应于十进制数 –50。

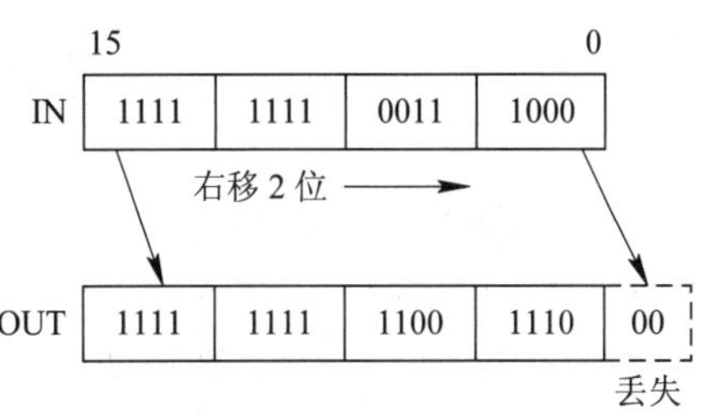

图 5-31　数据的右移

左移 n 位相当于乘以 2^n，如将 16#20 左移 2 位，相当于乘以 4，左移后得到的十六进制数为 16#80(见图 5-30)。

例 5-9　在图 5-32 所示的 8 位循环移位彩灯控制程序中，QB0 是否移位用 I0.6 控制，移位的方向用 I0.7 控制。为了获得移位用的时钟和首次扫描脉冲，在组态 CPU 的属性时，设置系统存储器字节地址和时钟地址分别是默认的 MB1 和 MB0，时钟脉冲位 M0.5 的频率为 1 Hz。

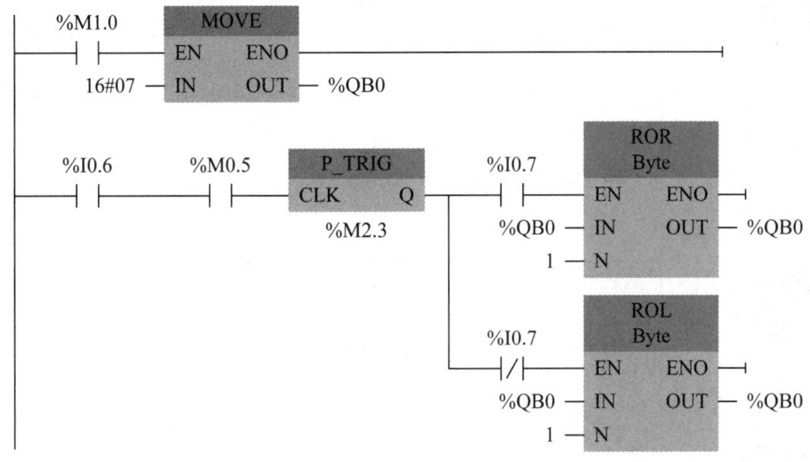

图 5-32　例 5-9 的程序图

PLC 首次扫描时 M1.0 的常开触点接通，MOVE 指令给 QB0(Q0.0～Q0.7)置初值 7，其低 3 位被置为 1。

I0.6 为 1 状态时，在时钟脉冲 M0.5 的上升沿，指令 P_TRIG 输出一个扫描周期的脉冲。如果此时 I0.7 为 1 状态，则执行一次 ROR 指令，QB0 的值循环右移 1 位。如果 I0.7 为 0 状态，则执行一次 ROL 指令，QB0 的值循环左移 1 位。表 5-10 是 QB0 循环移位前后的数据。因为 QB0 循环移位后的值又送回 QB0，所以循环移位指令的前后必须使用 P_TRIG 指令，否则每个扫描循环周期都执行一次循环移位指令，而不是每秒钟移位一次。

表 5-10　QB0 循环移位前后的数据

内　　容	循环左移	循环右移
移位前	0000 0111	0000 0111
第 1 次移位后	0000 1110	1000 0011
第 2 次移位后	0001 1100	1100 0001
第 3 次移位后	0011 1000	1110 0000

5.2 扩展指令

S7-1200 PLC 的扩展指令包括日期和时间指令、字符串与字符指令、程序控制指令、通信指令、中断指令、高速脉冲输出指令、高速计数器指令、PID 控制指令、运动控制指令等。其中，通信指令将在后面章节介绍。

5.2.1 日期和时间指令

日期和时间指令如表 5-11 所示。

表 5-11 日期和时间指令

指 令	功 能
T_CONV ??? to ??? EN ENO IN OUT	用于转换时间值的数据类型，Time 转换为 DInt 或 DInt 转换为 Time
T_ADD ??? to Time EN ENO IN1 OUT IN2	用于将 Time 与 DTL 值相加
T_SUB ??? to Time EN ENO IN1 OUT IN2	用于将 Time 与 DTL 值相减
T_DIFF DTL to Time EN ENO IN1 OUT IN2	提供两个 DTL 值的差作为 Time 值
WR_SYS_T DTL EN ENO IN RET_VAL	写入系统时间指令，即使用参数 IN 中的 DTL 值设置 PLC 实时时钟
RD_SYS_T DTL EN ENO RET_VAL OUT	读取系统时间指令，即从 PLC 读取当前系统时间
RD_LOC_T DTL EN ENO RET_VAL OUT	读取本地时间指令，即以 DTL 数据类型提供 PLC 的当前本地时间

CPU 的实时时钟(Time-of-day Clock)在 CPU 断电时由超级电容提供的能量保证时钟的运行。CPU 上电至少 24 h 后，超级电容充的能量可供时钟运行 10 天。打开在线与诊断视图，可以设置实时时钟的时间值，也可以用时钟指令来读、写实时时钟。

1. 日期时间的数据类型

数据类型 Time 的长度为 4 B，取值范围为 T#-24d-20h-31m-23s-648ms～T#24d-20h-31m-23s-647ms(–2 147 483 648 ms～2 147 483 647 ms)

数据结构 DTL(日期和时间)如表 5-12 所示。可以在全局数据块或块的界面区中定义 DTL 变量。

表 5-12　DTL 的数据结构

数据	字节数	取值范围	数据	字节数	取值范围
年	2	1970～2554	h	1	0～23
月	1	1～12	min	1	0～59
日	1	1～31	s	1	0～59
星期	1	1～7	ns	4	0～999 999 999

2. 指令使用举例

例 5-10　用实时时钟指令控制路灯的定时接通和断开，20:00 开灯，06:00 关灯，图 5-33 是梯形图程序。首先用 RD_LOC_T 读取实时时间，保存在数据类型为 DTL 的局部变量 DT5 中，其中的 HOUR 是小时值，其变量名称为 DT5.HOUR。用 Q0.0 来控制路灯，20:00～0:00 时，上面的比较触点接通；0:00~6:00 时，下面的比较触点接通。

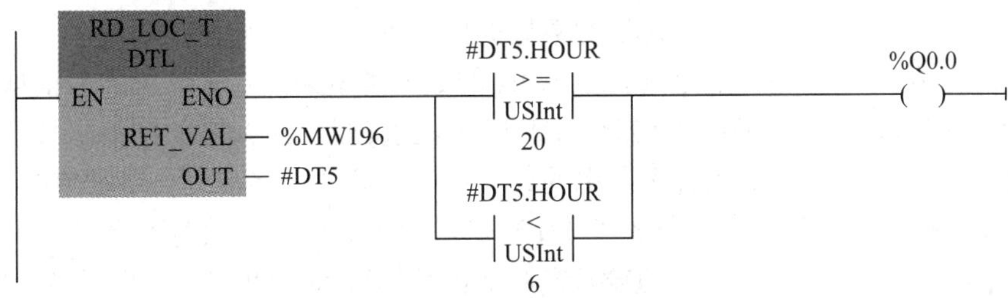

图 5-33　例 5-10 程序图

5.2.2　字符串与字符指令

在字符串转换指令中，可以使用表 5-13 中的指令将数字字符串转换为数值或将数值转换为数字字符串。

表 5-13　字符串转换指令

指　　令	功　　能
S_CONV ??? to ??? EN　ENO IN　OUT	用于将数字字符串转换为数值或将数值转换为数字字符串

续表

指　令	功　能
STRG_VAL String to ??? EN ENO IN OUT FORMAT P	使用格式选项将数字字符串转换为数值
VAL_STRG ??? to String EN ENO IN OUT SIZE PREC FORMAT P	使用格式选项将数值转换为数字字符串

1. S_CONV 指令

使用 S_CONV 指令可将输入 IN 的值转换为在输出 OUT 中指定的数据格式。S_CONV 指令可以实现以下转换。

(1) 字符串转换为数值：在输入 IN 中指定的字符串的所有字符都将进行转换。允许的字符为数字 0～9、小数点以及加号和减号。字符串的第一个字符可以是有效数字或字符，前导空格和指数表示将被忽略。无效符号可能会中断字符转换，此时，使能输出端 ENO 将设置为“0”。可以通过选择输出 OUT 的数据类型来决定转换的输出格式。

(2) 数值转换为字符串：通过选择输入 IN 的数据类型来决定要转换的数值格式。必须在输出 OUT 中指定一个有效的 STRING 数据类型的变量。转换后的字符串长度取决于输入 IN 的值。由于第一个字节包含字符串的最大长度，第二个字节包含字符串的实际长度，因此转换的结果从字符串的第三个字节开始存储。输出数值为正数时不带符号。

(3) 复制字符串：如果在指令的输入端和输出端均输入 STRING 数据类型，则输入 IN 的字符串将被复制到输出 OUT。如果输入 IN 字符串的实际长度超过输出 OUT 字符串的最大长度，则将复制 IN 字符串中完全适合 OUT 的字符串的那部分，并且使能输出端 ENO 设置为“0”值。

2. STRG_VAL 指令

STRG_VAL(字符串到值)指令用于将数字字符串转换为相应的整数或浮点型表示法。转换从字符串 IN 中的字符偏移量 P 位置开始，并一直进行到字符串的结尾，或者一直进行到遇到第一个不是“+”“-”“.”“,”“e”“E”或“0”～“9”的字符为止，结果放置在参数 OUT 中指定的位置；同时，还将返回参数 P 作为原始字符串中转换终止位置的偏移量计数。必须在执行前将 STRING 数据初始化为存储器中的有效字符串。无效字符可能会中断转换。

使用参数 FORMAT 可指定要如何解释字符串中的字符，其含义如表 5-14 所示，注意只能为参数 FORMAT 指定 USINT 数据类型的变量。

表 5-14　参数 FORMAT 的可能值及其含义

值(W#16#…)	表示法	小数点表示法
0000	小数	“.”
0001		“,”
0002	指数	“.”
0003		“,”
0004～FFFF	无效数	

3．VAL_STRG 指令

VAL_STRG(值到字符串)指令用于将整数值、无符号整数值或浮点值转换为相应的字符串表示法。参数 IN 表示的值将被转换为参数 OUT 所引用的字符串。在执行转换前，参数 OUT 必须为有效字符串。

转换后的字符串将从字符偏移量计数 P 位置开始替换 OUT 字符串中的字符，一直到参数 SIZE 指定的字符串。SIZE 中的字符数必须在 OUT 字符串长度范围内(从字符位置 P 开始计数)。该指令对于将数字字符嵌入到文本字符串中很有用。例如，可以将数字“120”放入字符串“Pump pressure=120 psi”中。

参数 PREC 用于指定字符串中小数部分的精度或位数。如果参数 IN 的值为整数，则 PREC 指定小数点的位置。例如，如果数据值为 1 2 3 而 PREC=1，则结果为“12.3”。

REAL 数据类型支持的最大精度为 7 位。

如果参数 P 大于 OUT 字符串的当前大小，则会添加空格，一直到位置 P，并将该结果附加到字符串末尾。如果达到了最大 OUT 字符串长度，则转换结束。

表 5-15 列出了参数 FORMAT 的可能值及其含义。

表 5-15　参数 FORMAT 的可能值及其含义

值(W#16#…)	表示法	符号	小数点表示法
0000	小数	“—”	“.”
0001			“,”
0002	指数		“.”
0003			“,”
0004	小数	“+”和“−”	“.”
0005			“,”
0006	指数		“.”
0007			“,”
0008～FFFF	无效值		

字符串操作指令如表 5-16 所示。

表 5-16 字符串操作指令

指令	功能
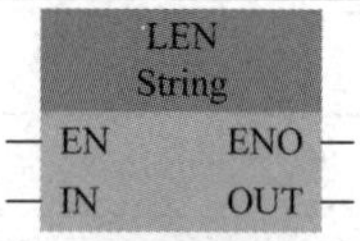 LEN String: EN ENO; IN OUT	获取字符串长度
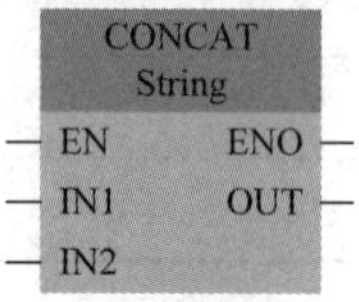 CONCAT String: EN ENO; IN1 OUT; IN2	连接两个字符串
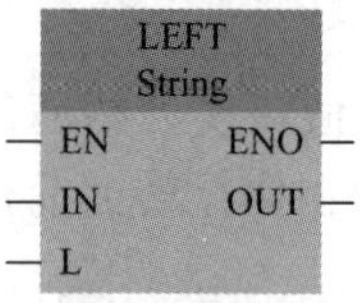 LEFT String: EN ENO; IN OUT; L	获取字符串的左侧子串
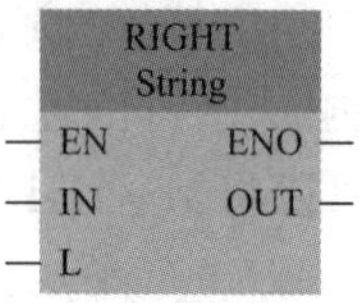 RIGHT String: EN ENO; IN OUT; L	获取字符串的右侧子串
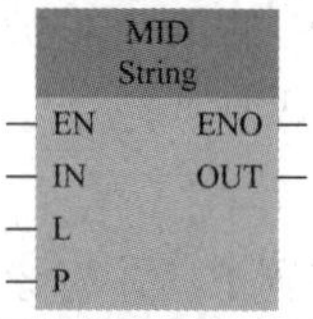 MID String: EN ENO; IN OUT; L; P	获取字符串的中间子串
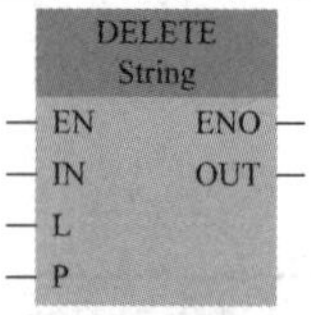 DELETE String: EN ENO; IN OUT; L; P	删除字符串的子串
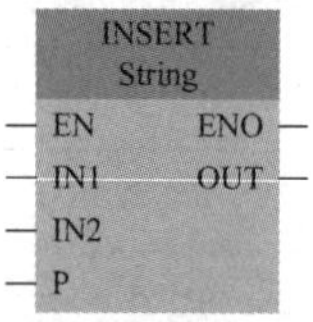 INSERT String: EN ENO; IN1 OUT; IN2; P	在字符串中插入子串
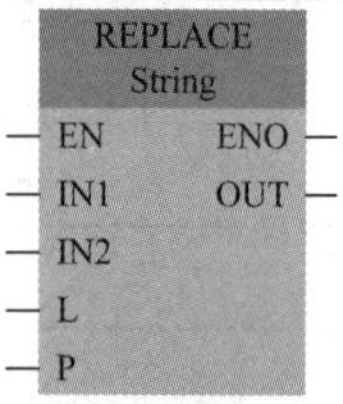 REPLACE String: EN ENO; IN1 OUT; IN2; L; P	替换字符串中的子串
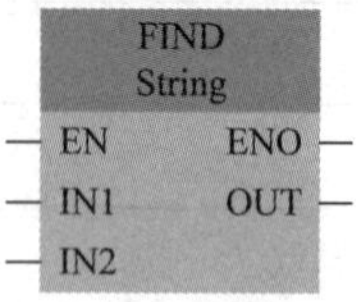 FIND String: EN ENO; IN1 OUT; IN2	查找字符串中的子串或字符

4. 指令使用举例

LEN 是获取字符串长度指令，CONCAT 是合并字符串指令。字符串指令程序图一如图 5-34 所示。

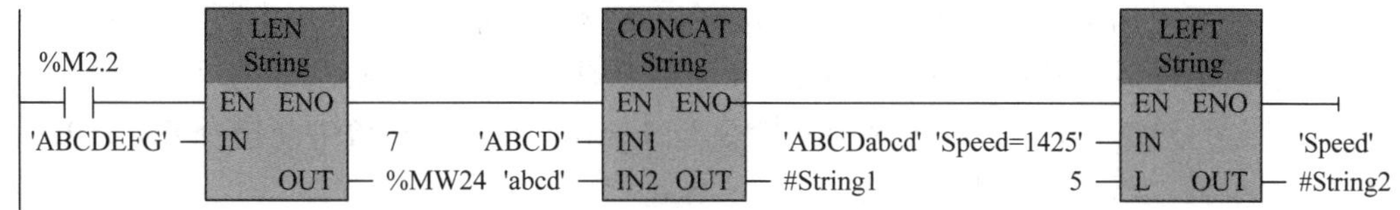

图 5-34　字符串指令程序图一

LEFT、RIGHT 和 MID 指令分别用来读取字符串左边、右边和中间的字符，DELETE、INSERT、REPLACE 和 FIND 指令分别用来删除、插入、替换和查找字符，如图 5-35 所示。指令中的 L 用来定义字符个数，P 是字符串中字符的位置。

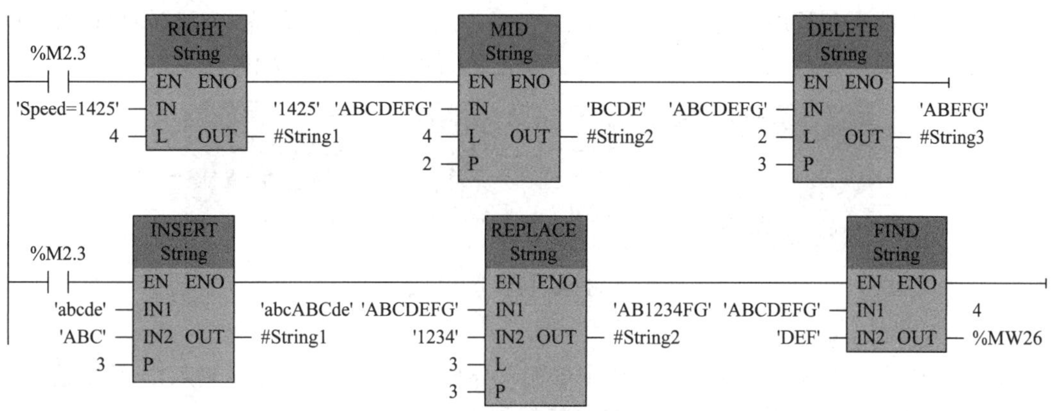

图 5-35　字符串指令程序图二

5.2.3　程序控制指令

扩展指令中的程序控制指令如表 5-17 所示。

表 5-17　扩展指令中的程序控制指令

指　　令	功　　能
RE_TRIGR EN ENO	重新触发扫描时间监视狗指令，即用于延长扫描循环监视狗定时器生成错误前允许的最大时间
STP EN ENO	停止 PLC 扫描循环指令，即将 PLC 置于 STOP 模式
GetError EN ENO ERROR	指示发生程序块执行错误并用详细错误信息填充预定义的错误数据结构
GetErrorID EN ENO ID	指示发生程序块执行错误并报告错误的 ID

5.2.4 中断指令

中断指令包括附加和分离指令、启动和取消延时中断指令、禁用和启用报警中断指令等。其中，使用附加指令 ATTACH 和分离指令 DETACH 可激活和禁用中断事件驱动的子程序，通过启动延时中断指令 SRT_DINT 和取消延时中断指令 CAN_DINT 可以启动和取消延时中断处理过程，使用禁用报警中断指令 DIS_AIRT 和启用报警中断指令 EN_AIRT 可禁用和启用报警中断处理过程。

1. 附加和分离指令

如图 5-36 所示，附加指令 ATTACH 可为事件分配组织块(OB)。在参数 OB_NR 中输入组织块的符号名称或数字名称，然后此组织块将分配给由参数 EVENT 指定的事件。如果在无错执行 ATTACH 指令之后发生参数 EVENT 指定的事件，则会调用由参数 OB_NR 指定的组织块并执行其程序。通过参数 ADD 可指定应取消还是保留先前对其他事件进行的组织块分配。如果参数 ADD 的值为“0”，则先前分配会被当前分配替代。

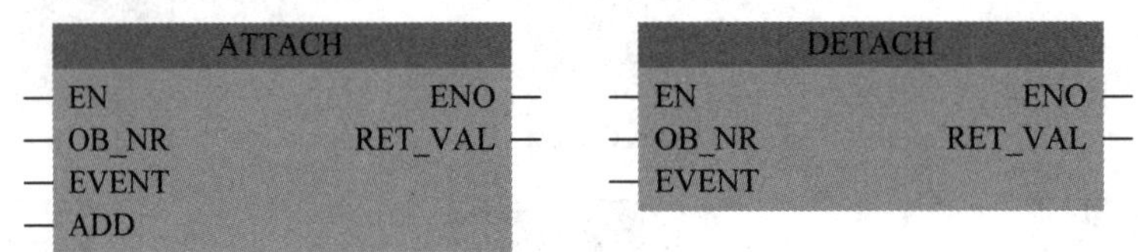

图 5-36 附加和分离指令

CPU 支持以下硬件中断事件：

(1) 上升沿事件(所有内置 CPU 数字量输入外加任何信号板数字量输入)。数字输入从 OFF 切换为 ON 时会出现上升沿，以响应连接到输入的现场设备的信号变化。

(2) 下降沿事件(所有内置 CPU 数字量输入外加任何信号板数字量输入)。数字输入从 ON 切换到 OFF 时会出现下降沿。

(3) 高速计数器(HSC)当前值 = 参考值(CV = RV)事件(HSC1～HSC6)。当前计数值从相邻值变为与先前设置的参考值完全匹配时，会生成 HSC 的 CV = RV 事件。

(4) HSC 方向变化事件(HSC1～HSC6)。当检测到 HSC 从增大变为减小或从减小变为增大时，会发生 HSC 方向变化事件。

(5) HSC 外部复位事件(HSC1～HSC6)。某些 HSC 模式允许分配一个数字输入作为外部复位端，用于将 HSC 的计数值重置为零。当该输入从 OFF 切换为 ON 时，会发生此类 HSC 的外部复位事件。

注意：必须在设备配置中启用硬件中断。如果要在配置或运行期间附加此事件，则必须在设备配置中为数字输入通道或 HSC 选中启用事件框。

如图 5-36 所示，分离指令 DETACH 将特定事件或所有事件与特定 OB 分离。如果指定了 EVENT，则仅将该事件与指定的 OB_NR 分离。当前附加到此 OB_NR 的任何其他事件仍保持附加状态。如果未指定 EVENT，则分离当前附加到 OB_NR 的所有事件。

2. 启动和取消延时中断指令

启动和取消延时中断指令如图 5-37 所示。通过 SRT_DINT 和 CAN_DINT 指令可以启动和取消延时中断处理过程。每个延时中断都是一个在指定的延时时间过后发生的一次性事件。如果在延时时间到期前取消延时事件，则不会发生程序中断。

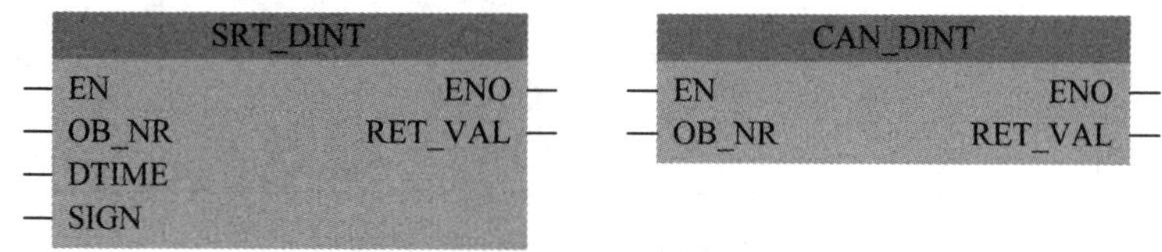

图 5-37　启动和取消延时中断指令

参数 DTIME 指定的延时时间过去后，SRT_DINT 会启动执行 OB 的延时中断。延时时间从使能输入 EN 上生成下降沿开始算起。如果延时时间的减计数中断，则不会执行在参数 OB_NR 中指定的组织块。CAN_DINT 可取消已启动的延时中断，此时，将不执行 OB 的延时中断。激活延时和时间循环中断事件的总次数不得超过 4 次。

3. 禁用和启用报警中断指令

禁用和启用报警中断指令如图 5-38 所示。使用 DIS_AIRT 和 EN_AIRT 指令可禁用和启用报警中断处理过程。可使用 DIS_AIRT 延时处理优先级高于当前组织块优先级的中断 OB。可在组织块中多次调用 DIS_AIRT，DIS_AIRT 的调用由操作系统进行计数，每次执行 DIS_AIRT 指令都会使处理过程越来越延时。要取消延时，需要执行 EN_AIRT 指令。可在 DIS_AIRT 指令的参数 RET_VAL 中查询已启用的延时次数。如果参数 RET_VAL 的值为“0”，则无延时。

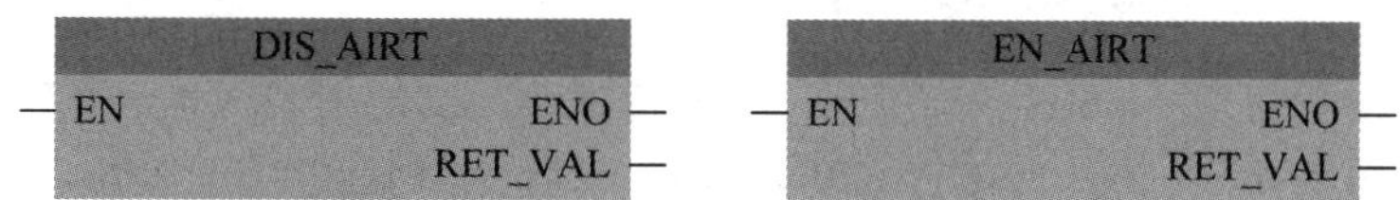

图 5-38　禁用和启用报警中断指令

发生中断时，可使用 EN_AIRT 启用由 DIS_AIRT 指令延时的组织块处理。每次执行 EN_AIRT 都会取消已被操作系统记录的由 DIS_AIRT 调用产生的处理延时。要取消所有延时，EN_AIRT 的执行次数必须与 DIS_AIRT 的调用次数相等。例如，如果调用了 DIS_AIRT 指令 5 次并因此延时处理了 5 次，则需要调用 EN_AIRT 指令 5 次以取消全部 5 次延时。可在 EN_AIRT 指令的参数 RET_VAL 中查询执行 EN_AIRT 后尚未启用的中断延时次数。参数 RET_VAL 的值为“0”表示由 DIS_AIRT 启用的所有延时均已取消。

5.2.5　高速脉冲输出指令

脉冲宽度与脉冲周期之比称为占空比，脉冲列输出(PTO)功能提供占空比为 50%的方波脉冲列输出。脉冲宽度调制(PWM)功能提供连续的、脉冲宽度可以用程序控制的脉冲列输出。

每个 CPU 有两个 PTO 或 PWM 发生器，分别通过 CPU 集成的 Q0.0～Q0.3 或信号板上的 Q4.0～Q4.3 输出 PTO 或 PWM 脉冲(见表 5-18)。

高速脉冲输出指令如图 5-39 所示。通过 CTRL_PWM 指令，可使用软件启动和禁用 CPU 所支持的脉冲发生器。使用脉冲指令时需要指定背景数据块。

表 5-18 PTO 和 PWM 的输出点

PTO1		PWM1		PTO2		PWM2	
脉冲	方向	脉冲	方向	脉冲	方向	脉冲	方向
Q0.0 或 Q4.0	Q0.1 或 Q4.1	Q0.0 或 Q4.0	—	Q0.2 或 Q4.2	Q0.3 或 Q4.3	Q0.2 或 Q4.2	—

CTRL_PWM
EN ENO
PWM BUSY
ENABLE STATUS

图 5-39 高速脉冲输出指令

5.2.6 高速计数器指令

PLC 的普通计数器的计数过程与扫描工作方式有关，CPU 通过每一个扫描周期读取一次被测信号的方法来捕捉被测信号的上升沿，被测信号的频率比较高时，会丢失计数脉冲，因此普通计数器的最高工作频率一般仅有几十赫兹。高速计数器可以对普通计数器无法处理的高速事件进行计数。

1. 高速计数器的功能

S7-1200 PLC 集成有 6 个高速计数器(HSC)。其中，HSC1～HSC3 的高速计数频率为 100 kHz。

CPU1211C 可以使用 HSC1～HSC3， CPU1212C 可以使用 HSC1～HSC4，使用信号板 DI2/DI2 后，它们还可以使用 HSC5。CPU1214C 可以使用 HSC1～HSC6。

HSC 有 4 种工作模式：内部方向控制的单相计数器、外部方向控制的单相计数器、二路计数脉冲输入的计数器和 A/B 相计数器。

并非每个 HSC 都能提供所有的工作模式，每种 HSC 的工作模式都可以使用或不使用复位输入。复位输入为 1 状态时，HSC 的实际计数值被清除，直到复位输入变为 0 状态，才能启动计数功能。HSC 有两种功能：频率测量功能和计数功能。

某些 HSC 的工作模式可以选用 3 种频率测量的周期(0.01 s、0.1 s 和 1.0 s)来测量频率值。频率测量的周期决定了多长时间计算和报告一次新的频率值。频率测量得到的结果是根据信号脉冲的计数值和测量周期计算出的频率平均值，频率的单位为 Hz(每秒的脉冲数)。

2. 高速计数器指令

高速计数器指令如图 5-40 所示。通过 CIRL_HSC 指令可以控制高速计数器。

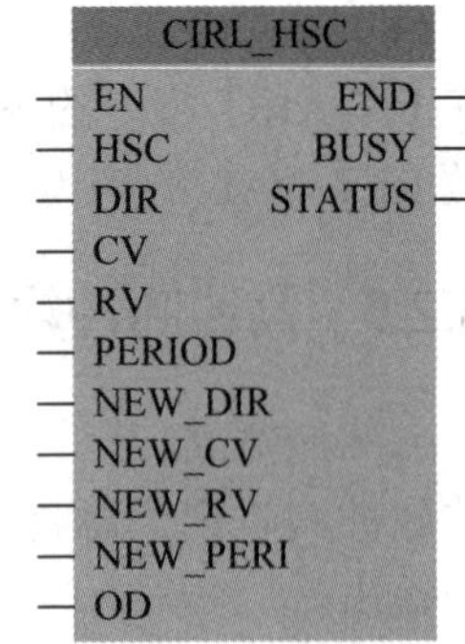

图 5-40 高速计数器指令

5.2.7 PID 控制指令

PID 控制指令如图 5-41 所示，该指令用来提供可在自动或手动模式下自我优化调节的

PID 控制器。

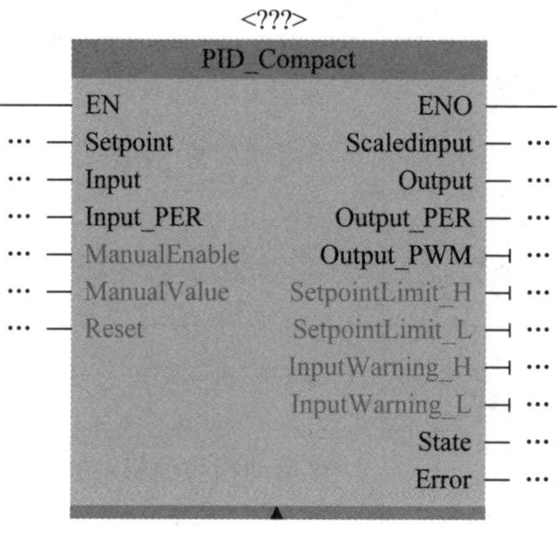

图 5-41　PID 控制指令

5.2.8　运动控制指令

运动控制指令如表 5-19 所示。通过运动控制指令可使用相关工艺数据块和 CPU 的专用 PTO 来控制轴上的运动。所有运动控制指令都需要指定背景数据块。

表 5-19　运动控制指令

指　　令	功　　能
MC_Power EN　ENO Axis　Status Enable　Error StopMode	可启用和禁止运动控制轴
MC_Reset EN　ENO Axis　Done Execute　Error	可复位所有运动控制错误，所有可确认的运动控制错误都会被确认
MC_Home EN　ENO Axis　Done Execute　Error Position Mode	可建立轴控制程序与轴机械定位系统的关系
MC_Halt EN　ENO Axis　Done Execute　Error	可取消所有运动过程并使轴运动停止

续表

指　令	功　能
MC_MoveAbsolute EN　ENO Axis　Done Execute　Error Position Velocity	可启动到某个绝对位置的运动，该作业在到达目标位置时结束
MC_MoveRelative EN　ENO Axis　Done Execute　Error Distance Velocity	可启动相对于起始位置的定位运动
MC_MoveVelocity EN　ENO Axis　InVelocity Execute　Error Velocity Current	可使轴以指定的速度平动
MC_Movelog EN　ENO Axis　InVelocity JogForward　Error JogBackward Velocity	可执行用于测试和启动目的的点动模式

习　题　5

1. S7-1200 PLC 指令参数所用的基本数据类型有哪些?

2. 定时器有几种类型? 分别实现什么功能?

3. 计数器有几种类型? 各有什么特点?

4. 用置位、复位指令设计一台电动机的启动、停止控制程序。

5. 编写程序来记录一台设备的运行时间，其设计要求为：当输入 I0.0 为高电平时，设备运行；当 I0.0 为低电平时，设备不工作。

6. 要求按下启动按钮 I0.0，Q0.5 控制的电机运行 30 s，然后自动断电，同时 Q0.6 控制的制动电磁铁开始通电，10 s 后自动断电。设计梯形图程序。

7. 编写程序实现以下控制功能：第一次扫描时将 MB0 清零，每 100 ms 将 MB0 加 1，MB0 = 100 时将 Q0.0 立即置 1。

8. 设计一个 8 位彩灯控制程序，要求彩灯的移动速度和移动方向可调。

9．用移位指令设计一个路灯照明系统的控制程序，三个路灯按 H1→H2→H3 的顺序依次点亮，各路灯之间点亮的间隔时间为 6 h。

10．将 8 个 16 位二进制数存放在 MW10 开始的存储区内，在 I0.3 的上升沿，用循环指令求它们的平均值，并将结果存放在 MW0 中。

11．设计一个圆周长的计算程序，将半径存放在 MW10 中，取圆周率为 3.1416，用浮点数运算指令计算圆周长，运算结果四舍五入后，转换为整数，存放在 MW20 中。

12．字符串和字符指令有哪些，其功能是什么?

13．数据块控制指令有哪些，其功能各是什么?

第 6 章　PLC 控制系统设计与 SCL 编程语言

知识目标

1. 掌握 PLC 控制系统的设计原则和流程。
2. 掌握 PLC 控制系统的程序设计方法。
3. 掌握 PLC 控制系统的调试方法。
4. 掌握常用 SCL 编程指令。

技能目标

1. 会根据控制要求将继电器系统改造为 PLC 控制系统。
2. 能根据控制要求设计 PLC 控制系统的软硬件系统。
3. 能根据自己的设计完成软硬件的调试。

PLC 用软件和内部逻辑取代了继电器接触器控制系统中的继电器、定时器、计数器和其他单个设备。因此，设计 PLC 控制系统，关键是设计 PLC 的控制电路和 PLC 的控制程序。尽管 PLC 的应用场合复杂多样，PLC 的联网通信功能不断完善，各种工业控制领域的自动化程度不断提高，但进行 PLC 控制系统设计总有一定的规律可循。

6.1　PLC 控制系统的设计原则及流程

6.1.1　PLC 控制系统的设计原则

在了解了 PLC 的基本工作原理和指令系统之后，可以结合实际工程项目进行 PLC 控制系统设计。PLC 控制系统设计的基本原则如下：

(1) 满足要求。最大限度地满足被控对象的控制要求，是设计控制系统的首要前提。这就要求设计人员在设计前深入现场进行调查研究，收集控制现场的资料，总结控制过程中有效的控制经验；同时，要注意和现场的管理人员、技术人员、工程操作人员紧密配合，共同解决设计中的重点问题和疑难问题。

(2) 安全可靠。控制系统能够长期安全、可靠、稳定地运行，是设计控制系统的重要原则。为了能达到这一点，要在系统设计、器件选择、软件编程等方面全面考虑。如在硬件和软件的设计上应该保证 PLC 程序不仅在正常条件下能正确运行，而且在一些非正常情况下(如突然掉电再上电、按错按钮等)也能正常工作；程序只能接受合法操作，对非法操作程序能予以拒绝等。

(3) 经济实用。一个新的控制工程固然能提高产品的质量，提高产品的数量，从而为工程带来巨大的经济效益和社会效益。但是，新工程的投入、技术的培训、设备的维护也会导致工程的投入和运行资金的增加。在满足控制要求的前提下，应力求使控制系统经济、简单，维修方便。

(4) 适应发展。在制定系统总体规划时，应优先选用技术先进、应用成熟广泛的产品组成控制系统，保证系统在一定时间内具有先进性，不会被市场淘汰。此原则与经济实用原则共同考虑，才能使控制系统具有较高的性价比。同时，还应充分考虑用户今后生产发展和工艺改进的需要，在选用 PLC 时，I/O 点数和内存容量上要留有适当裕量，同时对外要留有扩展的接口，以满足控制系统扩展和监控的需要。

6.1.2　PLC 控制系统的设计流程

PLC 控制系统的设计流程如图 6-1 所示，其大致可以分为确定系统设计方案、确定控制方案、确定系统结构和控制方式三个方面。

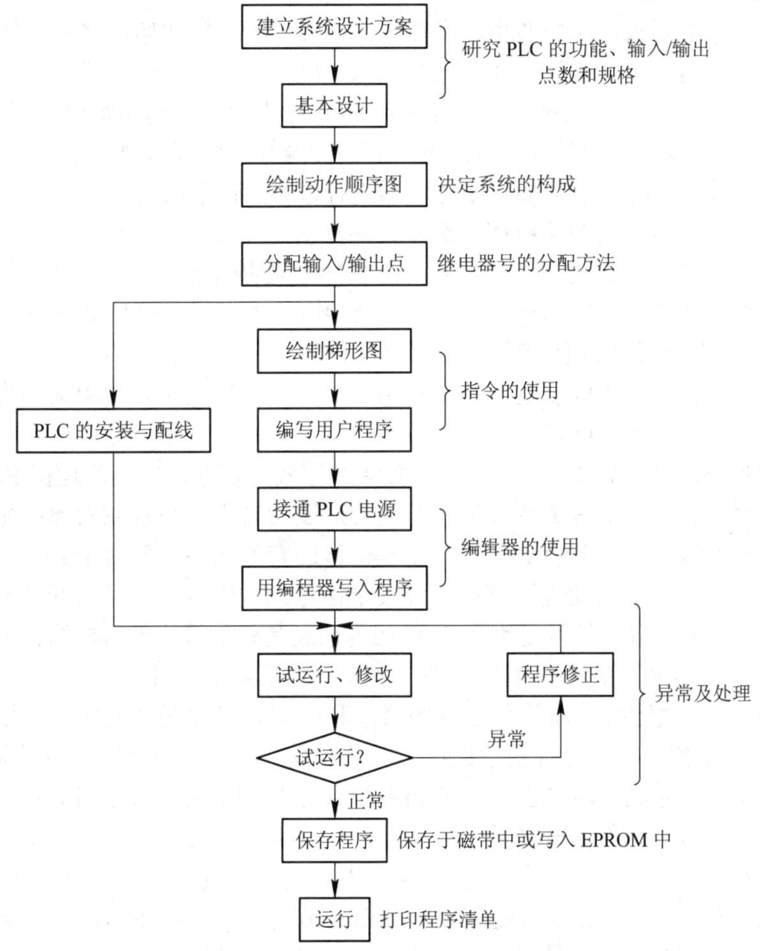

图 6-1　PLC 控制系统设计流程图

1. 确定系统设计方案

(1) 熟悉被控对象的工艺要求。深入了解被控对象是 PLC 控制系统设计的基础。工程师在接到设计任务时，首先必须进行现场调查研究，搜集有关资料，并与工艺、机械、电气方面的技术和操作人员密切配合，共同探讨被控制对象的驱动要求和注意事项，如驱动的电压、电流和时间等；各部件的动作关系，如因果、条件、顺序和必要的保护与联锁等；操作方式，如手动、自动、半自动、连续、单步和单周期等；内部设备与机械、液压、气动、仪表、电气等方面的关系；外围设备与其他 PLC、工业控制计算机、变频器、监视器之间的关系；是否需要显示关键物理量、上下位机的联网通信和停电等应急情况时的紧急处理等。

(2) 根据各物理量的性质确定 PLC 的型号。根据控制要求确定信号所需的输入元件、输出执行元件，即哪些信号是输入给 PLC 的，哪些信号是由 PLC 发出去驱动外围负载的。同时分类统计出各物理量的性质，如是开关量还是模拟量、是直流量还是交流量，以及电压的大小等级。根据输入量、输出量的类型和点数，选择具有相应功能的 PLC 基本单元和扩展单元，对于模块式 PLC，还应考虑框架和基板的型号、数量，并留有余量。

(3) 确定被控对象的参数。控制系统被控对象的参数有位置、速度、时间、温度、压力、电压、电流等，根据控制要求设置各量的参数、点数和范围。对于有特殊要求的参数，如精度要求、快速性要求、保护要求，应按工艺指标选择相应传感器和保护装置。

(4) 分配输入/输出继电器号。注意区分输入、输出继电器。输入继电器就是把外部来的信号送至 PLC 内部处理用的继电器，在程序内作触点使用；输出继电器就是把 PLC 内部的运算结果向外部输出的继电器，在程序内部作为继电器线圈，以及常开、常闭触点使用。在策划编程时，首先要对输入/输出继电器进行编号。确定输入/输出继电器的元件号与它们所对应的 I/O 信号所接的接线端子编号，并且保持一致，列一张 I/O 信号表，注明各信号的名称、代号和分配的元件号。如果使用多个框架的模块式 PLC，还应标注各信号所在的框架、模块序号和所接的端子号。这样，会使以后的配线、检修非常方便。

(5) 用流程图表示系统动作基本流程。用流程图表示系统动作的基本流程，可给编写程序带来极大的方便。流程图表达的控制对象的动作顺序以及相互约束关系直观、形象，基本组成了工程设计的大致框架。

(6) 绘制梯形图，编写 PLC 控制程序。如果程序较为复杂，应灵活运用 PLC 内部的辅助继电器、定时器、计数器等编程元件。绘制梯形图的过程就是控制对象按生产工艺的要求逐条执行语句的过程，因此有必要列出某些信号的有效状态，如是上升沿有效还是下降沿有效，是低电平有效还是高电平有效，开关量信号是常闭触点还是常开触点，触点在什么条件下接通或断开，激励信号是来自 PLC 的内部还是外部等。最后根据梯形图的逻辑关系，按照 PLC 的语言和格式编写用户程序，并写入 PLC 存储器中。

(7) 现场调试、试运行。通常编好程序后，利用实验室拨码开关模拟现场信号，逼近实际系统，对 PLC 控制程序进行模拟调试，对控制过程中可能出现的各种故障进行汇总、修正直到运行可靠。完成上述过程后，将 PLC 安装在控制现场进行联机总调试，对可能出现的接线问题以及执行元件的硬件故障问题，采用先调试子程序或功能模块，然后调试初始化程序，最后调试主程序的方式，逐一排除，使程序更趋完善，再进行试运行测试阶段。

(8) 编制技术文件。系统投入使用后，应结合工艺要求和最终的调试结果，整理出完整的技术文件，提交给用户。技术文件中主要包括电气原理图、程序清单、使用说明书、元件明细表和元件所对应的 PLC 中 I/O 接线端子的编号等。

2．确定控制方案

(1) 拟定实现参数控制的具体方案，包括硬件结构设计、机型选择和系统软件设计。

(2) 设计系统控制的网络拓扑结构，分析上、下位机各自承担的任务、相互关系、通信方式、协议、速率、距离等，以及实现这些功能的具体要求。

(3) 考虑输入、输出信号是开关量还是模拟量，是模拟量的还应根据控制精度的要求选择 A/D、D/A 转换模块的个数和位数。

(4) 考虑对 PLC 特殊功能的要求，对于 PID 闭环控制、快速响应、高速计数和运动控制等特殊要求，可以选用有相应特殊 I/O 模块的 PLC。

(5) 考虑系统对可靠性的要求，对可靠性要求极高的系统，应考虑是否采用冗余控制系统或备用系统。

总之，在设计 PLC 控制系统时，应最大限度地满足被控对象的控制要求，并力求使控制系统简单、经济，且使用及维修方便。在保证控制系统安全、可靠的同时应考虑到生产的发展和工艺的改进，在选择 PLC 容量时应适当留有余量。

3．确定系统结构和控制方式

根据实际需要不同，PLC 控制系统可以采用以下几种物理结构和控制方式。

(1) 单机控制系统。这种控制系统采用一台 PLC 就可以完成控制要求，控制对象往往是单个设备或多个设备的某些专用功能，其特点是被控设备的 I/O 点数较少，设备之间或 PLC 之间无通信要求，各自独立工作。单机控制系统主要应用于老设备的改造和小型系统，具体采用局部式结构还是离散式结构，应视现场的情况而定。

(2) 复杂控制系统。复杂控制系统根据控制形式的不同又可分为多种，如集中控制系统、远程控制系统、集散控制系统和冗余控制系统等，也可以是上述系统的组合。

集中控制系统用一台 PLC 控制几台设备，这些设备的地理位置相距不远，相互之间有一定的联系。如果设备之间相距很远，被控对象的远程 I/O 装置分布又广，远程 I/O 单元与 PLC 主机之间的信息交换需要由具有远程通信接口的模块来完成，用很少几根电缆就可以控制远程装置，那么这种控制方式称为远程 I/O 控制方式，如大型仓库、料场和采集基站等。有些控制系统，如大型冷、热轧钢厂的辅助生产机组和供油、供风系统，薄板厂的冷轧过程生产线控制系统，显示器的彩枪生产线控制系统等，这些系统中电动机传动的逻辑控制部分都单独采用一台 PLC 控制一台单机设备，通过数据通信总线把各个独立的 PLC 连接起来，这样现场的信号和数据就通过 PLC 送给上位机(工业控制计算机)来集中管理，可以把复杂系统简单化，编程容易、调试方便，当某台 PLC 停止运行时，不会影响其他 PLC 的工作，这种系统称为集散控制系统。有些生产过程必须连续不断地运行，人工无法干预，要求控制装置有极高的可靠性和稳定性，即使 PLC 出现故障，也不允许停止生产，因此需要采用冗余控制系统。冗余控制系统通常采用多个 CPU 模块，其中一个直接参与控制，其他作为备用，当工作的 CPU 出现问题时，备用的 CPU 立即自动投入运行，以保证生产过程的连续性。上述几个控制系统既相互联系，又各有特点。

(3) 网络控制系统。工厂自动化程度的提高，推动了工业控制领域网络的发展。在大规模生产线上，可以将工控机、PLC、变频器、机器人和柔性制造系统连在一个网络上，大量的数据处理业务和综合管理业务之间进行数据通信，形成一个复杂的多级分布式网络控制系统，如变电站的遥测、遥控、遥信、遥调，汽车组装生产线的控制等。

6.2 PLC 控制系统的程序设计方法

PLC 控制系统的程序设计方法一般可分为经验设计法、继电器控制电路改造法、顺序控制设计法等。不管是哪种设计方法，都必须遵循梯形图的设计规则。

梯形图设计规则如下：

(1) 梯形图所使用的元件编号应在所选用的 PLC 机型规定范围内，不能随意选用。

(2) 使用输入继电器触点的编号，应与控制信号的输入端号一致。当使用输出继电器时，应与外接负载的输出端号一致。

(3) 触点画在水平线上。

(4) 触点画在线圈的左边，线圈右边不能有触点。

(5) 当有串联线路并联时，应将触点最多的那个串联回路放在梯形图最上部。当有并联线路串联时，应将触点最多的那个并联回路放在梯形图最左边，如图 6-2 所示，这样排列的程序简洁。

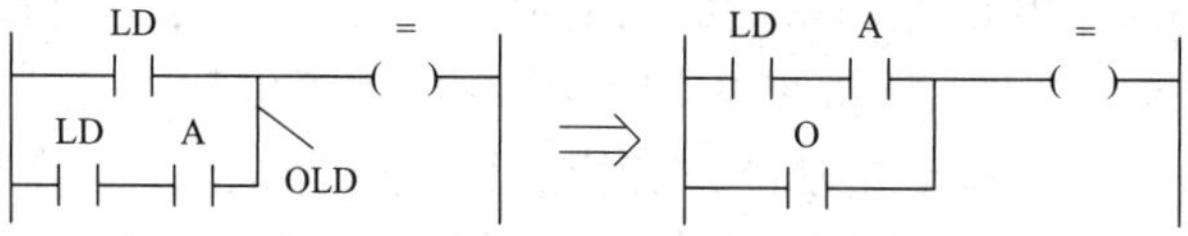

(a) 串联多的电路尽量放上部

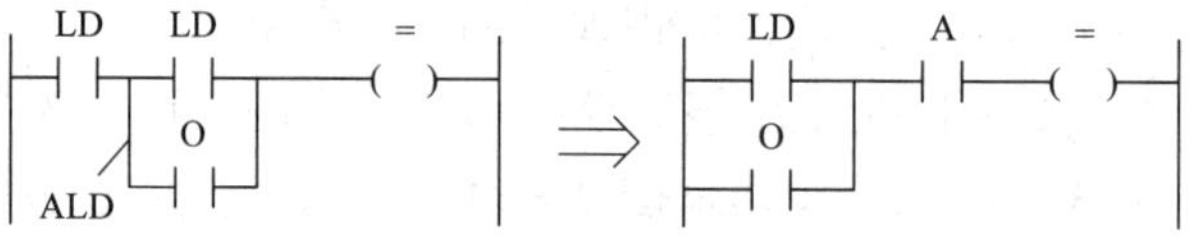

(b) 并联多的电路尽量靠近母线

图 6-2　串并联梯形图画法

(6) 对不可编程或不便于编程的线路，必须将线路进行等效变换，以便于编程。如图 6-3(a)所示的桥式线路不能直接编程，必须按逻辑功能进行等效变换才能编程，如图 6-3(b)所示。

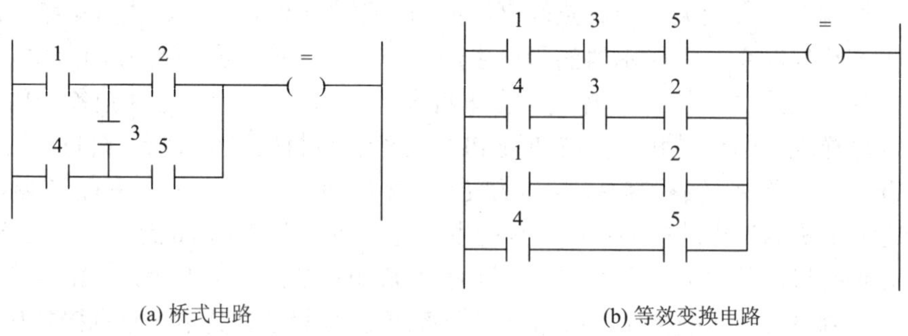

(a) 桥式电路

(b) 等效变换电路

图 6-3　等效变换梯形图画法

6.2.1　经验设计法

经验设计法是从继电器电路设计演变而来的，是借助设计者经验的设计方法，其基础是设计者接触过许多梯形图，熟悉这些图的结构及其所具有的功能。这种方法对于一些较简单的控制系统是比较有效的，可以实现快速、简单的效果。

1. 经验设计法的步骤

(1) 在准确了解控制要求后，合理地为控制系统中的事件分配输入、输出口。选择必要元件，如定时器、计数器、辅助继电器等。

(2) 对于一些控制要求较简单的输出，可直接写出它们的工作条件，以启-保-停电路模式完成相关的梯形图支路。工作条件稍复杂的可借助辅助继电器。

(3) 对于控制要求较复杂的输出，为了能用启-保-停电路模式绘出各输出口的梯形图，要正确分析控制要求，并确定组成总的控制要求的关键点。在以空间类逻辑为主的控制(如抢答器)中关键点为影响控制状态的点；在以时间类逻辑为主的控制(如交通灯)中关键点为控制状态转化的时间。

(4) 将关键点用梯形图表达出来。关键点要用元件进行代表，在安排元件时需加以考虑并安排好。绘制关键点的梯形图时，可使用常见的环节，如定时器计时环节、振荡环节、分频环节等。

(5) 在完成关键点梯形图的基础上，针对系统最终的输出进行梯形图的绘制。使用关键点综合出最终输出的控制要求。

(6) 审查以上草绘图纸，在此基础上补充遗漏的功能，更正错误，进行完善。

在设计梯形图程序时，要注意先画基本梯形图程序，当基本梯形图程序的功能能够满足要求后，再增加其他功能。在使用输入条件时，要注意输入条件是电平、脉冲还是边沿。一定要将梯形图分解成小功能块图并调试完毕后，再调试全部功能。

2. 常用的单元电路

经验设计法比较注重对成熟单元电路的使用，常用的电路介绍如下。

1) *启-保-停电路*

启-保-停电路是组成梯形图的最基本的支路单元，它包含一个梯形图支路的全部要素。启-保-停电路的梯形图如图 6-4 所示。图中，I0.0 为启动信号，I0.1 为停止信号，Q0.0 常开触点实现了自锁保持。此波形控制还可以用置位和复位指令来实现。

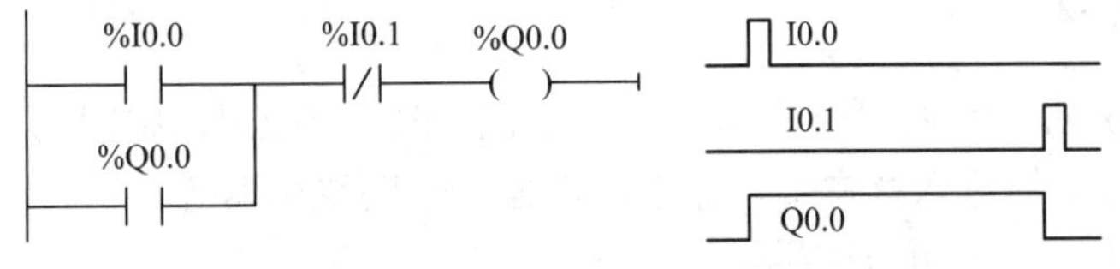

图 6-4　启-保-停电路的梯形图

2) *互锁电路*

互锁就是在不能同时接通的线圈回路中互串对方的常闭触点。如图 6-5 所示，互锁电路的梯形图中的两个输出线圈 Q0.1、Q0.2 回路中互串了对方的常闭触点，这就保证了在 Q0.1 置 1 时 Q0.2 不可能同时置 1。

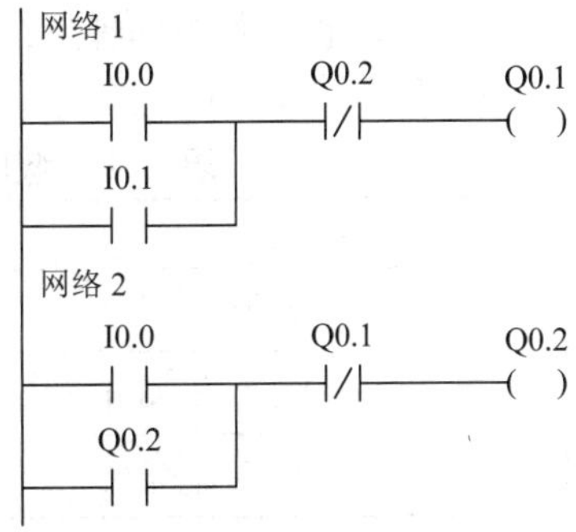

图 6-5　互锁电路的梯形图

3) *闪烁电路*

图 6-6 所示为闪烁电路的梯形图，如果 I0.0 接通，其常开触点接通，第二个定时器(T2)未启动，则其输出 M0.1 对应的常闭触点接通，第一个定时器(T1)开始定时。当 T1

定时时间未到时，T2 无法启动，Q0.0 为 0，10 s 后定时时间到，T1 的输出 M0.0 接通，其常开触点接通，Q0.0 接通，同时 T2 开始定时，5 s 后定时时间到，其输出 M0.1 接通，其常闭触点断开，使 T1 停止定时，M0.0 的常开触点断开，Q0.0 就断开，同时使 T 断开，M0.1 的常闭触点接通，Tl 又开始定时，周而复始，Q0.0 将周期性地“接通”和“断开”，直到 I0.0 断开，Q0.0 线圈“接通”和“断开”的时间分别等于 T2 和 T1 的定时时间。

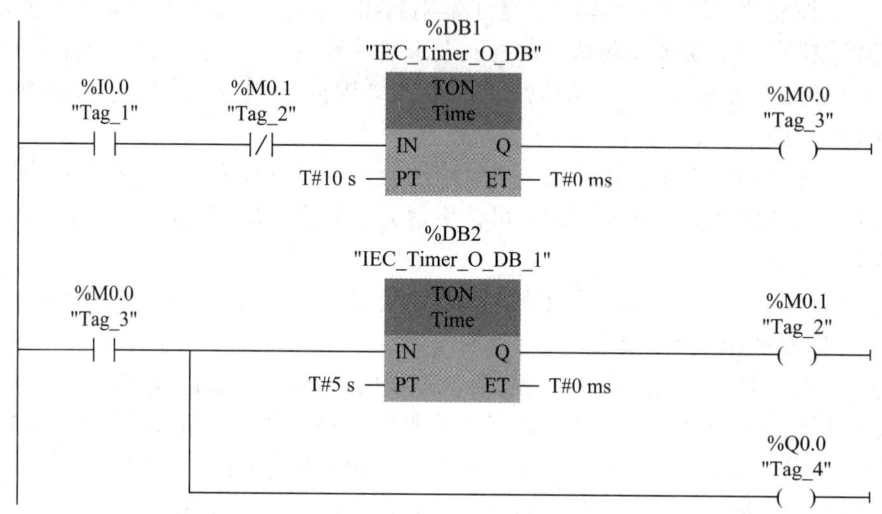

图 6-6　闪烁电路的梯形图

3．经验设计法的特点

(1) 经验设计法没有规律可遵循，具有很大的试探性和随意性，往往需经多次反复修改和完善才能符合设计要求，设计的结果不规范，且因人而异。

(2) 经验设计法设计麻烦、周期长，梯形图的可读性差，系统维护困难。

6.2.2　继电器控制电路改造法

PLC 是一种代替继电器系统的智能型工业控制设备，因而在 PLC 的应用中引入了许多继电器系统的概念，如编程元件中的输入继电器、输出继电器、辅助继电器等，还有线圈、常开触点、常闭触点等，即 PLC 是由继电器控制电路平稳过渡而来的。

1. 继电器控制电路图与 PLC 梯形图语言的比较

PLC 编程中使用的梯形图语言与继电器控制电路图相类似，两者图形符号的比较如表 6-1 所示。

表 6-1　继电器电路图符号和 PLC 梯形图符号的比较

符号名称		继电器电路图符号	PLC 梯形图符号
线圈		—□—	—( )
触点	常开		—| |—
	常闭		—|/|—

(1) PLC 梯形图语言和继电器电路图语言采用的图形符号是类似的。

(2) 这两种图表达控制思想的方式是一样的，都用图形符号及符号间的连接关系表示控制系统中事物间的相互关系。

(3) 这两种图的结构形式是类似的，都由一些并列的分支构成，分支的末尾都是作为输出的线圈，线圈的前边则是表示线圈工作条件的触点。

(4) 这两种图的分析方法是类似的。在继电器电路中，继电器是否工作以有无电流流到继电器的线圈进行判断，电流规定从电源的正极流出而流入电源的负极。在梯形图中编程元件是否工作取决于是否有“假想电流”流过，与继电器电路中的电流有类似的功能，“假想电流”规定从梯形图的左母线流向梯形图的右母线。从这里可以看出 PLC 的编程是从继电器控制电路图移植而来的。

2. 继电器控制电路改造法设计梯形图的步骤

(1) 了解和熟悉被控设备的工作原理、工艺过程和机械的动作情况，根据继电器电路图分析和掌握控制系统的工作原理。

(2) 确定 PLC 的输入信号和输出负载，列出 I/O 分配表。如果用 PLC 的输出位来控制继电器电路图中的交流接触器和电磁阀等执行机构，则它们的线圈在 PLC 的输出端。在 PLC 的数字量输入信号电路图中，按钮、操作开关、行程开关、接近开关等接入 PLC 的输入端。中间继电器和时间继电器的功能用 PLC 内部的存储器位和定时器来完成，与 PLC 的输入位、输出位无关。

(3) 选择 PLC 的型号，根据系统所需要的功能和规模选择 CPU 模块、电源模块和数字量输入和输出模块，对硬件进行组态，确定输入/输出模块在机架中的安装位置和它们的起始地址。

(4) 确定 PLC 各数字量输入信号与输出负载对应的输入位和输出位的地址，画出 PLC 的外部接线图。各输入和输出在梯形图中的地址取决于它们的模块的起始地址和模块中的接线端子号。

(5) 确定与继电器电路图中的中间继电器、时间继电器对应的梯形图中的存储器和定时器、计数器的地址。

(6) 根据上述对应关系画出梯形图。

3. 继电器控制电路改造法设计梯形图的注意事项

(1) 应遵守梯形图语言中的语法规定。由于工作原理不同，梯形图不能照搬继电器电路中的某些处理方法。例如，在继电器电路中，触点可以放在线圈的两侧，但是在梯形图中，线圈必须放在电路的最右边。

(2) 适当地分离继电器电路图中的某些电路。设计继电器电路图的一个基本原则是尽量减少图中使用触点的个数，以节约成本，但是这往往会使某些线圈的控制电路交织在一起。在设计梯形图时思路要清晰，设计出的梯形图要容易阅读和理解，不用特别在意是否多用几个触点，因为这不会增加硬件的成本，只是在输入程序时需要多花一点时间。

(3) 尽量减少 PLC 的输入和输出点数。PLC 的价格与 I/O 点数有关，因此减少输入/输出信号的点数是降低硬件费用的主要措施。在 PLC 的外部输入电路中，各输入端可以接常开触点或常闭触点，也可以接触点组成的串并联电路。PLC 不能识别外部电路的结构和触点类型，只能识别外部电路的通断。

(4) 时间继电器的处理。除了有延时动作的触点外，时间继电器还有在线圈通电瞬间接通的瞬动触点。在梯形图中，可以在定时器的线圈两端并联辅助继电器，它的触点相当于定时器的瞬动触点。

(5) 设置中间单元。在梯形图中，若多个线圈都受某一触点串并联电路的控制，为了简化电路，可以设置中间单元，即用该电路来控制某存储位，在各线圈的控制电路中使用其常开触点。这种中间单元类似于继电器电路中的中间继电器。

(6) 设立外部互锁电路。控制异步电动机正反转的交流接触器如果同时动作，将会造成三相电源短路。为了防止出现这样的事故，应在 PLC 外部设置硬件互锁电路。

(7) 注意外部负载的额定电压。PLC 双向晶闸管输出模块一般只能驱动额定电压为 AC 220 V 的负载，如果系统原来的交流接触器的线圈电压为 380 V，应换成 220 V 的线圈，或是设置外部中间继电器。

(8) 应尽量避免双线圈输出。使用线圈输出指令时，同一编号的线圈指令在同一程序中使用两次以上，称为双线圈输出。双线圈输出容易引起误动作或逻辑混乱，因此一定要慎重。

下面以可逆控制为例讲解如何将继电器控制系统改造为 PLC 控制系统。可逆控制电路如图 6-7 所示。

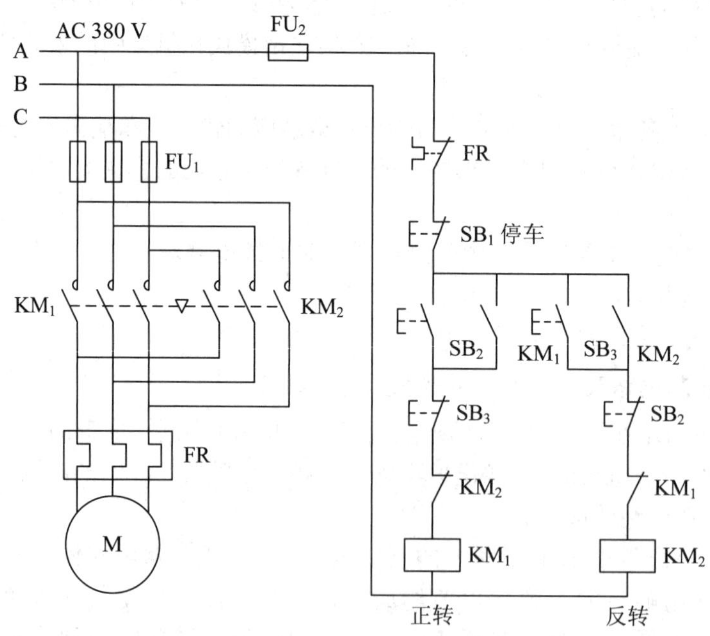

图 6-7 异步电动机正反转继电器控制电路

确定 PLC 的输入和输出后，列出 I/O 分配表，如表 6-2 所示。主电路不变，画出 PLC 的 I/O 接线图，如图 6-8(a)所示。根据对应关系画出梯形图，如图 6-8(b)所示。

表 6-2　I/O 分配表

输　入(I)			输　出(O)		
元件	功能	地址	元件	功能	地址
SB_1	停止	I0.2	KM_1	正转	Q0.0
SB_2	正转启动	I0.0	KM_2	反转	Q0.1
SB_3	反转启动	I0.1			

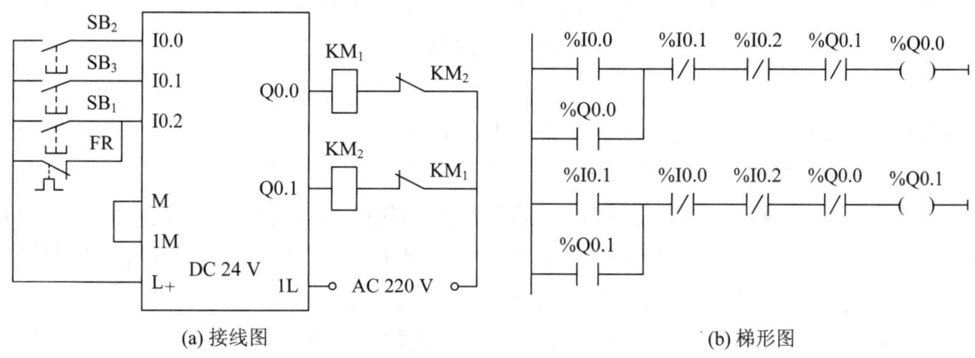

图 6-8　PLC 控制电动机正反转的 I/O 接线图和梯形图

6.2.3　顺序控制设计法

顺序控制就是按照生产工艺预先规定的顺序，在各个输入信号的作用下，根据内部状态和时间的顺序，使生产过程中各个执行机构自动而有序地工作。顺序控制设计方法是一种先进的程序设计方法，很容易被初学者接受。这种程序设计方法主要根据控制系统的顺序功能图(也叫状态转移图)来设计梯形图。

当使用顺序控制设计法时，首先要根据系统的工艺过程画出顺序功能图，然后根据顺序功能图画出梯形图。

1. 经验设计法和顺序控制设计法的对比

(1) 采用经验设计法设计梯形图是直接用输入信号控制输出信号，如图 6-9 所示。如果无法直接控制，或为了实现记忆、联锁、互锁等功能，只好被动地增加一些辅助元件和辅助触点。由于不同系统的输出信号和输入信号之间的关系各不相同，以及它们对联锁、互锁的要求多种多样，因此不可能找出一种简单通用的设计方法。

(2) 顺序控制设计法是用输入信号控制代表各步的编程元件(状态继电器 S)，再用它们控制输出信号，将整个程序分为控制程序和输出程序两部分，如图 6-10 所示。因为步是根据输出量的状态划分的，所以编程元件和输出之间具有很简单的逻辑关系，输出程序的设计极为简单。代表步的状态继电器的控制程序不管多么复杂，其设计方法都是相同的，并且很容易掌握。同时，代表步的辅助继电器是依次顺序变为 ON/OFF 状态的，基本上解决了系统的记忆、联锁等问题。

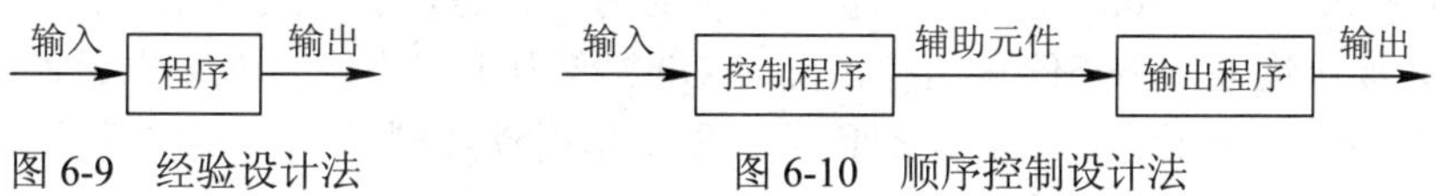

图 6-9　经验设计法　　图 6-10　顺序控制设计法

2. 顺序功能图的组成

顺序功能图(Sequential Function Chart，SFC)又称为功能流程图或功能图，它是描述控制系统控制过程功能和特性的一种图形，也是设计 PLC 顺序控制程序的有力工具。顺序控制指令(简称顺控指令)是 PLC 生产厂家为用户提供的可使功能图编程简单化和规范化的指令。顺序功能图是设计梯形图程序的基础。

顺序功能图主要由步、转移、动作及有向线段等元素组成。如果适当运用组成元素，就可得到控制系统的静态表示方法，再根据转移出发规则模拟系统的运行，就可以得到控制系统的动态过程。下面对步和转移进行简要描述。

1) 步

将控制系统的一个周期划分为若干顺序相连的阶段，这些阶段称为步，并用编程元件来代表各步。矩形框中可写上该步的编号或代码。步有初始步和活动步之分。

(1) 初始步：与系统初始状态相对应的步称为初始步。初始状态一般是系统等待启动命令的状态，一个控制系统至少要有一个初始步。初始步的图形符号为双线的矩形框。在实际使用时，有时也画成单线矩形框，有时画一条横线表示功能图的开始。

(2) 活动步：控制系统正处于某一步所在的阶段时，该步处于活动状态，称为活动步。当步处于活动状态时，执行相应的动作；当步处于非活动状态时，停止执行相应的非存储型的动作。

(3) 与步对应的动作或命令：在每个稳定的步下，可能会有相应的动作。

2) 转移

为了说明从一个步到另一个步的变化，要用转移的概念，即用有向线段来表示转移的方向。在两个步之间的有向线段上再用一段横线表示这一转移。

转移是一种条件，当此条件成立时，称为转移使能。当前转移如果能使步发生转移，则称为触发。一个转移能够触发必须满足两个条件：步为活动步，且转移使能有效。转移条件是指使系统从一个步向另一个步转移的必要条件，通常用文字、逻辑语言及符号来表示。

3. 顺序功能图的构成规则

控制系统顺序功能图的绘制必须满足以下规则：

(1) 步与步不能相连，必须用转移分开。

(2) 转移与转移不能相连，必须用步分开。

(3) 步与转移、转移与步间的连接采用有向线段。从上向下画时，可以省略箭头。当有向线段从下往上画时，必须画上箭头，以表示方向。在顺序功能图中应有由步和有向连线组成的闭环回路，以体现工作周期的完整性。

(4) 一个功能图至少要有一个初始步。

例 6-1 以某小车控制来说明顺序功能图的使用，如图 6-11 和图 6-12 所示。小车开始时停在最左边，限位开关 I0.2 为 1 状态。按下启动按钮，Q0.0 变为 1 状态，小车右行。碰到右限位开关 I0.1 时，Q0.0 变为 0 状态，Q0.1 变为 1 状态，小车改为左行。返回起始位置时，Q0.1 变为 0 状态，小车停止运行，同时 Q0.2 变为 1 状态，使制动电磁铁线圈通电，接通延时定时器 T1 开始定时。定时时间到，制动电磁铁线圈断电，系统返回初始状态。

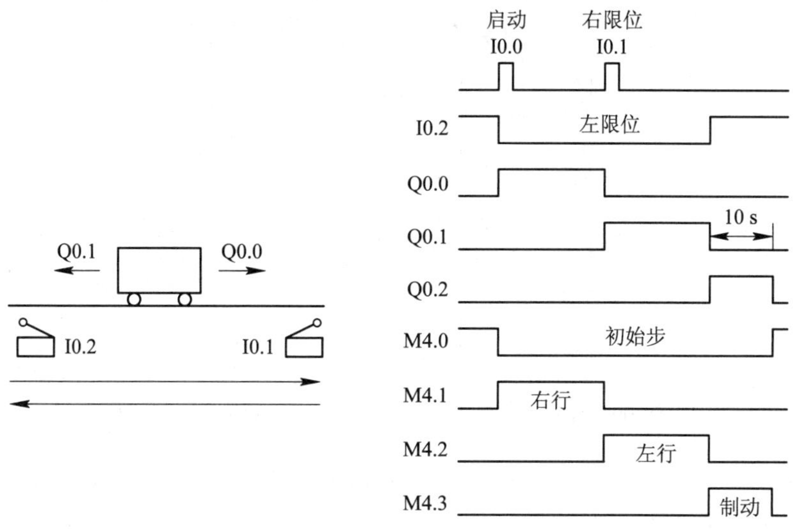

图 6-11　例 6-1 小车工作示意图与波形图

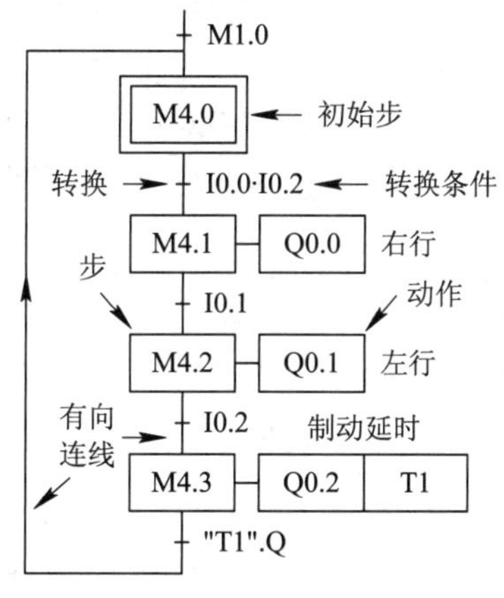

图 6-12　例 6-1 的顺序功能图

4. 顺序功能图的基本结构

顺序功能图的基本结构分为单序列、选择序列和并行序列，如图 6-13 所示。

(1) 单序列：其特点是没有分支与合并。

(2) 选择序列：选择序列的开始称为分支，如果步 4 是活动步，并且转换条件 h 为 ON，则由步 4→步 5。如果步 4 是活动步，并且转换条件 k 为 ON，则由步 4→步 7。选择序列的结束称为合并，如果步 6 是活动步，并且转换条件 j 为 ON，则由步 6→步 9。如果步 8 是活动步，并且转换条件 n 为 ON，则由步 8→步 9。只允许同时选择一个序列。

(3) 并行序列：并行序列用来表示系统中几个同时工作的独立部分的工作情况。并行序列的开始称为分支，当步 3 是活动步，并且转换条件 e 为 ON 时，从步 3 转换到步 4 和步 6。为了强调转换的同步实现，水平连线用双线表示。并行序列的结束称为合并，当步 5 和步 7 都处于活动状态，并且转换条件 i 为 ON 时，从步 5 和步 7 转换到步 8。

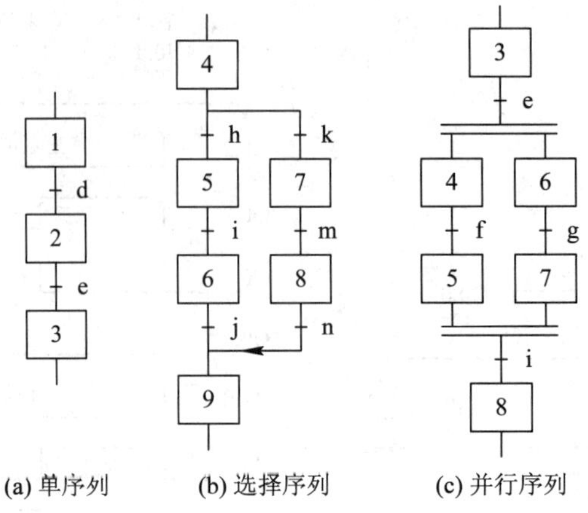

图 6-13 顺序功能图的基本结构

5. 顺序功能图转化为梯形图的方法

在梯形图中，用编程元件(例如 M)代表步，当某步为活动步时，该步对应的编程元件为 ON。当该步之后的转换条件满足时，转换条件对应的触点或电路接通。

将转换条件对应的触点和电路与代表所有前级步的编程元件的常开触点串联，作为后续步的启动电路。该电路接通时，将所有后续步对应的位存储器置位，将所有前级步对应的位存储器复位。顺序功能图转化为梯形图的方法应用举例如图 6-14 所示。

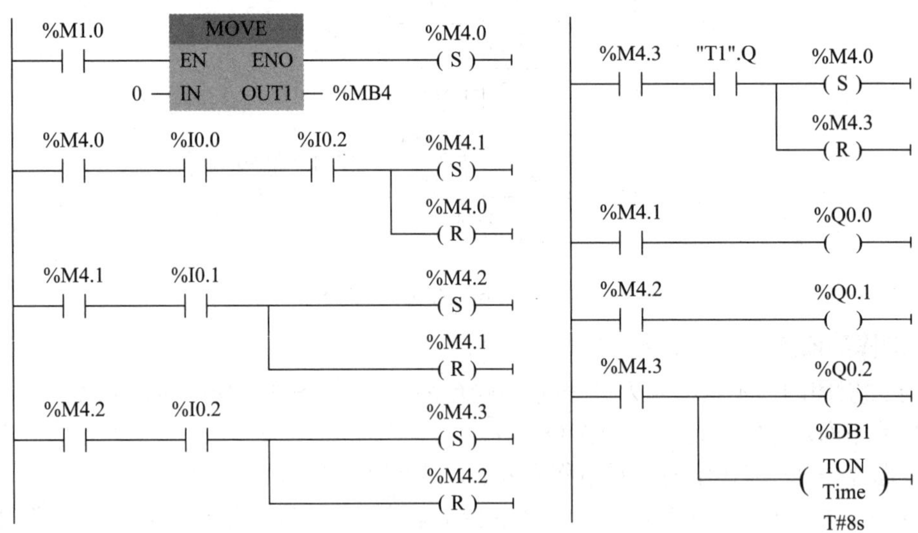

图 6-14 由例 6-1 的顺序功能图转化的梯形图

在例 6-1“小车顺序控制”编程的梯形图程序中，首次扫描时 M1.0 为 1 状态，MOVE 指令将顺序功能图中的各步(M4.0～M4.3)清零，然后将初始步 M4.0 置位为活动步。

实现顺序功能图中步 M4.1 下面的 I0.1 对应的转换需要同时满足两个条件，即该转换的前级步是活动步(M4.1 为 ON)和转换条件满足(I0.1 为 ON)。在梯形图中，用 M4.1 和 I0.1 的常开触点组成的串联电路来表示上述条件。该电路接通时，两个条件同时满足。此时用置位指令将 M4.2 置位，该转换的后续步变为活动步。用复位指令将 M4.1 复位，该转换的前级步变为不活动步。每一个转换对应一个这样的电路。

应根据顺序功能图，用代表步的位存储器的常开触点或它们的并联电路来控制输出位的线圈。Q0.0 仅在步 M4.1 为 ON，因此用 M4.1 的常开触点直接控制 Q0.0 的线圈。接通延时定时器 T1 的线圈仅在步 M4.3 接通，因此用 M4.3 的常开触点控制 T1 的线圈。

6. 复杂顺序功能图转化为梯形图的方法

如果某一转换与并行序列的分支、合并无关，它的前级步和后续步都只有一个，需要复位、置位的位存储器也只有一个，那么选择序列的分支与合并的编程方法与单序列的编程方法完全相同。复杂顺序功能图转化为梯形图如图 6-15 所示。

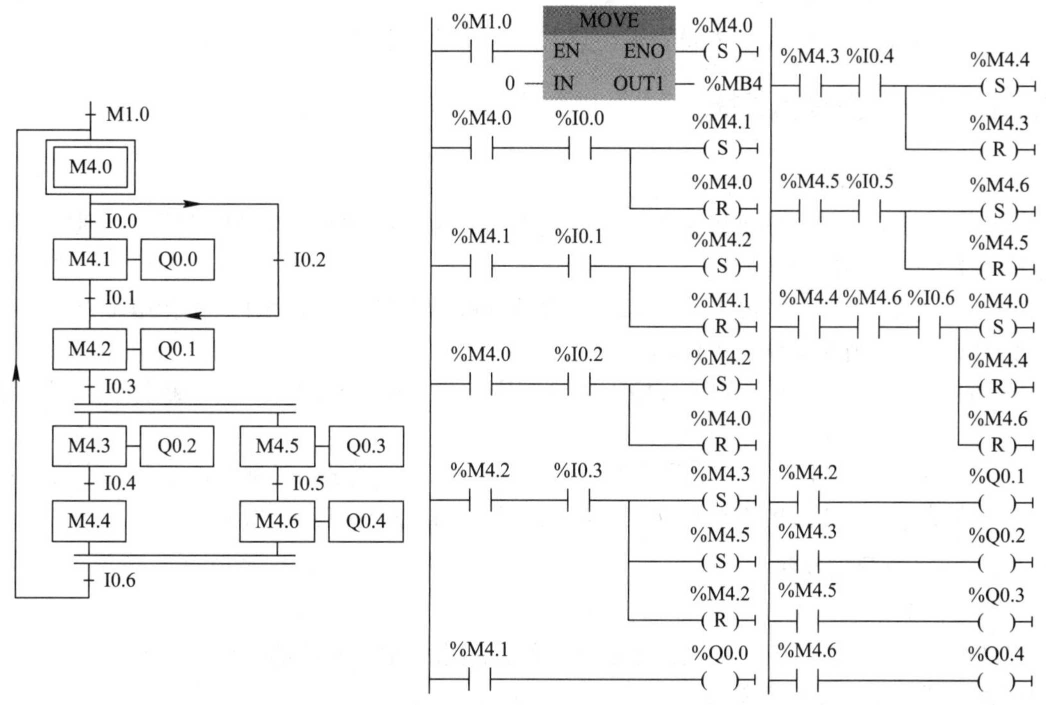

图 6-15　复杂顺序功能图转化为梯形图

如图 6-15 所示，步 M4.2 之后有一个并行序列的分支，用 M4.2 和转换条件 I0.3 的常开触点组成的串联电路将后续步对应的 M4.3 和 M4.5 同时置位，将前级步对应的 M4.2 复位。I0.6 对应的转换之前有一个并行序列的合并，用两个前级步 M4.4 和 M4.6 的常开触点和转换条件 I0.6 的常开触点组成的串联电路将后续步对应的 M4.0 置位，将前级步对应的 M4.4、M4.6 复位。

6.3　PLC 程序的调试

实际的 PLC 应用系统往往比较复杂，复杂系统不仅需要 PLC 的输入/输出点数多，而且为了满足生产的需要，很多工业设备都需要设置多种不同的工作方式，常见的有手动和自动(连续、单周期、单步)工作方式。

1．确定程序的总体结构

将系统的程序按工作方式和功能分成若干部分，如公共程序、手动程序、自动程序等。手动程序和自动程序不是同时执行的，需用跳转指令将它们分开，用工作方式的选择信号作为跳转的条件。

2．分别设计局部程序

公共程序和手动程序相对较为简单，一般采用经验设计法进行设计；自动程序相对比较复杂，对于顺序控制系统一般采用顺序控制设计法。

3．程序的综合与调试

进一步理顺各部分程序之间的相互关系，并进行程序的调试。

6.3.1 程序的内容和质量

1. PLC 程序的内容

程序应最大限度地满足控制要求，完成所要求的控制功能。除控制功能外，通常还应包括以下几个方面的内容：

(1) 初始化程序：在 PLC 上电后，一般都要做相应的初始化操作。其作用是为启动做必要的准备，并避免系统发生误动作。

(2) 检测、故障诊断、显示程序：应用程序一般都设有检测、故障诊断和显示程序等内容。

(3) 保护、联锁程序：在各种应用程序中，保护和联锁是不可缺少的部分。它可以杜绝由于非法操作而引起的控制逻辑混乱，保证系统的运行更安全、可靠。

2. PLC 程序的质量

程序的质量可以由以下几个方面来衡量：

(1) 程序的正确性。正确的程序必须能经得起系统运行实践的考验，离开这一条对程序所做的评价都是没有意义的。

(2) 程序的可靠性。好的应用程序可以保证系统在正常和非正常(短时掉电再复电、某些被控量超标、某个环节有故障等)工作条件下都能安全可靠地运行，也能保证在出现非法操作(如按动或误触动了不该动作的按钮)等情况下不至于出现系统控制失误。

(3) 参数的易调整性。易通过修改程序或参数而改变系统的某些功能。例如，有的系统在一定情况下需要变动某些控制量的参数(如定时器或计数器的设定值等)，在设计程序时必须考虑怎样编写才能易于修改。

(4) 程序的简洁性。编写的程序应尽可能简练。

(5) 程序的可读性。程序不仅仅给设计者自己参阅，系统的维护人员也要阅读。另外，为了有利于交流，也要求程序有一定的可读性。

6.3.2 程序的调试

PLC 程序的调试可以分为模拟调试和现场调试。

调试之前应仔细检查 PLC 外部接线，确保无误。也可以用事先编写好的试验程序对外部接线做扫描通电检查来查找接线故障。

为了安全考虑，最好将主电路断开，当确认接线无误后再连接主电路，将模拟调试好的程序送入用户存储器进行调试，直到各部分的功能都正常，并能协调一致地完成整体的控制功能为止。

1．模拟调试

(1) 将设计好的程序写入 PLC 后，应逐条仔细检查，并改正写入时出现的错误。

(2) 用户程序一般先在实验室模拟调试，实际的输入信号可以用钮子开关和按钮来模拟，各输出量的“通/断”状态用 PLC 上有关的发光二极管来显示，一般不用接 PLC 实际的负载(如接触器、电磁阀等)。

(3) 在调试时应充分考虑各种可能的情况，以及各种可能的进展路线，并对进展路线逐一检查，不能遗漏。

(4) 发现问题后应及时修改梯形图和 PLC 中的程序，直到在各种可能的情况下输入量与输出量之间的关系都完全符合要求。

(5) 程序中的定时器或计数器应该选择合适的设定值。

2．现场调试

(1) 将 PLC 安装在控制现场进行联机总调试，在调试过程中将暴露出系统图和梯形图程序设计中的问题，传感器、执行器和硬接线等方面的问题，以及 PLC 的外部接线问题，应对出现的问题及时加以解决。

(2) 如果调试达不到指标要求，则对相应硬件和软件部分做适当调整，通常只需要修改程序就可以达到调整的目的。

(3) 全部调试通过后，经过一段时间的考验，系统就可以投入实际运行了。

6.4　SCL 编程语言

6.4.1　SCL 程序编辑器

1．S7-SCL 简介

SCL(结构化控制语言)是一种基于 PASCAL 的高级编程语言，适合于复杂的数学计算、数据管理、过程优化、配方管理和统计任务等。S7-SCL 块可以与其他编程语言生成的块互相调用。

2．生成 SCL 的代码块

双击项目树中的“添加新块”，生成一个函数 SCL_FC1。设置“创建语言”为 SCL。

3．SCL 的编程窗口

双击 SCL_FC1，打开 SCL 程序编辑器窗口。编辑器有接口参数区和收藏夹。工作区由侧栏、代码区和监控区组成。

4．脚本/文本编辑器的设置

执行菜单命令“选项”→“设置”，选中“设置”视图左边导航区的“常规”文件夹中的“脚本/文本编辑器”，可以定制编程窗口的外观和程序代码的格式。

5．对 SCL 语言的设置

选中“设置”视图左边导航区的“PLC 编程”文件夹中的 SCL，可以设置显示关键字的方式以及修改新块的默认设置。

6.4.2 SCL 基础知识

1．表达式

表达式由操作数和运算符组成。通过运算符可以将表达式连接在一起或相互嵌套。表达式按相关运算符的优先级和从左到右的顺序进行运算，括号中的运算优先。表达式分为算术表达式、关系表达式和逻辑表达式。

1) 算术表达式

算术表达式可以是一个数字值，也可以由带有算术运算符的两个值或表达式组合而成。如果该运算中有两个具有不同数据类型的操作数，那么运算结果将采用长度较长且有符号的那个数据类型。例如：

```
"MyTag1" := "MyTag2" * "MyTag3";
```

2) 关系表达式

关系表达式对两个操作数的值进行比较，得到一个布尔值。满足比较条件时比较结果为 TRUE，否则为 FALSE。关系表达式的比较规则如下：

(1) 整数、浮点数、二进制数、位字符串和字符串中的所有变量都可以进行比较。Time、LTime、日期和时间只能比较相同类型的变量。

(2) 字符串的比较基于 ASCII 字符集，将比较变量的长度和各 ASCII 字符对应的数值。

(3) 需要将 S5Time 变量转换为 Time 数据类型后再进行比较。例如：

```
IF A < > (B AND C) THEN D := FALSE;
```

3) 逻辑表达式

逻辑表达式由两个操作数以及逻辑运算符(AND、OR 或 XOR)或取反操作数(NOT)组成。逻辑运算符可以处理各种数据类型。

两个 Bool 型操作数的结果也是 Bool 型。如果至少有一个是位字符串，那么结果是位数最高的位字符串。如果一个操作数为 Bool 型而另一个为位字符串，则必须先将 Bool 型的操作数显式转换为位字符串类型。例如：

```
IF "MyTag1" AND NOT "MyTag2" THEN   C := a;
Mytag :=ALPHA OR BETA;
```

2．运算符和运算符的优先级

运算符优先级的基本规则如下：算术运算符优先于关系运算符，关系运算符优先于逻辑运算符；同等优先级运算符的运算顺序则按照从左到右的顺序进行，括号中运算的优先级最高。运算符及其优先级如表 6-3 所示。

可以将一元加、一元减理解为加、减号。在赋值指令“#BB := -#AA；”中，“一元减”

运算符(减号)用来改变变量#AA 的符号。

表 6-3　运算符及其优先级

算术表达式			关系表达式			逻辑表达式		
运算符	运算	优先级	运算符	运算	优先级	运算符	运算	优先级
+	一元加	2	<	小于	6	NOT	取反	3
–	一元减	2	>	大于	6	AND 或&	“与”运算	8
**	幂运算	3	<=	小于等于	6	XOR	“异或”运算	9
*	乘法	4	>=	大于等于	6	OR	“或”运算	10
/	除法	4	=	等于	7	其他运算		
MOD	模运算	4	< >	不等于	7	( )	括号	1
+	加法	5				:=	赋值	11
–	减法	5						

3. 赋值运算

赋值运算将一个表达式的值分配给变量。赋值表达式的左侧为变量，右侧为表达式的值。函数名称也可以作为表达式，赋值运算将调用该函数，并将函数的返回值赋值给左侧的变量。赋值运算的数据类型取决于左边变量的数据类型。右边表达式的数据类型必须与该数据类型一致。赋值运算的赋值规则如下：

(1) 可以将一个结构分配给结构中成员的数据类型和名称相同的另一个结构。可以为单个结构元素分配一个变量、一个表达式或另一个结构元素。

(2) 如果两个数组的元素数据类型和数组下标的上、下限值都相同，则可以将整个数组分配给另一个数组。可以为单个数组元素分配一个变量、一个表达式或另一个数组元素。

(3) 可以将数据类型为 String 或 WString 的整个字符串赋值给数据类型相同的另一个字符串。可以为单个字符元素分配另一个字符元素。

(4) 只能将 Any 数据类型的变量赋值给同样为 Any 数据类型的 FB 的输入参数或 FB 和 FC 的临时局部数据。使用 Any 指针时，只能指向“标准”访问模式的存储区。在 SCL 的赋值运算中不能使用 Pointer 数据类型。

赋值运算的例子如下：

```
"MyTag1" := "MyTag2" *"MyTag3";            (* 通过表达式进行赋值 *)
"MyTag" := "MyFC"();                       (* 将函数的返回值赋值给变量 *)
#MyStruct.MyStructElement := "MyTag";      (* 将一个变量赋值给一个结构元素 *)
"MyTag":= #MyArray[1，4];                  (* 将一个 Array 元素赋值给一个变量*)
```

6.4.3　SCL 程序控制指令

本节讲的是打开 SCL 程序后，“基本指令”窗格的“程序控制指令”文件夹中 SCL 特有的指令。

在项目“SCL 应用”的 FC1 接口区生成数据类型为 Bool 的输入参数“位输入 1”和“位输入 2”，数据类型为 Int 的输入参数“输入值 1”和“输入值 2”，数据类型为 Bool 的输出参数“位输出 1”～“位输出 4”，以及数据类型为 Int 的输出参数“输出值 1”和“输出值

2”。在 OB1 中调用 FC1。生成名为“数据块_1”的 DB1，在其中生成数据类型为 Array[1..10] of Int 的数组 1～数组 4。

1．IF 指令

“条件执行”指令 IF 根据条件控制程序流的分支。该条件是结果为布尔值的逻辑表达式或比较表达式。

执行 IF 指令时，将对条件指定的表达式进行运算。如果表达式的 Bool 值为 TRUE，则表示满足该条件；反之，则表示不满足该条件。

1) IF 分支

```
IF <条件> THEN <指令>
END_IF;
```

如果满足指令中的条件，将执行 THEN 后面的指令；如果不满足该条件，程序将从 END_IF 的下一条指令开始继续执行。

2) IF 和 ELSE 分支

```
IF <条件> THEN <指令 1>
ELSE <指令 0>
END_IF;
```

如果满足指令中的条件，将执行 THEN 后的指令 1。如果不满足该条件，则执行 ELSE 后的指令 0。然后程序从 END_IF 的下一条指令开始继续执行。

3) IF、ELSIF 和 ELSE 分支

```
IF <条件 1> THEN <指令 1>
ELSIF <条件 2> THEN <指令 2>
ELSE <指令 0>
END_IF;
```

如果满足条件 1，将执行 THEN 后的指令 1，然后将从 END_IF 后继续执行。如果不满足第一个条件，但是满足条件 2，则将执行 THEN 后的指令 2，然后将从 END_IF 后继续执行。如果不满足任何条件，则执行 ELSE 后的指令 0，再执行 END_IF 后的程序。

在 IF 指令内可以嵌套任意多个 ELSIF 和 THEN 组合。可以选择对 ELSE 分支进行编程。例如：

```
IF #位输入 1 = 1 THEN
    #输出值 1 := 10;
ELSIF #位输入 2 = 1 THEN
    #输出值 1 := 20;
ELSE
    #输出值 1 := 30;
END_IF
```

如果“#位输入 1”的值为 1，则“输出值 1”为 10；如果“#位输入 1”的值为 0，“#位输入 2”的值为 1，则“输出值 1”为 20；如果两个条件的值均为 0，则“输出值 1”为 30。仿真实验可用 OB1 的程序状态监控来验证。

图 6-16 是主程序调用 FC1 的程序。仿真时启动 OB1 的程序状态监控功能，右键单击

M10.1，用快捷菜单中的命令将它的值修改为 1，M10.0 的值为默认的 0。执行上述的程序后，变量“输出值 1”被赋值为 20。

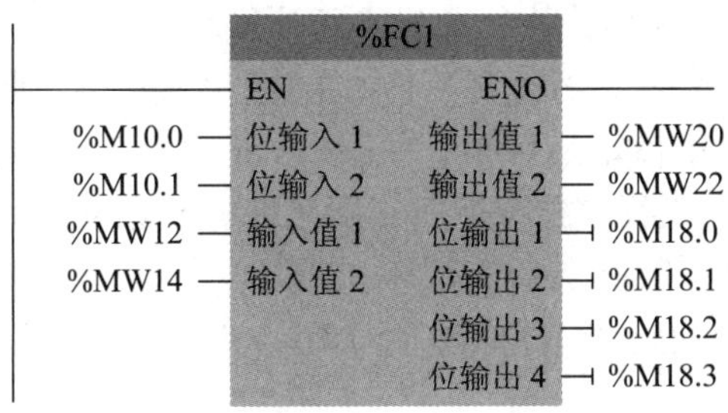

图 6-16　OB1 调用 FC1 的程序

2. CASE 指令

“创建多路分支”指令 CASE 根据数字表达式的值执行多个指令序列中的一个，表达式的整数值与多个常数值进行比较。常数可以是整数、整数的范围或由整数和范围组成的枚举(例如 10、11、15..20)。

```
CASE <表达式> OF
    <常数 1>: <指令 1>
    <常数 2>: <指令 2>
    <常数 X>: <指令 X>            (* X >=3 *)
    ELSE <指令  0>
END_CASE;
```

如果表达式的值等于常数 1 的值，则执行指令 1，然后程序将从 END_CASE 之后继续执行。如果表达式的值不等于常数 1 的值，则将该值与下一个设定的常数值进行比较，直至比较的值相等为止。CASE 指令程序如图 6-17 所示。如果表达式的值与所有设定的常数值均不相等，则执行 ELSE 后编写的指令 0。ELSE 是一个可选的语法部分，可以省略。CASE 指令也可通过用 CASE 替换一个指令块来进行嵌套。

```
CASE #输入值1 OF
    0:
        #位输出1 := 1;  (*#输入值1的值等于0时，#位输出1为1*)
    2, 4, 6:
        #位输出2 := 1;  (*#输入值1的值等于2、4或6时，#位输出2为1*)
    7, 10..16:
        #位输出3 := 1;  (*#输入值1的值等于7、10～16时，#位输出3为1*)
    ELSE
        #位输出4 := 1;  (*#输入值1的值不等于上述常数值时，#位输出4为1*
END_CASE;
```

图 6-17　CASE 指令程序

3. FOR 指令

使用“在计数循环中执行”指令 FOR，程序被重复循环执行，直至执行变量不在指定的取值范围内。程序循环可以嵌套。

1) “在按步宽计数循环中执行”指令

```
FOR <执行变量> := <起始值> TO <结束值> BY <增量> DO <指令>
END_FOR;
```

执行变量、起始值、结束值和增量的数据类型可选有符号整数 SInt、Int 和 DInt，S7-1500 还可选 LInt。

循环开始时，将起始值赋值给执行变量。每次循环后执行变量都会递增(正增量)或递减(负增量)增量的绝对值。每次运行循环后，如果执行变量未达到结束值，则执行 DO 之后编写的指令。如果达到结束值，最后执行一次 FOR 循环。如果超出结束值，程序将从 END_FOR 之后继续执行。执行该指令期间，不允许更改结束值。

2) “在计数循环中执行”指令

```
FOR <执行变量> := <起始值> TO <结束值> DO <指令>
END_FOR;
```

每次循环后执行变量的值加 1，即增量为默认值 1。

3) FOR 指令应用的例子

在 FC1 的接口区定义数据类型为 Int 的临时变量 i，生成全局数据块“数据块_1”，去掉它的“优化的块访问”属性。在其中生成“数组 1”和“数组 2”，其数据类型为 Array[1..10] of Int。下面是程序：

```
FOR #i := 2 TO 6 BY 2 DO
    "数据块_1".数组 2[#i] := #输入值 2* "数据块_1".数组 1[#i];
END_FOR;
```

在各次循环中，“#输入值 2”分别乘以"数据块_1".数组 1 的下标为 2、4、6 的元素，并将运算结果分别送给"数据块_1".数组 2 的下标为 2、4、6 的元素。

在主程序中调用 FC1，启动主程序的程序状态监控功能，将“输入值 2”的值修改为 3。启动监控表的监控功能，将 1、2、3 分别写入“数据块_1”.数组 1 的下标为 2、4、6 的元素。打开数据块_1，启动监控功能，可以看到由于循环程序的执行，数组 2 的下标为 2、4、6 的元素的值分别为 3、6 和 9。

4. WHILE 指令

“满足条件时执行”指令 WHILE 用来重复执行程序循环，直到不满足执行条件为止。应用 WHILE 指令的例子如下：

```
WHILE #输入值 1 < > #输入值 2 DO
        #输出值 2 := 20;
END_WHILE;
```

只要操作数“#输入值 1”和“#输入值 2”的值不相等，条件满足，就会执行 DO 后面的指令。二者相等时，程序将从 END_WHILE 后继续执行。

5. REPEAT 指令

“不满足条件时执行”指令 REPEAT 可以重复执行程序循环，直到不满足执行条件为止。应用 REPEAT 指令的例子如下：

```
REPEAT
    #输出值 1 := #输入值 2;
UNTIL #位输入 1       END_REPEAT;
```

只要操作数“#输入值 1”的信号状态为“0”，就会反复地将操作数“#输入值 2”的值赋值给操作数“#输出值 1”。如果“#输入值 1”的值为 TRUE，条件满足，将跳出程序循环，从 END_REPEAT 之后继续执行。

WHILE 指令是先评估条件，条件满足才执行指令。而 REPEAT 指令是先执行其中的指令，然后才评估条件，因此即使满足终止条件，循环体中的指令也会执行一次。在程序中使用 WHILE 和 REPEAT 指令，可能导致扫描循环时间超时。

6. CONTINUE 指令

“核对循环条件”指令 CONTINUE 用于结束 FOR、WHILE 或 REPEAT 循环的当前程序运行。执行该指令后，将再次计算继续执行程序循环的条件。

应用 CONTINUE 指令的例子如下：

```
FOR #i := 1 TO 10 DO
    IF #i < 5 THEN    CONTINUE;
    END_IF;
    "数据块_1".数组 3[#i] := 5;
END_FOR;
```

如果满足条件#i < 5，则不执行 END_IF 后续的指令。FOR 指令的执行变量 i 以增量 1 递增，然后检查 i 的当前值是否在设定的取值范围内。如果执行变量在取值范围内，将再次计算 IF 的条件。

如果不满足条件#i < 5，则执行 END_IF 后续的指令，并开始一次新的循环。在这种情况下，执行变量也会以增量 1 进行递增并接受检查。

上面程序的执行结果是“数据块_1”.数组 3 中的数组元素数组 3[5]～数组 3[10]被赋值为 5。

7. EXIT 指令

“立即退出循环”指令 EXIT 可以随时取消 FOR、WHILE 或 REPEAT 循环的执行，而无须考虑是否满足条件。在循环结束后继续执行程序。应用 EXIT 指令的例子如下：

```
FOR #i := 10 TO 1 BY -2 DO
    IF #i < 5 THEN EXIT;
    END_IF;
    "数据块_1".数组 4[#i] := 2;
END_FOR;
```

FOR 指令使执行变量#i 以 2 为增量进行递减，并检查该变量的当前值是否在程序中设定的取值范围之内。如果量#i 在取值范围之内，则计算 IF 的条件。如果不满足条件#i < 5，则执行 END_IF 后续的指令，并开始一次新的循环。如果满足 IF 指令的条件#i < 5，则取消循环的执行，程序将从 END_FOR 之后继续执行。

上面程序的执行结果是数组元素数组 4[10]、数组 4[8]和数组 4[6]被赋值为 2。

8. GOTO 指令

执行“跳转”指令 GOTO 后，将跳转到指定的跳转标签处，开始继续执行程序。GOTO 指令和它指定的跳转标签必须在同一个块内。在一个块内，跳转标签的名称只能指定一次。多个跳转指令可以跳转到同一个跳转标签处。

不允许从外部跳转到程序循环内，但是允许从循环内跳转到外部。

9. RETURN 指令

使用“退出块”指令 RETURN，可以终止当前被处理的块中的程序执行，返回调用它的块继续执行。如果该指令出现在块结尾处，则被忽略。

6.4.4 SCL 的间接寻址

打开项目“SCL 间接寻址”。间接寻址访问的数据块不能使用“优化的块访问”属性。

1. PEEK_BOOL 指令

“读取存储器位”指令“PEEK_BOOL”用于在不指定数据类型的情况下从存储器区读取存储器位。生成一个使用 SCL 语言、名为“PEEK_BOOL”的 FC1。

在 FC1 中调用指令“PEEK_BOOL”，其 Byte 输入参数 area 为地址区，area 为 16#81～16#84 时分别为输入、输出、位存储器区和 DB，area 为 16#1 时为外设输入(仅 S7-1500)。DInt 输入参数 dbNumber 是数据块的编号，不是数据块中的地址则为 0。DInt 输入参数 byteOffset 为地址的字节编号，Int 输入参数 bitOffset 是地址的位编号。返回的函数值为 Bool 变量。

在 FC1 的接口区生成输入参数“地址区”“数据块号”“字节偏移”和“位偏移”，以及输出参数“位地址值”，下面是 FC1 中的程序：

```
#位地址值:=PEEK_BOOL(area:=#地址区，
        dbNumber:=#数据块号，byteOffset:=#字节偏移，bitOffset:=#位偏移);
```

生成名为“数据块_1”的 DB1，去掉它的“优化的块访问”属性。在其中生成数据类型为 Array[1..10] of Byte 的数组。

在 OB1 中调用 FC1，读取 DB1.DBX1.3 的值，用 M2.0 保存。运行时用监控表监控 DB1.DBX1.3，修改它的值为 TRUE 或 FALSE，可以看到程序状态中 M2.0 的值随之而变，如图 6-18 所示。

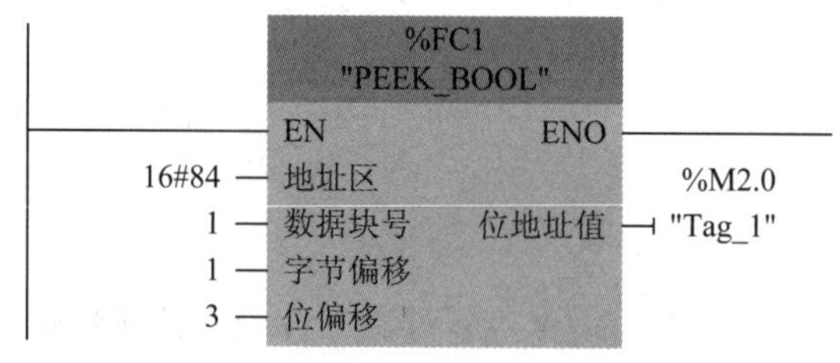

图 6-18 PEEK_BOOL 指令程序

2. PEEK 指令

“读取存储器地址”指令 PEEK 用于在不指定数据类型的情况下从存储区读取存储器地址，可以读取字节、字和双字。生成使用 SCL 语言、名为“PEEK_BYTE”的 FC2，在其中调用 PEEK 指令。在程序中将 PEEK 指令的名称改为“PEEK_”，单击出现的指令列表中的“PEEK_BYTE”，指令名称变为“PEEK_BYTE”。FC2 中的程序如图 6-19 所示。下面是 FC2 中的程序：

```
#字节地址值:=PEEK_BYTE(area:=#地址区，dbNumber:=#数据块号，byteOffset:=#字节偏移);
```

PEEK_BYTE 指令比 PEEK_BOOL 指令少一个输入参数 bitOffset。FC2 比 FC1 少一个输入参数“位偏移”，唯一的输出参数“字节地址值”的数据类型为 Byte。

在 OB1 中调用 FC2，读取 QB2 的值，用 MB3 保存。仿真时在监控表中修改 QB2 的值，可以看到程序状态中 MB3 的值随之而变。

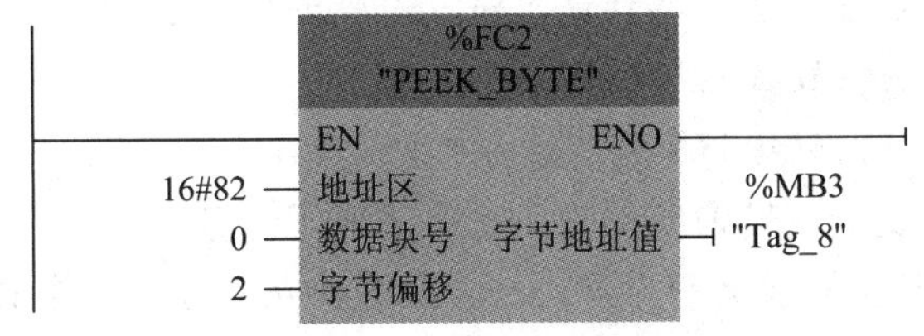

图 6-19　FC2 中的程序

6.4.5　SCL 应用举例

打开项目“SCL 求累加值”，DB1 中有一个数据类型为 Array[1..10] of Int 的数组，名为“数组 1”。要求累加数组 1 前面若干元素的值。

定义使用 SCL 语言的 FC1 的块接口变量。在 FC1 的程序中，首先将累加值清零。用 FOR 指令累加数组 1 前面若干元素的值，用 FOR 指令中的运行变量 i 作为数组 1 元素的下标，通过间接寻址读取数组元素的值。整数相加的结果可能超过整数的最大值，为此将读取的整数值转换为双整数值，再进行累加。在 OB1 中调用 FC1，累加数组 1 前 4 个元素的值。累加数组元素程序如图 6-20 所示。

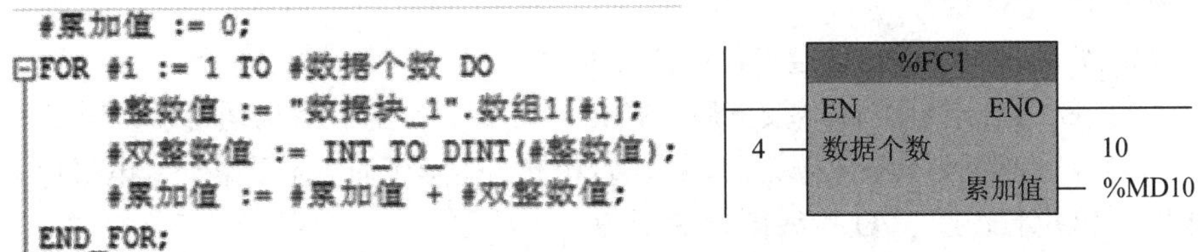

图 6-20　累加数组元素程序

习　题　6

一、选择题

1．下面关于顺序控制设计法的说法错误的是(　　)。

A．步是根据输出量的状态变化来划分的

B．在任何一步之内，各输出量的状态不变

C．相邻两步的输出量状态是不同的

D．步是根据时间变化来划分的

2．下面关于顺序功能图的说法错误的是(　　)。

A．步是用双线方框表示的

B．与系统初始状态相对应的步称为初始步

C．步处于活动状态时，相应的动作被执行

D．系统处于某一步所在的阶段时，该步叫活动步

3．下面关于顺序功能图基本结构的说法错误的是(　　)。

A．单序列每一步后面只有一个转换，每一个转换后面只有一个步

B．选择序列分支处，转换符号标在水平连线之下

C．选择序列合并处，转换符号标在水平连线之下

D．并行序列在分支处，转换实现时，几个序列同时激活

4．(　　)序列用来表示系统中几个同时工作的独立部分的工作情况。

A．单序列　　B．选择序列　　C．子步序列　　D．并行序列

5．(　　)序列中的各序列是互相排斥的，其中的任何两个序列都不会同时执行。

A．选择序列　　B．并行序列　　C．单序列

6．下面关于顺序功能图特点的说法错误的是(　　)。

A．两个步可以直接相连

B．两个转换不可以直接相连

C．初始步必不可少

D．要用适当的信号将初始步置为活动步，否则系统无法工作

7．与系统初始状态相对应的步称为(　　)。

A．子步　　B．初始步　　C．活动步　　D．跳步

二、综合题

1． PLC 控制系统设计时应遵循的原则是什么?

2．假设控制两台电机运行，按下启动按钮后，第一台电机启动运行，延时 5 s 后，第二台电机启动运行，当按下停止按钮后，第二台电机停止，延时 5 s 后第一台电机停止运行。设计主电路、I/O 分配表、I/O 接线图、梯形图。

3．如图 6-21 所示，某液压动力滑台在初始状态时停在最左边，行程开关 I0.0 接通。按下启动按钮 I0.4，动力滑台的进给运动如图所示。工作一个循环后，返回并停在初始位置。控制各电磁阀的 Q0.0～Q0.3 在各工步的状态如表所示(＋表示“1”状态，－表示“0”状态)。设计 I/O 分配表、I/O 接线图、功能图、梯形图。

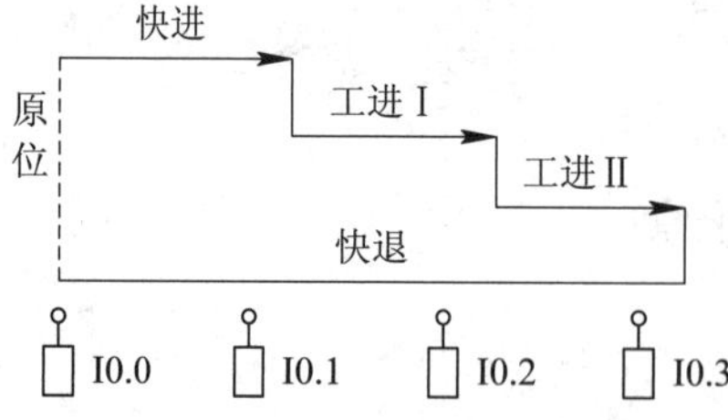

工步	Q0.0	Q0.1	Q0.2	Q0.3
快进	－	＋	＋	－
工进 I	＋	＋	－	－
工进 II	－	＋	－	－
快退	－	－	＋	＋

图 6-21　滑台工作示意图和动作表

4．图 6-22 所示为红绿灯的时序图，设计 I/O 分配表、I/O 接线图、梯形图。

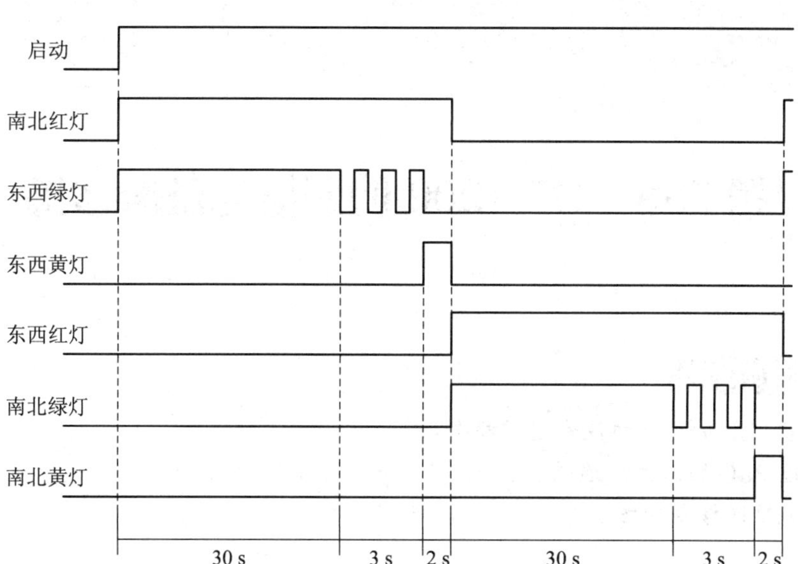

图 6-22　红绿灯时序图

5．图 6-23 所示是一个星形-三角形继电器控制系统电路，将其改造为 PLC 控制系统，请设计出主电路、I/O 分配表、I/O 接线图、梯形图。

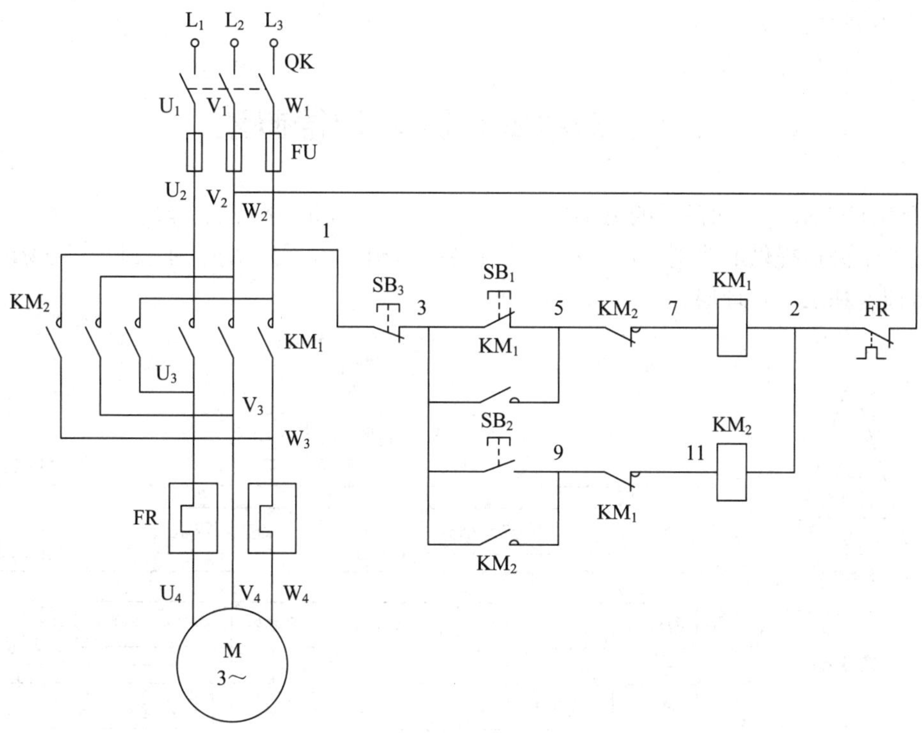

图 6-23　星形-三角形继电器控制系统电路

第7章　S7-1200的通信与故障诊断

知识目标

1. 掌握PLC的通信协议和通信指令。
2. 掌握PLC的以太网通信、S7通信和串口通信的应用。
3. 掌握故障诊断的方法。

技能目标

1. 会应用通信协议和指令。
2. 能完成S7-1200与西门子系列产品的交互。
3. 能完成S7-1200与第三方智能产品的交互，如机器人、触摸屏、智能仪表等。
4. 会故障诊断。

7.1　S7-1200 PLC通信概述

SIMATIC NET是西门子的通信软件，起连接上位机和下位机的作用。

西门子公司提供的典型工厂自动化系统网络结构如图7-1所示，主要包括现场设备层、车间监控层和工厂管理层。

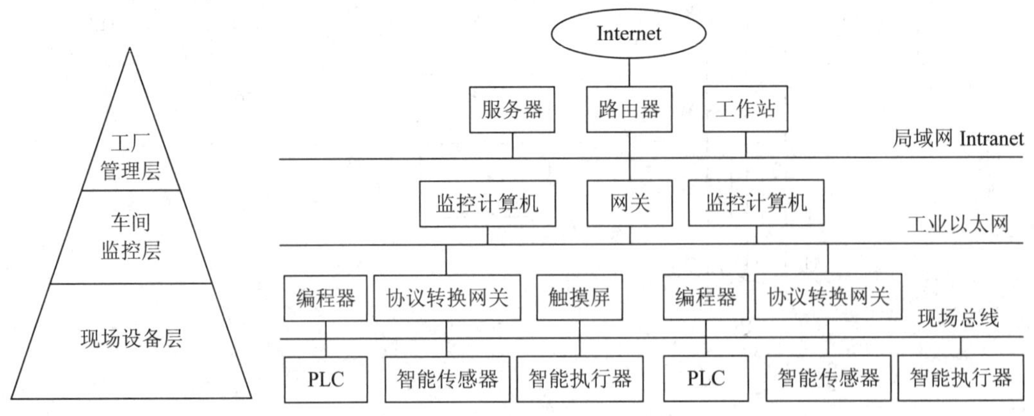

图7-1　西门子公司提供的典型工厂自动化系统网络结构

1. 现场设备层

现场设备层的主要功能是连接现场设备，如分布式I/O、传感器、驱动器、执行机构和开关设备等，完成现场设备控制和设备间联锁控制。主站(如 PLC、PC 或其他控制器)负责总线通信管理及主站与从站间的通信。总线上所有设备生产工艺控制程序都存储在主站中，并由主站执行。西门子的 SIMATIC NET 网络系统将执行器和传感器单独分为一层，主要使用 AS-I(执行器-传感器接口)网络。

2. 车间监控层

车间监控层又称为单元层，用来完成车间主生产设备之间的连接，实现车间级设备的监控。车间级监控包括生产设备状态的在线监控、设备故障报警及维护等。车间级监控通常还具有生产统计、生产调度等车间级生产管理功能。车间级监控通常要设立车间监控室，其中有操作员工作站及打印设备。车间级监控网络可采用 PROFIBUS-FMS 或工业以太网等。

3. 工厂管理层

车间操作员工作站可以通过集线器与车间办公管理网进行连接，将车间生产数据传送到车间管理层。车间办公管理网作为工厂主网的一个子网，通过交换机、网桥或路由器等连接到厂区骨干网，用于将车间数据集成到工厂管理层。工厂管理层通常采用符合 IEC802.3 标准的以太网，即 TCP/IP 通信协议标准。厂区骨干网可以根据工厂实际情况，采用 FDDI 或 ATM 等网络。

7.2 S7-1200 PLC 的开放式用户通信

S7-1200 CPU 中集成了一个 PROFINET 通信接口，支持以太网和基于 TCP/IP 的通信标准。使用这个通信口可以实现 S7-1200 CPU 与编程设备的通信、与 HMI 触摸屏的通信以及与其他 CPU 的通信。S7-1200 PLC 的 PROFINET 物理接口支持 10 Mb/s 和 100 Mb/s 的 RJ45 口，支持电缆交叉自适应。因此一个标准的或者交叉的以太网线都可以用于该接口。

7.2.1 支持的协议

S7-1200 PLC 的 PROFINET 接口支持开放式用户通信、Web 服务器、Modbus TCP 协议和 S7 通信(服务器和客户机)。开放式用户通信支持以下通信协议及服务：TCP(传输控制协议)、ISO on TCP(RCF1006)、UDP(用户数据报协议)、DHCP(动态主机配置协议)、SNMP(简单网络管理协议)、DCP(发现和基本配置协议)、LLDP(链路层发现协议)和 S7 通信服务。

1. TCP

TCP 是由 RFC793 描述的标准协议，可以在通信对象之间建立稳定、安全的服务连接。如果数据采用 TCP 协议来传输，则传输的形式是数据流，没有传输长度及信息帧的起始、结束信息。在信息以数据流的方式传输时，接收方不知道一条信息的结束和下一条信息的开始。因此，发送方必须确定信息的结构让接收方能够识别。

2. ISO on TCP

ISO 传输协议最大的优势是通过数据包来进行数据传递。然而，由于网络的增加，它不支持路由功能的劣势逐渐显现。TCP/IP 协议兼容了路由功能后，对以太网产生了重要的影响。为了集合两个协议的优点，在扩展的 RFC1006“ISO on top of TCP”中作了注释，也称为“ISO on TCP”，即在 TCP/IP 协议中定义了 ISO 传输的属性。

3. S7 通信服务

所有 SIMATIC S7 控制器都集成了用户程序可以读写数据的 S7 通信服务。不管使用哪种总线系统，都可以支持 S7 通信服务，即以太网、PROFIBUS 和 MPI 网络中都可使用 S7 通信服务。此外，使用适当的硬件和软件的 PC 系统也支持 S7 通信服务。

S7-1200 PLC 的 PROFINET 通信接口支持的最大通信连接数如下：

(1) 3 个连接用于 HMI 触摸屏与 CPU 的通信。

(2) 1 个连接用于编程设备与 CPU 的通信。

(3) 3 个连接用于 S7 通信的服务器端连接，可以实现与 S7-200、S7-300 以及 S7-400 的以太网 S7 通信。

(4) 8 个连接用于 Open IE(即 TCP、ISO on TCP)的编程通信，使用 T-block 指令来实现。

S7-1200 PLC 可以同时支持以上 15 个通信连接，这些连接数是固定不变的，不能自定义。S7-1200 PLC 的 PROFINET 接口有两种网络连接方法：直接连接和网络连接。

(1) 直接连接。当一个 S7-1200 PLC 与一个编程设备(如一个 HMI 或一个 PLC)通信，也就是只有两个通信设备时，实现的是直接通信。直接连接不需要交换机，用网线直接连接两个设备即可，如图 7-2 所示。

(2) 网络连接。当多个通信设备进行通信，即通信设备数量在两个以上时，实现的是网络连接，如图 7-3 所示。多个通信设备的网络连接需要使用以太网交换机来实现。可以使用导轨安装的西门子 CSM1277 的 4 口交换机连接其他 CPU 及 HMI 设备。CSM1277 交换机是即插即用的。

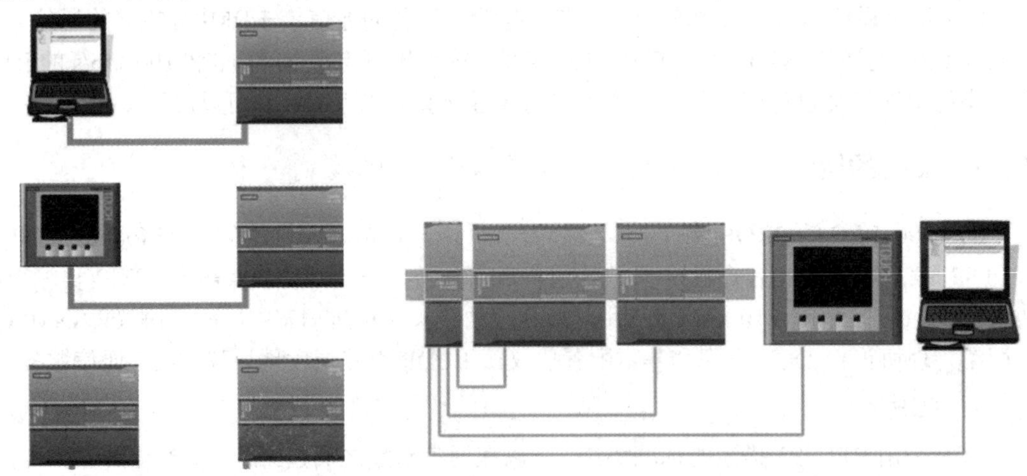

图 7-2 两个通信设备的直接连接示意图　　图 7-3 多个通信设备的网络连接示意图

7.2.2 通信指令

1. 通信过程

实现两个 CPU 之间通信的具体操作步骤如下：

(1) 建立硬件通信物理连接。由于 S7-1200 CPU 的 PROFINET 物理接口具有交叉自适应功能，因此连接两个 CPU 既可以使用标准的以太网电缆，也可以使用交叉的以太网线。两个 CPU 的连接可以采用直接连接，不需要使用交换机。

(2) 配置硬件设备。在“Device View”中配置硬件组态。

(3) 分配永久 IP 地址。为两个 CPU 分配不同的永久 IP 地址。

(4) 在网络连接中建立两个 CPU 的逻辑网络连接。

(5) 编程配置连接及发送、接收数据参数。两个 CPU 分别调用 TSEND_C、TRCV_C 通信指令，并配置两个 CPU 之间的连接参数，使其实现双边通信。

2. 通信指令

S7-1200 PLC 中所有需要编程的以太网通信都使用开放式以太网通信指令块 T-block 来实现，所有 T-block 必须在 OB1 中调用。调用 T-block 并配置两个 CPU 之间的连接参数，定义数据发送或接收信息的参数。STEP 7 Basic 是西门子开发的工程组态软件，其提供了两套通信指令：不带连接管理的通信指令和带连接管理的通信指令。

不带连接管理的通信指令的分类如表 7-1 所示，其功能如图 7-4 所示，不带连接管理的连接参数的对应关系如图 7-5 所示。

表 7-1　不带连接管理的通信指令的分类

指　　令	功　　能
TCON	建立以太网连接
TDISCON	断开以太网连接
TSEND	发送数据
TRCV	接收数据

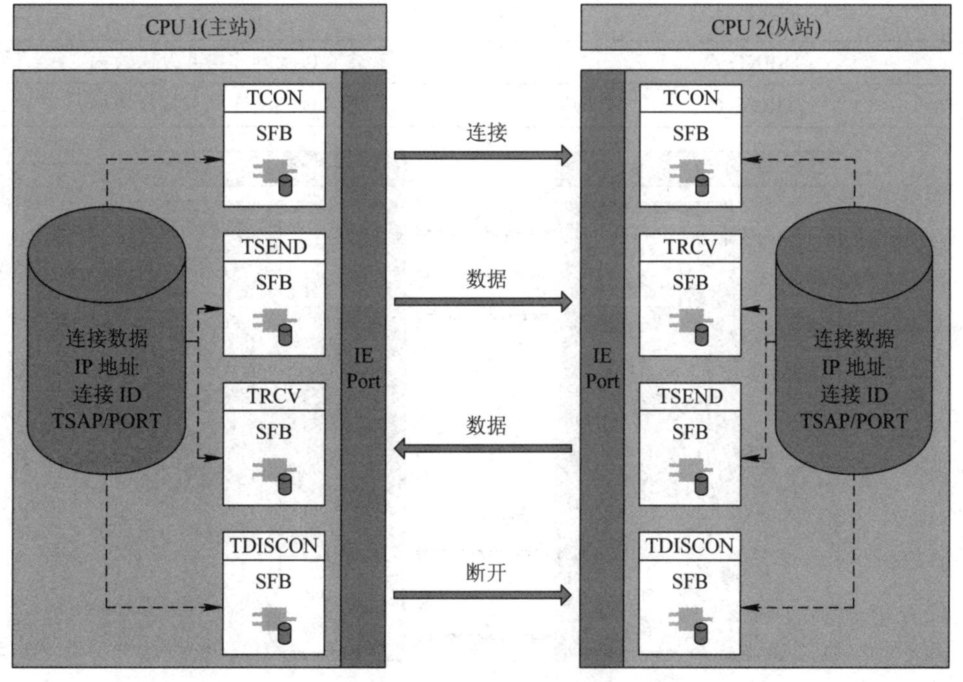

图 7-4　不带连接管理的通信指令的功能

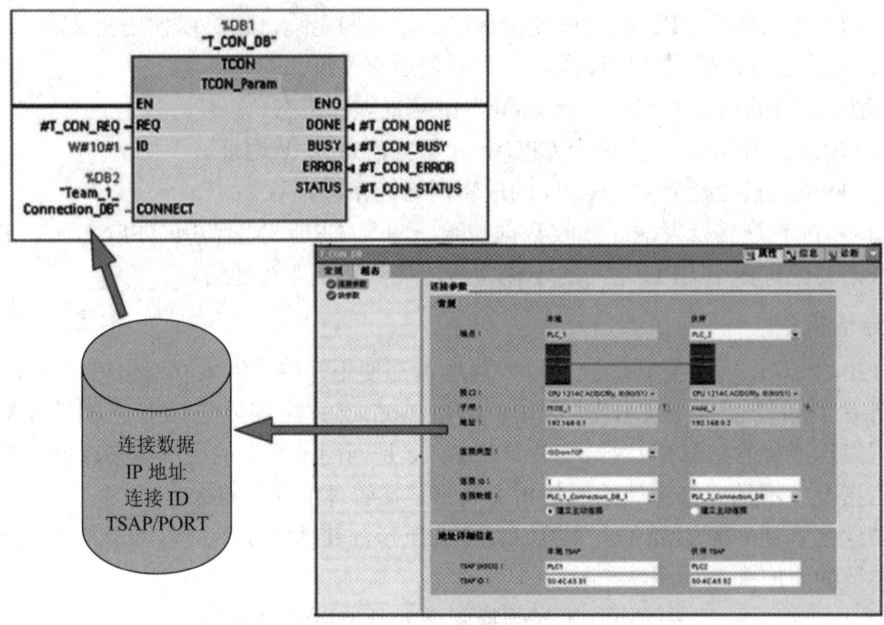

图 7-5 不带连接管理的连接参数的对应关系

带连接管理的通信指令执行时自动激活以太网连接，发送/接收完数据后，自动断开以太网连接。带连接管理的通信指令的分类如表 7-2 所示，其功能如图 7-6 所示。实际上，TSEND_C 指令实现的是 TCON、TDISCON 和 TSEND 三个指令的综合功能，而 TRCV_C 指令是 TCON、TDISCON 和 TRCV 指令的集合。

表 7-2 带连接管理的通信指令的分类

指　　令	功　　能
TSEND_C	建立以太网连接并发送数据
TRCV_C	建立以太网连接并接收数据

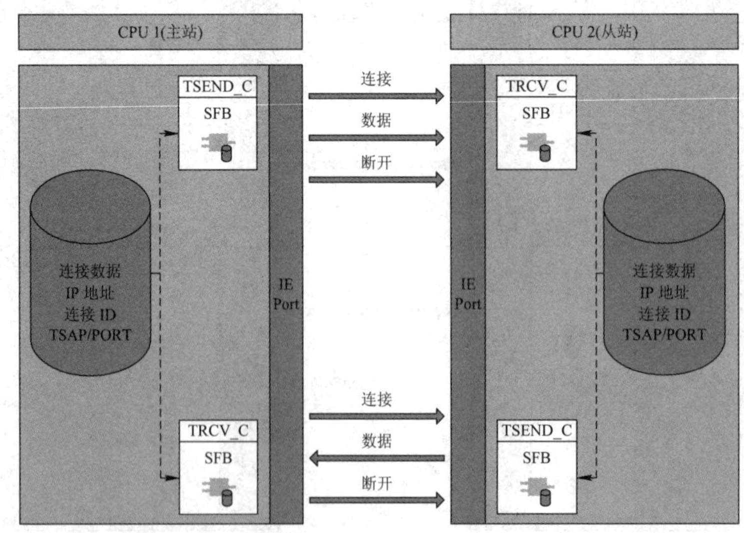

图 7-6 带连接管理的通信指令的功能

TSEND_C 指令用于建立与另一个通信伙伴站的 TCP 或 ISO on TCP 的连接，其可以发送数据并控制结束连接。TSEND_C 指令的功能如下：

(1) 如果要建立连接，设置 TSEND_C 的参数 CONT = 1。成功建立连接后，TSEND_C 置位 DONE 参数一个扫描周期(为 1)。

(2) 如果需要结束连接，那么设置 TSEND_C 的参数 CONT = 0，连接会立即自动断开，这也会影响接收站的连接，造成接收缓存区的内容丢失。

(3) 如果要建立连接并发送数据，将 TSEND_C 的参数设置为 CONT = 1，并给参数 REQ 一个上升沿，成功执行完一个发送操作后，TSEND_C 会置位 DONE 参数一个扫描周期(为 1)。

7.2.3　S7-1200 PLC 之间的以太网通信

S7-1200 PLC 之间的以太网通信可以通过 TCP 或 ISO on TCP 来实现，使用的通信指令是双方 CPU 调用的 T-block 指令。

通信方式为双边通信，因此发送指令和接收指令必须成对出现。因为 S7-1200 PLC 目前只支持 S7 通信的服务器端，所以它们之间不能使用 S7 这种通信方式。

例 7-1　我们通过一个简单例子演示 S7-1200 PLC 之间以太网通信的组态步骤。通信要求：将 PLC_1 的通信数据区 DB 块中的 100 字节的数据发送到 PLC_2 的接收数据区 DB 块中，PLC_1 的 QB0 接收 PLC_2 发送的数据 IB0 的数据。

(1) 组态网络。

先创建一个新项目，添加两个 PLC，分别命名为“PLC_1”和“PLC_2”。为了编程方便，使用 CPU 属性中定义的时钟位，设置 PLC_1 和 PLC_2 的系统存储器为 MB1 和时钟存储器位 MB0。时钟存储器位主要使用 M0.3，它以 2 Hz 的速度在 0 和 1 之间切换一个位，可以使用它去自动激活发送任务。

在项目视图 PLC 的“设备配置”中，点击 CPU 属性的“PROFINET 接口”项，设置 PLC_1 和 PLC_2 的“IP 地址”分别为“192.168.0.1”和“192.168.0.2”。切换到“网络视图”，按照附录的方法，选中 PLC_1 的 PROFINET 接口的绿色小方框，并拖动到 PLC_2 的 PROFINET 接口上，松开鼠标，连接建立完成，如图 7-7 所示。

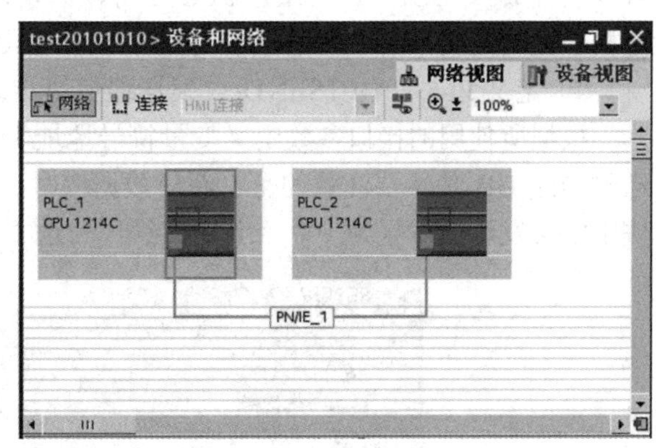

图 7-7　建立连接

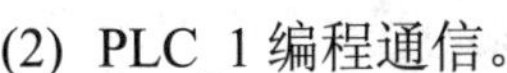

(2) PLC_1 编程通信。

要实现例 7-1 的通信要求，需要在 PLC_1 中调用并配置 TSEND_C、TRCV 通信指令。

① 在 PLC_1 的 OB1 中调用 TSEND_C 通信指令。

要设置 PLC_1 的 TSEND_C 指令的连接参数，应先选中指令，点击其属性对话框的“连接参数”项，如图 7-8 所示。在“端点”中选择通信伙伴为“PLC_2”，则“接口”“子网”“地址”等随之自动更新。“连接类型”选择为“TCP”。在“连接 ID”中输入连接地址 ID 号“1”，这个 ID 号在后面的编程中将会用到。在“连接数据”项中创建连接时，系统会自动生成本地的连接 DB 块，所有的连接数据都会存于该 DB 块中。通信伙伴的连接 DB 块只有在对方(PLC_2)建立连接后才能生成，新建通信伙伴的连接 DB 块并选择。选择本地 PLC_1 的“建立主动连接”选项。在“地址详细信息”项中定义通信伙伴方的端口号为“2000”。

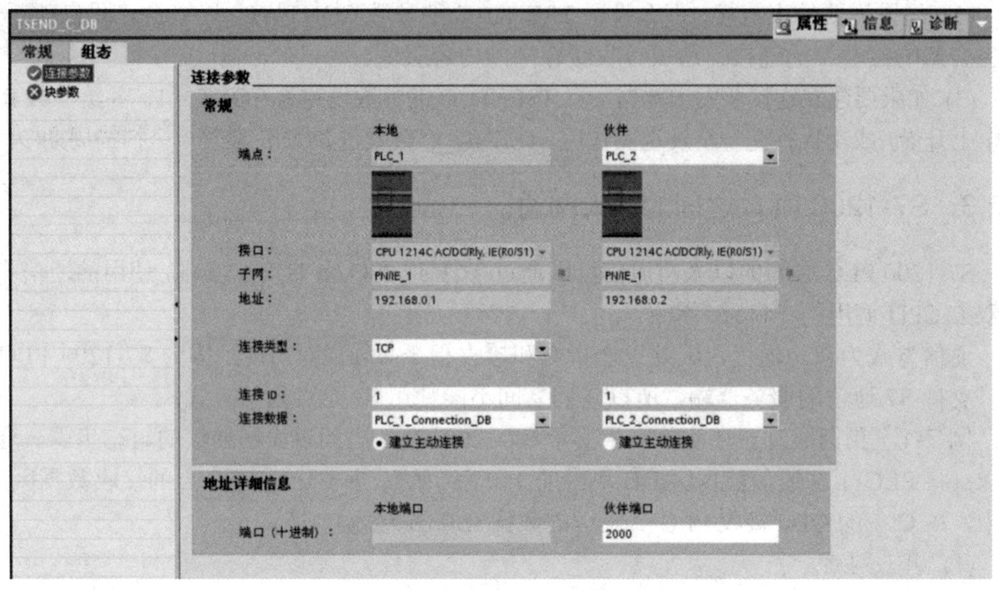

图 7-8 定义 TSEND_C 连接参数

如果“连接类型”选用的是“ISO on TCP”，则需要设定 TSAP 地址，此时本地 PLC_1 可以设置成“PLC1”，伙伴方 PLC_2 可以设置成“PLC2”。使用 ISO on TCP 通信，除了连接参数的定义不同，其他组态编程与 TCP 通信完全相同。

② 定义 PLC_1 的 TSEND_C 发送通信块接口参数。

根据所使用的接口参数定义变量符号地址表，如图 7-9 所示，创建并定义 PLC_1 的发送数据区 DB 块。要注意的是，新建数据块时，应取消勾选“仅符号访问”选项。在数据块中定义发送数据区为 100 字节的数组，勾选“保持性”选项。

PLC 变量

	名称	数据类型	地址
1	2Hz时钟	Bool	%M0.3
2	输入数据	Byte	%IB0
3	T_C_COMR	Bool	%M10.0
4	TSENDC_DONE	Bool	%M10.1
5	TSEND_BUSY	Bool	%M10.2
6	TSENDC_ERROR	Bool	%M10.3
7	TSENDC_STATUS	Word	%MW12
8	输出数据	Byte	%QB0
9	TRCV_NDR	Bool	%M10.4
10	TRCV_BUSY	Bool	%M10.5
11	TRCV_ERROR	Bool	%M10.6
12	TRCV_RCVD_LEN	UInt	%MW16
13	TRCV_STATUS	Word	%MW14

图 7-9 根据接口参数定义变量符号地址表

对于双边编程通信的 CPU，如果通信数据区使用数据块，则既可以将 DB 块定义成符号寻址，也可以将其定义成绝对寻址。使用指针选址方式时，必须创建绝对寻址的数据块。

要设置 TSEND_C 指令的发送参数，应先选中 TSEND-C 指令，点击其属性对话框的“块参数”项，如图 7-10 所示。在“输入”参数中，“启动请求(REQ)”使用 2 Hz 的时钟脉冲，上升沿激活发送任务；“连接状态”设置为常数“1”，表示建立连接并一直保持连接；“发送长度”设置为“100”。在“输入/输出”参数中，“相关的连接指针”为前面建立的连接 DB 块；“发送区域”使用指针选址；DB 块要设置绝对寻址，“p#DB2.DBX0.0 BYTE 100”的含义是发送数据块 DB2 中第 0.0 位开始的 100 个字节的数据；“重新启动块”为“1”时完全重启动通信块，现存的连接会断开。在“输出”参数中，任务执行完成并且没有错误，“请求完成”为“1”；“请求处理”为“1”代表任务未完成，不激活新任务；若通信过程中有错误发生，则“错误”为“1”，“错误信息”处给出错误信息号。

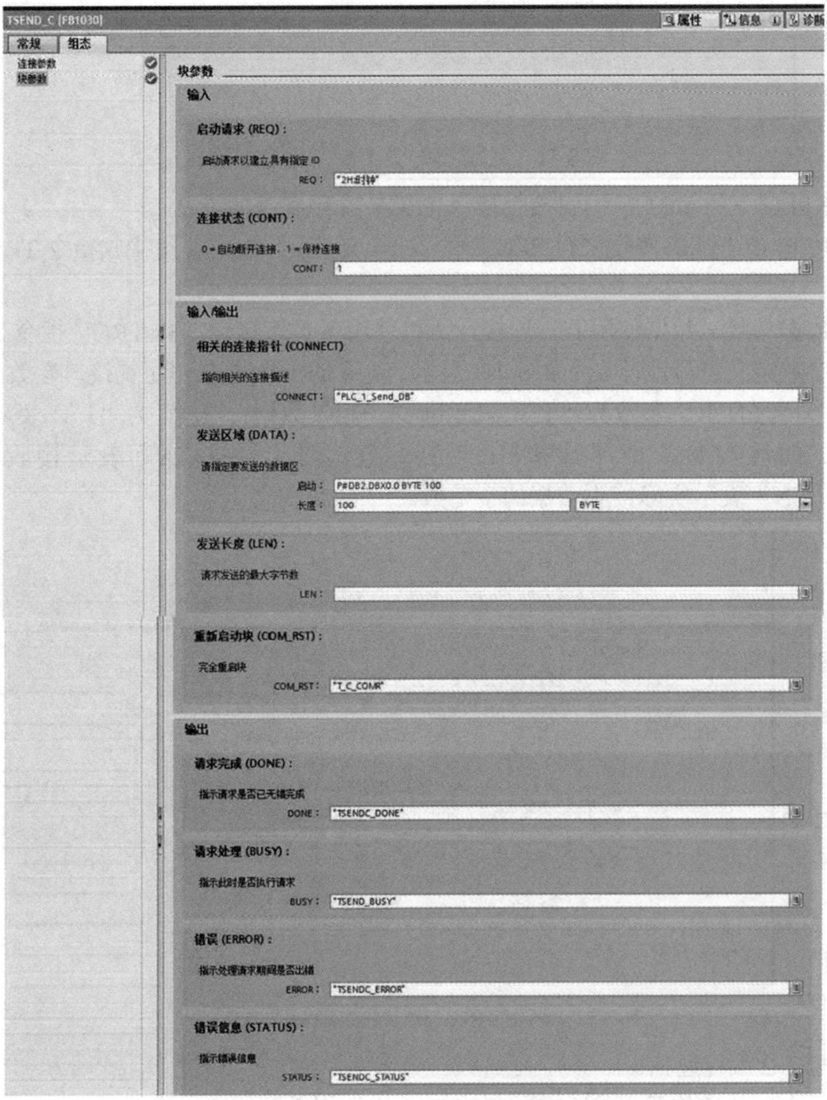

图 7-10　定义 TSEND_C 块参数

设置 TSEND_C 指令块的“块参数”，程序编辑器中的指令参数将随之更新，也可以直接编辑指令块，如图 7-11 所示。

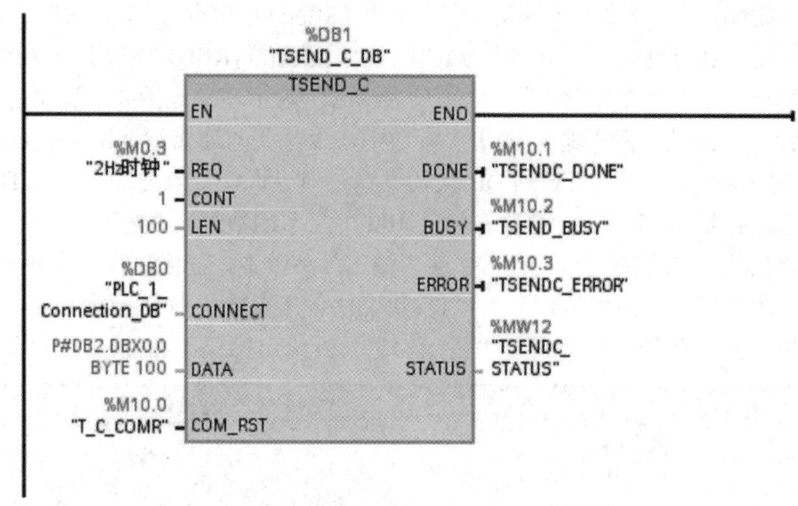

图 7-11 定义 TSEND_C 接口参数程序

③ 在 PLC_1 的 OB1 中调用接收指令 TRCV 并配置基本参数。

为了使 PLC_1 能够接收来自 PLC_2 的数据，在 PLC_1 中调用接收指令 TRCV 并配置基本参数。

接收数据与发送数据使用同一连接，所以使用不带连接管理的 TRCV 指令。根据所使用的接口参数定义符号地址表，如图 7-9 所示，调用 TRCV 指令并配置接口参数，如图 7-12 所示。其中，“EN_R”参数为“1”，表示准备好接收数据；“ID”为“1”，表示使用的是 TSEND_C 的连接参数中“连接 ID”的参数地址；“DATA”表示接收数据区；“RCVD_LEN”表示实际接收数据的字节数。

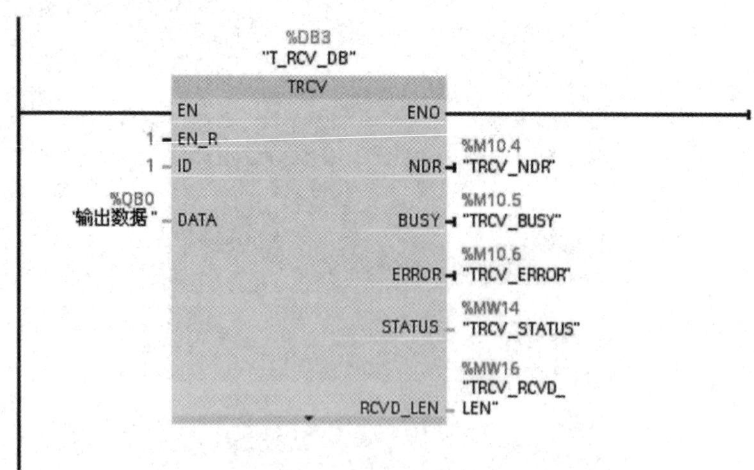

图 7-12 调用 TRCV 指令并配置接口参数程序

(3) PLC_2 编程通信。

要实现本例的通信要求，还需要在 PLC_2 中调用并配置 TRCV_C、TSEND 通信指令。

① 在 PLC_2 中调用 TRCV_C 通信指令并配置接口参数。

拖动指令树中的 TRCV_C 指令到 OB1 的程序段 1，自动生成背景数据块。定义 TRCV_C 的连接参数，如图 7-13 所示。TRCV_C 连接参数的配置与 TSEND_C 连接参数的配置基本相似，各参数要与通信伙伴的 CPU 对应设置。

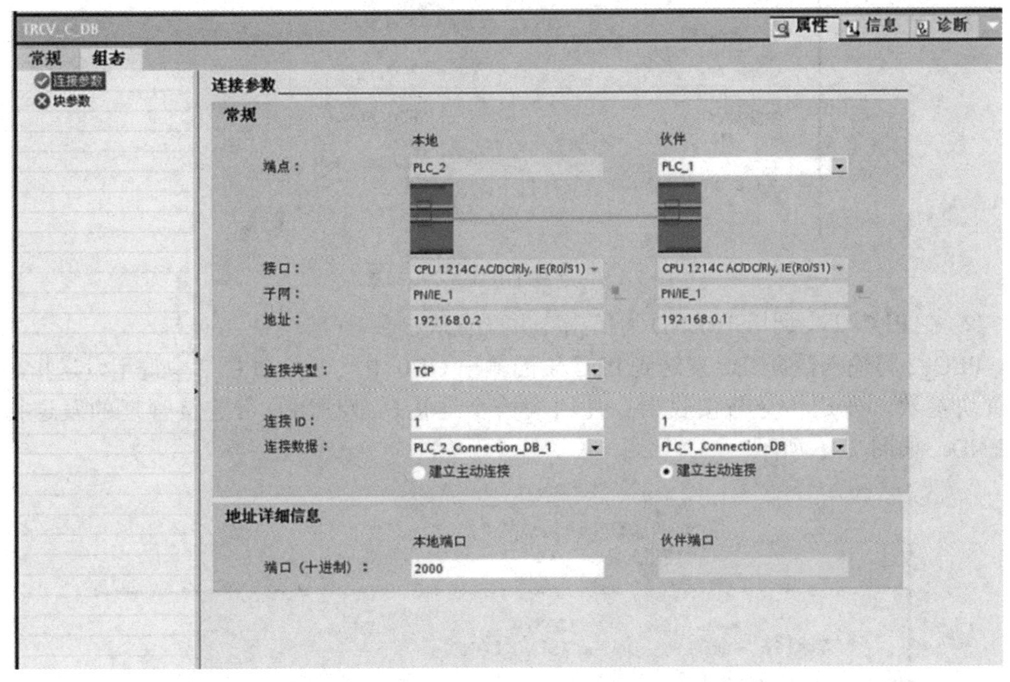

图 7-13　定义 TRCV_C 的连接参数

配置 TRCV_C 接口参数时，首先创建并定义数据区“数据_块_1”，勾选“仅符号访问”项，在数据块中定义接收数据区为 100 字节的数组“tag2”，勾选“保持性”；然后定义所使用参数的符号地址，如图 7-14 所示；最后定义接收通信块的接口参数，如图 7-15 所示。此处接收数据区“DATA”使用的是符号地址。

PLC 变量

	名称	数据类型	地址
1	T_C_COMR	Bool	%M10.0
2	TRCVC_DONE	Bool	%M10.1
3	TRCVC_BUSY	Bool	%M10.2
4	TRCVC_ERROR	Bool	%M10.3
5	TRCVC_STATUS	Word	%MW12
6	TRCVC_RCVLEN	UInt	%MW14
7	输入字节0	Byte	%IB0
8	TSEND_DONE	Bool	%M10.4
9	TSEND_BUSY	Bool	%M10.5
10	TSEND_ERROR	Bool	%M10.6
11	TSEND_STATUS	Word	%MW16
12	2Hz时钟	Bool	%M0.3

图 7-14　接口参数的符号地址

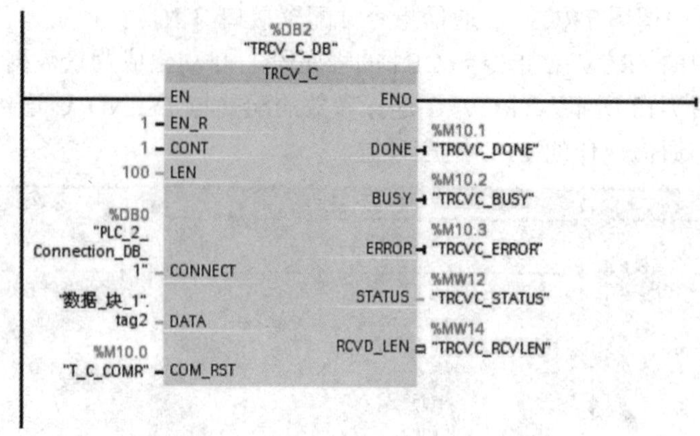

图 7-15 定义 TRCV_C 接口参数

② 在 PLC_2 中调用 TSEND 通信指令并配置块参数。

PLC_2 将输入数据 IB0 发送到 PLC_1 的输出 OB0 中，则在 PLC_2 中调用发送指令并配置块参数，发送指令与接收指令使用同一个连接，都使用不带连接管理的发送指令 TSEND，如图 7-16 所示。

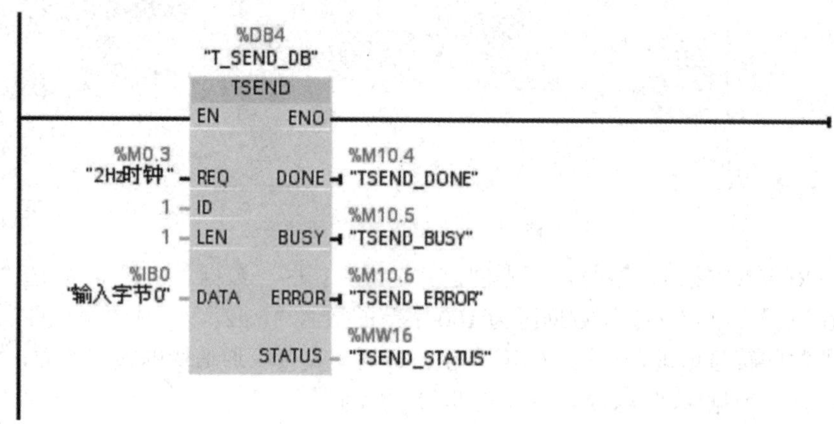

图 7-16 调用 TSEND 指令并配置块参数

(4) 下载并监控。

下载两个 CPU 中的所有硬件组件及程序，从监控表中看到，PLC_1 的 TSEND_C 指令发送数据“11”“22”“33”，PLC_2 接收到数据“11”“22”“33”。而 PLC_2 发送数据 IB0 为“0001_0001”，PLC_1 接收到 QB0 的数据也是“0001_0001”。

7.2.4 S7-1200 PLC 与 S7-200 PLC 和 S7-300/400 PLC 的通信

1. S7-1200 PLC 与 S7-200 PLC 之间的通信

S7-1200 PLC 与 S7-200 PLC 之间的通信只能通过 S7 通信来实现，因为 S7-200 PLC 的以太网模块只支持 S7 通信。由于 S7-1200 PLC 的 PROFINET 通信接口只支持 S7 通信的服务器端，所以在编程方面，S7-1200 PLC 不用做任何工作，只需要为 S7-1200 配置好以太网地址并下载。由于主要编程工作都在 S7-200 PLC 一侧完成，所以需要将 S7-200 PLC 的以太网模块设置成客户端，并用 ETHx_XFR 指令编程通信。

例 7-2　通过简单的例子演示 S7-1200 PLC 与 S7-200 PLC 的以太网通信。通信要求：S7-200 PLC 将通信数据区 VB 中的 2 字节发送到 S7-1200 PLC 的 DB2 数据区，S7-200 PLC 读取 S7-1200 PLC 中的输入数据 IB0 到 S7-200 PLC 的输出区 QB0。

组态步骤如下：

(1) 打开 STEP 7 Micro/WIN 软件，创建一个新项目，选择所使用 CPU 的型号。

(2) 通过菜单命令“工具”→“以太网向导”进入 S7-200 PLC 以太网模块 CP243-1 的向导配置，如图 7-17 所示。既可以直接输入模块位置，也可以通过单击“读取模块”按钮读出模块位置。

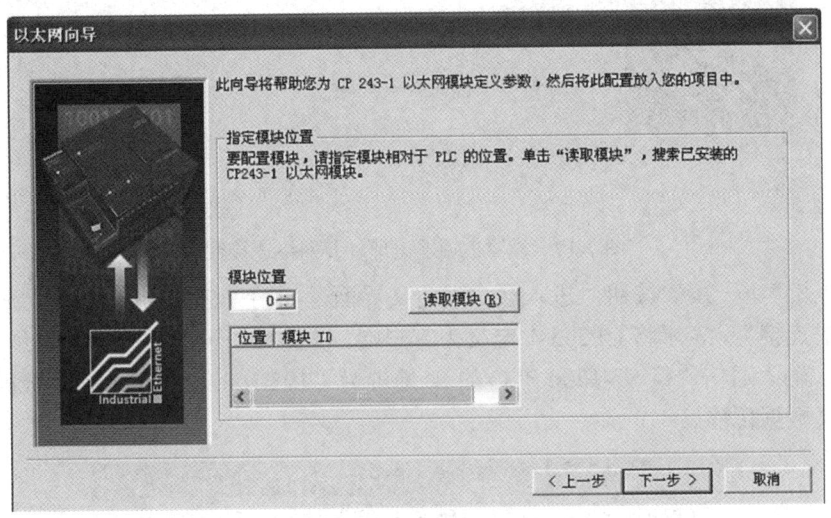

图 7-17　以太网向导

(3) 单击“下一步”按钮，设置“IP 地址”为“192.168.0.2”，选择“自动检测通信”连接类型，如图 7-18 所示。

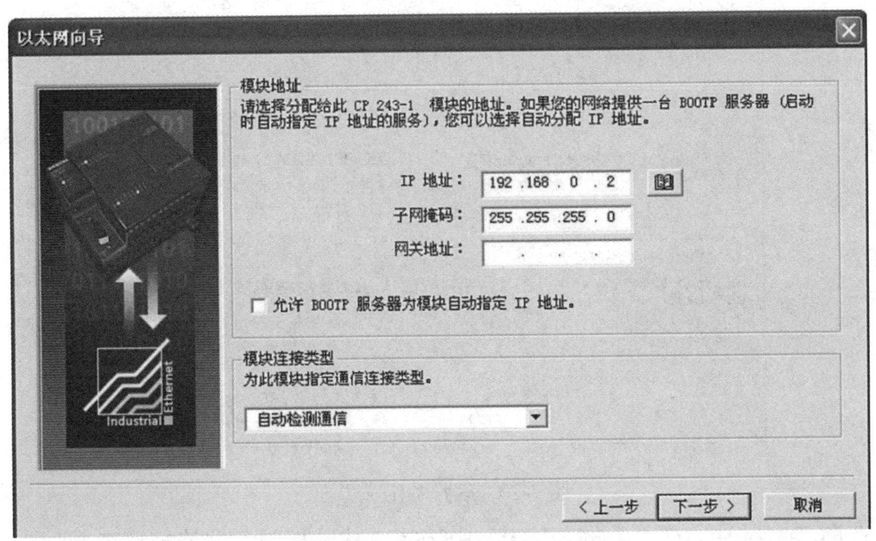

图 7-18　设置 IP 地址

(4) 单击“下一步”按钮，进入连接数设置界面，如图 7-19 所示，根据 CP243-1 模块的位置确定所占用的 Q 地址字节，并设置连接数目为 1。

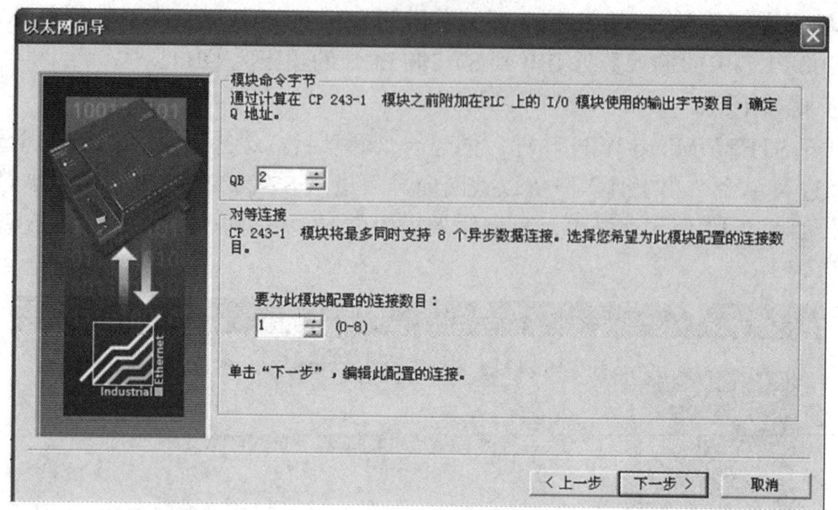

图 7-19 设置占用输出地址及网络连接数

(5) 单击“下一步”按钮，进入客户端定义界面，如图 7-20 所示。设置“连接 0”为“此客户机连接”，表示将 CP243-1 定义为客户端。设置“远程属性”TSAP 地址为“03.01”或“3.00”。输入通信伙伴 S7-1200 PLC 的 IP 地址为“192.168.0.2”。单击“数据传输”按钮可以定义数据传输。

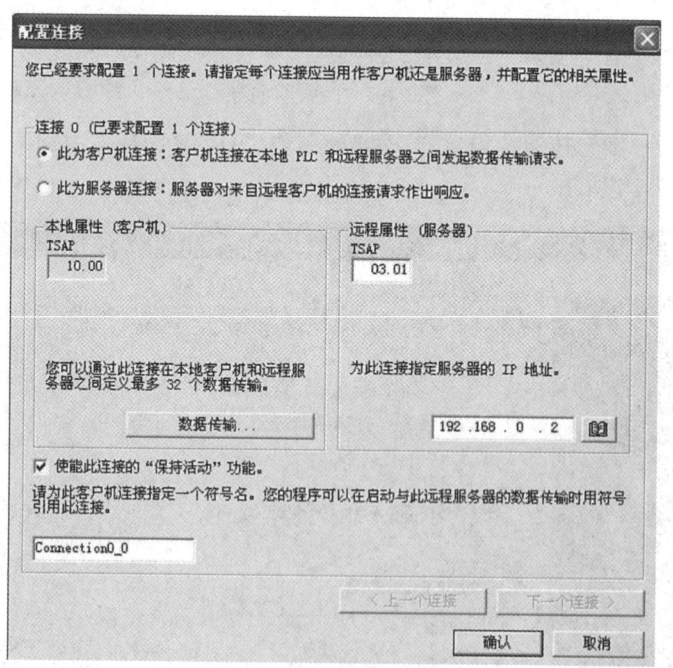

图 7-20 客户端定义界面

(6) 在图 7-21(a)中，在“数据传输 0”中选择“从远程服务器连接读取数据”，定义要读取的字节长度为 2，设置将远程服务器 S7-1200 PLC 的 DB2.DBB0～DB2.DBB1 的数据读取到本地 S7-200 PLC 的 VB100～VB101 中。单击“下一个传输”按钮，在“数据传输 1”中选择“将数据写入远程服务器连接”，定义要写入的字节长度为“2”，设置将本地 S7-200 PLC 的 VB200～VB201 的数据写到远程服务器 S7-1200 PLC 的 DB3.DBB0～DB3.DBB1 中。

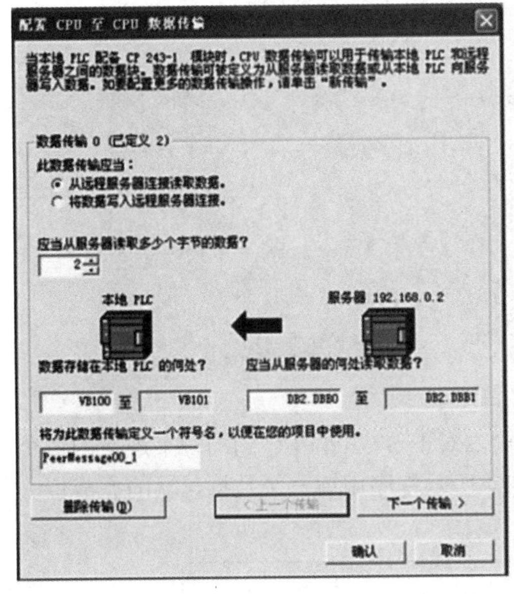

(a) 设置数据传输 0

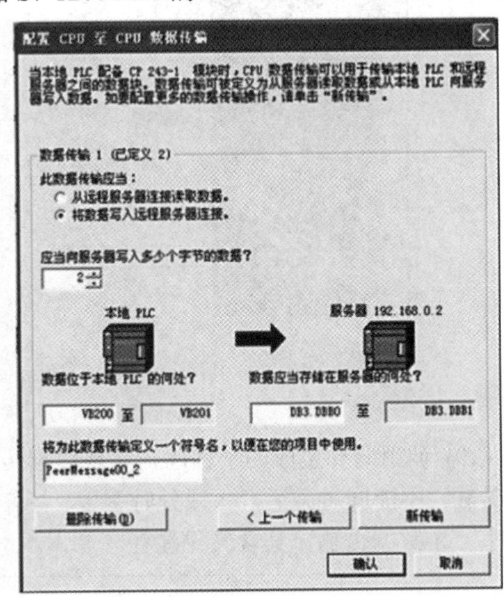

(b) 设置数据传输 1

图 7-21　定义数据传输

(7) 单击“确认”按钮，进入选择“CRC 保护”界面，如图 7-22 所示，选中“是，为数据块中的此配置生成 CRC 保护”。

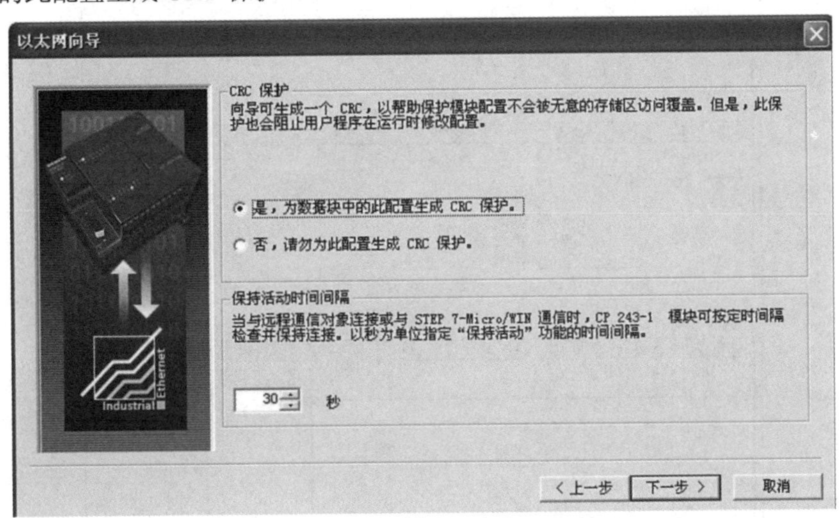

图 7-22　选择 CRC 保护界面

(8) 单击“下一步”按钮，进入为配置分配存储区界面，如图 7-23 所示。根据以太网的配置，需要一个 V 存储区，可以指定一个未用过的 V 存储区的起始地址，此处可以使用建议地址 VB205～VB406。单击“下一步”按钮，生成以太网用户子程序。

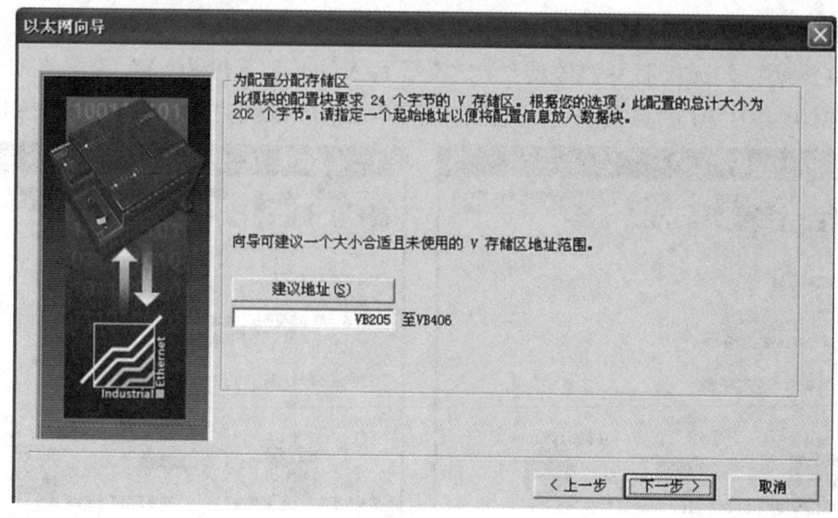

图 7-23　为配置分配存储区界面

(9) 调用向导生成的子程序，实现数据传输。对于 S7-200 PLC 的同一个连接的多个数据传输，不能同时激活，必须分时调用。图 7-24 所示程序用前一个数据传输的完成位去激活下一个数据传输，其含义见注释。

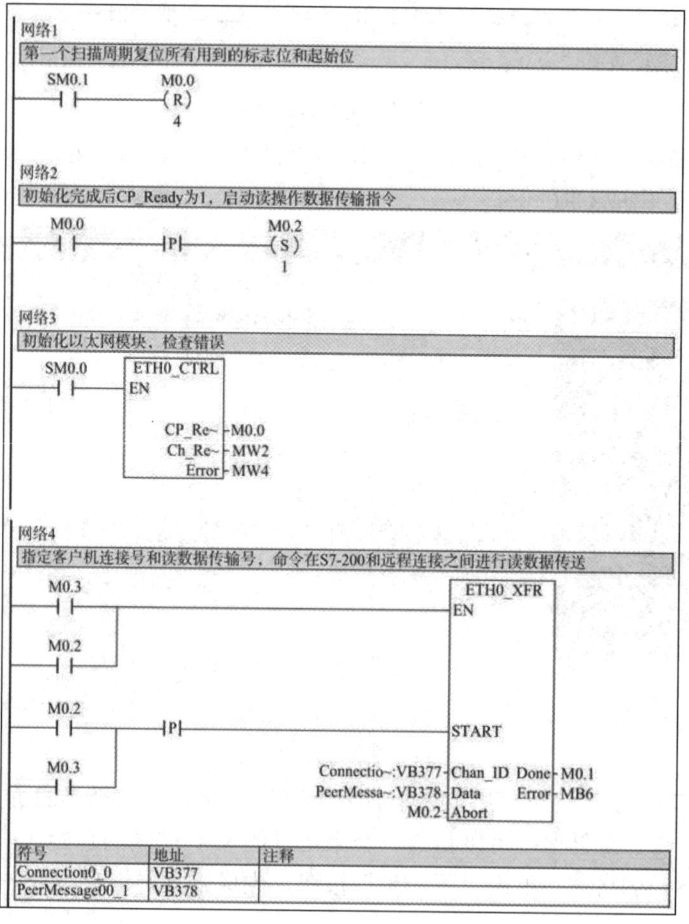

符号	地址	注释
Connection0_0	VB377	
PeerMessage00_1	VB378	

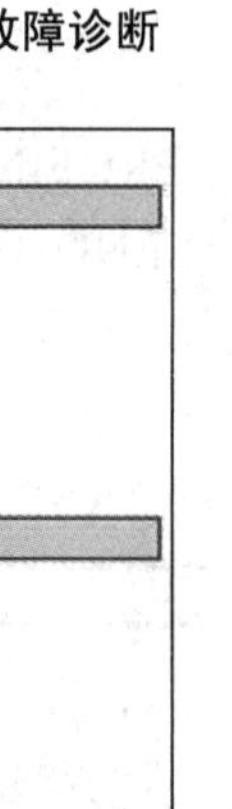

符号	地址	注释
Connection0_0	VB377	
PeerMessage00_2	VB379	

图 7-24　例 7-2 以太网用户子程序数据传输

(10) 监控通信数据结果。配置 S7-1200 的硬件组态，创建通信数据区 DB2、DB3(必须选择绝对寻址，即取消“仅符号访问”)。下载 S7-200 PLC 及 S7-1200 PLC 的所有组态及程序，并监控通信结果。可以看到，在 S7-1200 PLC 中向 DB2 写入数据“3”“4”，则在 S7-200 的 VB100、VB101 中读取到的数据也为“3”“4”。在 S7-200 PLC 中，将“5”“6”写入 VB200、VB201，则在 S7-1200 PLC 的 DB3 中收到的数据也为“5”“6”。

注意：若使用单边的 S7 通信，则 S7-1200 PLC 不需要做任何组态编程，但在创建通信数据区 DB 块时，一定要选择绝对寻址，才能保证通信成功。

2. S7-1200 PLC 与 S7-300/400 PLC 的通信

S7-1200 PLC 与 S7-300/400 PLC 之间的以太网通信方式相对来说要多一些，可以采用下列方式：TCP、ISO on TCP 和 S7 通信。

采用 TCP 和 ISO on TCP 这两种协议进行通信所使用的指令是相同的。在 S7-1200 PLC 中使用 T_block 指令编程通信。如果是以太网模块，则在 S7-300/400 PLC 中使用 AG_SEND、AG_RECV 编程通信。如果是支持 Open IE 的 PN 口，则使用 Open IE 的通信指令实现。

1) ISO on TCP 通信

S7-1200 PLC 与 S7-300 PLC 之间通过 ISO on TCP 通信，需要在双方都建立连接，连接对象选择“Unspecified”。

例 7-3　下面通过简单例子演示这种组态方法。通信要求：S7-1200 PLC 将 DB2 的 100 个字节发送到 S7-300 PLC 的 DB2 中，S7-300 PLC 将输入数据 IB0 发送给 S7-1200 PLC 的输出数据区 QB0。

(1) S7-1200 PLC 的组态编程。S7-1200 PLC 的组态编程过程与 S7-1200 PLC 之间的通信相似，主要步骤包括：使用 STEP 7 Basic V10.5 软件新建一个项目，添加新设备，命名为“PLC_3”; 为 PROFINET 通信接口分配以太网地址“192.168.0.1”,“子网掩码”为“255.255.255.0”; 调用 TSEND_C 通信指令并配置连接参数和块参数。定义 TSEND_C 指令连接参数如图 7-25 所示，调用 TSEND_C 指令并配置块参数如图 7-26 所示。图 7-25 中，选择“通信伙伴”为“未指定”，“连接类型”为“ISO-on-TCP”，选择“PLC_3”为主动连接方，设置通信双方的 TSAP 地址。

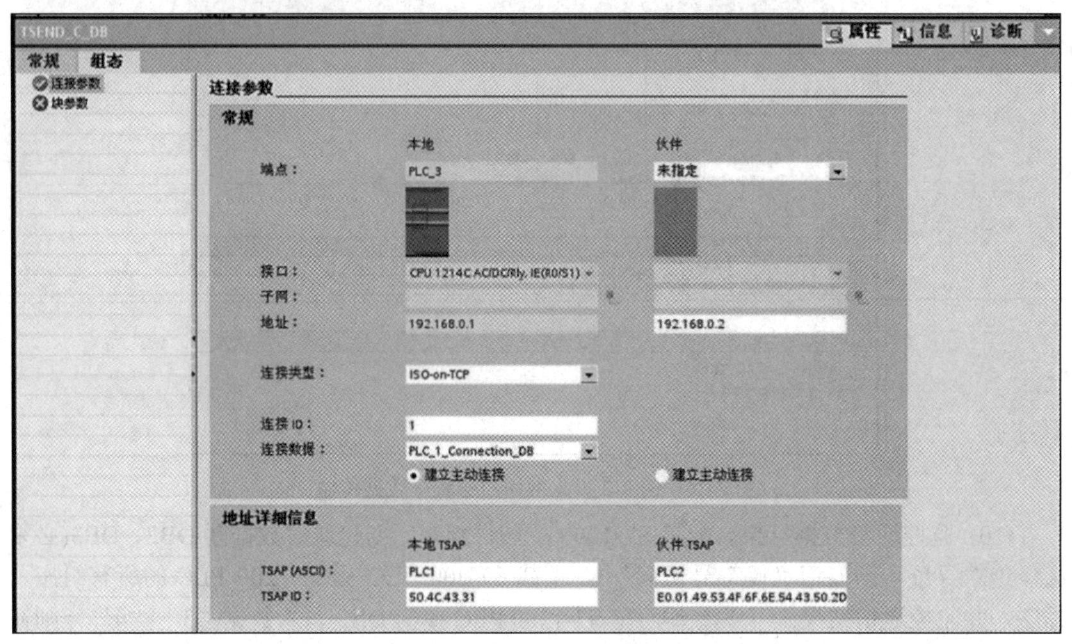

图 7-25 定义 TSEND_C 通信指令连接参数

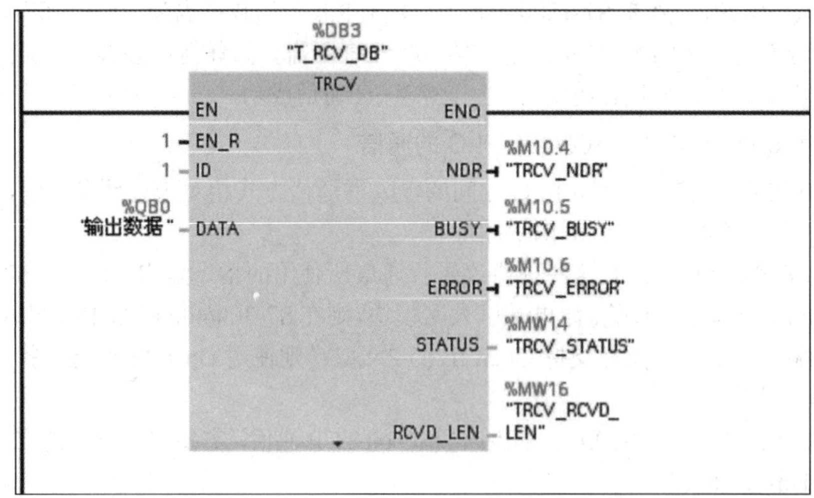

图 7-26 调用 TSEND_C 指令并配置块参数

调用 TRCV 指令并配置块参数时，因为与发送使用的是同一个连接，所以使用的是不带连接的发送指令 TRCV，连接“ID”使用的也是 TSEND_C 指令块参数中的“Connection ID”号，如图 7-27 所示。

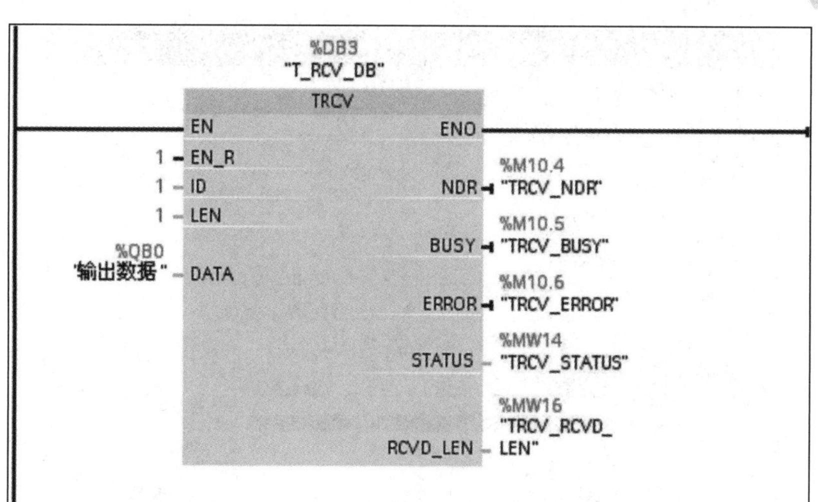

图 7-27　调用 TRCV 指令并配置块参数

(2) S7-300 PLC 的组态编程。组态步骤如下：

① 使用 STEP 7 编程软件新建一个项目，插入一个 S7-300 PLC 站进行硬件组态。为编程方便，我们使用时钟脉冲激活通信任务，在硬件组态编辑器中 CPU 的属性对话框的“周期/时钟存储器”选项卡中进行设置，如图 7-28 所示，将时钟信号存储在 MB0 中。

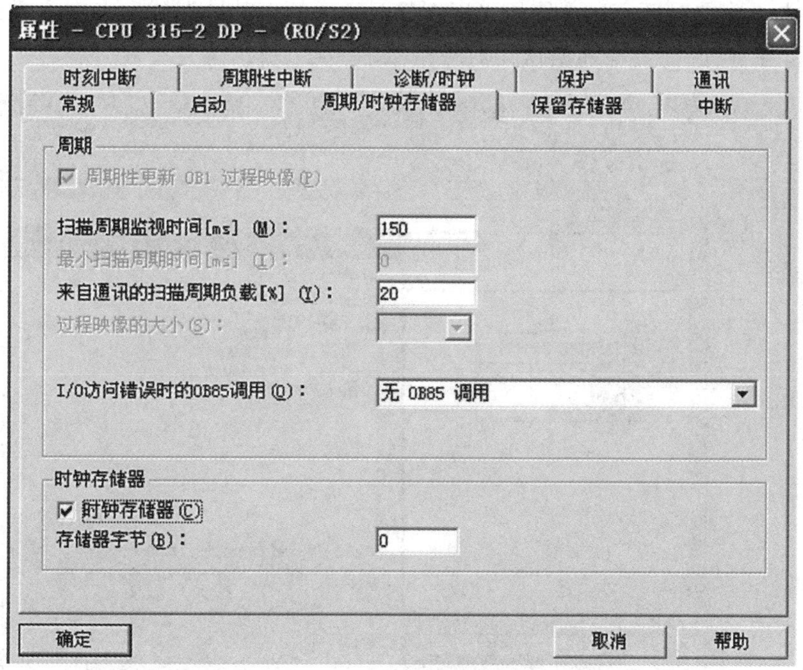

图 7-28　设置时钟存储器

② 配置以太网模块。在硬件组态编辑器中，设置 S7-300 PLC 的以太网模块 CP343-1 的“IP 地址”为“192.168.0.2”，“子网掩码”为“255.255.255.0”，并将其连接到新建的以太网 Ethernet(1)上，如图 7-29 所示。

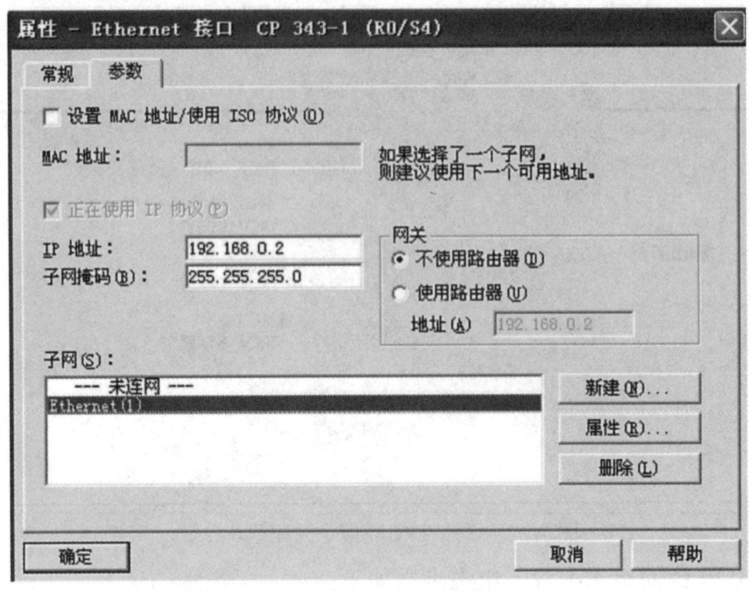

图 7-29　配置以太网模块并连接到以太网上

③ 网络组态。打开网络组态编辑器，选中 S7-300 PLC，双击连接列表，打开“插入新连接”对话框，如图 7-30 所示，选择通信伙伴为“未指定”，连接类型为“ISO-on-TCP 连接”。点击“确定”后，在连接的“属性”对话框的“地址”选项卡中设置通信双方的 TSAP 地址和 IP 地址(需要与通信伙伴对应)，如图 7-31 所示。

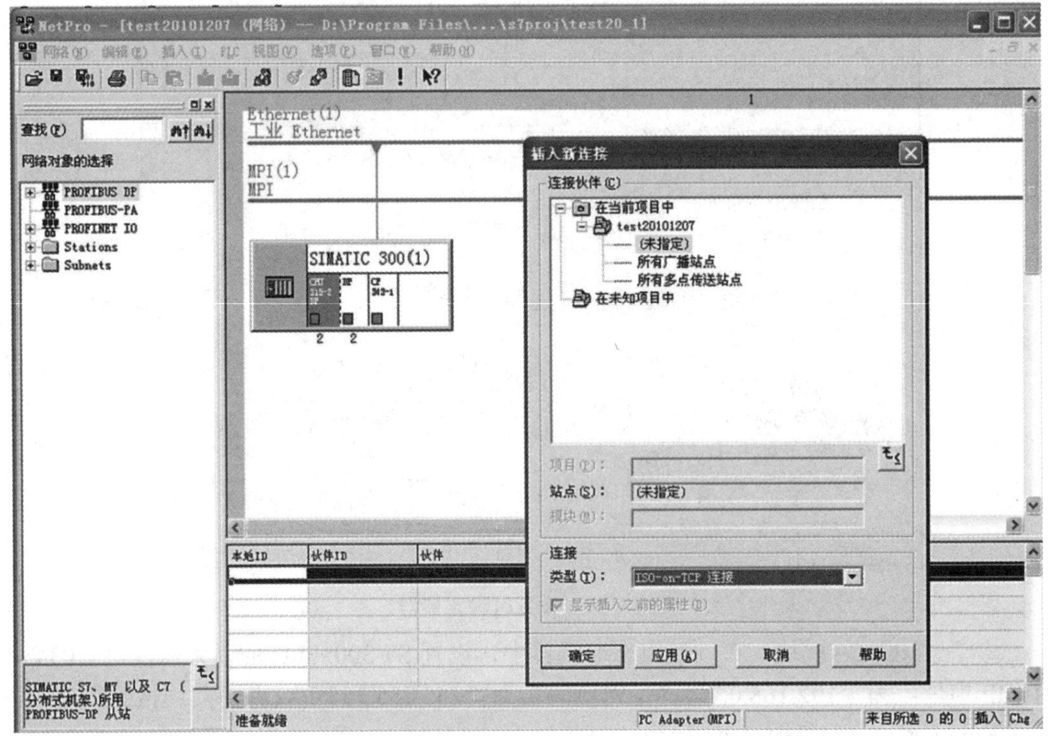

图 7-30　网络组态

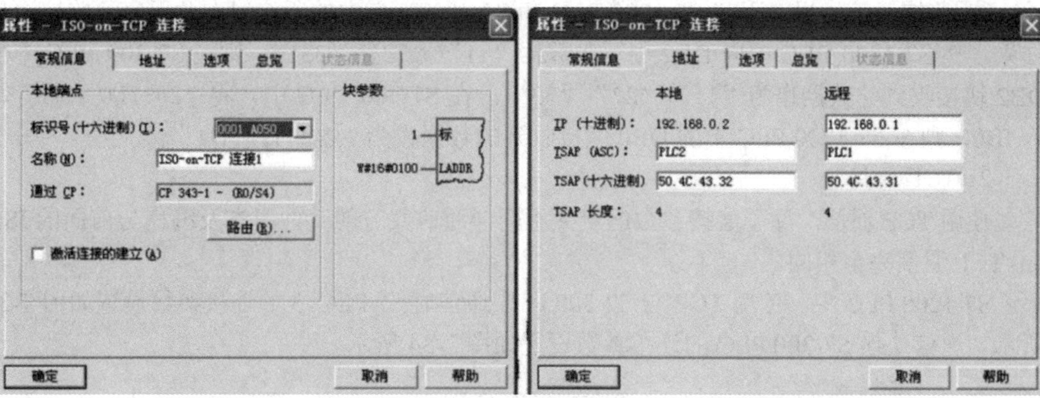

图 7-31　连接属性

④ 编程程序。在 S7-300 PLC 中，新建接收数据区为 DB2，定义成 100 字节的数组“tag1”。在 OB1 中，调用库中的通信块 FC5(AG_SEND)、FC6(AG_RECV)的通信指令如图 7-32 所示，其含义见注释。

程序段 1：调用 FC6

ID 为连接号，要与连接配置一致；RECV=p#DB2.DBX 0.0 BYTE 100 为接收数据区，表示接收数据存储在 DB2 第 0.0 位开始的 100 个字节

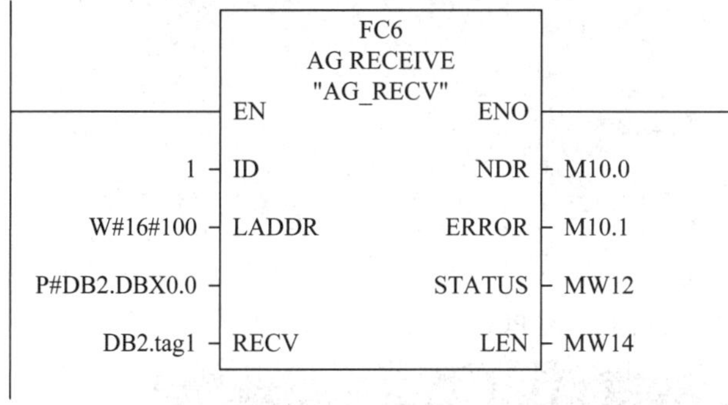

程序段 2：调用 FC5

M0.2 为 1 时激活发送任务，连接号 ID 要与配置一致，SEND 为发送数据区，LEN 为发送数据长度

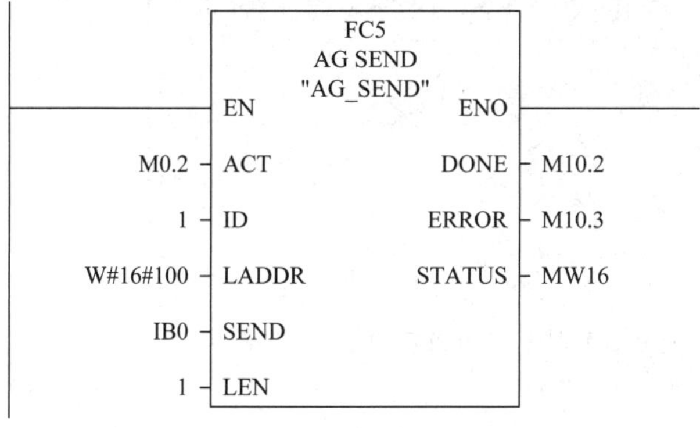

图 7-32　例 7-3 子程序

⑤ 监控通信结果。下载 S7-1200 PLC 和 S7-300 PLC 中的所有组态及程序，监控通信结果。在 S7-1200 PLC 中向 DB2 中写入数据“11”“22”“33”，则在 S7-300 PLC 中的 DB2 块接收到的数据也为“11”“22”“33”。在 S7-300 PLC 中，将“2#1111_1111”写入 IB0，则在 S7-1200 PLC 中的 QB0 区接收到的数据也为“2#1111_1111”。

2) TCP 通信

使用 TCP 通信，除了连接参数的定义不同，通信双方的其他组态及编程与前面的 ISO on- TCP 通信完全相同。

S7-1200 PLC 中，使用 TCP 与 S7-300 PLC 通信时， PLC_3 的连接参数设置如图 7-33 所示。通信伙伴 S7-300 PLC 的连接参数设置如图 7-34 所示。

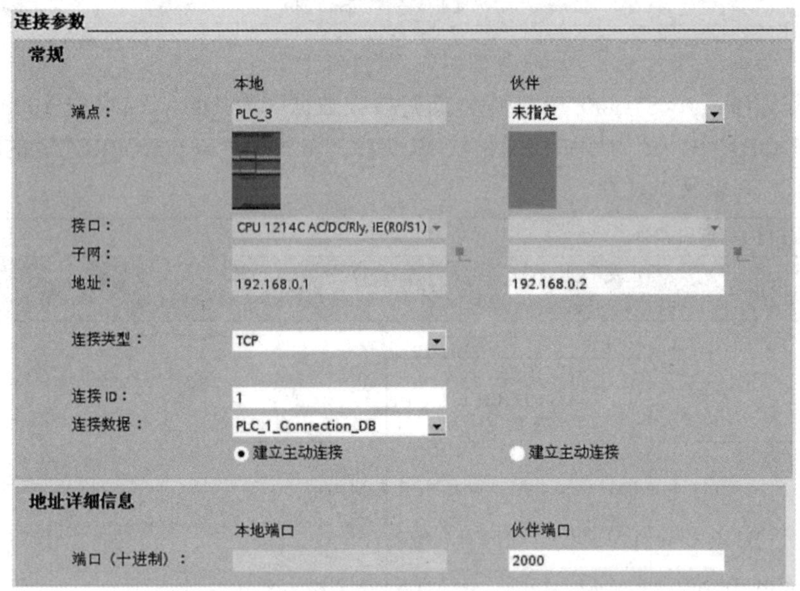

图 7-33 使用 TCP 时 PLC_3 的连接参数设置

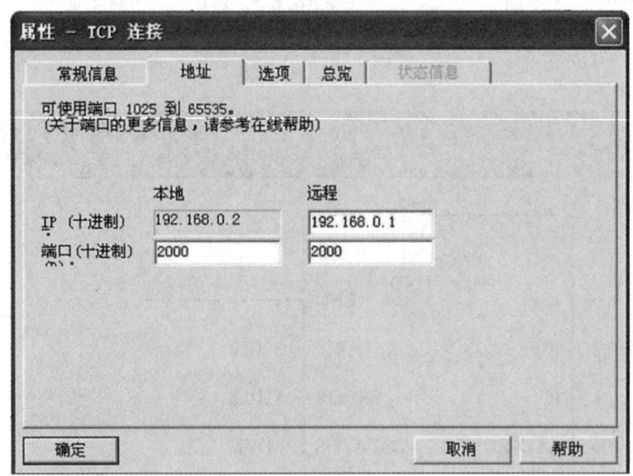

图 7-34 使用 TCP 时 S7-300 PLC 的连接参数设置

3) S7 通信

对于 S7 通信，S7-1200 PLC 的 PROFINET 通信接口只支持 S7 通信的服务器端，所以在编程组态和建立连接方面，S7-1200 PLC 不用做任何工作，只需在 S7-300 PLC 一侧建立单边连接，并使用单边编程方式 PUT、GET 进行通信。

注意：如果在 S7-1200 PLC 一侧 DB 块作为通信数据区，则必须将 DB 块定义成绝对寻址，否则会造成通信失败。

例 7-4　下面通过简单的例子演示这种方法的组态。通信要求：S7-300 PLC 读取 S7-1200 PLC 中 DB2 的数据到 S7-300 PLC 的 DB11 中，S7-300 PLC 将本地 DB12 中的数据写到 S7-1200 PLC 的 DB3 中。只需要在 S7-300 PLC 一侧配置编程，步骤如下：

(1) 使用 STEP 7 软件新建一个项目，插入 S7-300 PLC 站。在硬件组态编辑器中，设置 S7-300 PLC 的以太网模块“CP343-1”的“IP 地址”为“192.168.0.2”，“子网掩码”为“255.255. 255.0”，并将其连接到新建的以太网“Ethernet(1)”上。

(2) 组态连接。打开组态网络编辑器，选中 S7-300 PLC，双击连接列表，打开“插入连接”对话框，选择通信伙伴为“未指定”，通信协议为“S7 连接”。点击“确定”后，其连接属性如图 7-35 所示。单击“地址详细信息”按钮，打开“地址详细信息”对话框，如图 7-36 所示，设置 S7-1200 PLC 的 TSAP 地址为“03.01”或“03.00”。S7-1200 PLC 预留给 S7 连接的两个 TSAP 地址分别为 03.01 和 03.00。

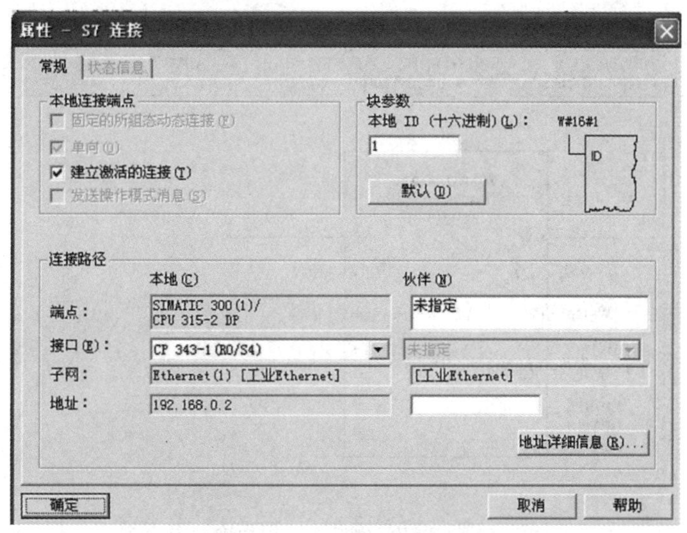

图 7-35　S7 连接属性对话框

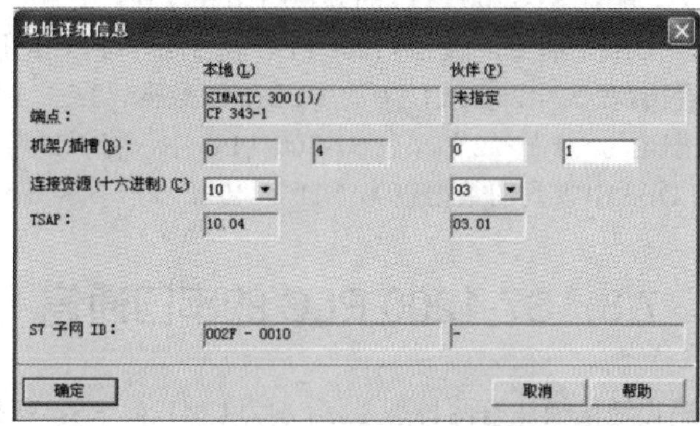

图 7-36　“地址详细信息”对话框

(3) 编程程序。在 S7-300 PLC 中，新建接收数据区为 DB2，定义成 100 个字节的数组。在 OB1 中，调用库中通信块 FB14(GET)、FB15(PUT)的通信指令如图 7-37 所示，其含义见注释。对于 S7-400 PLC，调用的是 SFB14(GET)、SFB15(PUT)。

程序段1：调用FB14，使用背景数据块DB14

REQ为时钟脉冲，上升沿激活通信任务；连接号ID要与配置一致；ADDR_1表示从通信伙伴数据区读取数据的地址；RD_1表示本地接收数据地址

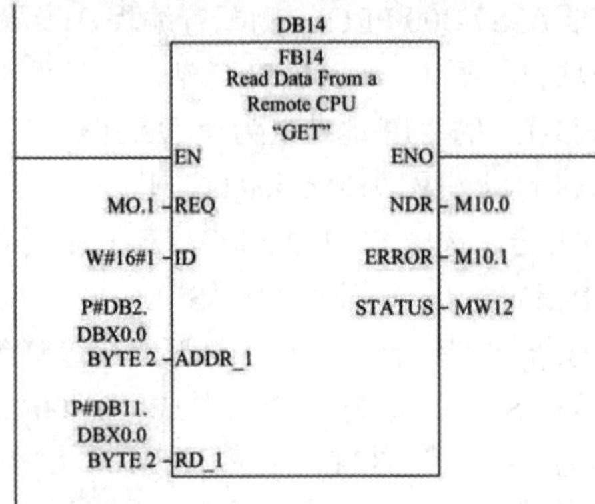

程序段2：调用FB15，使用背景数据块DB15

REQ为时钟脉冲，上升沿激活通信任务；连接号ID要与配置一致；ADDR_1表示发送到通信伙伴数据区的地址；SD_1表示本地发送数据区

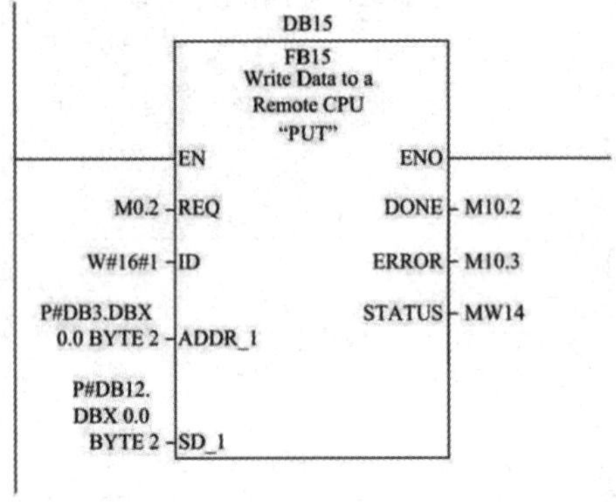

图 7-37 例 7-4 编程程序

(4) 监控通信结果。配置 S7-1200 PLC 的硬件组态并设置"IP 地址"为"192.168.0.1"，创建通信数据区 DB2、DB3。然后下载 S7-1200 PLC 及 S7-300 PLC 的所有组态及程序，并监控通信结果。可以看出，在 S7-1200 PLC 中的 DB2 写入数据"1""2"，则在 S7-300 PLC 的 DB11 中收到的数据也为"1""2"。在 S7-300 PLC 中，将"11""22"写入 DB12，则在 S7-1200 PLC 的 DB3 中收到的数据也为"11""22"。

7.3 S7-1200 PLC 的串口通信

S7-1200 PLC 的串口通信模块有两种型号，分别为 CM1241 RS-232 接口模块和 CM1241 RS-485 接口模块。CM1241 RS-232 接口模块支持基于字符的自由口协议和 Modbus RTU 主

从协议。CM1241 RS-485 接口模块支持基于字符的自由口协议、Modbus RTU 主从协议及 USS 协议。两种串口通信模块有如下共同特点：

(1) 通信模块安装于 CPU 模块的左侧，并且数量之和不能超过 3 块。

(2) 串行接口与内部电路隔离。

(3) 由 CPU 模块供电，无须外部供电。

(4) 模块上有一个 DIAG(诊断)LED 灯，可根据此 LED 灯的状态判断模块状态。模块上部盖板下有 Tx(发送)和 Rx(接收)两个 LED 灯，用来指示数据的接收。

(5) 可使用扩展指令或库函数对串口进行配置和编程。

CM1241 RS-232 和 CM1241 RS-485 接口模块都支持基于字符的自由口协议，使用时要进行串口通信模块的端口设置、发送参数设置、接收参数设置以及硬件标识符设置等。由于篇幅的限制，这里不详细介绍了。

1. USS 协议通信

S7-1200 PLC 串口通信模块可使用 USS 协议库来控制支持 USS 通信协议的西门子变频器。USS 是西门子专门针对装置开发的通信协议。USS 协议的基本特点是：支持多点通信，采用单主站的主从访问机制，每个网络上最多可以有 32 个节点，报文格式简单可靠，数据传输灵活高效，容易实现，成本较低。

USS 的工作机制是：通信总是由主站发起，USS 主站不断循环轮询各个从站，从站根据收到的指令决定是否响应以及如何响应，从站不会主动发送数据。从站在接收到的主站报文没有错误并且本从站在接收到的主站报文中被寻址时应答，否则从站不会做任何响应。对于主站来说，从站必须在接收到主站报文之后的一定时间内发回响应，否则主站将视为出错。

USS 的字符传输格式符合 UART 规范，即使用串行异步传输方式。USS 在串行数据总线上的字符传输帧为 11 位，如表 7-3 所示。

表 7-3　USS 字符帧

起始位	数据位								校验位	停止位
1	0 LSB	1	2	3	4	5	6	7 MSB	偶 x1	1

USS 协议的报文简洁可靠，高效灵活。报文由一连串字符组成，协议中定义了它们的特定功能，如表 7-4 所示。其中，每小格代表一个字符(字节)，STX 表示起始字符，总是 02h，LGE 表示报文长度，ADR 表示从站地址及报文类型，BCC 表示校验符。

表 7-4　USS 协议的报文结构

STX	LGE	ADR	净数据区					BCC
			1	2	3	…	*n*	

USS 净数据区由 PKW 区和 PZD 区组成，如表 7-5 所示。PKW 区用于读取参数值、参数定义或参数描述文本，并可修改和报告参数的改变。其中，PKE 为参数 ID，包括代表主站指令和从站响应的信息以及参数号等；IND 为参数索引，主要用于与 PKE 配合定位参数；PWE*m* 为参数值数据。PZD 区域用于在主站和从站之间传递控制和过程数据，控制参数按

设定好的固定格式在主、从站之间对应往返。例如，PZD1 为主站发给从站的控制字/从站返回给主站的状态字，而 PZD2 为主站发给从站的给定值/从站返回给主站的实际反馈值。

表 7-5 USS 净数据区

PKW 区						PZD 区			
PKE	IND	PWE1	PWE2	…	PWE*m*	PZD1	PZD2	…	PZD*n*

根据参数的数据类型和驱动装置的不同，PKW 和 PZD 区的数据长度都不是固定的，它们可以灵活改变来适应具体的需要。但是，在执行控制器通信的自动控制任务时，网络上的所有节点都要按相同的设定来工作，并且在整个工作过程中不能随意改变。PKW 可以访问所有对 USS 通信开放的参数，而 PZD 仅能访问特定的控制和过程参数。PKW 在许多驱动装置中是作为后台任务处理的，因此 PZD 的实时性要比 PKW 好。

2. USS 指令

S7-1200 PLC 提供的 USS 协议库包含用于变频器通信的指令 USS_DRV、USS_PORT、USS_RPM 和 USS_WPM，可以通过这些指令来控制变频器和读写变频器的参数。USS 协议只能用于 CM1241 RS-485 通信模块，不能用于 CM1241 RS-232 通信模块。每个 CM1241 RS-485 通信模块最多能与 16 个变频器通信。

1) USS_DRV 指令

USS_DRV 功能块用于与变频器交换数据。每个变频器要使用一个单独的功能块，但在同一 USS 网络中必须使用同一个背景数据块。背景数据块中包含一个 USS 网络中所有变频器的临时存储区和缓冲区。USS_DRV 功能块的输入对应变频器的状态，输出对应对变频器的控制。USS_DRV 指令的参数设置如图 7-38 所示，其参数含义如表 7-6 所示。

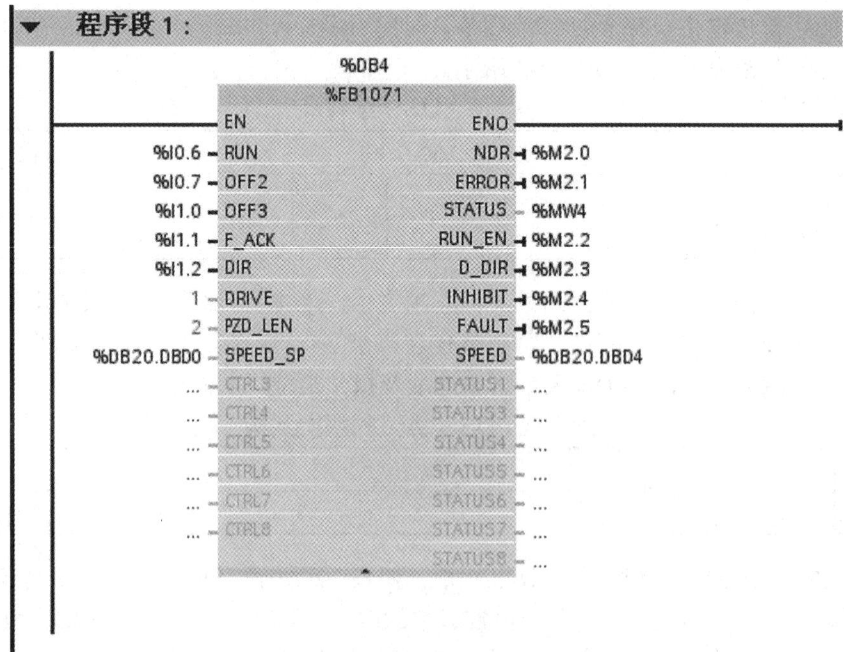

图 7-38 USS_DRV 指令的参数设置

表 7-6　USS_DRV 参数含义

参　数	含　　义
RUN	变频器启动位，为 1 时变频器启动并以预设速度运行
OFF2	停车信号 2，为 1 时电动机自由停车
OFF3	停车信号 3，为 1 时电动机快速停车
F_ACK	故障确认，可以清除驱动装置的报警状态
DIR	电动机运转方向控制
DRIVE	驱动装置在 USS 网络上的站地址
PZD_LEN	字长度，表示 PZD 数据有多少个字的长度
SPEED_SP	速度设定值，表示变频器频率范围的百分比
CTRL3～8	控制字 3～8
NDR	新数据到达
ERROR	出现故障
STATUS	故障代码
RUN_EN	变频器运行代码
D_DIR	变频器方向位
INHIBIT	变频器禁止标志位
FAULT	变频器故障
SPEED	变频器当前速度
STATUS1	变频器状态字 1，此值包含变频器的固定状态位
STATUS3～8	变频器状态字 3～8，此值包含用户定义的变频器状态字

2) USS_PORT 指令

USS_PORT 指令用于处理 USS 网络上的通信。在程序中每个 USS 网络仅使用 USS_PORT 指令。每次执行 USS_PORT 指令，仅处理与一个变频器的数据交换。因此，必须频繁执行 USS_PORT 指令，以防止变频器通信超时。USS_PORT 指令通常在一个延时中断 OB 中调用，以防止变频器通信超时，并给 USS_DRV 提供新的 USS 数据。USS_PORT 指令的参数设置如图 7-39 所示，其参数含义如表 7-7 所示。

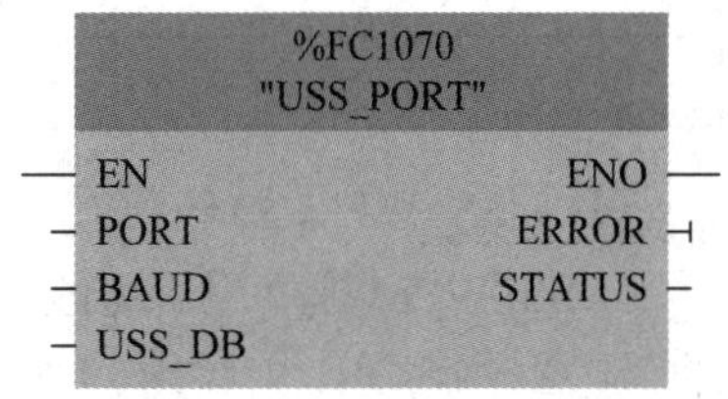

图 7-39　USS_PORT 指令的参数设置

表 7-7　USS_PORT 指令参数含义

参　数	含　　义
PORT	RS-485 通信模块的硬件标识符
BAUD	USS 通信的波特率
USS_DB	USS_DRV 指令块对应的背景数据块
ERROR	故障标志位
STATUS	请求状态值

3）USS_RPM 指令

USS_RPM 指令用于从变频器读取一个参数的值，必须在 OB1 中调用。USS_RPM 指令的参数设置如图 7-40 所示，其参数含义如表 7-8 所示。

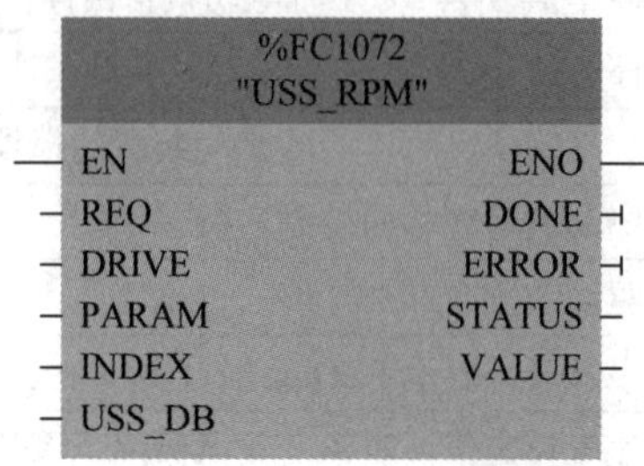

图 7-40　USS_RPM 指令的参数设置

表 7-8　USS_RPM 指令参数含义

参　数	含　　义
REQ	发送请求，为 1 时表示要发送一个新的读请求
DRIVE	驱动状态在 USS 网络中的站地址
PARAM	要读取的参数号
INDEX	参数下标，有些参数由多个带下标的参数组成一个参数组，下标用来指出具体的某个参数，对于没有下标的参数可设为 0
USS_DB	USS_DRV 指令对应的背景数据块
VALUE	读取参数的值
DONE	为 1 表示 USS_DRV 接收到变频器对读请求的响应
ERROR	出现故障
STATUS	读请求的状态值

4）USS_WPM 指令

USS_WPM 指令用于更改变频器某个参数的值，必须在 OB1 中调用。USS_WPM 指令的参数设置如图 7-41 所示，其参数含义如表 7-9 所示。

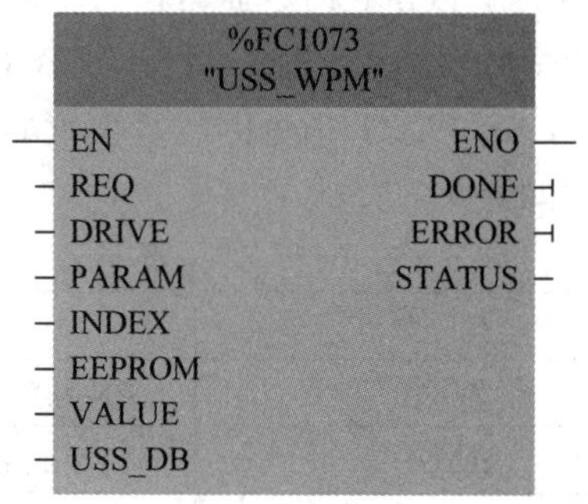

图 7-41　USS_WPM 指令的参数设置

USS_RPM 指令和 USS_WPM 指令在程序中可多次调用，但是同一时间只能激活一个与同一变频器的读取请求。另外要注意与变频器通信所需时间的计算：USS 库与变频器的通信异步于 S7-1200 PLC 的扫描。在一次与变频器的通信时间内，S7-1200 PLC 通常可完成几次扫描。对于主站来说，从站必须在接收到主站报文之后的一定时间内发回响应，否则主站将视为出错。

表 7-9　USS_WPM 指令参数含义

参　数	含　义
REQ	发送请求，为 1 时表示要发送一个新的读请求
DRIVE	驱动状态在 USS 网络中的站地址
PARAM	要读取的参数号
INDEX	参数下标，有些参数由多个带下标的参数组成一个参数组，下标用来指出具体的某个参数，对于没有下标的参数可设为 0
EEPROM	保存到变频器的 EEPROM 中，为 0 则将参数值保存在 RAM 中，掉电不保持
VALUE	要写的参数的值
USS_DB	USS_DRV 指令对应的背景数据块
DONE	为 1 表示 VALUE 的值已写入对应参数
ERROR	出现故障
STATUS	写请求的状态值

5) USS_PORT 指令

USS_PORT 指令时间间隔为与每台变频器通信所需要的时间。表 7-10 为通信波特率与最小 USS_PORT 时间间隔的对应关系。以最小 USS_PORT 时间间隔的周期来调用 USS_PORT 功能块不会增加通信次数。变频器超时间隔是指当发生通信错误导致 3 次重试来完成通信时所需要的时间。默认情况下，USS 协议库在每次通信中最多自动重试 2 次。

表 7-10　通信波特率与最小 USS_PORT 时间间隔的对应关系

波特率/(b/s)	计算的最小 USS_PORT 时间间隔/ms	每台变频器的消息超时间隔/ms
1200	790	2370
2400	405	1215
4800	212.5	638
9600	116.3	349
19 200	68.2	205
38 400	44.1	133
57 600	36.1	109
115 200	28.1	85

7.4　故 障 诊 断

7.4.1　与故障诊断有关的中断组织块

1．诊断中断组织块 OB82

对于具有诊断功能并启用了诊断中断的模块在检测出其诊断状态发生变化(故障出现

或有组件要求维护(事件到达)、故障消失或没有组件需要维护(事件离去))时，操作系统会分别调用一次 OB82。

2．机架故障组织块 OB86

如果检测到 DP 主站系统或 PROFINET I/O 系统发生故障，DP 从站或 I/O 设备发生故障，则在故障出现和故障消失时，操作系统将分别调用一次 OB86。PROFINET 智能设备的部分子模块发生故障时，操作系统也会调用 OB86。

3．拔出/插入组织块 OB83

如果拔出/插入已组态且未禁用的分布式 I/O(PROFIBUS、PROFINET 和 AS-i)模块或子模块，则操作系统将调用拔出/插入组织块 OB83。拔出/插入组织块将导致 CPU 进入 STOP 模式。

4．CPU 对故障的反应

当出现与 OB82、OB83 和 OB86 有关的故障时，无论是否已编程，CPU 都将保持在 RUN 模式下。可以在上述组织块中编写记录、处理和显示故障的程序。中断组织块的局部变量提供了故障信息。

在设备运行过程中，如果出现 CPU 与分布式 I/O 之间的通信短暂中断(俗称“闪断”)，则网络控制系统不会停机。可以在对应的中断组织块中加入 STP 指令，使 CPU 进入 STOP 模式。

7.4.2 S7-1200 的故障诊断

1．打开“在线和诊断”视图

打开例程“电动机控制”的设备视图，组态一个并不存在的 8DI 模块。生成诊断中断组织块 OB82，在其中编写将 MW20 加 1 的程序。将组态信息下载到 CPU，切换到 RUN 模式，ERROR LED 闪烁。

打开“在线和诊断”视图，选中工作区左边窗口中的“在线访问”，切换到在线模式。选中工作区左边窗口中的“诊断状态”，右边窗口显示故障信息。

2．用诊断缓冲区诊断故障

打开诊断缓冲区，缓冲区中的条目按事件出现的顺序排列，最上面的是最后发生的事件。启动时 CPU 找不到 8DI 模块，因此出现图 7-42 所示的 6 号事件“硬件组件已移除或缺失”。启动过程中出现 4 号事件“过程映像更新过程中发生新的 I/O 访问错误”。

启动后令 CPU 模拟量输入通道 0 的输入电压大于上限 10 V，出现 2 号事件“超出上限”，事件右边的图标表示事件当前的状态为故障和“到达事件”。令通道 0 的输入电压小于上限 10 V，出现 1 号事件“超出上限”。该事件右边的图标表示状态正常和“离去事件”。选中某个事件，下面是它的详细信息。由监控表 1 可知，在事件“超出上限”出现和消失时，分别调用了一次 OB82，MW20 分别加 1。

如图 7-42 所示，单击“在编辑器中打开”按钮，将打开与选中的事件有关的模块的设备视图或引起错误的指令所在的离线的块。单击“另存为”按钮，诊断缓冲区各事件的详细信息被保存为文本文件。

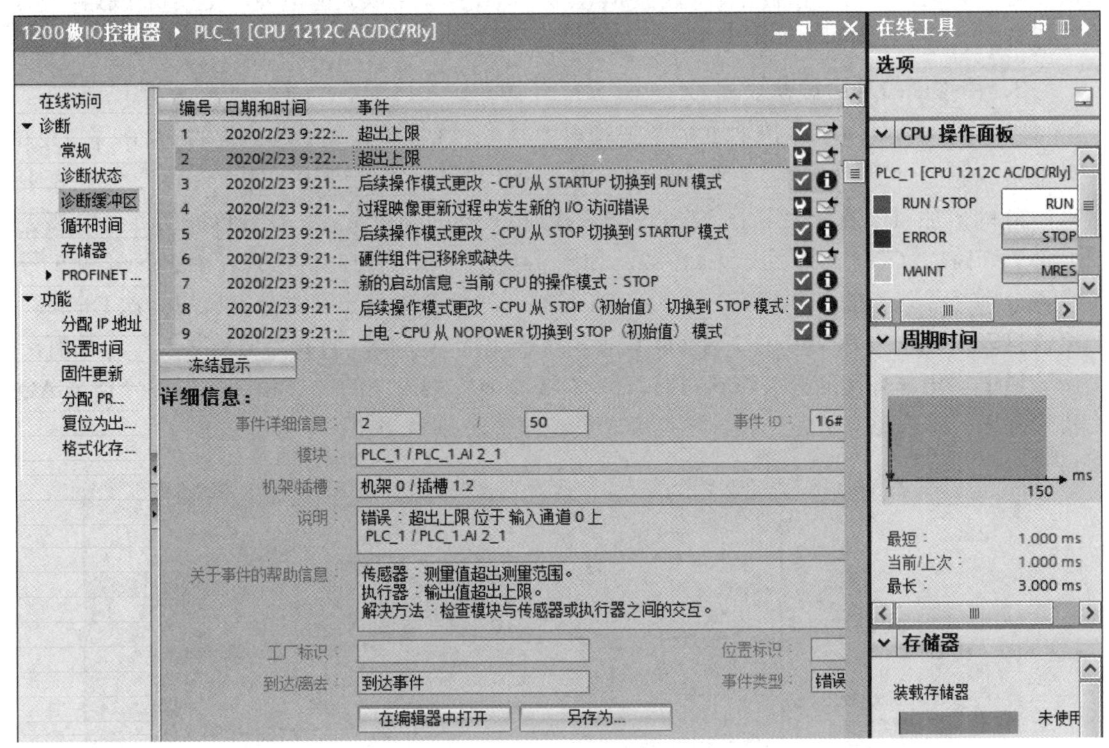

图 7-42　“在线和诊断”视图

3. 用设备视图诊断故障

打开设备视图，切换到在线模式。CPU 上面绿色背景的图标表示 CPU 处于 RUN 模式，橘红色背景的图标表示 CPU 的下位模块有故障。8DI 模块上的图标表示不能访问该模块。设备概览中 AI 2_1 左边的图标表示该组件有故障。

4. 在线和诊断的其他功能

“在线和诊断”视图工作区右边的任务卡显示“在线工具”。“CPU 操作面板”显示出 CPU 上 3 个 LED 的状态。用该面板中的“RUN”和“STOP”按钮可以切换 CPU 的操作模式。“MRES”是存储器复位按钮。“周期时间”窗格显示了 CPU 的扫描循环时间。“存储器”窗格显示未使用的各种存储器所占的百分比。选中工作区左边窗口的“设置时间”，可以在右边窗口设置 PLC 的实时时钟。

7.4.3　网络控制系统的故障诊断

1. 设置模块的诊断功能

打开项目“1200 做 I/O 控制器”，启用 ET 200S PN 各模块的诊断功能。当出现诊断故障时，CPU 将会调用 OB82。

2. 程序设计

生成 OB82、OB83 和 OB86。在 OB82、OB83 和 OB86 中编程，用 INC 指令分别将

MW20～MW24 加 1。在监控表中监控 MW20～MW24。用以太网电缆和交换机(或路由器)连接计算机、CPU 和两台 I/O 设备的以太网接口。图 7-43～图 7-47 来源于 TIA 博途 V13 SP1。

3. 用诊断缓冲区诊断故障

在 OB1 中编写程序，用 I2.0 的常开触点控制 1 号 I/O 设备的 DQ 模块的 Q2.0。在 Q2.0 外部负载通电时用串接的开关将它断路，出现诊断缓冲区中的到达事件“断路”。监控表中 MW20 的值加 1，表示调用了一次 OB82。接通 Q2.0 的外部负载，出现诊断缓冲区中离去事件“断路”，CPU 又调用一次 OB82，如图 7-43 所示。图中，事件列表中的 6 号和 5 号事件分别是移除和插入 2 号 I/O 设备的 DI 模块，这两个事件出现时分别调用一次 OB83。用监控表给地址为 QW68 的 1 号 I/O 设备电压输出的 AQ 模块的 0 号通道写入一个数值，用该通道输出端外接的开关将它短路。图 7-43 中事件列表中的 8 号和 7 号事件分别是 AQ 模块输出对地短路和恢复正常，这两个事件出现时分别调用一次 OB82。

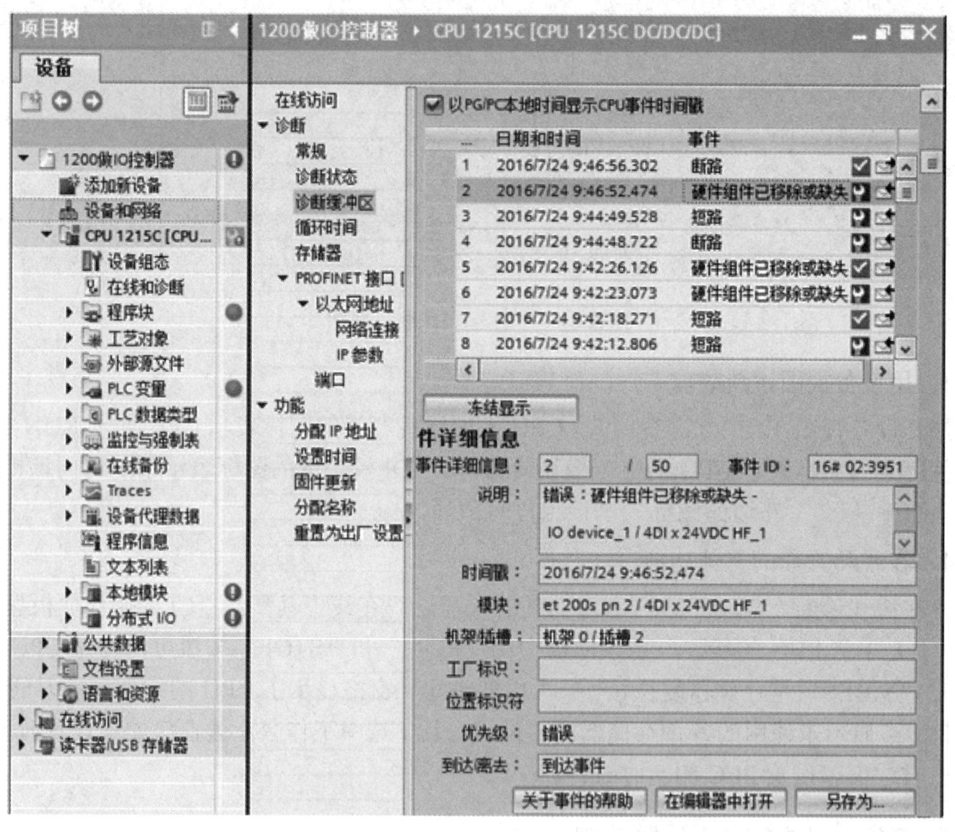

图 7-43 “在线和诊断”视图

拔掉 1 号 I/O 设备的以太网电缆，图 7-44 中的 5～10 号事件是 2～4 号槽的 DI、DQ 和 AQ 模块的用户数据故障，8～10 号事件是“到达事件”，5～7 号事件是“离去事件”。拔掉和接通以太网电缆时，CPU 分别调用一次 OB86。

4 号和 3 号事件分别是 1 号 I/O 设备数据传输故障(未收到帧)的到达事件和离去事件。2 号事件是找不到 1 号 I/O 设备的到达事件。1 号事件是 1 号 I/O 设备故障的离去事件。

...	日期和时间	事件
1	2016/7/24 9:35:06.450	IO 设备故障 -
2	2016/7/24 9:34:59.193	IO 设备故障 - 找不到 IO 设置
3	2016/7/24 9:34:59.193	IO 设备故障 - 数据传输故障（未收到帧）
4	2016/7/24 9:34:56.643	IO 设备故障 - 数据传输故障（未收到帧）

...	日期和时间	事件
4	2016/7/24 9:34:56.643	IO 设备故障 - 数据传输故障（未收到帧）
5	2016/7/24 9:34:56.601	硬件组件的用户数据故障 -
6	2016/7/24 9:34:56.573	硬件组件的用户数据故障 -
7	2016/7/24 9:34:56.570	硬件组件的用户数据故障 -
8	2016/7/24 9:34:56.562	硬件组件的用户数据故障 -
9	2016/7/24 9:34:56.557	硬件组件的用户数据故障 -
10	2016/7/24 9:34:56.555	硬件组件的用户数据故障 -
11	2016/7/24 9:33:36.113	IO 设备故障 -

图 7-44　1 号 I/O 设备通信中断的事件

4．用网络视图和设备视图诊断故障

进入在线模式后，将 1 号设备 4 号槽的电压输出的 2AO 模块的 0 号通道对地短路，拔出 2 号设备 2 号插槽的 4DI 模块，在在线模式下打开网络视图，可以看到 CPU 和 I/O 设备上的故障符号，如图 7-45 所示。

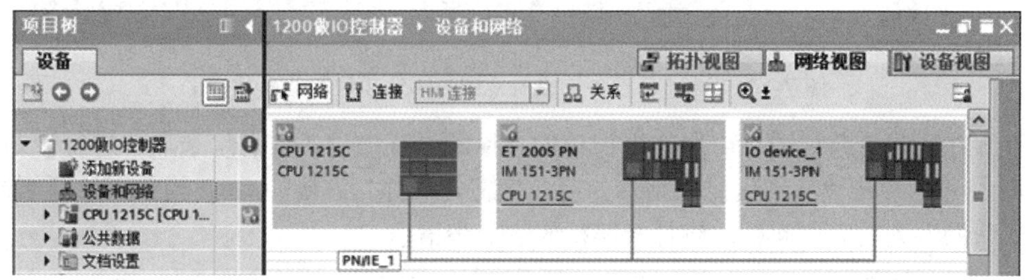

图 7-45　网络视图

双击 1 号设备，打开它的设备视图和设备概览，可以看到 4 号槽的 AO 模块上的故障符号。双击 AO 模块，在“在线和诊断”工作区打开它的诊断视图。选中左边窗口的“诊断状态”，右边窗口为“模块存在，错误”。选中左边窗口的“通道诊断”，显示 0 号通道的错误为“短路”，如图 7-46 所示。

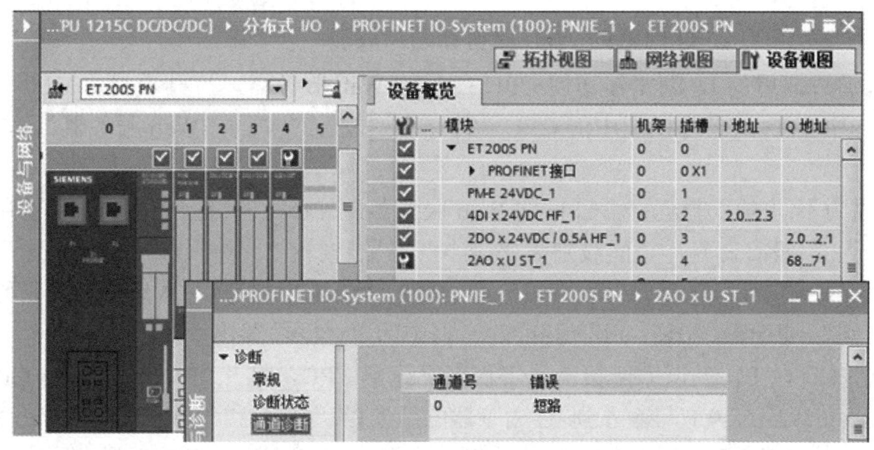

图 7-46　1 号 I/O 设备的设备视图与 2AO 模块的诊断视图

图 7-47 所示是拔出 2 号插槽的 4DI 模块时 2 号设备的设备视图和 4DI 模块的诊断状态视图。

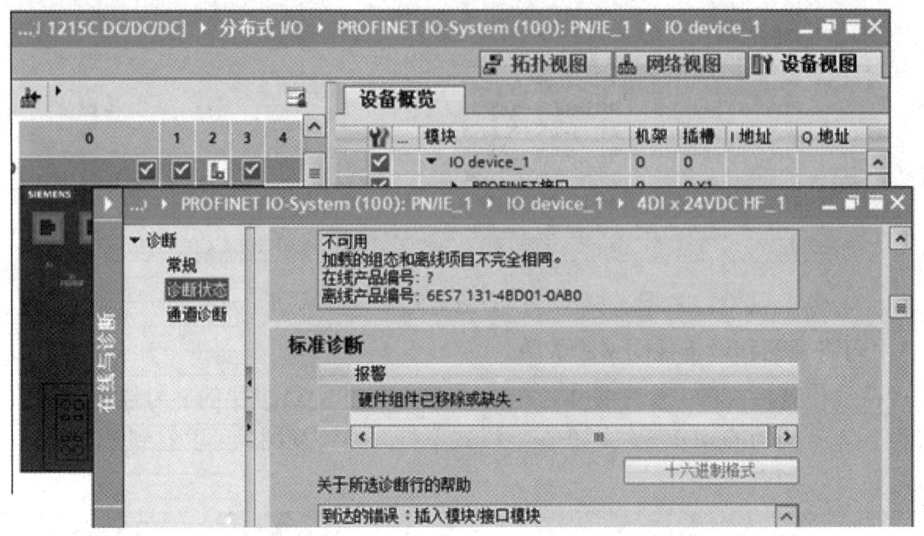

图 7-47　2 号 I/O 设备的设备视图与 4DI 模块的诊断状态

打开在线与诊断视图，可用巡视窗口的“诊断”→“设备信息”选项卡进行诊断，如图 7-48 所示。单击“详细信息”列中的蓝色字符，将打开链接的 CPU 模块的诊断缓冲区。单击“帮助”列的蓝色问号，将打开链接的进一步信息。

属性　信息　诊断

设备信息　连接信息　报警显示

1 设备出现问题

在线状态	操作模式	设备/模块	连接建立方式 ...	报警	详细信息	帮助
错误	RUN	PLC_1	直接	错误	更多相关详细信息，请参见设备诊断。	?

图 7-48　用巡视窗口诊断硬件

5. 用 S7-1200 CPU 内置的 Web 服务器诊断故障

可以通过通用的 IE 浏览器访问 CPU 内置的 Web 服务器。打开项目“1200 做 I/O 控制器”，选中 PLC 的设备视图中的 CPU，再选中巡视窗口中的“Web 服务器”，勾选 3 个复选框。

可以为不同的用户组态对 CPU 的 Web 服务器设置不同的访问权限。默认的用户名称为“每个人”，没有密码，访问级别为“最小”，只能查看“介绍”和“起始页面”这两个 Web 页面。单击 “用户管理”表格最下面一行的“新增用户”，输入用户名和密码。单击“访问级别”列隐藏的按钮，用打开的对话框中的复选框设置该用户的权限。

连接 PC 和 CPU 的以太网接口，将程序下载到 CPU，打开 IE 浏览器。将 CPU 的 IP 地址“https://192.168.0.1/”输入到 IE 浏览器的地址栏，打开 S7-1200 内置的 Web 服务器。单击左上角的“进入”，打开“起始页面”。输入用户名和密码，登录后导航区出现多个可访问的页面。图 7-49 所示是“诊断缓冲区”页面。

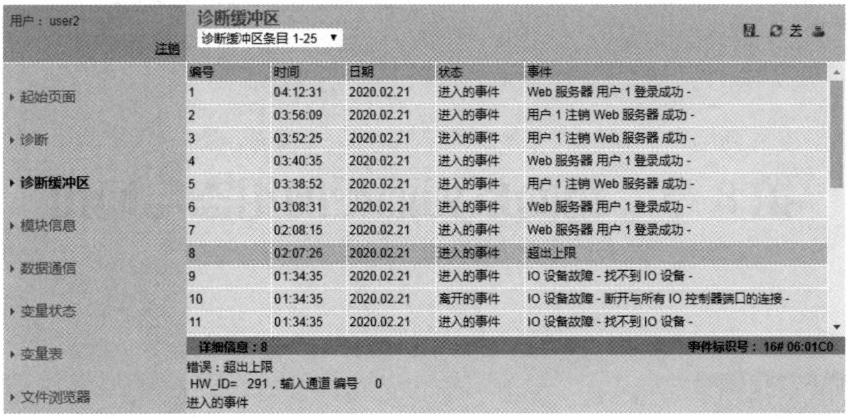

用户：user2
注销

诊断缓冲区
诊断缓冲区条目 1-25

- 起始页面
- 诊断
- 诊断缓冲区
- 模块信息
- 数据通信
- 变量状态
- 变量表
- 文件浏览器

编号	时间	日期	状态	事件
1	04:12:31	2020.02.21	进入的事件	Web 服务器 用户 1 登录成功 -
2	03:56:09	2020.02.21	进入的事件	用户 1 注销 Web 服务器 成功 -
3	03:52:25	2020.02.21	进入的事件	用户 1 注销 Web 服务器 成功 -
4	03:40:35	2020.02.21	进入的事件	Web 服务器 用户 1 登录成功 -
5	03:38:52	2020.02.21	进入的事件	用户 1 注销 Web 服务器 成功 -
6	03:08:31	2020.02.21	进入的事件	Web 服务器 用户 1 登录成功 -
7	02:08:15	2020.02.21	进入的事件	Web 服务器 用户 1 登录成功 -
8	02:07:26	2020.02.21	进入的事件	超出上限
9	01:34:35	2020.02.21	进入的事件	IO 设备故障 - 找不到 IO 设备 -
10	01:34:35	2020.02.21	离开的事件	IO 设备故障 - 断开与所有 IO 控制器端口的连接 -
11	01:34:35	2020.02.21	进入的事件	IO 设备故障 - 找不到 IO 设备 -

详细信息：8　　事件标识号：16# 06:01C0
错误：超出上限
HW_ID=　291，输入通道 编号　0
进入的事件

图 7-49　“诊断缓冲区”页面

习　题　7

1．西门子通信体系具有什么特点?

2．PROFINET 支持哪些通信协议?

3．请描述使用指令实现 PROFINET 网络通信的过程。

4．PROFINET 网络中的 IP 地址有什么意义? 在设置组态时有什么需要特别注意的事项?

5．请分析 TSEND、TRCV 指令和 TSEND_C、TRCV_C 指令的区别。

第 8 章　精简系列面板的组态与应用

知识目标

1. 掌握精简面板的组态与应用。
2. 掌握精简面板的仿真和运行。

技能目标

1. 能完成精简面板和 PLC 的组态。
2. 能实现精简面板的仿真与运行。

8.1　HMI 的认识

人机界面(Human Machine Interface，HMI)也称人机接口或者人机交互界面。从广义上说，HMI 泛指计算机与操作人员交换信息的设备。

1．HMI 的功能

在控制领域，人机界面一般特指用于操作人员与控制系统之间进行对话和相互作用的专用设备。人机界面可以用字符、图形和动画动态地显示现场数据和状态，具有数据可视化功能；人机界面使得操作人员可以与工业设备和系统进行直接交互，具有监视和精确控制生产过程、实时控制设备和流程的功能；当变量超出或低于设定值时，人机界面会自动触发报警，具有报警功能；人机界面可以顺序记录过程值和报警信息，可以打印生产报表，具有记录功能；人机界面将过程和设备的参数存储在配方中，具有过程和设备参数的管理功能。

2．触摸屏

触摸屏是一种可接收手指触控等输入信号的感应式液晶显示装置。当接触了屏幕上的图形或文字按钮时，屏幕上的触觉反馈系统可根据预先编程好的程序驱动各种连接装置，可用于取代机械式按钮面板，并借由液晶显示画面制造出生动的多媒体效果。触摸屏作为一种最新的计算机输入设备，它是目前最简单、方便、自然的一种人机交互方式，在工业上是显示和控制 PLC 等外围设备的最理想的解决方案。

3. HMI 的组成及工作原理

HMI 由硬件和软件两部分组成，硬件部分包括处理器、显示单元、输入单元、通信接口、数据存储单元等。其中，处理器的性能决定了 HMI 产品的性能，是 HMI 的核心单元。根据 HMI 的产品等级不同，处理器可分别选用 8 位、16 位、32 位处理器。

HMI 软件一般分为两部分，即运行于 HMI 硬件中的系统软件和运行于计算机 Windows 操作系统下的画面组态软件(如 WinCC Advanced 软件)。使用者必须先使用 HMI 的画面组态软件制作“工程文件”，再通过 PC 机和 HMI 产品的通信口，把编译好的“工程文件”下载到 HMI 的处理器中运行。

实际运用过程中，首先需要用计算机上运行的组态软件对人机界面组态，组态软件中提供了许多文字和图形控件，可以很容易地生成满足用户要求的人机界面的画面。将画面中的文字、图形对象与 PLC 中的变量联系起来，画面上就可以动态地显示 PLC 中位变量的状态和数字量的数值，操作人员用各种输入方式在画面上设置的位变量指令和数字设定值也可传送到 PLC，这样就实现了 PLC 与人机界面之间的自动数据交换。组态结束后，将画面和组态信息编译成人机界面可以执行的文件，再将可执行文件下载到人机界面的存储器中。画面的生成是可视化的，组态软件使用方便，简单易学。

在控制系统运行时，对通信参数进行组态，就可以实现人机界面与 PLC 的通信，从而实现人机界面的各种功能。

4. 精简系列面板

精简系列面板主要与 S7-1200 配套，为小型自动化应用提供了一种简单的可视化和控制解决方案。SIMATIC STEP 7 Basic 是西门子开发的高集成度工程组态系统，提供了直观易用的编辑器，用于对 SIMATIC S7-1200 PLC 和 SIMATIC HMI 精简系列面板进行高效组态。

第二代精简面板有 KP400、KTP700、KTP900 和 KTP1200 系列，具有 4.3 in(注：1 in = 2.54 cm)、7 in、9 in 和 12 in 的高分辨率 64 K 色 TFT 真彩液晶屏。电池电压额定值为 DC 24 V，有内部熔断器和内部的实时时钟，背光平均无故障时间为 20 000 h，用户内存为 10 MB，配方内存为 256 KB。第二代精简面板配有 RS-422/RS-485、以太网和 USB2.0 接口，USB 接口能够连接键盘、鼠标或条码扫描器，并支持将数据简单地保存到 USB 闪存盘中，以及手动备份和恢复整个面板。

5. 西门子的其他人机界面简介

高性能的精智系列面板有 4 in、7 in、9 in、12 in 和 15 in 的按键型和触摸面板，还有 19 in、22 in 等更大尺寸的触摸面板，以及 7 in、15 in 等精智户外型面板。精智系列面板配有 MPI、PROFIBUS、PROFINET、USB 接口，集成有归档、脚本、PDF/Word/Excel 查看器、网页浏览器、媒体播放器和 Web 服务器等高端功能，适用于要求苛刻的应用。

精彩系列面板 SMART LINE 提供了人机界面的标准功能，具有 7 in、10 in 两种尺寸，配备以太网、RS-422/RS-485 和 USB2.0 接口，支持横向和竖向安装，经济适用，性价比高。全新一代精彩系列面板 SMART LINE V3 的功能得到了大幅度提升，与 S7-200 SMART PLC 组成了完美的自动化控制与人机交互平台。

8.2 精简系列面板的画面组态

8.2.1 画面组态的准备工作

S7-1200 与精简系列面板在 TIA 博途的同一个项目中组态和编程，都采用以太网接口通信，以上特点使得精简系列面板成为 S7- 1200 的强有力的辅助设备。S7-PLCSIM 仿真软件可对精简系列面板进行仿真，这对于学习精简系列面板的组态方法非常有用。

TIA 博途中 WinCC 的精智版、高级版和专业版可对精简系列之外的西门子 HMI 组态，精彩系列面板用 WinCC flexible SMART 组态。

STEP 7 Professional 内含的 WinCC Basic 可用于精简系列面板的组态。WinCC Basic 简单、高效，易于上手，功能强大，基于表格的编辑器简化了变量、文本和报警信息的生成和编辑，图形化配置简化了复杂的组态任务。

1. 添加设备

新建项目工程，在项目视图下，双击项目树中的“添加新设备”，在控制器中添加 PLC，CPU 为 CPU 1214C。再次双击“添加新设备”，添加 HMI，去掉复选框“启动设备向导”的对钩，添加一块 7 in 的第二代精简系列面板 KTP700 Basic PN，点击“确定”，生成名为“HMI_1”的面板。

2. 组态连接

双击“设备和网络”，进入“网络”视图，单击“连接”按钮，使用下拉式菜单选择连接类型为“HMI 连接”。CPU 1214C 和面板 KTP700 Basic PN 默认的“IP 地址”为“192. 168.0.1”和“192.168. 0.2”，“子网掩码”均为“255.255. 255.0”。单击选择“CPU 1214C”以太网接口，按住鼠标左键不放，将其连接到“HMI_1”以太网接口，松开鼠标左键，生成“HMI_连接_1”。通信连接如图 8-1 所示。

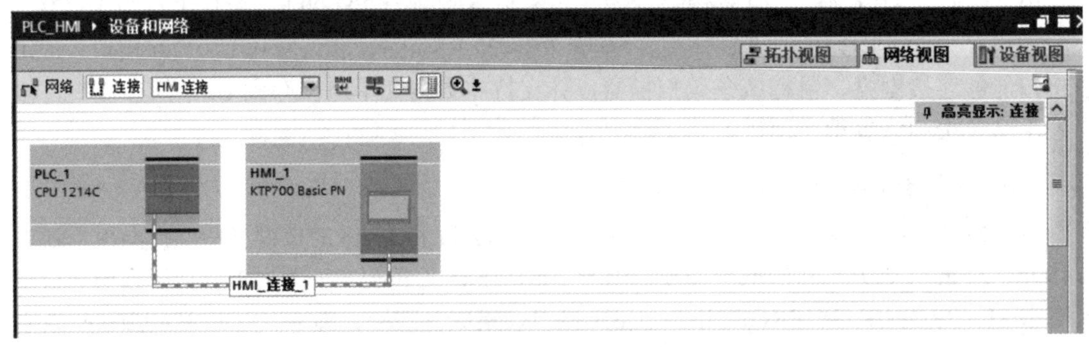

图 8-1 通信连接

3. 组态画面

将自动生成的“画面_1”的名称改为“启动画面”。双击打开启动画面，可以用该按钮右边的滑块快速设置画面的显示比例。单击选中工作区中的画面后，再选中巡视窗口的

“属性”→“属性列表”→“常规”，可以用巡视窗口设置画面的名称、编号、背景色和网格颜色等参数。画面组态如图 8-2 所示。

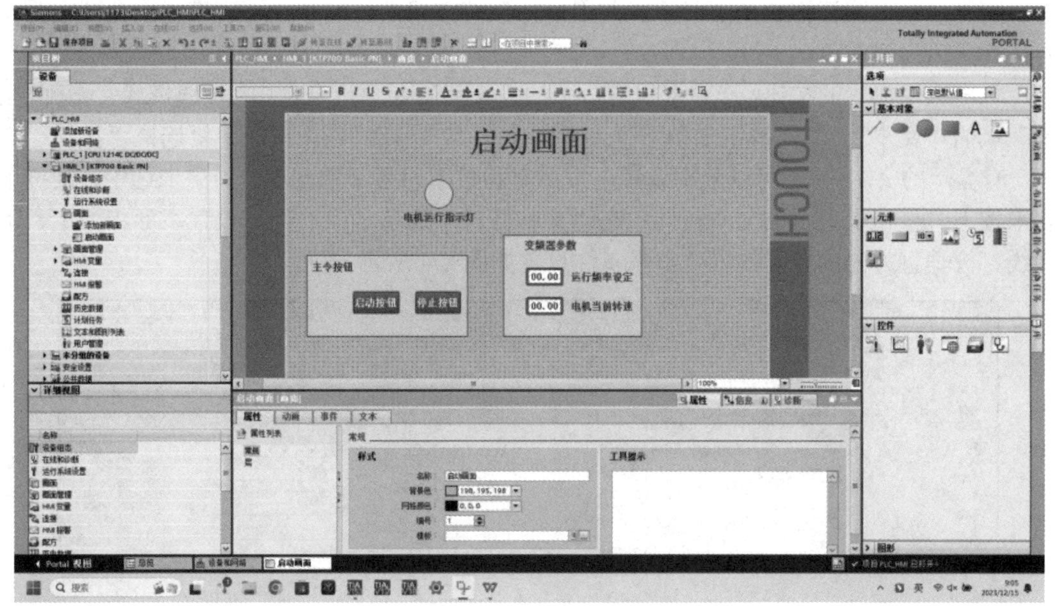

图 8-2　画面组态

8.2.2　组态指示灯与按钮

1．组态指示灯

指示灯用来显示电动机的运行状态。将工具箱的窗格“基本对象”中的“圆”拖放到画面上相应的位置。用鼠标左键拖动可以改变圆的位置和大小。选中圆后，双击巡视窗口的“外观”，设置圆的边框为默认的黑色，样式为实心，宽度为 3 个像素点，填充色为深绿色，填充图案为实心。选中巡视窗口的“布局”，可以微调圆的位置和大小。

选中巡视窗口的“属性”→“动画”→“显示”，双击“添加新动画”，再双击“添加新动画”对话框中的“外观”。设置指示灯连接至 PLC 定义的外部位变量“电机运行指示灯”，变量的“范围”值为 0 和 1 时，指示灯背景色分别为绿色和红色，对应电机的运行和停止。组态指示灯的动画功能设定如图 8-3 所示。

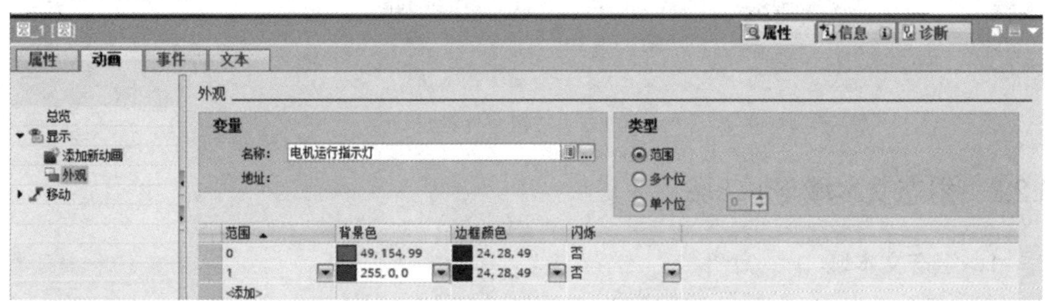

图 8-3　组态指示灯的动画功能设定

2. 组态按钮

按钮主要用于发布命令，使 PLC 参与控制生产过程。用户可将工具箱的“元素”选项卡中的“按钮”图标拖放到画面上，并用鼠标调节按钮的位置和大小。设置填充图案为实心，背景色为浅灰色。

单击选中放置的按钮，选中巡视窗口中的“常规”，用单选框选中“按钮模式”域和“文本”域的“文本”，输入按钮未按下时显示的文本为“启动”。如果选中复选框“按钮‘按下’时显示的文本”，则可以分别设置未按下时和按下时显示的文本。如果未选中，则按下和未按下时按钮上显示的文本相同。在“文本格式”选项卡中，可以设置字形、大小、下画线、按垂直方向读取等效果。常规属性设定如图 8-4 所示。

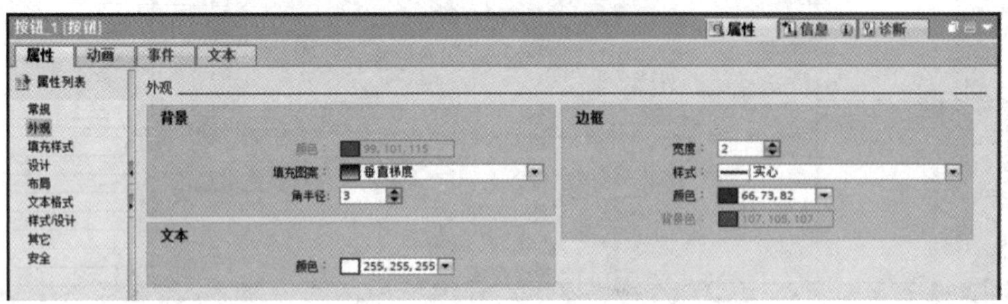

图 8-4　常规属性设定

3. 设置按钮的事件功能

在巡视窗口的“属性”→“事件 ”选项卡中，双击“按下”，单击“添加函数”右侧的下拉式按钮，在系统函数选择列表中选择函数“置位位”，双击“释放”，单击“添加函数”右侧的下拉式按钮，在系统函数选择列表中选择函数“复位位”。当添加对应的函数后，单击“变量(输入/输出)”，选择框右侧隐藏的...，选中 PLC 的默认变量表中的变量，添加变量“启动按钮”。该设定会生成一个自复位按钮，即按下为 1，松开为 0。

如果要添加组态画面中的另外一个按钮“停止按钮”，可直接复制设定好函数的控件，再添加相符合的变量。按钮事件设定如图 8-5 所示。

图 8-5　按钮事件设定

8.2.3　组态文本域与 I/O 域

1. 组态文本域

将工具箱中标有“A”的文本域图标拖放到画面的相应位置上，默认的文本为“Text”。单击选中它，选中巡视窗口中的“属性”→“常规”选项卡，在文本中键入“当前值”。可以在“常规”选项卡中对字体、字号、布局等参数进行设置。选中画面上的文本域，执行复制和粘贴操作，放置好新生成的文本域后，再设置其文本为“预设值”。文本域的参数设定如图 8-6 所示。

图 8-6　文本域的参数设定

2．生成与组态 I/O 域

I/O 域有 3 种模式：

(1) 输出域：用于显示 PLC 变量的输出值。

(2) 输入域：用于设置 PLC 变量的输入值。

(3) 输入/输出域：既可以显示输出值，又可以设置输入值。

以设置定时器为例，将工具箱中的 I/O 域图标拖放到画面上合适的位置，选中生成的 I/O 域，在“常规”选项卡中，“模式”设置为“输入/输出”，连接的过程变量为“电机运行时间”，数据类型为“Time”，“显示格式”设置为默认的 “十进制”，“格式样式”设置为“s99999”，小数点后的位数为“3”。外观、布局、文本格式等属性均可在此处设置。选中画面上设置好的 I/O 域，执行复制和粘贴操作，放置好新生成的 I/O 域后，再进行常规、外观等设置即可。I/O 域的参数设定如图 8-7 所示。

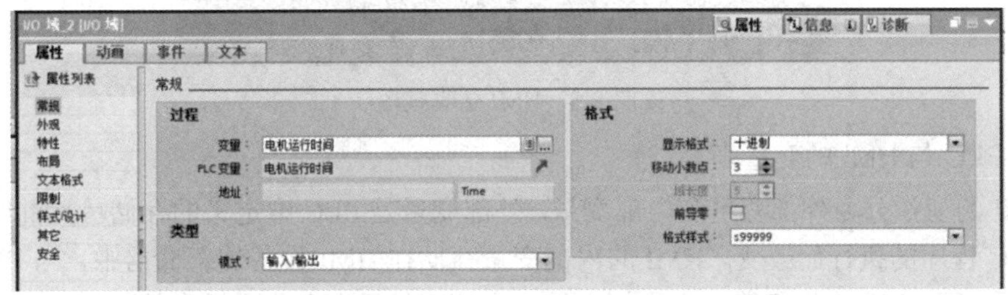

图 8-7　I/O 域的参数设定

8.3　精简系列面板的仿真与运行

8.3.1　PLC 与 HMI 的集成仿真

1. HMI 仿真调试的方法

S7-PLCSIM 仿真软件是西门子公司推出的一款 PLC 仿真软件，其中“PLCSIM”是“PLC simulation”的缩写，即“PLC 仿真”。在没有实际设备时，可以通过 S7-PLCSIM 仿真软件对设备进行仿真，可以对 PLC 和 HMI 设备同时进行仿真。仿真调试方法有 3 种，本节主要介绍集成仿真。

1) 使用变量仿真器仿真

如果手中既没有 HMI 设备，也没有 PLC，则可以用变量仿真器来检查人机界面的部分功能。因为没有运行 PLC 的用户程序，所以这种仿真方法只能模拟实际系统的部分功能。

2) 使用 S7-PLCSIM 和运行系统的集成仿真

可用 S7-PLCSIM 仿真软件对 HMI 设备和 S7-300/400/1200/1500 进行仿真。这种仿真不需要 HMI 设备和 PLC 的硬件，只用计算机就能很好地模拟 PLC 和 HMI 设备组成的实际控制系统的功能。

3) 连接硬件 PLC 的 HMI 仿真

如果有硬件 PLC，则在建立起计算机和 S7 PLC 通信连接的情况下，可用计算机模拟 HMI 设备的功能。这种仿真方法的效果与实际系统的基本相同。

S7-PLCSIM 对 HMI 的仿真视图如图 8-8 所示。

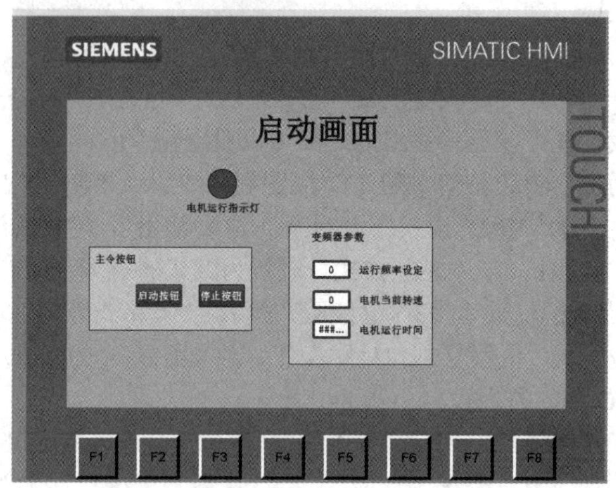

图 8-8　HMI 仿真视图

2. PLC 与 HMI 的变量表

HMI 的变量分为外部变量和内部变量。外部变量是 PLC 中定义的存储单元的映像，其值随 PLC 程序的执行而改变。HMI 的内部变量存储在 HMI 设备的存储器中，与 PLC 没有连接关系，只有 HMI 设备能访问内部变量。内部变量只有名称，没有地址。

PLC 的默认变量表中的“启动按钮”和“停止按钮”信号来自 HMI 画面上的按钮，用画面上的指示灯显示变量“电机运行指示灯”的状态，HMI 的变量表如图 8-9 所示。

HMI

	名称	数据类型	地址	保持	可从 ...	从 H...	在 H...	注释
1	启动按钮	Bool	%M10.0	☐	☑	☑	☑	
2	停止按钮	Bool	%M10.1	☐	☑	☑	☑	
3	电机运行指示灯	Bool	%M10.2	☐	☑	☑	☑	
4	运行频率设定	Int	%MW50	☐	☑	☑	☑	
5	电机当前转速	Real	%MD52	☐	☑	☑	☑	
6	电机运行时间	Time	%MD100	☐	☑	☑	☑	
7	<新增>			☐	☑	☑	☑	

图 8-9　HMI 的变量表

在组态画面上的按钮时，如果使用了 PLC 的变量表中的变量，该变量将会自动添加到 HMI 的变量表中。

如图 8-10 所示，在 HMI 的默认变量表中，可以对变量的采集周期进行设定。采集周期的设定区间为 100 ms 至 1 h。单击空白行的“PLC 变量”列，可以用打开的对话框将 PLC 变量表中的变量传送到 HMI 变量表，PLC 中的变量具有绝对地址。用下拉式列表将“访问模式”改为“绝对访问”。

默认变量表

名称	数据类型	连接	PLC 名称	PLC 变量	地址	访问模式	采集周期
启动按钮	Bool	HMI_连接_1	PLC_1	启动按钮	%M10.0	<绝对访问>	1 s
停止按钮	Bool	HMI_连接_1	PLC_1	停止按钮	%M10.1	<绝对访问>	1 s
电机运行指示灯	Bool	HMI_连接_1	PLC_1	电机运行指示灯	%M10.2	<绝对访问>	1 s
运行频率设定	Int	HMI_连接_1	PLC_1	运行频率设定	%MW50	<绝对访问>	1 s
电机当前转速	Real	HMI_连接_1	PLC_1	电机当前转速	%MD52	<绝对访问>	1 s
电机运行时间	Time	HMI_连接_1	PLC_1	电机运行时间	%MD100	<绝对访问>	1 s
<添加>							

图 8-10　HMI 的默认变量表

3．PLC 的程序

组态 CPU 属性时，设置 MB1 为系统存储器字节地址。“M1.2(AlwaysTRUE)”变量的意思为“始终为 1(高电平)”，即当 PLC 处于运行状态时，地址 M1.2 的变量状态一直为 1，如图 8-11 所示。

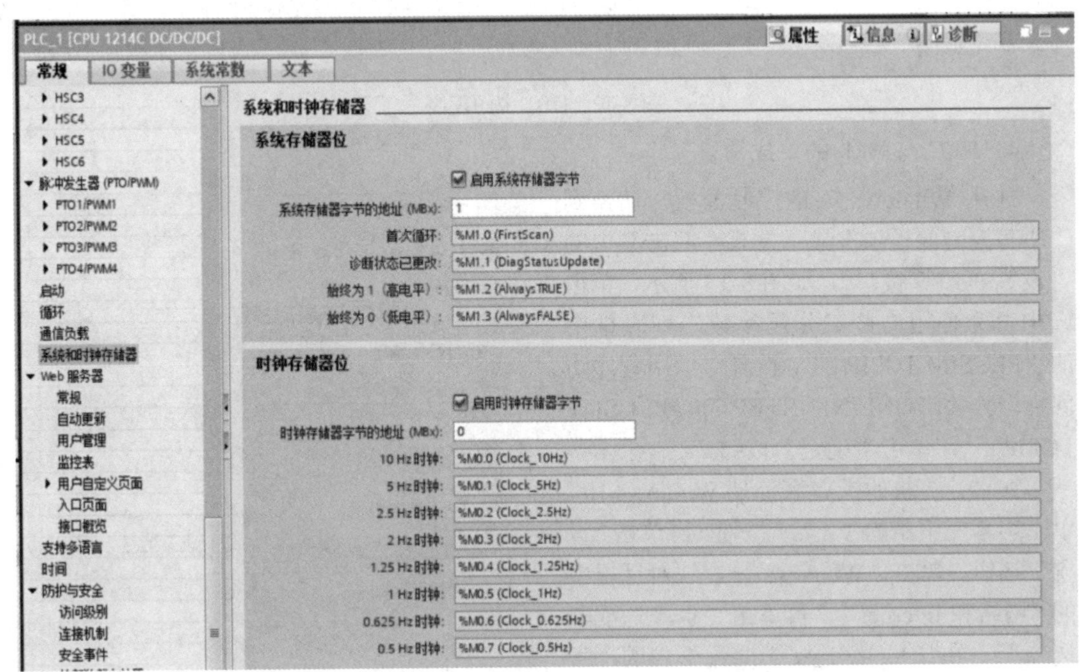

图 8-11　PLC 的系统时钟和时钟存储地址的设定

如图 8-12 所示，OB1 中的程序通过 HMI 设定电机的运行频率与运行时间，按下启动按钮后电机根据设定参数进行运动。

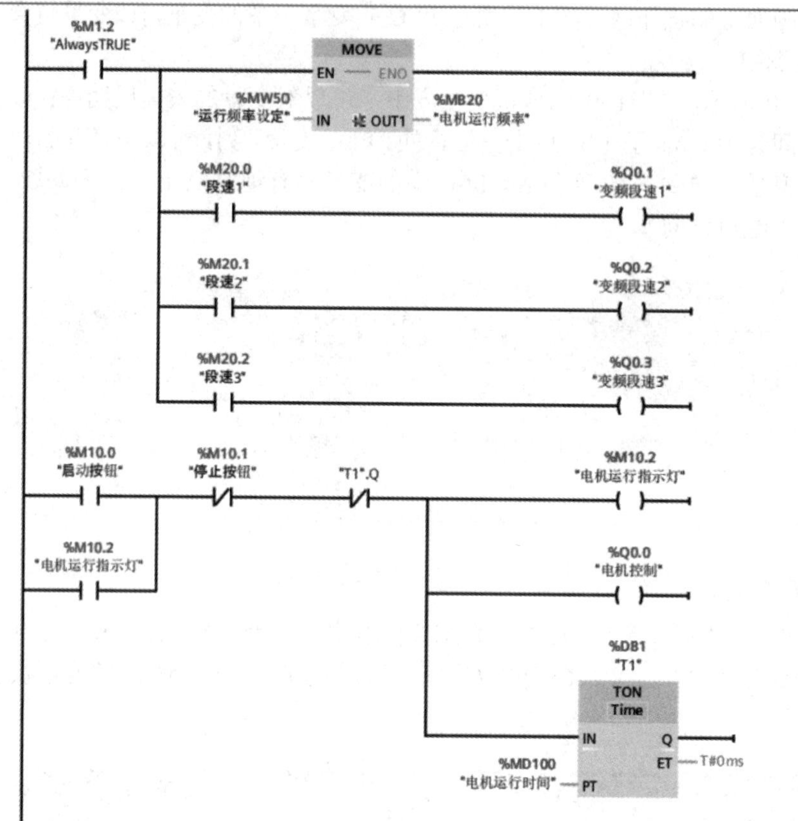

图 8-12 OB1 中的程序

4. PLC 与 HMI 的集成仿真

打开 Windows 7 的控制面板，切换到“所有控制面板项”显示方式。双击其中的“设置 PG/PC 接口”，如图 8-13 所示，单击选中“为使用的接口分配参数”列表框中的“PLCSIM.TCPIP.1”，设置“应用程序访问点”为“S7ONLINE (STEP 7)-->PLCSIM.TCPIP.1”，单击“确定”按钮。

如果计算机的操作系统是 Windows 10，单击屏幕左下角的“开始”按钮，再单击“设置”按钮。单击“Windows 设置”对话框中的“网络和 Internet”，再单击“更改适配器选项”。单击“网络连接”对话框中的“所有控制面板项”，打开“设置 PG/PC 接口”对话框，完成上述的操作。

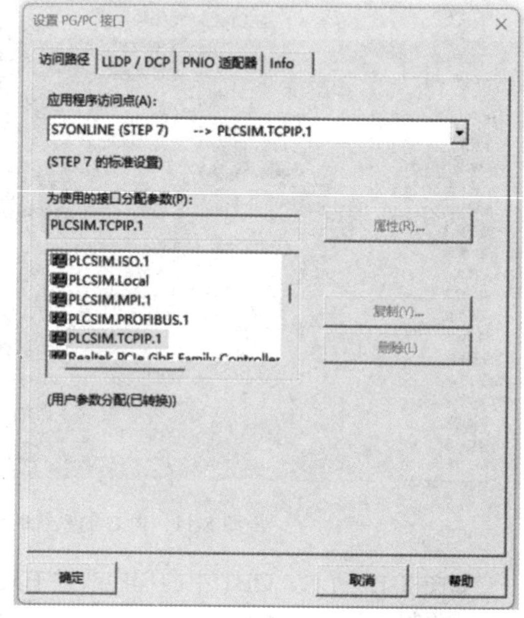

图 8-13 “设置 PG/PC 接口”对话框

选中项目树中的 PLC_1，单击工具栏中的“开始仿真”按钮，打开 S7-PLCSIM。将程序下载到仿真 PLC，切换到 RUN 模式。

选中博途中的 HMI_1 站点，单击工具栏中的“开始仿真”按钮，启动 HMI 运行系统仿真器，出现仿真面板的启动画面，如图 8-14 所示。

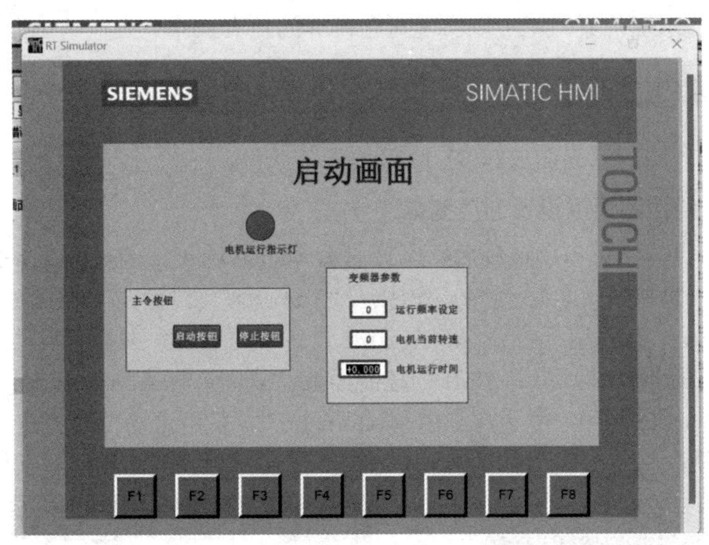

图 8-14　HMI 仿真画面

检查画面中的“变频器参数”是否可以设定，通过 HMI 设定电机的运行频率和运行时间，按下“启动按钮”，检查指示灯是否会变色，并检查画面是否会根据 PLC 运行的数据进行变化。程序运行如图 8-15 所示。

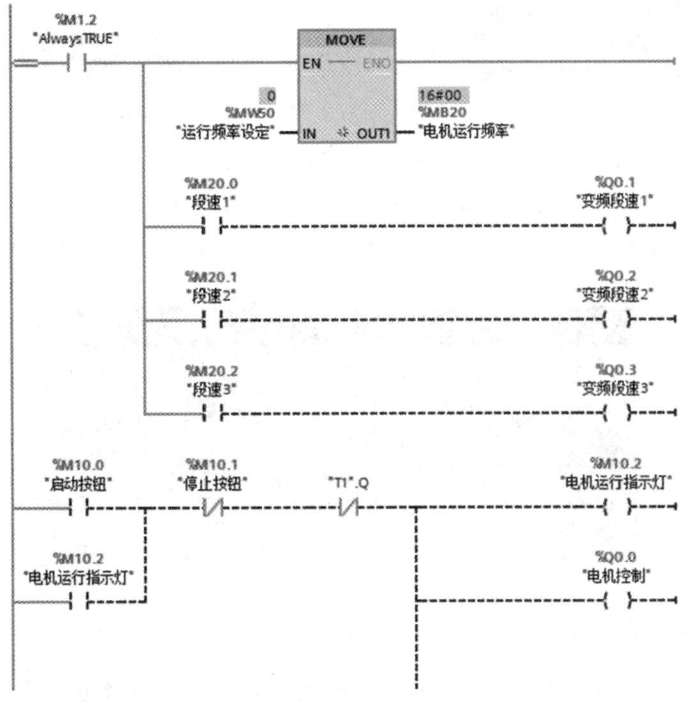

图 8-15　程序运行视图

5．硬件 PLC 与 HMI 仿真的通信实验

打开“设置 PG/PC 接口”对话框，选中“为使用的接口分配参数”列表中实际使用的计算机网卡，通信协议为“TCP/IP”。将程序下载到硬件 PLC，将 PLC 切换到 RUN 模式。启动 HMI 的运行系统仿真，就可以实现对触摸屏的仿真操作。

8.3.2 HMI 与 PLC 通信的组态与操作

本节以第二代精简系列面板和 S7-1200 的通信为例。

1．用 HMI 的控制面板设置通信参数

精简面板通电，结束启动过程后，屏幕显示 Windows CE 的桌面，屏幕中间是“Start Center”(启动中心)，如图 8-16 所示。图中，“Transfer”(传输)按钮用于将 HMI 设备切换到传输模式；“Start”按钮用于打开保存在 HMI 设备中的项目，并显示启动画面。

按下“Settings”按钮，打开 HMI 的控制面板。双击“Transfer”按钮，打开“Transfer Settings”对话框，如图 8-17 所示，选中“Automatic”，采用自动传输模式。选中“Transfer channel”列表中的“PN/IE”，单击“Properties”按钮，打开网络连接对话框。

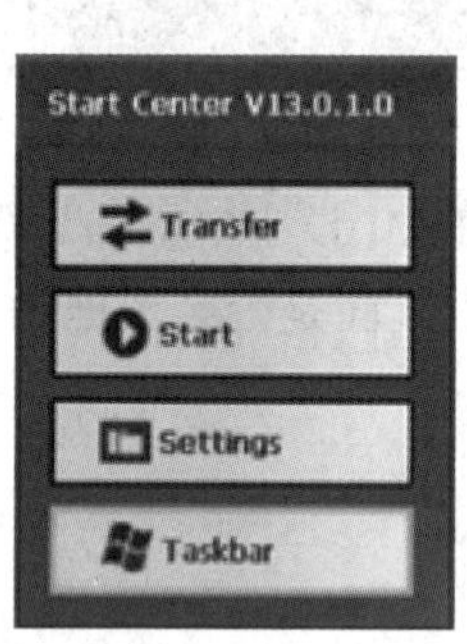

图 8-16 启动中心

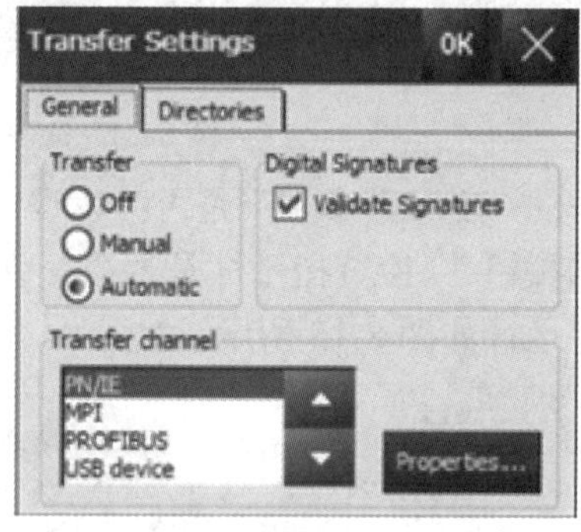

图 8-17 传输设置对话框

双击网络连接对话框中的 PN_X1(以太网接口)图标，打开“PN_X1’ Settings”对话框，如图 8-18 所示。选中“Specify an IP address”，由用户设置 PN_X1 的 IP 地址。用屏幕键盘输入 IP 地址和子网掩码，“Default Gateway”是默认网关。设置好后按“OK”按钮退出。

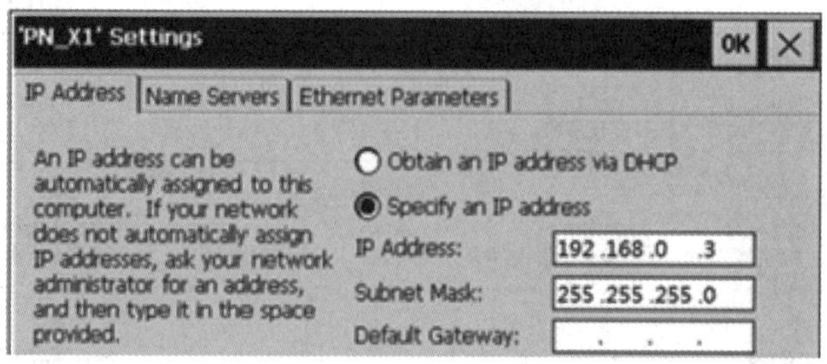

图 8-18 设置 IP 地址和子网掩码

2．下载前的准备工作

设置好 HMI 的通信参数之后，设置计算机的以太网卡的 IP 地址为“192.168.0.x”，第 4 个字节的值 x 不能与其他设备相同，子网掩码为“255.255.255.0”。

3．将组态信息下载到 PLC

用以太网电缆、交换机或路由器连接好计算机、PLC、HMI 和远程 I/O 的以太网接口。选中项目树中的“PLC_1”，下载 PLC 的程序和组态信息。下载结束后将 PLC 切换到 RUN 模式。

4．将组态信息下载到 HMI

接通 HMI 的电源，单击出现的启动中心的“Transfer”按钮，打开传输对话框，HMI 处于等待接收上位计算机信息的状态。选中项目树中的“HMI_1”，下载 HMI 的组态信息。下载结束后，HMI 将自动打开初始画面。

如果选中了图 8-17 中的“Automatic”，则在项目运行期间下载时，将会关闭正在运行的项目，自动切换到“Transfer”运行模式，开始传输新项目。传输结束后将会启动新项目，并且显示启动画面。

5．验证 PLC 和 HMI 的功能

将用户程序和组态信息分别下载到 CPU 和 HMI 后，用以太网电缆连接 CPU 和 HMI 的以太网接口。两台设备通电后，经过一定的时间，面板显示根画面。检验 HMI 功能的方法与集成仿真基本相同。

习　题　8

1．如何组态按钮？
2．如何组态指示灯？
3．如何使用 I/O 域？
4．硬件 PLC 与仿真 HMI 如何连接？

参考文献

[1] 常淑英，翟富林. 机电设备调试与维护[M]. 北京：北京希望电子出版社，2019.

[2] 陈建明，白磊. 电气控制与 PLC 原理及应用：西门子 S7-1200 PLC[M]. 北京：机械工业出版社，2021.

[3] 邹建华，李大明. 电机与电气控制技术[M]. 武汉：华中科技大学出版社，2019.

[4] 郭丙君. 电气控制技术[M]. 上海：华东理工大学出版社，2018.

[5] 郑凯. 电气控制与 PLC 技术及其应用：西门子 S7-200 系列[M]. 成都：西南交通大学出版社，2020.

[6] 汪倩倩，汤煊琳. 工厂电气控制技术[M]. 3 版. 北京：北京理工大学出版社，2019.

[7] 王欣，余琴，李艳红，等. 电气控制及 PLC 技术：罗克韦尔 Micro800 系列[M]. 北京：机械工业出版社，2019.

[8] 王丰，琚立颖，杨杰，等. 机电传动与控制[M]. 2 版. 北京：北京航空航天大学出版社，2017.

[9] 杨敬东. 工厂电气控制技术[M]. 北京：北京理工大学出版社，2016.

[10] 汪明添. 电气控制[M]. 成都：西南交通大学出版社，2009.

[11] 阮友德，邓松. 电气控制与 PLC[M]. 北京：人民邮电出版社，2015.

[12] 李良洪，陈影. 电气控制线路识读与故障检测[M]. 北京：电子工业出版社，2013.

[13] 姜久超，李国顺. 工厂电气控制技术[M]. 北京：北京理工大学出版社，2019.

[14] 王振臣，李海滨. 机床电气控制技术[M]. 北京：机械工业出版社，2020.

[15] 梁岩. 西门子自动化产品应用技术[M]. 沈阳：东北大学出版社，2018

[16] 廖常初. S7-1200 PLC 应用教程[M]. 2 版. 北京：机械工业出版社，2021.

[17] 廖常初. S7-200 SMART PLC 编程及应用[M]. 3 版. 北京：机械工业出版社，2019.

[18] 朱文杰. S7-1200 PLC 编程设计与应用[M]. 北京：机械工业出版社，2017.

[19] 向晓汉，李润海. 西门子 S7-1200/1500 PLC 学习手册：基于 LAD 和 SCL 编程[M]. 北京：化学工业出版社，2018.

[20] 张宏伟，王新环. PLC 电气控制技术[M]. 徐州：中国矿业大学出版社，2018.

[21] 刘华波，马艳，何文雪，等. 西门子 S7-1200 PLC 编程与应用[M]. 北京：机械工业出版社，2020.

[22] Siemens AG. S7-1200 系统手册[Z]. 2019.

[23] Siemens AG. S7-1200 可编程控制器产品样本[Z]. 2019.

[24] Siemens AG. S7-1200 Easy Plus V3.8[Z]. 2019.